新时代·新文科×新工科·数字经济高质量人才培养系列（数字产业化）

Python程序设计

（基于计算思维和新文科建设）

◆胡凤国 著

電子工業出版社
Publishing House of Electronics Industry
北京·BEIJING

内 容 简 介

本书是面向初学者的 Python 入门书，强调基础知识，兼顾实践应用。

基础篇介绍 Python 程序设计的入门知识，共 12 章，重点包括：Python 介绍、安装和运行；Python 的基本概念（对象、数据类型、变量、表达式、内置函数）；输入和输出；程序设计的基本结构；函数和类；序列操作（列表、元组、集合、字典）；字符串；正则表达式；文件读写；目录与文件操作；常用标准库。排错篇总结初学者常遇到的错误并介绍程序调试方法，包含 2 章：Python 错误类型、Python 代码调试。

本书为读者提供完整的教学资料包。作为学习的完整架构，与本书内容相关的文本篇和应用篇以电子出版物形式出版。

本书适合作为高等院校文科类各专业学生学习 Python 和大数据应用的教材，也可供相关从业人员学习参考。

图书在版编目（CIP）数据

Python 程序设计：基于计算思维和新文科建设 / 胡凤国著. —北京：电子工业出版社，2022.6
ISBN 978-7-121-43557-7

Ⅰ. ① P… Ⅱ. ① 胡… Ⅲ. ① 软件工具－程序设计－高等学校－教材 Ⅳ. ① TP311.561

中国版本图书馆 CIP 数据核字（2022）第 090041 号

责任编辑：章海涛　　　文字编辑：李松明
印　　刷：保定市中画美凯印刷有限公司
装　　订：保定市中画美凯印刷有限公司
出版发行：电子工业出版社
　　　　　北京市海淀区万寿路 173 信箱　邮编：100036
开　　本：787×1 092　1/16　印张：26　字数：665 千字
版　　次：2022 年 6 月第 1 版
印　　次：2023 年 1 月第 2 次印刷
定　　价：68.00 元

凡所购买电子工业出版社图书有缺损问题，请向购买书店调换。若书店售缺，请与本社发行部联系，联系及邮购电话：（010）88254888，88258888。

质量投诉请发邮件至 zlts@phei.com.cn，盗版侵权举报请发邮件至 dbqq@phei.com.cn。

本书咨询联系方式：192910558（QQ 群）。

序一

中国传媒大学胡凤国老师著作的《Python 程序设计（基于计算思维和新文科建设）》一书介绍了Python 程序设计与数据思维的知识，深入浅出，适合初学者循序渐进地学习，可培养自己数据思维的能力。

本书特别适合文科生学习，使得文科生也可以步入程序设计的大门，参与建设“新文科”的伟大工程。这是一件很好的事情。

我自己本来也是一个文科生，在北京大学中文系语言专业读过本科和研究生，但是一直关注着计算机科学的发展，并试图把计算机技术应用到人文科学中，先后研制了汉语到法语、英语、日语、俄语、德语的多语言机器翻译系统和外语到汉语的若干机器翻译系统，还研制了世界上第一个汉语的术语数据库。2018 年，中国计算机学会授予我NLPCC 杰出贡献奖，以表彰我在自然语言处理（Natural Language Processing，NLP）和中文计算（Chinese Computing，CC）等跨学科领域中做出的成绩。我由一个文科学者成为了一个计算机自然语言处理的研究人员，成为了“新文科”的践行者。我的亲身经历足以说明文科生也是可以学会程序设计的。

1946 年，美国宾夕法尼亚大学的莫克利（John W. Mauchly）和艾克特（J. Presper Eckert）研制了世界上第一台电子计算机 ENIAC，由大量的电子管组成，以电子管作为元器件，所以又被称为电子管计算机。ENIAC 是个庞然大物，用了 18 000 个电子管，占地 150，足有两间房子大，重达 30 吨，耗电功率约 150kW，每秒可进行 5000 次运算；由于使用的电子管体积很大，耗电量大，容易发热，因而工作的时间不能太长；使用机器语言（Machine Language）来编写程序，没有系统软件；采用磁鼓、小磁芯作为储存器，存储空间有限；输入和输出设备都很简单，没有键盘，采用穿孔纸带或卡片来记录数据；主要用于科学计算，当时美国国防部用它来进行弹道计算。这是第一代计算机，操作复杂，普通的文科生是难以掌握的。在机器翻译领域，需要计算机专家与语言学家两方合作才能开展工作。

第二代计算机采用的主要元件是晶体管，称为晶体管计算机。计算机软件有了较大发展，开始使用汇编语言（Assembly Language）来编写程序，后来出现了 Algol 60、Fortran、Cobol 这样的计算机高级语言（High-level Language），采用了监控程序，成为操作系统的雏形。这种晶体管计算机体积小，可靠性增强，寿命延长，运算速度快，提高了操作系统的适应性，存储容量提高，应用领域扩大。在某些人文科学部门开始使用第二代计算机来进行文献的信息检索，在语言学领域，机器翻译进一步发展，出现了一批兼通计算机和语言学的跨学科研究人员。

1965 年出现了第三代计算机，这是中小规模集成电路计算机。这种计算机使用中小规模的集成电路，可在几平方毫米的单晶硅片上集成十几个甚至上百个电子元件，体积比晶体管计算机更小，耗电更少，运行计算速度更快，外围设备多样化，有完善的操作系统和应用程序，用于编写程序的高级语言有了进一步发展，应用范围扩大到了企业管理和辅助设计等领域。第三代计算机在人文科学中的应用范围逐渐扩大，自然语言处理在语言学领域越来越受到关注，成为了现代语言学研究的一个重要部门。

1971 年以来出现了第四代计算机，也就是大规模集成电路计算机，采用大规模和超大规模集成电路逻辑元件，体积比第三代计算机进一步缩小，可靠性更高，寿命更长；运算速度更快，每秒可达几千万次到几十亿次；系统软件和应用软件获得了巨大的发展，软件配置丰富，程序设计部分自动化；开始使用计算机网络技术、多媒体技术、分布式处理技术，微型计算机大量进入家庭，产品更新速度加快。这种微型计算机在办公自动化、数据库管理、图像处理、语音识别、语音合成、自然语言处理和专家系统等各个领域得到了广泛应用，电子商务已开始进入家庭，出现了个人计算机（Personal Computer，PC）和可以随身携带的笔记本计算机（Notebook Computer），人人都有了使用计算机的机会，计算机的发展进入了一个新的历史时期。

随着互联网的发展，信息技术普及到千家万户，在现代化的生活中，几乎每个人都离不开计算机，人类社会进入了信息化、网络化和智能化的新时代。人文科学领域普遍采用计算机技术，自然语言处理的重要性越加明显，自然语言理解成为了人工智能皇冠上的明珠。

早期的第一代计算机采用机器语言来编写程序，这样的机器语言使用代码来描述计算机结构和操作的各种细节，只有熟悉计算机的专业人员才有可能使用这样的机器代码。后来出现的汇编语言使用宏指令（Macro Instruction）来描述计算机的操作，不再关注计算机结构和操作的细节，编写程序就变得比较容易了。20 世纪 60 年代出现了计算机高级语言，这样的程序语言独立于计算机的结构和操作系统，其概念和结构便于人们进行推理，其表达方式与自然语言的表达方式比较接近，会说自然语言的人很容易掌握，这样，编写程序的工作变得更加容易。高级语言的发展为计算机在人文科学中的应用创造了有利的条件。Python 就是一种这样的高级语言。据说这种高级语言的创建人、荷兰计算机专家吉多·范罗苏姆（Guido van Rossum）非常喜欢一个叫作蒙提·派森（Monty Python）的喜剧团体，因而使用了这个剧团的名字 Python 来命名他在 1991 年创建的高级语言。Python 有多个版本，本书主要是使用 Python 3.6.5 版本写成的。

Python 是一种跨平台的、开源的、免费的、解释型的、动态的高级编程语言，相对于机器语言和汇编语言等低级语言来说，更接近人类的自然语言。与其他高级语言相比，Python 具有更多的优点：语法简单易学，代码简洁明了；扩展库丰富，便于执行不同的任务；同时支持脚本式编程和交互式编程，对于学习者更有亲和力；既可以支持面向对象的程序设计，又可以面向过程编写和运行程序代码，初学者一旦入门便可以登堂入室。因此，Python 一直受到欢迎。由于 Python 具有这些优点，学起来比较容易，特别适合初学者学习使用。

本书是胡凤国老师专门为初学者编写的，他已经在中国传媒大学讲授计算机课程多年，在编写本书时充分考虑到了初学者学习过程的特殊性。

本书具有如下优点。

第一，**覆盖全面**。本书全面介绍了 Python 的数值、变量、表达式、内置函数与对象，数据的输出和输入，程序设计的基本结构，函数和类，序列操作，字符串，正则表达式，文件读写，目录与文件操作，常用标准库，字符集，文本编码，汉字读写，文本文件操作，图片文件操作，常见错误和排错方法。初学者可对 Python 获得全面而系统的了解。

第二，**循序渐进**。本书分为基础篇、文本篇、应用篇、排错篇，首先系统论述 Python 的基础知识，然后介绍文本处理和 Python 的各种应用，最后讲解在使用 Python 中容易出现的错误及其纠正方法，由浅入深，循序渐进。

第三，**实践性强**。本书通过大量的实例来讲解 Python 的原理和应用，并精心编制了几百个例题，让初学者通过实例和各种各样的例题来理解本书的内容，具有很强的实践性。

第四，**内容生动**。本书使用了很多生动有趣的事例来帮助读者理解程序设计的原理，如鸡兔同笼、年份生肖计算、天干地支配对、黑洞数判断、哥德巴赫猜想、孪生素数等，有助于提高初学者的兴趣。

Python 是一种实践性很强的高级程序语言，本书非常适合初学者作为入门的向导，希望读者按照本书的顺序，由浅入深、循序渐进地学习，培养自己的数据思维能力，使自己成为文理兼通、博学多才的一代新人。

冯志伟

2021 年 5 月

序二

Python 是一门免费、开源的跨平台高级动态程序设计语言，支持命令式编程、函数式编程模式，以及面向对象程序设计，拥有大量功能强大的内置对象、标准库、涉及各领域的扩展库，使得各领域的工程师、科研人员、策划人员、管理人员能够快速实现和验证自己的思路、创意或推测。经过 30 多年的发展，目前 Python 语言的应用已经渗透到数据采集、数据分析、数据可视化、移动终端开发、科学计算、密码学、系统安全、逆向工程、软件测试与软件分析、电子取证、系统运维、图形图像处理、音乐编程、影视特效制作、机器学习、深度学习、人工智能、自然语言处理、游戏设计与策划、网站开发、计算机辅助教育、医药辅助设计、神经科学与心理学、电子电路设计、树莓派等几乎所有专业和领域。

尽管 Python 语言向来以易学、易用著称，但实际上真想学好、用好并不容易。要想写出来的程序有 Python 语言的味道和感觉，别人阅读时赏心悦目，不可能一蹴而就，需要多看、多练、多想、多交流。

多看。读书破万卷，下笔如有神。写作如此，写程序也是如此，不仅要多看书，还要看 Python 社区的大量优秀代码，并且要看很多遍，领会每个案例的要点。

多练。太极拳论曰：“由招熟而渐悟懂劲，由懂劲而阶及神明，然非用力之久，不能豁然贯通焉。”陆游的教子诗《冬夜读书示子聿》也认为“纸上得来终觉浅，绝知此事要躬行”。切忌只看不练，很多人眼高手低，一看就会，一写就错，根本原因还是练得太少了。子曰：“学而时习之，不亦说乎？”说的也是这个道理，充分说明了练习的重要性。

多想。学而不思则罔，思而不学则殆。一味地看书和埋头苦练是不行的，还要多想、多总结、多整理，经常问自己“作者通过这个案例想告诉我们什么？”“通过这个案例我学到了什么？”“这个案例的代码还有没有其他的写法？”“这几个案例的知识点综合到一起还能解决什么问题？”

多交流。独学而无友，则孤陋而寡闻。除了自己努力和思考，还要多交流。除了 Python 官方网站和在线帮助文档，建议经常浏览一些 Python 论坛并阅读和调试其中的优秀代码，汲取他人代码中的精华。子曰：“三人行必有我师焉，择其善者而从之。”也是相同的道理。

汝果欲学诗，工夫在诗外。没有丰富的人生阅历很难写出优美并且有内涵、有灵魂的诗，学习 Python 也是这样。Python 也好，其他编程语言也罢，归根到底都是用来表达我们的思想、算法或帮我们解决某个问题的语言和工具而已，不要神化 Python，idea 才是一个程序的灵魂。切不可把全部精力放到 Python 语言的语法学习上，而是把主要精力放到自己的专业知识学习上，然后用 Python 把自己的思想或算法准确地表达出来。

我与好友老胡相识于 1998 年，当时正读大学三年级，虽然不是一个专业，但我们对编程的热爱却惊人的一致，每天沉迷于代码的奇妙世界。相识之初就惊叹于数学专业出身的老胡还具有深厚的文学功底。集数学、文学、编码于一身又乐于分享和助人的老胡一直是众多同学和校友中的焦点。他的执行力和动手能力都非常强，非常喜欢钻研且涉猎广泛，遇到问题立即搜索大量资料，从多个角度分析问题，不搞明白不罢休，老胡多年来所取得的一系列成果与这样的优秀品质和行事风格是密不可分的。今闻老胡大作即将出版，很高兴 Python 大家庭又增添一本好书，通读全稿之后，现郑重推荐给广大 Python 爱好者，希望更多人能够从本书中受益。

董付国

2021 年 6 月

自　序

诗曰：

欲写派森细测查，
至今三见六一八。
恰如母鸡惜下蛋，
唯恐人说味道差。

话说北漂文士胡某写 Python 之书进展缓缓，三年乃成，终于在 2021 年剁手节这一天完成定稿。即将付梓之际，诚惶诚恐，未知成色如何，静待各位看官评判。

笔者用了一年的时间把本书写成了“胡凤国编著”，又用了两年才把“编”字去掉。自忖还算用心，希望本书能为读者朋友学习 Python 带来些许帮助。

在大数据时代，学习一门编程语言，掌握程序设计技能和数据处理的方法，对于培养数据思维是非常重要的。无论是理科生还是文科生，都需要掌握一门编程语言。在众多的编程语言中，Python 脱颖而出。对于初学编程者尤其是文科初学者来说，Python 有着强大的功能、简洁的语法、友好的交互和众多的库包，这些特点使得它成为学习程序设计的优秀入门语言。

笔者从 2003 年开始为中国传媒大学语言学专业的本科生开设程序设计课程，最开始使用的教学语言是 C，后来改成了 Python。学生们学完一个学期都很难用 C 语言写出一个生成 Excel 文件的程序，但是用 Python 语言编写一个生成 Excel 文件的程序，学生们只需要学习一节课就能初步胜任。笔者曾用词频统计实验来对比自己编写的 C 语言程序和 Python 语言程序。在没有刻意进行代码优化的情况下，要求两个程序生成完全一致的结果，使用 C 语言写了大约 250 行代码，用时一个上午；而使用 Python 只写了 10 行代码，用时 10 分钟。关键是 Python 程序的运行速度居然不比 C 语言慢多少。就这个任务而言，Python 完胜。这个实验直接导致了笔者的教学语言从 C 转向 Python。

这个转向并不是说 Python 就比 C 语言优越，只不过对于文科初学者而言，Python 比 C 语言更合适入门而已。理论上，学习程序设计可以采用任何程序设计语言。因为我们不是为了学习某种程序设计语言本身，而是为了学习思考问题和解决问题的思路，为了学习一种思维方式。所以，我们不能为了学 Python 而学 Python，而应该通过学习 Python 掌握分析问题和解决问题的思路。在知识结构的安排上，本书尽力呈现给大家同一个任务的多种解法，目的就在于培养读者多角度思考问题的习惯。

读者朋友在入门 Python 之后，如果对提高程序设计技能感兴趣，可以进一步学一学算法，学一学数据结构，以便提高分析问题和解决问题的能力。学习了算法和数据结构，就好比工程师的手中有了一把趁手的锤子，然后看什么都像是钉子，总会想着如何更好地去锤钉子。有了“锤钉子”思维，我们将会昂首阔步地走在程序设计的大路上，意气风发、斗志昂扬。

致力于解决实际问题的读者朋友可以多多考察各种扩展库。Python 借助众多的库包可以轻松完成很多任务，可以说只有想不到，没有做不到。我们广泛考察各种扩展库的作用和性能，以便在面对实际需求时能够迅速找出合适的库包来调用。虽然当一个“调库侠”会影响程序设计技能的提高，但是我们大多数人学习 Python 并不一定要当“程序猿”和“程序媛”，我们的目的是利用 Python 多快好省地提高工作效率。所以，在初步掌握 Python 程序设计技能的基础上，调（diào）包、调（tiáo）参数就成了大多数人不约而同的选择，因为这样能大大提高程序开发效率。迅速写好代码，让 Python 程序慢悠悠地替我们工作，然后我们去做自己喜欢的事情，岂不是美事一桩？人生苦短，我用 Python。

本书面向的对象是 Python 的初学者。不管是单位的工作人员还是学校的学生，不管是小学生、中学生还是大学生，不管是大学文科生还是理科生，都可以通过本书来学习 Python。本书配套有教学 PPT 和全部例题、绝大部分思考题的程序代码，学校教师可以选用本书作为 Python 的入门教材，培训机构可以使用本书来开展培训。

本书安排了四部分内容：基础篇、文本篇、应用篇和排错篇。基础篇讲述 Python 程序设计的入门知识；文本篇介绍字符、编码和文本处理的基础知识；应用篇介绍日常办公文件的处理；排错篇总结初学者常遇到的错误和程序调试方法。

在所有关于文本处理的书中，本书的 Python 入门知识应该是相当详细的；在所有介绍 Python 入门的书中，本书的字符、编码、文本处理知识应该是相当全面的；在所有同时具备 Python 入门和文本处理知识的书中，本书的办公文件处理知识应该是相当具系统性的。本书的错误分类和代码调试方法也是笔者精心准备的。书中安排了大量的交叉引用，通过“×节”和“例×”这样的叙述，把前前后后的诸多知识点联系在一起。

如果把四方面的知识单独拿出来，毫无疑问会有很多优秀的著作超过本书，但把这四方面的知识综合起来的入门著作尚不多见。经过三年的写作，笔者终于有机会捧出这样的一本教材呈现在大家的面前。

限于书本篇幅和笔者自身能力，本书还有很多知识点没有介绍，比如线程与进程、网络与爬虫、多媒体处理、数据库操作、大数据分析，等等。笔者只希望能把自己熟悉的知识介绍明白，倘若本书能有部分内容对大家学习 Python 有所帮助，笔者将不胜欣慰。

本书能够出版，需要感谢很多人。感谢冯志伟先生！几年来，冯先生一直在鼓励和支持我写一部面向大学文科生的程序设计图书，并提出了很多宝贵的建议。感谢山东工商学院的董付国老师！笔者最初接触 Python 就是在董老师的建议下开始的，在笔者学 Python、教 Python 和写 Python 的过程中，得到了董老师的大力支持和无私帮助。感谢电子工业出版社的章海涛编辑！由于他的大力支持和耐心包容，这部姗姗来迟的图书才得以出版，在他的建议下，本书从面向文科生调整成了面向所有的 Python 学习者。感谢国防科技大学的刘万伟老师、武汉理工大学的赵广辉老师、安徽大学的段震老师及“Python 技术交流教师群”的各位老师，老师们的直接帮助及在微信群中的讨论使我受益匪浅。感谢中国传媒大学选修过“程序设计与语言信息处理”课程和“面向自然语言处理的 Python 程序设计”课程的同学们，在教学相长的互动过程中，同学们的反馈加深了我对 Python 知识的理解和掌握。感谢本书写作过程中所参考的书籍和网贴的作者！他们的成果让我在学习 Python 时少走了很多弯路，少踩了很多坑。感谢我的妻儿对我写作的支持和对我以写书稿为借口不做家务的偷懒行为的宽容！

感谢选择本书的读者朋友。希望我学习 Python 的心得体会能对大家有所帮助。若本书有什么疏漏和不足，请不吝赐教，真诚期待您的反馈：cuchufengguo@163.com。如果您觉得本书不错，也请不吝赞美，以便让更多的 Python 学习者通过本书受益。

承蒙冯志伟先生和董付国老师在百忙之中为本书作序，甚为感激。冯先生是文理兼通、学贯中西的语言学家，中国第一个一对多汉外机器翻译系统的设计者，2018 年中国计算机学会 NLPCC 杰出贡献奖获得者，在语言学界享有崇高的威望。董付国老师是全国高等院校计算机基础教育研究会“教育信息化”专业委员会委员，山东省一流本科课程“Python 应用开发”负责人，华为技术有限公司独立顾问，数十本 Python 畅销书的作者，在 Python 界有着很强的影响力。两位专家对本书的肯定和推荐是对笔者的极大鼓舞，笔者不胜荣幸。

亲，给个好评呗！

胡凤国

2021 年 6 月 18 日于京东定福庄

前　言

本书是面向初学者的Python入门书，强调基础知识，兼顾实践应用，总体架构上分为基础篇、排错篇、文本篇和应用篇四部分。

特别说明，作为教材，由于篇辐受限，基础篇和排错篇以纸质图书出版，文本篇和应用篇以电子出版物形式出版（有需要者，请单独购买）。

基础篇介绍 Python 程序设计的入门知识，共 12 章，重点包括：Python 介绍；安装和运行；Python 的基本概念（对象、数据类型、变量、表达式、内置函数）；输入输出；程序设计的基本结构；函数和类；序列操作（列表、元组、集合、字典）；字符串；正则表达式；文件读写；目录与文件操作；常用标准库介绍。建议第 1～11 章按章节顺序学习，第 12 章对前面各章用到的标准库进行了总结和拓展，可以在学习前面章节时随时参考。

排错篇总结初学者常遇到的错误并介绍了程序调试方法，包含 2 章：Python 错误类型、Python 代码调试。建议按顺序学习，先了解错误类型有助于代码调试。

配套电子出版物中包括文本篇和应用篇，可以作为本书的进阶学习资料。

文本篇介绍字符、编码和文本处理的基础知识，共 4 章，重点包括：字符集；文本编码；通用规范汉字表介绍；操作文本文件。建议先按顺序学习前两章，再根据需要学习后两章，后两章没有顺序要求。

应用篇介绍日常办公文件的处理，包含 5 章：Word 文件操作，Excel 文件操作，PowerPoint 文件操作，PDF 文件操作，图操作。这 5 章没有顺序要求，可以根据需要选学。

读者学习基础篇后，可以根据需要，自行学习文本篇或应用篇。文本篇和应用篇是相对独立的，没有严格的学习顺序要求。本书基础篇和文本篇的绝大部分章节中都有思考题，读者在学习时可以编程实现，如果运行程序遇到错误，可以随时参考排错篇。

本书提供了全部编号例题的程序代码，以及教学 PPT 和绝大部分思考题的参考代码，读者可以在 http://www.hxedu.com.cn 搜索本书，下载配套资源。也欢迎大家关注微信公众号“语和言”，本书尚未深入介绍或尚未涉及的一些 Python 知识点会在该公众号中不定期更新，作为本书的另一种配套资源。

作　者

目　录

第一篇　基础篇

第二篇 排错篇

第一篇
基础篇

第 1 章　Python 介绍

1.1　什么是 Python

1.1.1　有一种编程语言叫 Python

"python"这个词有多个含义。作为一个普通名词，python 在英语中已经存在了数千年，意为蟒蛇。作为一个专有名词，Python 成为一门编程语言的名字是近几十年才有的事情。其实，专有名词 Python 不仅表示编程语言，还是一个喜剧团体的名字，这个喜剧团体叫 Monty Python，即巨蟒剧团。时至今日，可能只有编程语言这个含义更为流传。

图 1-1　Python 软件安装包的图标

编程语言 Python 与蟒蛇 python 和剧团 Python 之间看似毫不相关，其实关系是非常密切的。Python 软件安装包的图标上就有两条蟒蛇（如图 1-1 所示），很多关于 Python 编程的图书封面上也有蟒蛇形象，如《Python for UNIX and Linux System Administration》[①]和《Programming Python》[②]。另外，Python 编程语言的名字正是由巨蟒剧团得来的。

巨蟒剧团是 20 世纪 60 年代末成立的一个喜剧团体，Python 语言的作者 Guido van Rossum（吉多·范罗苏姆）很喜欢巨蟒剧团的电视节目《飞翔马戏团》，以至于当他在 1989 年发明了一种新的编程语言后，就用巨蟒剧团的名字为之命名，于是 Python 语言诞生了。

关于 Python 的发音，很多人习惯叫它"派森"，也有不少人叫它"派桑"。实际上，Python 这个词是有两种读法的，在英语中的读法更接近于"派森"，在美语中的读法更接近于"派桑"。关于这两种发音，读哪个可随意，反正都是指的同一门编程语言。

本书中，如非特别说明，凡是说到 Python 的地方，均指编程语言 Python。

---

① Gift, N. and J.M. Jones. Python for UNIX and Linux System Administration. O'Reilly Media, 2008.

② Lutz, M.. Programming Python, Fourth Edition. O'Reilly Media, 2010.

1.1.2 Python 的发展史

关于 Python 语言的由来，很多资料是这样介绍的：1989 年，一位名叫 Guido van Rossum 的荷兰程序员为了打发无聊的圣诞节假期，决定开发一门新的程序设计语言，于是就有了 Python。这段充满正能量并锐意创新的故事很能激励人奋发进取，其实 Python 语言不是凭空产生的，它是在一个名叫 ABC 的程序设计语言的基础上诞生的。Guido 当时在荷兰的 CWI（Centrum Wiskunde & Informatica，荷兰国家数学与计算机科学研究中心）参与 ABC 语言的开发，ABC 语言有很多新的设计思想，但也有很多缺点，导致它最终没有流行。但它对 Python 的诞生有着很大影响，以至于 Python 的官方文档说 Python 是 ABC 的继承者。

1989 年，Guido 开始着手开发 Python 语言，他希望这种语言能够像 C 语言那样全面调用计算机的功能接口，又可以像 Shell①那样轻松编程。

1991 年 2 月，Python 第一次公开发布，版本号是 0.9.0。它是用 C 语言实现的，其语法很像 C 语言，代码强制缩进则是受了 ABC 语言的影响。

Python 将很多编程细节隐藏起来，交给编译器去处理，这可以让程序员把更多的时间用于思考程序的逻辑，而不是具体的实现细节。这一特征吸引了广大的程序员，Python 开始迅速流行。

最初的 Python 完全由 Guido 本人开发，后来 Guido 组建了 Python 的核心团队来集体开发。虽然现在的 Python 开发集成了很多人的贡献，但 Guido 一直是 Python 的名义作者，他被尊称为“Python 之父”。

1994 年 1 月，Python 1.0 发布。2000 年 10 月，Python 2.0 发布。2008 年 12 月，Python 3.0 发布，相对于早期版本，做了较大的升级，如在中文字符的处理方面。

为了不带入过多的累赘，Python 3.0 在设计时没有考虑向下兼容，但由于 Python 2.x 的使用人数非常多，2.x 版本在 3.0 版本推出之后还一直在升级维护。于是就有了两个版本的 Python：Python 2 和 Python 3。

在相当长的一段时间内，Python 2 和 Python 3 和谐共存，Python 团队一直在为两种版本的 Python 分别推出后续升级版本。但由于差别很大，两个版本在漫长的升级过程中渐行渐远，以至于像两门语言。曾有人戏言，Python 是世界上最好的两门语言，说的就是 Python 2 和 Python 3。

2019 年 10 月 30 日，63 岁的 Python 之父 Guido van Rossum 在推特上公布了自己从 Dropbox 公司离职的消息，并表示已经退休。Dropbox 的官网发布公告感谢 Guido 在 Dropbox 任职期间所做的贡献。我们期待着 Python 在 Guido 退休之后仍能保持快速发展的良好势头。

截至 2022 年 3 月，Python 官网上两个版本的 Python 的最新版本号分别是 2020 年 4 月 20 日发布的 Python 2.7.18 和 2021 年 12 月 6 日发布的 Python 3.10.1（但本书内容未涉及 Python 3.10 的内容）。

1.1.3 Python 的版本选择

相对于 Python 2，Python 3 的设计理念更加合理、高效和人性化，代码开发和运行效率更高。因此，初学者毫无疑问应该选择 Python 3，也有少数人选择 Python 2，这多半是因为手头

---

① 严格来说，Shell 不是一种编程语言，它是一个命令解释器，把应用程序的输入命令解释给操作系统，再将操作系统指令处理后的结果解释给应用程序。借助 Shell，用户可以轻松、方便地完成很多任务。

的项目有一些 Python 资源是使用 Python 2 写的代码，全面转成 Python 3 代价太大，不得已才继续使用 Python 2。

2018 年，Python 核心开发团队就计划从 2020 年 1 月 1 日起停止对 Python 2 的支持，不再提供错误修复版或安全更新。最终，Python 2 在 2020 年 4 月 20 日发布了 Python 2.7.18，这是 Python 2 的最后一个版本。

因此，Python 3 就是初学者的必然选择。Python 3 有很多细分的版本，如 3.4、3.5、3.6、3.7、3.8、3.9 和 3.10，那么我们到底选择哪一个版本呢？

显然，并不是版本越高越好，适合自己的才是好的。很多新出版的 Python 著作使用的版本都不是最高的。比如，虽然 Python 2 在 2020 年 4 月已经退休，雷蕾在 2020 年 7 月出版的新书中还是兼顾了 Python 2.7 和 Python 3.7①；虽然 Python 3.9 在 2020 年 10 月已发布，但陆晓蕾等人在 2021 年 1 月出版的新书中使用的 Python 版本仍是 3.73②，董付国在 2021 年 1 月出版的新书中使用的 Python 版本是 3.8.3③。

下面笔者针对不同情况谈一下 Python 3 各版本的选择问题。

如果不得不在 Windows XP 操作系统下使用 Python，毫无疑问只能使用 Python 3.4.x 及更低版本，因为 Python 3.5 及更高版本不再支持 Windows XP 操作系统。目前，Python 3.4.x 系列能够在官网下载到并可以直接安装的最高版本是 2015 年 12 月发布的 Python 3.4.4。

为了能够安装版本更高的 Python，操作系统至少是 Windows 7。

从 2020 年 10 月发布的 Python 3.9 开始，Python 不再支持 Windows 7 操作系统，所以完全用 Windows 10 操作系统的学习者可以考虑直接选用 Python 3.9，而学习和工作环境尚未完全转到 Windows 10 的 Python 使用者不能选用 3.9 版本。注意，一些扩展库不支持最新的 3.9 版本，如截至 2021 年 1 月，TensorFlow 尚未推出支持 3.9 的版本，截至 2021 年 6 月，wordcloud 还不支持 Python 3.9。对特定的扩展库有需求的使用者来说，可能 Python 3.9 并不是一个好的选择。

剩下 Python 3.5～3.8 选哪个呢？由于 Python 3 从 3.6 版本开始引入了一种新型的格式化数据方法——f-strings 方法，用这种方法格式化数据更简洁方便，因此，为了能使用这种新特性，建议大家不要考虑 3.5 版本，而是从 3.6 版本开始。

这时选择范围就集中在了 3.6～3.8 版本。3.7 版本相对于 3.6 版本并没有显著的改进，但是 Python 从 3.8 版本开始引入了一种新的运算符——海象运算符，兼备运算和赋值双重功能。喜欢这个新特性的可以直接选择 Python 3.8，并且一定要选择最新版的 3.8.8，因为早期的 3.8.4、3.8.5 等版本存在着无法保存的 Bug——如果在 IDLE 中新建 Python 代码中包含中文，就无法保存。经测试，3.8.8 版本无此 Bug。不过，3.8.8 版本在部分 Windows 7 操作系统中无法安装，据说需要安装一些补丁包④后才可以。如果觉得这样麻烦，就只能考虑 3.6 和 3.7 版本了。

Python 3.6 和 3.7 这两个版本相差不太多。考虑到曾有研究者提到深度学习领域的扩展库 tensorflow 和 tensorflow-gpu 在 3.7 版本中安装非常困难，而在 3.6 版本中比较容易⑤，所以建

---

① 雷蕾．基于 Python 的语料库数据处理．科学出版社，2020.

② 陆晓蕾，倪斌．Python 3：语料库技术与应用．厦门大学出版社，2021.

③ 董付国．Python 程序设计入门与实践．西安电子科技大学出版社，2021.

④ 笔者测试缺少的是 kb2533623 补丁，不排除所缺补丁随计算机的不同而有所差异的可能。

⑤ 网页截图见所附教学资料包。

议读者先安装 3.6 版本进行学习。

Python 3.7 在语法上几乎是完全向下兼容 3.6 的，一般情况下，在 Python 3.6 中能够正常运行的代码在 Python 3.7 中也能够正常运行。据 Python 官方文档介绍，Python 3.7 唯一不兼容 Python 3.6 的地方就是，async 和 await 这两个符号串变成了 Python 语言中保留的关键字，这可能导致用这两个符号串充当变量名或者函数名的程序在 Python 3.6 中运行正常，但在 Python 3.7 中运行出错[①]。初学者可以忽略两者的语法差异，而将重点放在 Python 基础语法的学习上。

笔者在开始计划写这本书的时候，采用的是当时看来较新的 Python 3.6.5，为了保持前后一致性，本书全部使用了这个版本，并且竭力保证所有例题的程序代码都能在 3.6、3.7、3.8 和 3.9 版本下运行[②]。刚好 365 是一个好数字，它表示一年的天数。蔡国庆在歌曲《三百六十五个祝福》中唱道："一年有三百六十五个日出，我送你三百六十五个祝福。"一年三百六十五天，每天都能接受老蔡的祝福，顺便写写 Python 代码，的确是一件很愉快的事情。笔者也借这个歌词祝福大家：祝大家 good good study，day day up。苟日新，日日新，又日新。与大家共勉。

1.2 为什么要学习 Python

1.2.1 为什么要学编程

随着社会的进步和科技的发展，信息技术扮演的角色越来越重要，信息技术人才越来越受重视。信息技术人才应该具备的诸多能力中，编程能力是一个重要组成部分。编程又叫程序设计，学习编程可以锻炼人的逻辑思维能力、组织协调能力、系统思考能力、创造性分析问题和解决问题的能力。大学生作为我国社会主义现代化建设的未来主力军，更应该培养编程能力。

早些年社会上对于编程有一种认识误区，那就是编程是理科生干的事情，文科生不太需要学习编程，即便到现在，社会对文科生编程能力的培养也没有给予足够的重视，很多文科生也视编程为畏途。事实上，编程并不是理科生的专属标签，文科生也需要学习编程，而且能学好。

2014 年 7 月 16 日，《中国青年报》发表了一篇名为《文科生学编程：为什么、学什么、怎么学》[③]的文章，这篇较早关注文科生编程问题的文章作者认为，文科生学编程主要有两个目的：一是训练编程思维方式，二是培养做事逻辑。作者还提出了一个颇有见地的观点：计算机对错误是零容忍的，通过编程训练可以培养规则意识，首先要尊重规则，然后才能在尊重规则的基础上实现创新。

近年来，社会的发展推动了"新文科"这个概念的诞生和"新文科"建设的发展。2020 年 11 月 3 日，教育部新文科建设工作组主办的新文科建设工作会议发布了《新文科建设宣言》，宣言中指出要"积极推动人工智能、大数据等现代信息技术与文科专业深入融合"。在"新文科"建设轰轰烈烈开展的大背景下，文科生学习人工智能与大数据知识都或多或少涉及编程能力的培养问题。所以，文科生学习编程还是很有必要的。

---

① 网页截图见所附教学资料包。

② 当然，由于海象运算符不被 Python 3.6 和 Python 3.7 支持，专门介绍海象运算符的程序代码不能在这两个版本下运行。如果有这样的程序代码，本书会特别说明。

③ 祝建华. 文科生学编程：为什么、学什么、怎么学. 中国青年报，2014-7-16.

当今社会不但开始重视大学文科生编程能力的培养，而且开始重视中小学生编程能力的培养，这种重视逐渐由民间上升到国家层面。2020 年两会期间，全国政协委员、网易公司首席执行官丁磊提交了《关于稳步推动编程教育纳入我国基础教学体系，着力培养数字化人才的提案》，建议将少儿编程纳入学业水平考试，作为综合素质评价的重要内容。2020 年 12 月 9 日，教育部官网对该提案进行了回复[①]，称将根据需要将编程教育纳入中小学相关课程，帮助中小学生掌握信息技术基础知识与技能、增强信息意识、发展计算思维、提高数字化学习与创新能力、树立正确的信息社会价值观和责任感。

学习编程有诸多好处，不但大学生、中小学生有必要学，而且很多职业从业人员也需要学习编程，很多人也自觉地投入到编程学习中。

1.2.2 学编程为什么选 Python

学习编程，首要必须明白一点，我们的目的是学习一种思维方式，学习用计算机解决问题的方法，而不应该以学习某一门具体的编程语言为目的。有了计算思维，我们可以使用编程语言来编写计算机程序解决问题。目前有很多优秀的编程语言可以选择，如 C、C++、Go、Java、Lisp、Prolog、Python 等，每一种语言都有自己的优点，也有各自的支持者在使用。

就文科生而言，以 Python 作为编程语言是一个很不错的方案。Python 语言的特点可以用一句话总结如下：Python 是一门跨平台的、开源的、免费的解释型高级动态编程语言。

- 跨平台：Python 可以运行于 Windows、Mac、Linux 和安卓操作系统上。
- 开源：Python 每个版本的源代码都能公开得到。
- 免费：Python 软件完全免费，不像有些软件分为收费版和功能弱的免费版。
- 解释型：运行 Python 程序时，需要用 Python 解释器把 Python 语句翻译成机器语言，计算机才能执行，Python 的特点是翻译一句执行一句，边翻译边执行。与此相对，有些语言（如 C 语言）是编译型的，要求将全部语句都翻译成机器语言再统一执行。
- 高级：Python 是一种高级程序设计语言，相对于机器语言和汇编语言来说，更接近人类的自然语言。
- 动态：Python 中变量的数据类型在运行时是可以发生变化的，而有些编程语言（如 C 语言）中变量的数据类型不可以改变。

Python 的这些特点使得它相对于其他程序设计语言来说具备一些适合文科生学习的优点，具体表现如下。

第一，Python 的语法简单易学，代码简洁明了。实现相同的功能，Python 的少数几个语句往往能实现其他语言很多语句才能实现的功能。

第二，Python 的扩展库非常多，方便我们完成各种任务。例如，读取一个 Word 文件的全部文本内容，写入一个文本文件，借助扩展库只需要短短的 6 行代码就可以完成。

第三，Python 同时支持交互式编程和脚本式编程。交互式编程是每次运行一行 Python 语句，马上就能看到其执行结果；脚本式编程是把很多 Python 语句放到一起批量执行。对初学者而言，这个交互式运行的特点使得它相对于 C/C++、Java 等编程语言更具亲和力。

第四，Python 完全支持面向对象程序设计，但允许面向过程编写和运行程序代码。像 Java

① 网页截图见所附教学资料包。

这样的编程语言，即便是最简单的程序也必须定义一个类，Python 具有既支持类又不强制使用类的特点，所以入门超级简单。

笔者认为，以上四方面是 Python 能够吸引很多初学者的原因。

在当今的人工智能和大数据时代，Python 在科学研究和科学实验中也大放异彩。有一种论调认为，Python 是当今人工智能的首选语言，所以应该学 Python，这种过度吹捧 Python 的言论其实是不负责任的。还记得在几十年前的那一波人工智能浪潮中，Prolog 曾被捧为人工智能的核心语言，但现在 Prolog 早已风光不再。虽然 Python 现在比较流行，但谁也说不准以后会不会出现比 Python 更优秀更流行的编程语言。不过就目前来看，Python 还是很适合初学者的。

我国现在很多中小学培养学生编程能力使用的程序设计语言就是 Python。人民教育出版社 2019 年出版的高中《信息技术・必修 1・数据计算》教材正是采用 Python 来编写的程序。据杭州网报道，浙江省从 2020 年 9 月起，八年级将新增 Python 课程内容，注重培养学生的思维能力①。

2019 年 11 月 14 日，著名地产商、SOHO 中国的董事长潘石屹宣布开始学 Python。第二天，潘石屹在微博上解释了学习 Python 的原因。他说，在工业社会，我们要学会驾驭各种机器，为了让机器听从指挥，我们要学习机器能听懂的语言。这类语言在不断地进化中，他认为 Python 是其中进化最好的一种语言，所以选择了 Python 来进行学习。2020 年 5 月 16 日，潘石屹晒出了学习 Python 半年的成绩单：通过了 NCT 全国青少年编程能力测试（Python 编程一级）考试，成绩为优秀②。后来，潘石屹在微博上自嘲“又当了一回恶人”，原因是他的一位朋友对自己的儿子说：“潘叔叔都学习 Python 了，你还不努力学习！”

1.3 怎样学习 Python

明白了学习 Python 的重要性并选定 Python 的版本安装后，接下来就是学习 Python 语言并用它来解决实际问题了。

学习 Python 的时候，我们自然需要先懂一点 Python 语法，从而可以写出合格的 Python 语句，而合格的 Python 语句是 Python 程序设计的基础。至于是一口气学习完语法再尝试编程，还是学一点语法就马上去编程实践，这因人而异，不能一概而论。比如学英语的时候，有些人觉得先背单词再学语法更有效，而另一些人觉得先学语法再背单词更有效。但无论怎样，既不背单词又不学语法的人肯定是学不好英语的。

笔者根据多年的教学经验，为读者朋友学习 Python 提供了以下几条建议。

第一，要有兴趣。这自然是废话，但这是一条很重要的废话。小学生在学习时如果没有兴趣，那么老师和家长会千方百计提高他的学习兴趣。我们学 Python 不一样，没有人逼着学，没兴趣了完全可以去干别的。

第二，学练结合。也就是所谓的知行合一。先把书上每个知识点涉及的基本语法学会，然后马上开始敲代码实践，弄明白了之后再进入下一个知识点的学习。最好是照着书上的例子一一验证，验证到最后，知识点也就差不多掌握了。

第三，循序渐进。Python 的基础语法部分最好从前往后顺序学习，如果前面的选择语句和

---

① 网页截图见所附教学资料包。

② 网页截图见所附教学资料包。

循环语句都没学好，直接去学后面的自定义函数，可能难度会大大增加。

第四，别怕出错。练习时肯定会经常出错，别担心，遇到错误千万别有“我怎么那么笨”之类的想法，出错是正常的，兵来将挡，水来土掩，解决它们就是。切忌一出现问题就放弃。

第五，善用网络。我们在学习中遇到的问题，可能很多人都遇到过，网上很多时候已经有了解决办法，所以要善于利用互联网搜索引擎，为我们的问题寻找解决方案。需要注意的是，网上有不少帖子，人云亦云、复制粘贴的比较多，有些遗漏了关键之处没说透，有些根本就是错误的。我们使用网络寻找问题解决方案时要注意甄别。

第六，问题驱动。每个知识点的内容基本学会之后，我们就可以结合具体的任务来强化学习的成果。单纯记住每个语句分别能完成什么功能可能不太容易，但如果要寻找哪些语句能实现我们需要的功能，带着目的去寻找相应的语句，可能更有效果。

第七，交叉参考。要参考多种资料，包括纸质书籍和电子版的学习材料。每个专家看问题都有自己独特的角度，写的学习资料可能有不同的侧重点，我们在学习一个资料时，遇到的问题可能在学习另一个资料时就解决了。很多关于 Python 的微信公众号经常会推送一些我们需要的知识，有空时学习一下还是挺有帮助的。比如，笔者经常给学生推荐董付国老师的微信公众号“Python 小屋”中的文章，笔者自己的很多 Python 知识就是在这里学习到的。这里也推荐读者关注。

第八，一题多解。解决一个问题后，我们要多想一下，还有没有其他方法？如果有多种方法，哪一种方法最简单？一题多解，能让我们学得更深入。本书很多例题都是用一题多解的方式给出了不同的实现代码。

第九，交流互助。同学、朋友中如果有学习 Python 的，遇到问题一起交流也是一条迅速提高 Python 水平的路子。董付国老师有一个 Python 技术交流教师群，大家经常在里面交流问题，每个人都有很多收获。有时，给他人点拨思路，对我们自己也是一种启发。记得 2019 年 4 月微博上曾看到一个姑娘贴出一则征婚交友启事①，她把自己的微信号藏到了一道编程题中，群里众位老师对题目的解法展开了热火朝天的讨论，最终诞生了一个非常快速的算法。

第十，持之以恒。学 Python，要坚持编程练习，不以写代码为手段的学习都不是真正的学习。英雄救美都能做到有条件要救，没有条件制造条件也要救，我们学 Python 也应该做到有条件要练，没有条件制造条件也要练。

---

① 网页截图见所附教学资料包。

第 2 章　Python 的安装和运行

2.1　安装 Python 软件

2.1.1　软件下载

Python 的官方网站（https://www.python.org/）提供了很多版本的 Python 安装包供下载。单击图 2-1 中的 Downloads 按钮，即可打开 Python 的下载页面，找到“Looking for a specific release?”标志下的滚动列表框，从中找到需要的版本，如 Python 3.6.5，如图 2-2 所示。

图 2-1　下载 Python 安装软件（1）

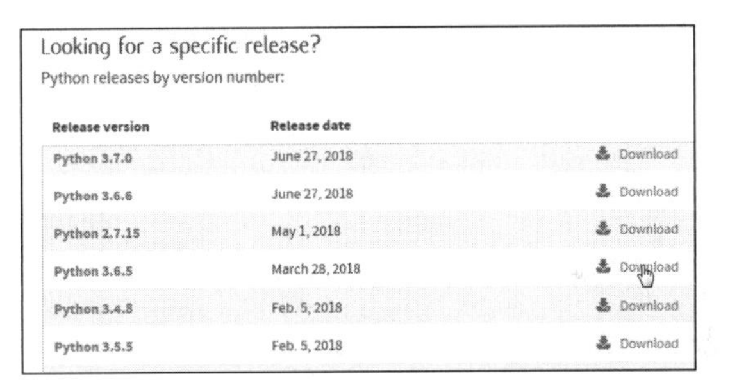

Looking for a specific release?

Python releases by version number:

Release version	Release date	
Python 3.7.0	June 27, 2018	Download
Python 3.6.6	June 27, 2018	Download
Python 2.7.15	May 1, 2018	Download
Python 3.6.5	March 28, 2018	Download
Python 3.4.8	Feb. 5, 2018	Download
Python 3.5.5	Feb. 5, 2018	Download

图 2-2　下载 Python 安装软件（2）

单击 Python 3.6.5 右边的 Download 按钮，即可进入 Python 3.6.5 的下载页面，拖动页面右侧的滚动条，在 Files 下的文件列表中就会看到该版本的 Python 所提供的下载文件列表，如图 2-3 所示。

Files

Version	Operating System	Description
Gzipped source tarball	Source release	
XZ compressed source tarball	Source release	
macOS 64-bit/32-bit installer	Mac OS X	for Mac OS X 10.6 and later
macOS 64-bit installer	Mac OS X	for OS X 10.9 and later
Windows help file	Windows	
Windows x86-64 embeddable zip file	Windows	for AMD64/EM64T/x64
Windows x86-64 executable installer	Windows	for AMD64/EM64T/x64
Windows x86-64 web-based installer	Windows	for AMD64/EM64T/x64
Windows x86 embeddable zip file	Windows	
Windows x86 executable installer	Windows	
Windows x86 web-based installer	Windows	

图 2-3　下载 Python 安装软件（3）

在图 2-3 所示的列表中，最上面两个文件是 Python 3.6.5 的源代码。接下来的两个文件是 Mac 操作系统对应的两个安装包（注意两个安装包对应的 Mac OS X 版本不一样）。然后是 Python 3.6.5 在 Windows 下的帮助文件。接下来的 6 个文件是 Windows 操作系统下的安装包。文件名字中带 x86 的对应 32 位的操作系统，带 x86-64 的对应 64 位的操作系统。无论是 32 位还是 64 位，均提供了 3 个下载文件。

❖ embeddable zip file 是嵌入式版本，可以集成到其他应用中。

❖ executable installer 是离线安装包，文件较大。

❖ web-based installer 是在线安装包，文件较小，安装时需联网。

一般选择离线安装包，下载以后在断网时也能随时安装 Python。

下载文件时，首先看操作系统是 Mac 还是 Windows。如果是 Mac，那么根据 Mac OS X 的版本二选一下载就行；如果是 Windows，那么要看是 32 位的操作系统还是 64 位的操作系统，然后下载相应的 executable installer 即可。

笔者的 Windows 7 操作系统是 64 位的，所以下载的是 Windows x86-64 executable installer。下载后得到的文件是 python-3.6.5-amd64.exe。

注意，图 2-3 是下载 Python 3.6.5 时对应的界面。如果是下载 Python 3.9.5，界面会有所不同，下拉滚动条，会看到如图 2-4 所示的下载界面。Python 3.9.5 的 Windows 版下载文件不再标注“x86”和“-64”等字样，而是直接用“32-bit”和“64-bit”等文字指明软件所对应操作系统的位数。

Version	Operating System	Description
Gzipped source tarball	Source release	
XZ compressed source tarball	Source release	
macOS 64-bit Intel installer	Mac OS X	for macOS 10.9 and later
macOS 64-bit universal2 installer	Mac OS X	for macOS 10.9 and later, including macOS 11 Big Sur on Apple Silicon
Windows embeddable package (32-bit)	Windows	
Windows embeddable package (64-bit)	Windows	
Windows help file	Windows	
Windows installer (32-bit)	Windows	
Windows installer (64-bit)	Windows	Recommended

图 2-4　下载 Python 安装软件（4）

可能有些读者不会看自己的 Windows 操作系统是 32 位还是 64 位，查看方法如下。

在桌面的“计算机”图标上单击鼠标右键，在弹出的快捷菜单中选择“属性”选项，如图 2-5 所示；然后在弹出的属性窗口中部找到“系统”栏，在“系统类型”中就能看到操作系统是 32 位还是 64 位了，如图 2-6 所示。

如果 Windows 桌面上没有“计算机”图标，可以在屏幕的空白处单击鼠标右键，在弹出的快捷菜单中选择“个性化”，然后在个性化窗口中单击左侧上部的“更改桌面图标”选项，在弹出的“桌面图标设置”窗口中勾选“计算机”复选框，单击“确定”按钮即可。

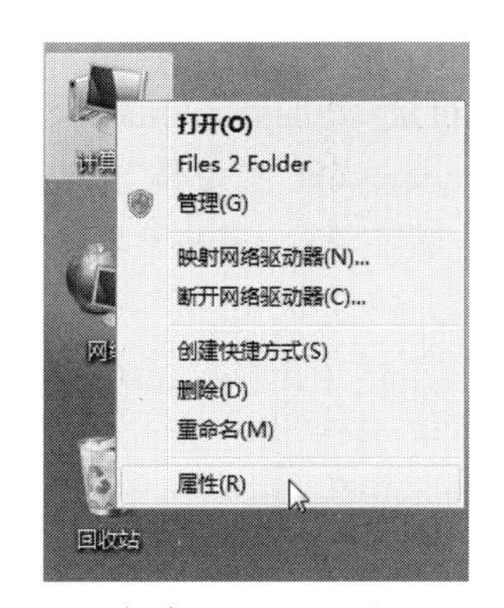

图 2-5　查看 Windows 是 32 位还是 64 位（1）

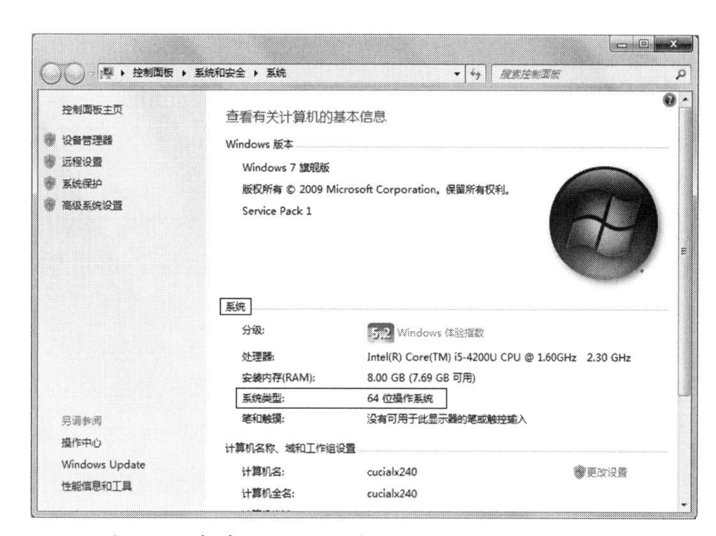

图 2-6　查看 Windows 是 32 位还是 64 位（2）

需要指出的是，64 位的 Windows 也能安装 32 位的 Python，运行简单的 Python 程序不会出什么问题。但不建议这样做，还是尽量安装对应的版本，以便系统更好地提供对 Python 的支持。

2.1.2　安装

下载完成 Python 的离线安装包后，就可以安装了。这里以 64 位 Windows 7 操作系统为例来说明 Python 的安装过程和注意事项，后续所有涉及操作系统的地方，除非特别说明，均默认操作系统是 64 位 Windows 7。

首先，双击下载的安装包 python-3.6.5-amd64.exe，进入安装 Python 的第一个界面，如图 2-7 所示。

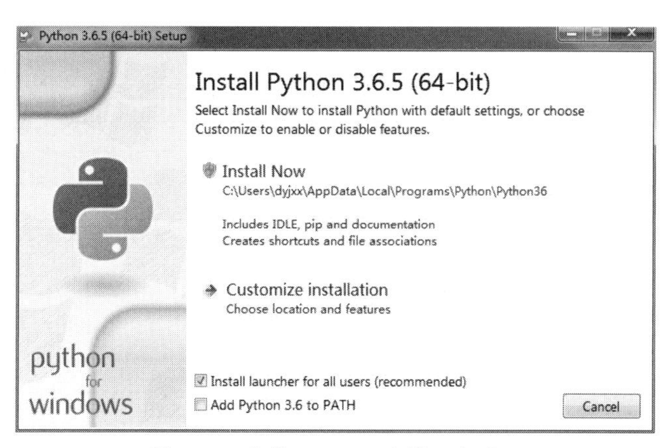

图 2-7　安装 Python 的第一个界面

这里有两种安装方式：第一种方式是单击 Install Now，这是默认安装；第二种方式是单击 Customize installation，这是自定义安装。默认安装比较简单，但是不能选择安装路径，安装路径比较长，不喜欢长路径的读者可以选择自定义方案，这个方案可以选择安装路径，还可以选择其他安装选项。

注意：无论是第一种安装方式还是第二种安装方式，在选择之前我们务必要确认是否勾选下面的两个选项。

第一个选项是 Install launcher for all users(recommended)。如果勾选，那么安装的 Python 能被登录本机的所有用户使用，否则安装的 Python 只供当前用户使用。这个选项是否勾选，可根据需要来选择。

第二个选项是 Add Python 3.6 to PATH，可以把 Python 的安装目录[①]添加到 Windows 的环境变量中，这样可以方便我们在命令行窗口中运行 Python 解释器 python.exe 和安装 Python 扩展库的工具 pip.exe。如果不勾选，以后会比较麻烦。所以，为了能够在 Python 的世界里愉快地玩耍，请一定勾选，再单击两个安装选项之一。

首先看第一种默认安装方式。这里不勾选第一个选项，勾选第二个选项，单击 Install Now，就可以开始 Python 的安装，如图 2-8 所示。

图 2-8　以默认方式安装 Python（1）

默认安装开始后，就进入安装等待期，如图 2-9 所示。

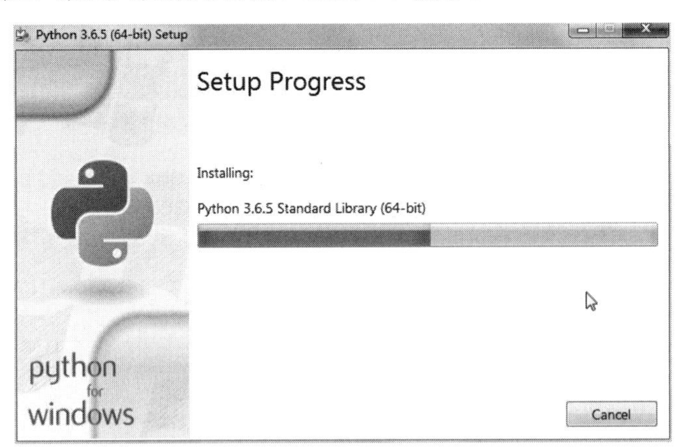

图 2-9　以默认方式安装 Python（2）

等出现如图 2-10 所示的界面，就算安装完成了。

---

① 目录和文件夹是同一个意思。提到文件路径时，用目录比较多，如果在 Windows 中到某个路径去找文件的话，说打开某某文件夹可能更习惯一些。本书不区分目录和文件夹。

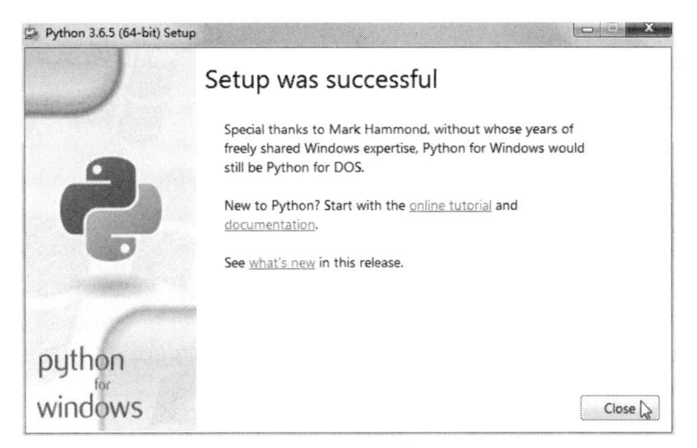

图 2-10　以默认方式安装 Python（3）

接下来看第二种安装方案（自定义安装）。双击安装包 python-3.6.5-amd64.exe，出现如图 2-11 所示的界面，勾选 Add Python 3.6 to PATH 复选框，然后单击 Customize installation 按钮，即可进行自定义安装。

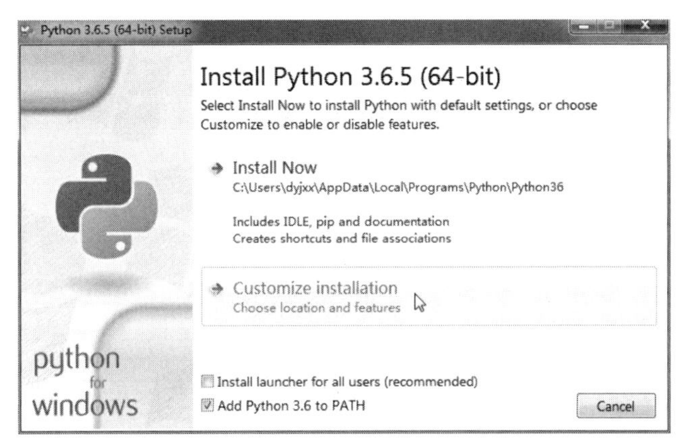

图 2-11　自定义安装 Python（1）

自定义安装的第一个界面如图 2-12 所示。

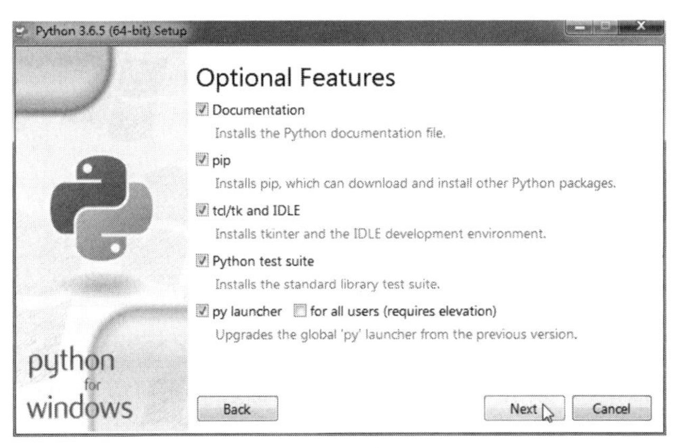

图 2-12　自定义安装 Python（2）

不需要进行任何改动，直接单击 Next 按钮，出现如图 2-13 所示的界面。不要改动界面中勾选的情况，直接在 Customize install location 下的文本框中输入或选择安装路径，如 C:\Python\Python365，然后单击 Install 按钮，出现如图 2-14 所示的界面。

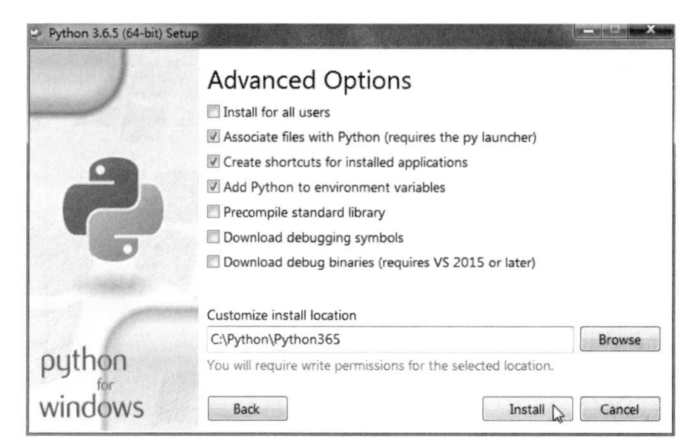

图 2-13　自定义安装 Python（3）

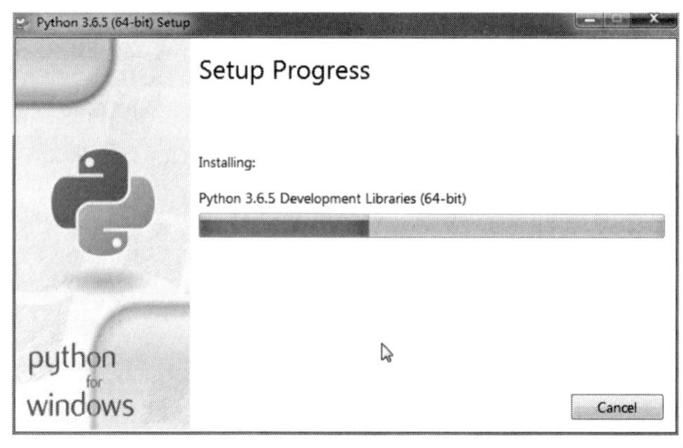

图 2-14　自定义安装 Python（4）

什么也不用做，等待一会，就会看到如图 2-15 所示的安装完成界面。

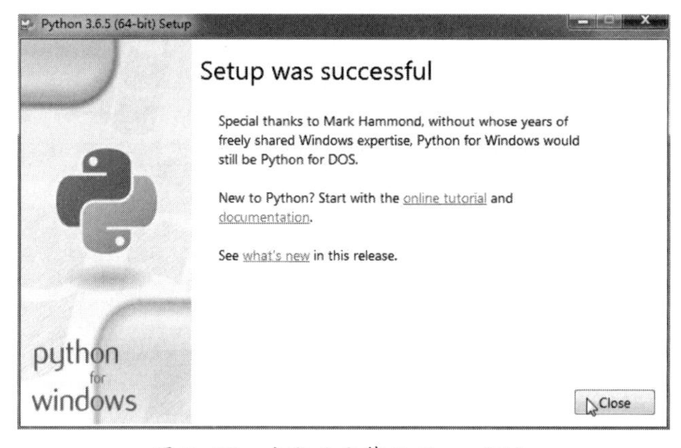

图 2-15　自定义安装 Python（5）

如果是在 Windows 10 中安装 Python，在图 2-15 之前还可能会出现一个绕过文件路径长度限制的设置界面，如图 2-16 所示。

一般情况下，在 Windows 中，程序可以操作的文件路径名最长是 260 个字符，否则无法用程序操作（在 Windows 中还是可以操作的）。图 2-16 提示我们，在 Windows 10 中可以让包括 Python 在内的程序能够处理路径名超过 260 个字符的文件，在 3 行提示信息上单击鼠标即可完成设置，然后回到如图 2-15 所示的安装完成界面。

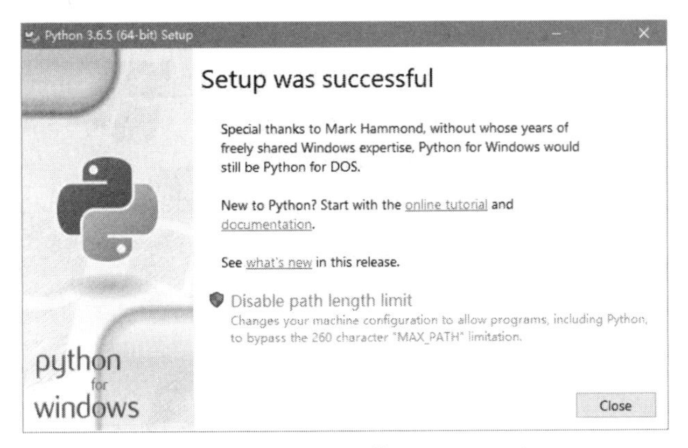

图 2-16　自定义安装 Python（6）

安装 Python 的时候，如果对自己的安装操作不太自信，可以选择默认安装，如果想改变安装路径，就选择自定义安装。注意，无论选择哪种安装方式，都要在安装 Python 的第一个界面中提前勾选 Add Python 3.6 to PATH 复选框。

2.1.3　测试

安装完 Python 后，我们要测试是否安装成功。测试的方法是在命令行窗口中运行 Python 解释器 python.exe 和 Python 扩展库安装工具 pip.exe，根据提示信息来判定是否安装成功。

打开命令行窗口的方法如下：单击桌面左下角的开始图标，在搜索框中输入“cmd”，如图 2-17 所示，然后按下 Enter 键，会出现一个黑色背景的命令行窗口，如图 2-18 所示。

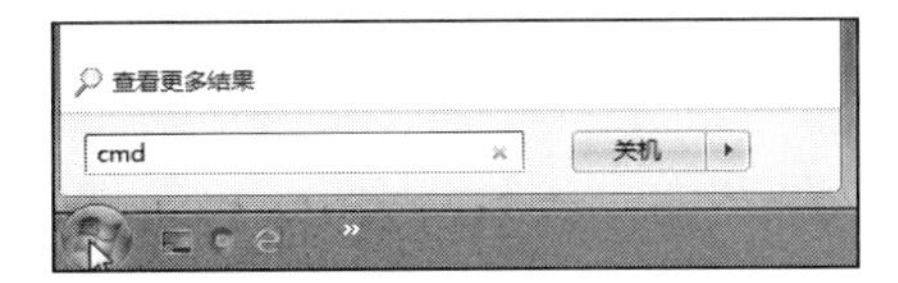

图 2-17　Windows 7 调出命令行窗口

图 2-18　Windows 7 的命令行窗口界面

界面中有个一闪一闪的白色光标，输入的命令会显示在光标的位置处，随着我们的输入，光标在不断地移动。在这个窗口中输入命令，按下 Enter 键，就能看到命令的执行结果。

下面分别进行 Python 解释器 python.exe 和 Python 扩展库安装工具 pip.exe 的测试。测试的目的是看这两个应用程序所在的目录是否被添加到了操作系统的环境变量 PATH 中。

1．测试 Python 解释器 python.exe

我们在图 2-18 中输入 python，然后按下 Enter 键，如果看到如图 2-19 所示的界面，就说明 Python 安装成功了。

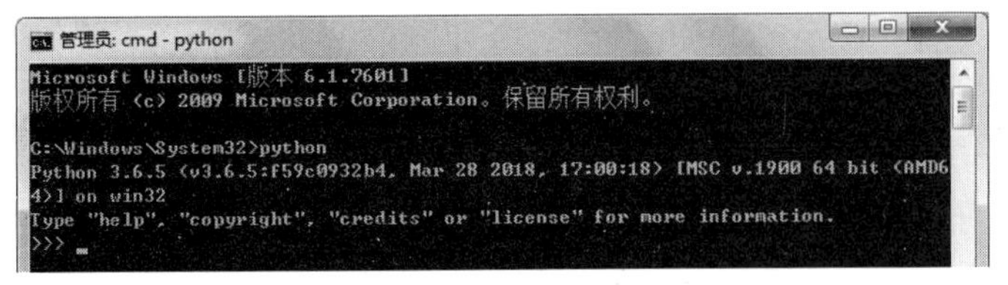

图 2-19　在命令行窗口对 Python 解释器进行测试（1）

如果看到的是如图 2-20 所示的界面，就表明 Python 安装不成功。

图 2-20　在命令行窗口对 Python 解释器进行测试（2）

之所以出现这种情况，是因为没有把 Python 解释器 python.exe 所在的目录添加到操作系统的环境变量 PATH 中。

为什么没有添加进去呢？因为在安装 Python 时的第一个界面中没有勾选 Add Python 3.6 to PATH 选项。这个选项在前面安装时反复强调过，一定要勾选。如果不小心错过了勾选，直接安装 Python，测试时就会出现如图 2-20 所示的结果。

在这种情况下，我们照样可以在 Python 自带的 IDLE 中运行 Python 程序，但不能在命令行窗口中运行 Python 程序。所以，要想办法把 Python 解释器 python.exe 所在的目录添加到操作系统的环境变量 PATH 中。

补救方法有如下三个。

方法一：卸载 Python，重新安装，这次一定要记得勾选 Add Python 3.6 to PATH 选项。对于懒得折腾的初学者来说，这是最简单的方法，反正 Python 安装包也不大，卸载并重装用不了多长时间。

方法二：不卸载 Python，再把 Python 安装包 python-3.6.5-amd64.exe 运行一遍。双击之运行，出现如图 2-21 所示的界面，选中并单击第一项 Modify，出现如图 2-22 所示的界面。

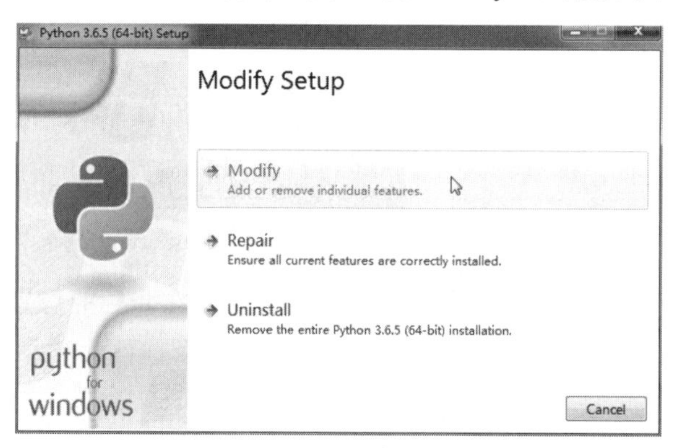

图 2-21　用二次安装法添加环境变量（1）

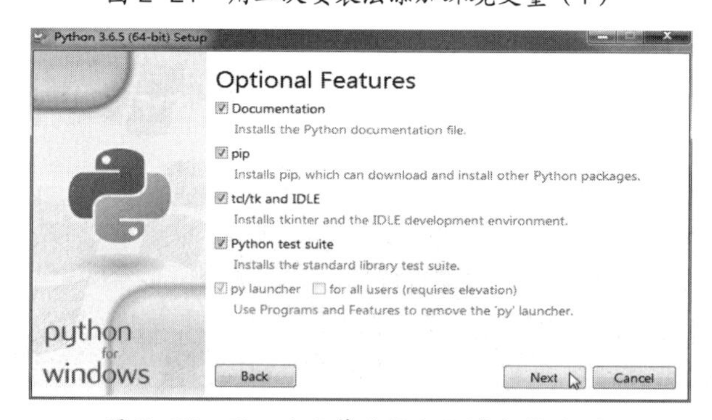

图 2-22　用二次安装法添加环境变量（2）

直接单击 Next 按钮，出现如图 2-23 所示的界面。

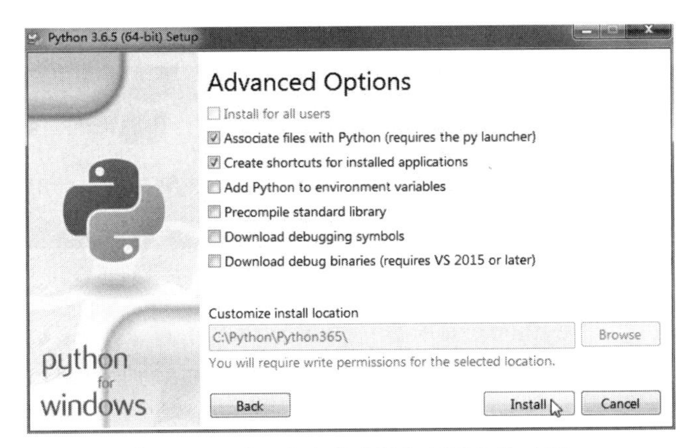

图 2-23 用二次安装法添加环境变量（3）

在图 2-23 中，Add Python to environment variables 复选框是没有勾选的，这次一定要把它勾选上，然后单击 Install 按钮，稍等一会儿，就会提示修改完毕，如图 2-24 所示。

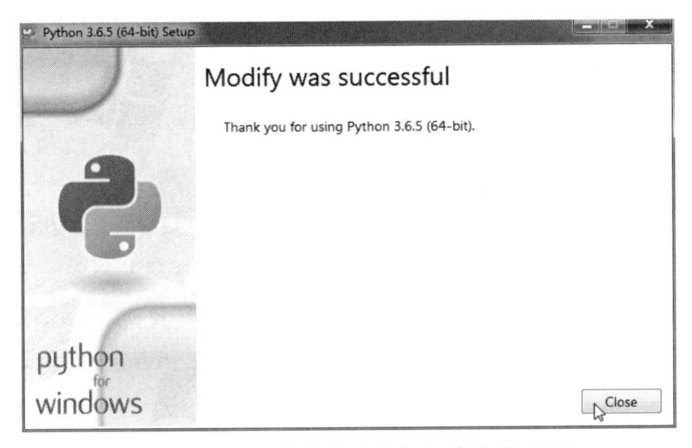

图 2-24 用二次安装法添加环境变量（4）

方法三：手动把 Python 解释器 python.exe 所在的目录添加到操作系统的环境变量 PATH 中。手动添加环境变量的方法步骤请参考附录 A，等环境变量添加完成后，再去命令行窗口尝试运行一下 python 命令，应该就没有问题了。如果还有问题，建议直接卸载 Python，重新安装，重装时务必勾选 Add Python 3.6 to PATH 复选框。

2．测试 Python 扩展库安装工具 pip.exe

测试 Python 扩展库安装工具 pip.exe 的方法是在图 2-18 的命令行窗口中输入 pip 后按下 Enter 键，如果出现如图 2-25 所示的界面，说明 pip.exe 的路径没有问题。

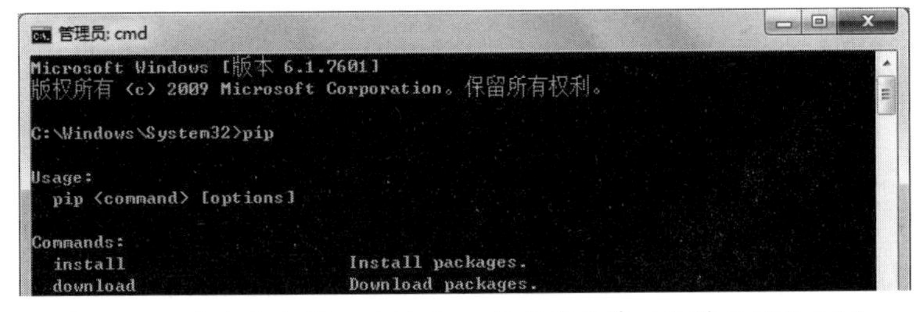

图 2-25 在命令行窗口对 Python 扩展库安装工具进行测试（1）

如果出现如图 2-26 所示的界面，说明 pip.exe 的路径尚未加入环境变量。

图 2-26　在命令行窗口对 Python 扩展库安装工具进行测试（2）

一般来说，pip.exe 位于 python.exe 所在目录的 Scripts 子目录下，找到了 python.exe 所在的目录，就不难找到 pip.exe 所在的目录。添加 pip.exe 所在目录到环境变量的步骤可以参照附录 A。添加到环境变量后，我们可以再次对 pip.exe 进行测试。

测试 pip.exe 时，很多初学者有个误区，就是在测试完 python.exe 后，发现没问题，立即输入“pip”然后按下 Enter 键来测试 pip.exe，结果发现出错，如图 2-27 所示。

图 2-27　测试完 python.exe 马上再测试 pip.exe 出错（1）

这是因为测试 python.exe 成功后，进入了 Python 的交互式运行环境，而 pip 是 Windows 的命令而不是 Python 的命令。这时可输入 quit()命令，退出 Python 运行环境，回到 Windows 的命令行环境，再运行 pip 命令进行测试，如图 2-28 所示。

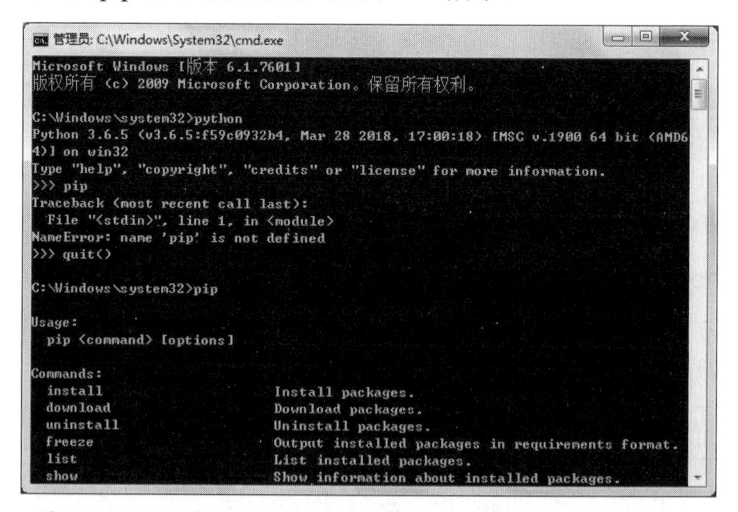

图 2-28　测试完 python.exe 马上再测试 pip.exe 提示出错（2）

3. 升级 pip

用 pip 命令为 python 安装扩展库的时候，有时会提示我们更新 pip 的版本。在 Python 3.6.5 下显示的提示信息如下。

```
You are using pip version 9.0.3, however version 19.3.1 is available.
```

```
You should consider upgrading via the 'python -m pip install --upgrade pip' command.
```

如果 python.exe 和 pip.exe 的路径都测试无误，那么在命令行窗口中运行如下命令即可完成升级。

```
python -m pip install --upgrade pip
```

注意，不同的 Python 版本提示的升级 pip 命令可能不一样，我们原样复制提示信息中给出的升级命令，在命令行窗口中运行即可。

2.2 运行 Python 代码

Python 代码由若干条 Python 语句构成，运行 Python 代码大致有以下四种方式。

2.2.1 交互式运行

交互式运行 Python 代码是在 IDLE 中进行的，IDLE（Integrated Development and Learning Environment）是 Python 语言自带的集成开发与学习环境。IDLE 是用 100%的 Python 代码写成的，它在 Windows、UNIX 和 Mac 等平台上的性能几乎一样。一旦安装了 Python，IDLE 就可以直接使用了。运行 IDLE 的步骤如下：单击“开始”按钮，选择“应用程序”，在应用程序列表中找到 Python 3.6 项，单击其子项目 IDLE (Python 3.6 64-bit)，会打开一个窗口，这就是 IDLE 的交互式运行环境，如图 2-29 所示。

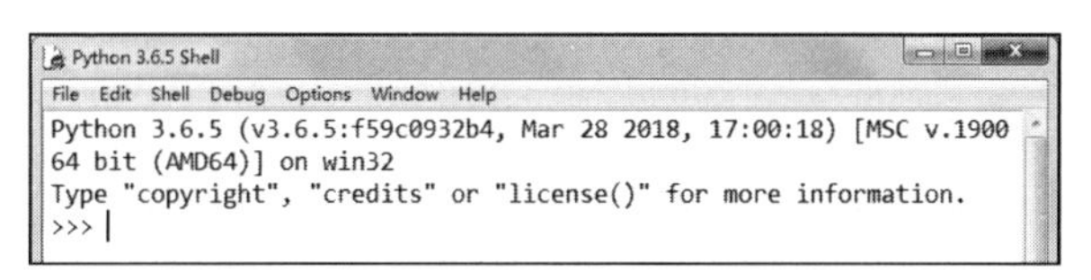

图 2-29 IDLE 的交互式运行环境

在 IDLE 的交互式运行环境中，Python 代码每次只能运行一个语句。IDLE 的交互式环境的命令提示符是 3 个半角“>”后面跟 1 个空格，再跟一个一闪一闪的光标。3 个半角“>”和 1 个空格是自动出现的，表示在这一行的光标处可以输入命令来执行。一个 Python 语句就是一条命令。输入 Python 语句后按下 Enter 键，Python 就会执行 Python 语句所要求的功能。执行完毕，又会出现交互式环境的命令提示符，可以继续运行下一个 Python 语句，如图 2-30 所示。

```
Python 3.6.5 Shell
File Edit Shell Debug Options Window Help
Python 3.6.5 (v3.6.5:f59c0932b4, Mar 28 2018, 17:00:18) [MSC v.1900
64 bit (AMD64)] on win32
Type "copyright", "credits" or "license()" for more information.
>>> a=8
>>> a
8
>>> print(a)
8
>>> a+2
10
>>> print(a+2)
10
>>>
```

图 2-30 在 IDLE 中交互式运行 Python 语句示例

在图 2-30 中，第 1 次运行，输入“a=8”，表示将变量 a 的值设为 8，Python 接受了这个语句，就创建了一个名为 a 的变量，让 a 的值等于 8。第 2 次运行，输入 a，表示想查看 a 的值，IDLE 就显示变量 a 的值为 8。第 3 次运行，用 print 语句输出 a 的值，就显示表达式 a（单独的一个变量也是表达式，请联想数学中代数式的定义）的值 8。第 4 次运行，输入 a+2，IDLE 马上计算表达式 a+2 的值，并显示计算结果 10。第 5 次运行是用 print 语句让 Python 输出表达式 a+2 的值。

运行 Python 代码本质上是在适当的时候给一些变量赋值，并在合适的时机输出变量的值。在交互式环境下，每执行一个语句，就能马上得到反馈，可以及时查看语句执行的效果。

严格来说，a 和 a+2 不是 Python 语句，a=8 和 print(a+2)才算是 Python 语句，输入 a 直接按下 Enter 键并不是在执行一个名为 a 的 Python 语句，而是在查看表达式 a 的值，如果用执行 Python 语句的办法来查看 a 的值，就要输入 print(a)再按下 Enter 键。

小技巧：在 IDLE 的交互式环境下运行 Python 代码时，在输入命令时可以按 Alt+P 及 Alt+N 这两个组合键来浏览本次 IDLE 运行以来曾经运行过的命令，按一次组合键 Alt+P，命令行上就自动出现前一条曾经运行过的命令，如果需要运行该命令，直接按下 Enter 键即可，如果不需要运行，还可以继续按 Alt+P 组合键，浏览更前面的命令。在使用过一次 Alt+P 后，可以按 Alt+N 组合键浏览下一条命令。这个小技巧在我们需要反复运行一些命令时特别方便，可以免去输入很多字符的辛苦。

需要注意的是，运行 Python 语句时，Python 语句的第 1 个字符与 3 个半角“>”之间需要而且只能有 1 个空格，否则运行会出错，如图 2-31 所示是一个出错示例。

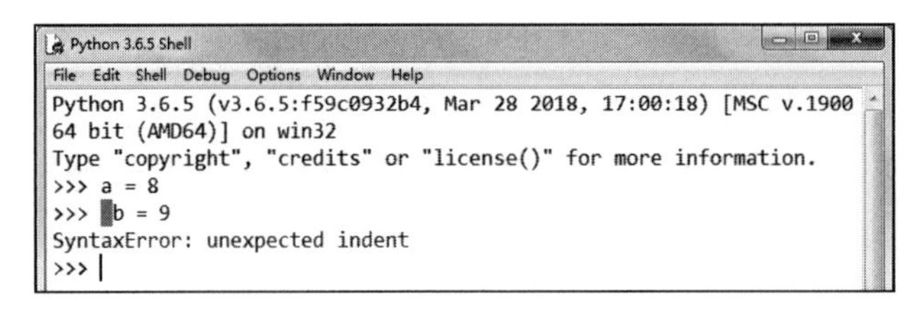

图 2-31　在 IDLE 中交互式运行 Python 语句不当缩进出错示例

在 IDLE 的交互式窗口中，命令提示符是“>>> ”，空格是命令行提示符的一部分。a = 8 这个语句是挨着命令提示符往下写的，没问题。b = 9 比 a = 8 的位置往后错了一位，也就是说，b 前面多了 1 个空格，因为 Python 对代码的缩进要求比较严格，它认为这里的语句不该有任何缩进，但多了 1 个空格就认为有了缩进，因此报错：unexpected indent，告诉用户发现了意料之外的缩进。

像 a=8 和 print(a)这样的语句是简单语句，输入后按一下 Enter 键就可以运行了。有些语句是复合语句，语句结束后需要按两下 Enter 键才行。

例如，图 2-32 中的 if 和 print 所在的两行文字如下。

```
>>> if a%2==0:
        print("a 是偶数。")
```

这是一个复合语句，这两行表示一个完整的意思：如果 a 除以 2 的余数为 0，就输出“a 是偶数”。输入“if a%2==0:”并按下 Enter 键后，IDLE 认为这条语句没有写完，下一行接着输入，输入 print("a 是偶数。")，再按下 Enter 键后，它不确定这个复合语句是不是结束了，因为我们仍有可能继续写一行语句作为复合语句的一部分。如果直接再按下 Enter 键，IDLE 就认为复合语句结束，而去执行复合语句，输出结果。所以，我们看到的效果就是复合语句跟输出结果之间有两行空白。因此，在交互式环境中运行复合语句时，我们需要在复合语句结束处连续按两下 Enter 键才能使交互运行继续。

```
Python 3.6.5 Shell
File Edit Shell Debug Options Window Help
Python 3.6.5 (v3.6.5:f59c0932b4, Mar 28 2018, 17:00:18) [MSC v.1900
64 bit (AMD64)] on win32
Type "copyright", "credits" or "license()" for more information.
>>> a=8
>>> if a%2==0:
        print("a是偶数。")


a是偶数。
>>> |
```

图 2-32　在 IDLE 中交互式运行复合语句

按照 Python 的语法，复合语句需要缩进代码，当复合语句比较复杂时，在交互式环境下书写和运行代码不太方便，可以将 Python 代码保存成文件，用 IDLE 来运行这个代码文件，这就是脚本式运行。

2.2.2 脚本式运行

交互式运行是用 IDLE 每次运行一个 Python 语句，这是在 IDLE 的交互式窗口中完成的。脚本式运行则是用 IDLE 一次运行多个 Python 语句，多个 Python 语句需要保存在 Python 程序文件中，再用 IDLE 来运行。这需要用 IDLE 打开 Python 程序文件，打开之后的窗口称为代码窗口，从中可以完成 Python 程序的运行。

1. 打开 IDLE 的代码窗口

打开 IDLE 的代码窗口有两种方法，一种方法是通过 IDLE 的交互式窗口来打开，另一种方法是通过 Python 代码文件的快捷菜单打开。

通过交互式窗口来打开代码窗口的方法如下：选择 File 菜单下的 New File 命令，会看到屏幕上新建了一个名为 Untitled 的窗口，如图 2-33 所示，即 IDLE 的代码窗口。注意此时屏幕上同时存在两个窗口，一个是 IDLE 的交互式窗口，一个是 IDLE 的代码窗口。我们在代码窗口中输入需要运行的 Python 语句，如：

```
a=8
print(a)
```

输入代码后，我们要先把输入的代码保存成代码文件，才能运行这些代码。保存的方法是选择 File 菜单的 Save 命令，弹出一个窗口，选择一个目录，输入文件的名字（注意扩展名是*.py），就将文件保存到计算机上了。假设将文件保存为“D:\mypython\first.py”，IDLE 的代码窗口标题栏上的显示文字就发生了变化，增加了文件名和文件路径等信息，如图 2-34 所示。然后就可以运行代码了。

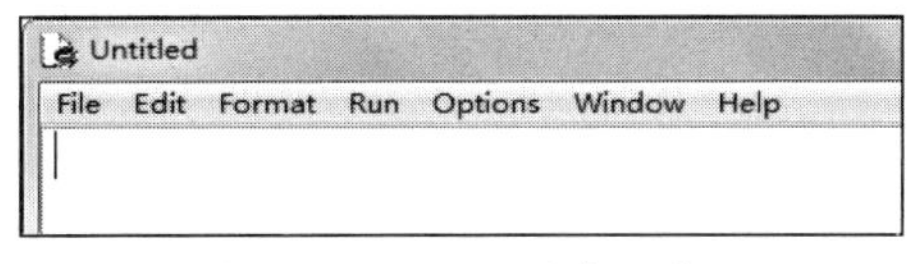

图 2-33　IDLE 的代码窗口

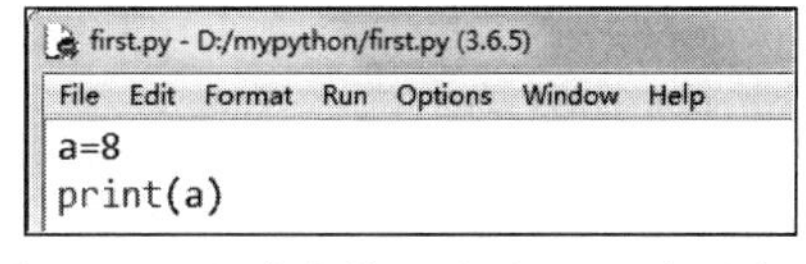

图 2-34　保存文件之后的 IDLE 代码窗口

如果要运行的 Python 代码文件已经存在，利用交互式窗口打开代码窗口还可以这样做：首先运行 IDLE 的交互式窗口，选择 File 菜单的 Open 命令，找到代码文件，即可把代码加载到 IDLE 的代码窗口。然后，我们可以修改、保存和运行代码。

通过 Python 代码文件的快捷菜单打开代码窗口的方法如下：在代码文件上单击右键，在弹出的快捷菜单中选择 Edit With IDLE 下的 Edit With IDLE 3.6 (64-bit)命令，即可打开代码窗口并加载文件中的代码，剩下的事情就是对代码进行修改、保存和运行等操作。

很多初学者创建 Python 文件时往往有操作误区，会导致快捷菜单失灵。这种错误操作是：在 Windows 的某目录单击右键，在弹出的快捷菜单中选择“新建”→“文本文档”，接下来为这个新创建的文件起名为*.py。再用快捷菜单打开这个新创建的文件时，发现快捷菜单中根本没有 Edit with IDLE 项。

为什么？因为创建的文件根本不是 Python 文件，而是文本文件，它的全名是*.py.txt。其根本原因是 Windows 隐藏了扩展名“.txt”，让我们误以为是 Python 文件。如果 Windows 总是显示文件的扩展名，我们就不会遇到这样的事情。

让 Windows 7 总是显示文件扩展名的具体操作为：打开任何一个目录，单击窗口左上角“组织”右边的下拉三角图标，选择“文件夹和搜索选项”，如图 2-35 所示；在弹出的“文件夹选项”窗口中打开“查看”选项卡，然后在“高级设置”项的列表框中取消勾选“隐藏已知文件类型的扩展名”项，如图 2-36 所示，然后单击“确定”按钮。

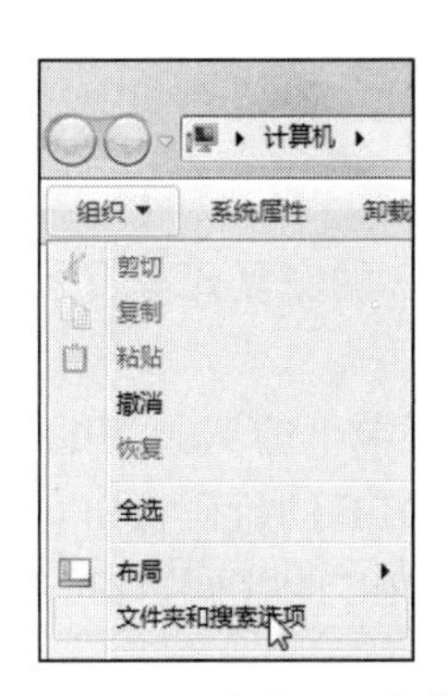

图 2-35 让 Windows 7 总是显示文件扩展名（1）

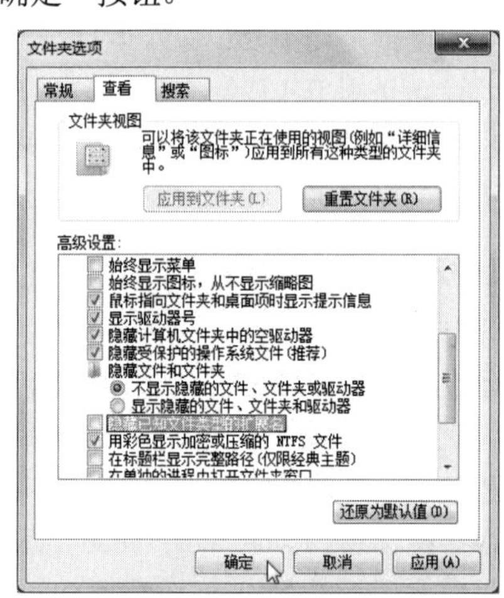

图 2-36 让 Windows 7 总是显示文件扩展名（2）

经过上述操作，Windows 就会总是显示文件的扩展名。这时我们会发现，前面创建的所谓 Python 文件真的不是 Python 文件，因为文件名是“*.py.txt”。将其改名为“*.py”，快捷菜单就出现了。

让 Windows 显示扩展名后，再仿照上面的步骤建立“*.py”文件，它的名字就绝对不会再变成“*.py.txt”了。

在默认情况下，Windows 总是喜欢隐藏已知文件类型的扩展名，这一点很不友好，我们最好把这个隐藏扩展名的开关关上，让 Windows 总是显示每个文件的扩展名，否则可能对我们的操作带来不必要的困扰。

如果是 Windows 10，让计算机显示文件扩展名的做法是：打开任意一个文件夹，单击“查看”选项卡，在新弹出的窗口右部勾选“文件扩展名”复选框即可，如图 2-37 所示。

2．在 IDLE 代码窗口中运行 Python 代码

打开代码窗口后，我们可以新建代码文件，也可以加载代码文件。当代码窗口中有了代码后，运行代码的方法如下：选择“Run”菜单的“Run Module”命令，IDLE 的代码窗口中的代码运行后，会在 IDLE 的交互式窗口中显示运行的结果，如图 2-38 所示。

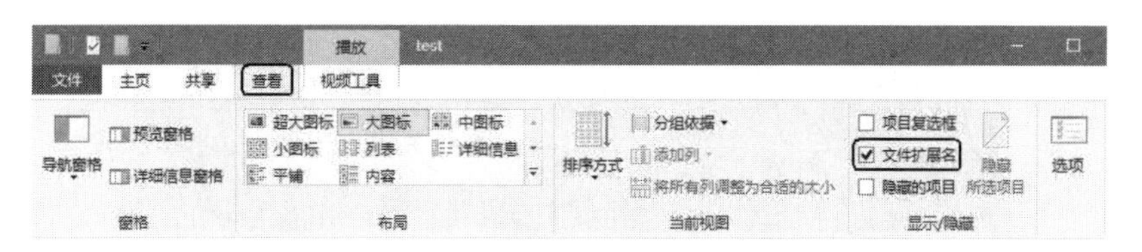

图 2-37　让 Windows 10 总是显示文件扩展名

这个显示运行结果的交互式窗口就是最初打开的那个交互式窗口。如果我们在代码窗口中再次运行代码，那么交互式窗口中会再次输出同样的运行结果（注意，不会把之前的结果清除），如图 2-39 所示。

图 2-38　在 IDLE 代码窗口中运行代码（1）

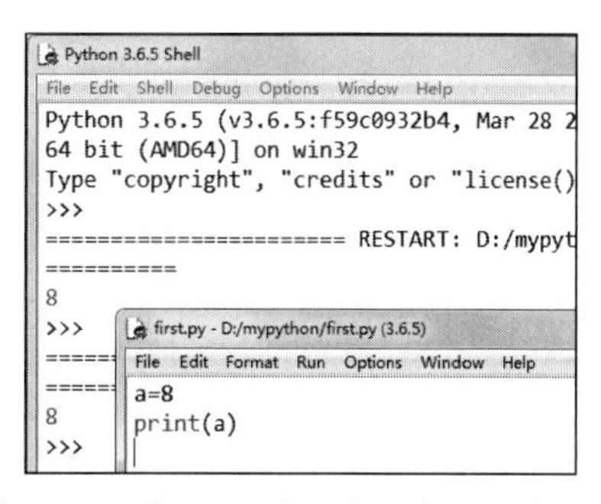

图 2-39　在 IDLE 代码窗口中运行代码（2）

如果把代码修改后再运行，那么 IDLE 中会出现修改后代码运行的结果。注意，每次修改代码后都要保存文件，然后运行代码，这样才能看到最新的运行结果。运行时如果没有保存文件，IDLE 会提示我们先保存文件再运行，如图 2-40 所示。

图 2-40　在 IDLE 代码窗口中运行代码（3）

如果出现如图 2-40 所示的界面，就说明我们在试图运行未保存的代码，这从 IDLE 代码窗口的标题栏也可以看出来：如果代码修改后未保存，标题栏的文字两边会各出现一个星号。单击“确定”按钮，即可完成保存和运行的动作。如果单击“取消”按钮，IDLE 会放弃运行代码，也不保存文件。

界面上同时有两个窗口：代码窗口和交互式窗口。代码窗口的运行结果会在交互式窗口中输出。如果在代码窗口中操作时不小心关掉了交互式窗口也无所谓，当代码窗口中的代码运行时，会自动产生一个新的交互式窗口。不管是原来打开代码窗口的交互式窗口还是代码窗口运行时新产生的交互式窗口，只要不关闭，它会一直保留代码窗口的每一次运行结果。

2.2.3　命令行运行

命令行运行是在 Windows 的命令行窗口中运行 Python 程序。首先准备一个 Python 代码文件，如 D:\mypython\first.py，然后打开命令行窗口，输入命令“python D:\mypython\first.py”，然后按下 Enter 键，就能看到运行的结果，如图 2-41 所示。

上面的例子中指定了被运行的 Python 文件的位置。为什么要指定这个文件的位置呢？直接运行命令 python first.py 不行吗？不行。那么，怎样才能让命令行窗口在不指定 Python 文件路径的情况下执行 Python 文件呢？要解决这个问题，首先需要明白“当前目录”这个概念。

图 2-41　用命令行窗口来运行 Python 代码（1）

所谓当前目录，可以理解成操作系统执行命令时所在的目录。当我们想运行一个 Python 文件时，如果该文件在当前目录下，就可以用命令“python Python 文件名.py”的形式来运行这个 Python 文件。操作系统一看，你要运行的文件刚好在自己所在的目录下，它就能顺利让 Python 解释器 python.exe 来运行这个 Python 文件。如果 Python 文件不在当前目录下，就没有办法让 Python 解释器 python.exe 来运行这个 Python 文件。

为了能够让不在当前目录下的那些 Python 文件顺利运行，我们就得指定 Python 文件的路径，以便让操作系统找到它。图 2-41 正是使用了指定 Python 文件路径的办法来运行该文件。

如果不指定 Python 代码文件的位置，那么需要将命令行窗口中的当前目录切换到 Python 文件所在的目录，也就是 D:\mypython 目录。

将当前目录切换到 Python 文件所在的目录并运行该文件的方法如下：打开命令行窗口，在命令行中输入 Python 文件所在的磁盘盘符 d:，然后按下 Enter 键，此后当前目录变为“D:\”；在命令行中输入“cd mypython”，然后按下 Enter 键，就可以将当前目录改变为“D:\mypython”；在命令行中输入“python first.py”，然后按下 Enter 键，就可以看到 Python 程序运行的结果，如图 2-42 所示。

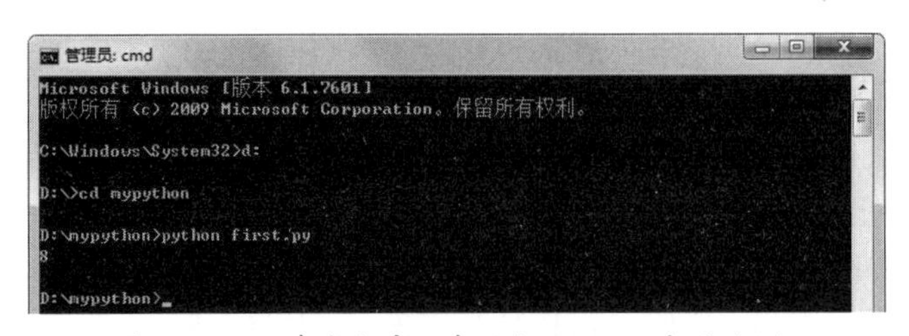

图 2-42　用命令行窗口来运行 Python 代码（2）

我们看到，无论当前目录在哪里，操作系统总能找到 Python 解释器 python.exe 并让它执行一个 Python 程序。它不在当前目录下，在命令中也没有指定它的路径，为什么操作系统就能找到它呢？这是因为它所在的目录已经被加入环境变量 PATH。前面花了大量篇幅来测试 Python 是否安装成功，就是要确保操作系统能找到 Python 解释器 python.exe，以便在需要用到 Python 解释器的时候不用指定它的路径。

另外，双击一个 Python 文件也能运行 Python 解释器，因为操作系统会自动调用 Python 解释器来运行它，这也算是命令行窗口运行 Python 代码的一种方法。不过，这种方法在运行时，我们往往看不到输出到屏幕的结果，因为我们会看到有个黑屏一闪即逝，输出结果就在那个消失的黑屏上，所以看不到。这种用鼠标双击来运行的方法不太常用，因为我们既看不到代码，又看不到结果。

打开命令行窗口来运行 Python 代码也有点不太方便，因为我们虽然能看到结果，但看不到代码是什么，万一出错了，还得再找个编辑器打开代码文件去对照。这种方式的优点是我们可以在 Python 代码中自动执行另一个 Python 文件中的代码，方便一些工作自动进行。IDLE

就不能做到这一点，因为它需要人工选择菜单来运行程序。

2.2.4 扩展式运行

扩展式运行主要是指用第三方开发环境来运行 Python 程序。Python 自带的 IDLE 算是一个简单的集成开发环境。集成开发环境（Integrated Development Environment，IDE）是为编程语言提供一体化开发环境的应用程序，一般包含代码编辑器、编译器、调试器和图形用户界面等工具。被网友戏称为"天下第一 IDE"的 Visual Studio 就是微软开发的强悍的 C/C++语言集成开发环境，新版 Visual Studio 也支持 Python 语言，但建议还是优先考虑专门为 Python 开发的 IDE。

有很多关于 Python 的 IDE 做得比较好，用户也很多。互联网上流传有所谓 N 大 Python IDE 之类的帖子有一定的参考价值。比如，Anaconda Python IDE 是一个面向科学计算和机器学习的 IDE，自带很多 Python 扩展库，对初学者来说非常方便；PyCharm 也是一个值得使用的 IDE。

本书以 Python 自带的 IDLE 和 Windows 命令行窗口来运行 Python 代码。

2.2.5 运行 Python 代码的误区

一些初学者在 IDLE 的交互式窗口中测试 Python 语句成功后，就把该窗口中的所有内容全部选中并复制粘贴到新建的"*.py"文件中，然后试图在 IDLE 的脚本窗口中运行。这是绝对不行的，必然会出错，如图 2-43 所示。

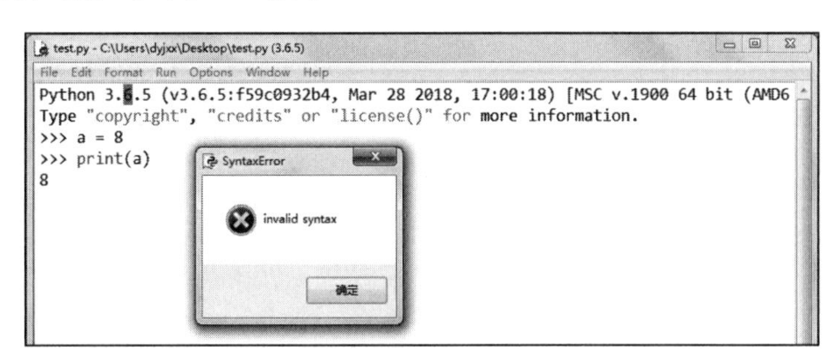

图 2-43 运行 Python 代码的误区

在图 2-43 中，只有 a = 8 和 print(a)这两个是合法的 Pyhon 语句，其他都是不合法的。第 1 行以 Python 3.6.5 开头的文字其实就是 IDLE 交互式窗口中的一些给人看的提示信息，根本不是 Python 语句，第 3 行和第 4 行开头的">>> "也都是错误的，它们只不过是在 IDLE 的交互式界面上表示 Python 命令输入位置的提示符，根本不是 Python 语句。

请记住，无论是在 IDLE 的交互式窗口中还是在 IDLE 的脚本式窗口中，只有合法的 Python 语句才能运行。为此我们需要学习 Python 的语法，以便明白哪些是合法的 Python 语句。

2.2.6 合法的 Python 语句

Python 语句可以分为简单语句和复合语句。一般而言，简单语句是能完成某种特定功能的单行代码，复合语句在逻辑上包含多行代码。

1. 简单语句

简单语句大致可以归为如下几类。

（1）赋值语句

赋值语句的功能是将表达式的值赋值给变量，例如：

```
>>> a = 8
>>> a = b = 5
>>> a, b = a*2, b+1
```

赋值语句在 3.2.2 节中详细介绍。

（2）函数调用语句

函数调用语句通过调用函数或对象的方法来完成一定的功能。例如：

```
>>> x = bin(19)
>>> y = abs(-8)
```

输入、输出语句（见第 4 章）主要由内置函数 input 和 print 来完成，也算是函数调用语句。

```
>>> s = input("请输入姓名：")
>>> print("你好！")
```

赋值语句和包括输入、输出语句在内的函数调用语句是 Python 的初学者接触最多的两类语句。

（3）assert 语句

assert 语句又叫断言语句，主要用来断定一个表达式为真。assert 语句的基本格式如下。

```
assert 表达式
```

assert 语句在执行时，若表达式为真，则不执行任何操作，否则触发异常。例如：

```
>>> a = -5
>>> assert a<0
>>> assert a>=0
Traceback (most recent call last):
  File "<pyshell#26>", line 1, in <module>
    assert a>=0
AssertionError
```

我们也可以为 assert 语句订制自己的异常提示信息。

```
>>> a = -5
>>> assert a>=0, "a 的值小于 0，后面代码无法执行"
Traceback (most recent call last):
  File "<pyshell#28>", line 1, in <module>
    assert a>=0, "a 的值小于 0，后面代码无法执行"
AssertionError: a 的值小于 0，后面代码无法执行
```

如何判定表达式为真将在 5.3 节中进行介绍。一般情况下，可以用内置函数 bool 转换为 True 的表达式都为真。关于 bool 函数，请参考 3.4.1 节。

一般用 assert 语句断定某种条件成立，以确保后面的代码能顺利运行。

（4）break 语句

break 语句用来退出循环结构，将在 5.4.4 节进行介绍。

（5）cotinue 语句

cotinue 语句用来中止执行循环结构中循环体中的剩余语句，将在 5.4.3 节进行介绍。

（6）del 语句

del 语句用来解除变量与对象的关联，如果对象不再被任何变量所关联，就成为可回收的对象，Python 会在适当的时候（注意不是马上）释放对象所占的内存空间。变量和对象的关联将在 3.2.2 节进行介绍。

（7）global 语句

global 语句用来声明一到多个变量是全局变量，一般用在函数中，将在 6.4 节进行介绍。

（8）import 语句

import 语句用来导入标准库、扩展库或自定义库中的函数或对象，将在 2.4.2 节进行介绍。

（9）pass 语句

pass 语句又叫空语句，不执行任何操作，只是起到占位的作用。pass 语句用于选择结构、循环结构或者函数定义中，用来保持程序在语法上的正确性和逻辑上的完整性。比如，我们写程序时往往先写个框架，具体的实现留待以后再完成，这时就可以先用 pass 语句占位。

（10）raise 语句

raise 语句用来主动抛出异常。一般情况下，执行过程中如果出错，会自动触发异常，然后程序被动停止执行。在一些情况下，raise 语句用来主动触发异常，从而主动停止程序执行。raise 语句有如下三种使用方法。

一种方法是直接使用 raise 关键字，默认会触发 RuntimeError 异常。

```
>>> raise
Traceback (most recent call last):
  File "<pyshell#0>", line 1, in <module>
    raise
RuntimeError: No active exception to reraise
```

另一种方法是在 raise 关键字后面加上异常类的名称，如整除被 0 除的异常。

```
>>> raise ZeroDivisionError
Traceback (most recent call last):
  File "<pyshell#1>", line 1, in <module>
    raise ZeroDivisionError
ZeroDivisionError
```

还有一种方法是在异常类中加入自定义的异常提示信息。

```
>>> raise ZeroDivisionError("发生了除数为 0 的错误。")
Traceback (most recent call last):
  File "<pyshell#2>", line 1, in <module>
    raise ZeroDivisionError("发生了除数为 0 的错误。")
ZeroDivisionError: 发生了除数为 0 的错误。
```

（11）return 语句

return 语句用来从函数中返回，可以直接返回，也可以返回表达式，将在第 6 章中介绍。

（12）yield 语句

yield 语句用于在生成器函数中返回一个值，将在 6.6 节进行介绍。

2. 复合语句

复合语句是以 if、for、while、def、class、try、with 等关键字开头的语句，代码一般要写在多行内，而且复合语句的首行末尾有一个半角":"，其他行相对首行要缩进同等的层次。在 Python 中，习惯用 4 个空格来表示一个层次的缩进。

注意：有时复合语句可以写在一行内，例如：

```
if 3<5:
    print("aaa")
    print("bbb")
```

上面是正常的写法，如果非要写在一行内就是：

```
if 3<5: print("aaa");print("bbb")
```

这完全能运行，但不提倡这样写，复合语句还是规规矩矩地写在多行内比较好。复合语句在后面的章节中会陆续介绍。

简单语句和复合语句可以总结为一张表，见附录 B。

2.3 Python 代码书写规范

我们阅读别人写的 Python 代码时，感觉有些代码清爽明丽，而有些代码晦涩难懂。清爽明丽的代码多半是正确地遵守了 Python 代码书写规范。

Python 代码书写规范被称为 PEP 8。PEP 的全称是 Python Enhancement Proposals（Python 增强建议书），8 是 Python 官网发布的 PEP 系列文章的编号。PEP 8 的文章标题是 Style Guide for Python Code，表明该文对如何编写 Python 代码提供了建议。常用的建议有如下几条。

1. 关于缩进

① 在 if、while、for、with、def 等开头的语句行后面一般跟一个半角":"，后面的语句要换行缩进一个单位。

② 在需要缩进的地方一般用 4 个空格表示一个缩进单位。例如：

```
if a%2:
    print("奇数")
```

③ 具有相同缩进单位的代码块，缩进的结束意味着代码块的结束，下一个不属于代码块的语句要减少一个缩进层次。例如：

```
if a%2:
    flag = 1
    print("奇数")
```

与

```
if a%2:
    flag = 1
print("奇数")
```

这两段代码中，print 语句的缩进层次不同，两段代码的功能也不相同。

④ 如果一个语句需要缩进，应当另起一行并正确缩进，不建议直接写在上一行的半角":"后（尽管 Python 允许这样做）。例如，建议这样做：

```
if a%2:
    print("奇数")
```

不建议这样做：

```
if a%2: print("奇数")
```

⑤ 在 IDLE 中，默认情况下，如果按一下 Tab 键，会自动转换成 4 个空格。如果是用其他编辑器编写的 Python 代码文件，很可能缩进是用制表符来表示的。Python 允许所有的缩进全用制表符表示，但一般情况下不建议这样。

⑥ 需要强调的是，绝对不要混合使用空格和制表符来表示缩进，否则代码运行时会报错（具体见第 13.2.2 节）。

2．关于 import

① 每个 import 语句只导入一个标准库或扩展库。例如，建议这样做：

```
import  os
import  time
```

不建议这样做：

```
import  os, time
```

从同一个库中导入多个函数时，写在同一行内是可以的。例如：

```
from  os.path  import  isdir, isfile
```

② 如果需要导入多个库，建议按照标准库、扩展库、自定义库的顺序依次导入。

3．关于半角分号

① 不要在一个 Python 语句末尾加“;”（尽管 Python 允许这样做）。例如，建议这样做：

```
a = 5
```

不建议这样做：

```
a = 5;
```

② 不要通过加“;”让多个语句写在同一行（尽管 Python 允许这样做）。例如，建议这样做：

```
ma = max(a, b)
mi = min(a, b)
```

不建议这样做：

```
ma = max(a, b); mi = min(a, b)
```

4．关于空格

① 建议赋值符号两边各加一个空格。例如：

```
a = 5
a += 5
```

② 建议表达式中优先级最低的运算符号两边各加一个空格。例如：

```
a = b + 9
a = b*3 + 9
a = (b+3) * (c+9)
```

③ 书写列表、元组、集合、字典等数据时用来分隔元素的半角“,”和“:”后建议加一个空格，只有一个元素的列表和元组除外。例如：

```
a = [1, 2, 3]
b = {1, 2, 3}
c = {1: 10, 2: 20}
```

```
d = (1,)
```

④ 定义或者调用函数时，用来分隔各参数的半角“,”后建议加一个空格，参数如果指定值，那么等号两边不加空格。例如：

```
def add(a, b=1):
    return a + b
add(a=8, b=10)
```

5．关于空行

① 为了增加代码的可读性，建议在顶级函数或类之间留两个空行，在类的方法之间留一个空行。

② 在函数内部，某些具有一定功能的代码块与前后的代码之间也可以加一个空行。

6．关于注释

为了方便阅读代码，注释是必不可少的，一个好的程序代码会有相当一部分内容属于注释。Python 中的注释是用半角“#”来声明的，在一行中，“#”与它后面的内容被认为是注释。例如：

```
# 下面开始求 x 的算术平方根
# 注意 x 应该是非负数
r = math.sqrt(x)    # 调用 math 标准库的 sqrt 函数
```

除了半角“#”，也可以使用三引号注释：凡是用一对三引号界定且不属于任何语句的内容都属于注释，三引号注释可以包含单行注释文字，也可以包含多行注释文字。例如：

```
'''这段代码的作用是求两个非负整数的最大公约数
这两个数不能同时为 0
'''
```

注意，三引号注释不是严格意义上的注释，它的本质是字符串，有的时候使用三引号注释会出错，详见 8.1.7 节。

7．关于拆行

为了方便阅读代码，一般不建议写太长的代码行，如果超出 80 个英文字母的宽度，建议拆成多行来书写。拆行大概有如下几种情况。

① 表达式太长可以用续行符（半角“\”）来换行，或者用半角“()”将多行代码包起来，例如：

```
a = 1 + 2 + 3 + \
    4 + 5 + 6 + \
    7
```

或

```
a = 1 + 2 + 3 \
    + 4 + 5 + 6 \
    + 7
```

或

```
a = (1 + 2 + 3
     + 4 + 5 + 6
     + 7)
```

字符串太长也可以如法炮制。例如：

```
a = "1234567890" \
    "abcdefg"
```

或

```
a = ("1234567890"
      "abcdefg")
```

注意，字符串如果使用“+”运算符拆行会出错，必须额外采用续行符。

```
a = "1234567890" + \
     "abcdefg"
```

另外，Python 允许字符串按如下形式拆行。

```
a = "1234567890\
    abcdefg"
```

但由于缩进的存在，缩进的空格部分会成为字符串内容的一部分，所以不建议这样。

② 函数定义的行如果太长，可以把参数分写在多行，不需续行符。例如：

```
def thelongfunctionname(thefirstpara=1,
                        thesecondpara=2,
                        thethirdpara=3,
                        thefourthpara=4):
    pass
```

或

```
def thelongfunctionname(
        thefirstpara=1, thesecondpara=2,
        thethirdpara=3,
        thefourthpara=4):
    pass
```

③ 列表、元组、集合、字典的元素或函数调用的参数如果太多，导致代码行太长，可以把元素或参数分写在多行，不需续行符。例如：

```
my_list = [
    1, 2, 3,
    4, 5, 6,
    ]
result = some_function_that_takes_arguments(
    'a', 'b', 'c',
    'd', 'e', 'f',
    )
```

或者把结束符写在变量名的第 1 个字符正下方。

```
my_list = [
    1, 2, 3,
    4, 5, 6,
]
result = some_function_that_takes_arguments(
    'a', 'b', 'c',
    'd', 'e', 'f',
)
```

注意，Python 允许在列表、元组、集合、字典的最后一个元素后面添加半角“,”，也允许在函数定义和调用时最后一个参数后面添加半角“,”，这个规定是为了方便换行，便于变动各行的顺序。在不需换行的时候不建议这样写。例如，建议这样做：

```
a = [1, 2, 3]
```

不建议这样做：

```
a = [1, 2, 3,]
```

关于 Python 代码的书写规范还有很多，这里不再细说，完整的代码书写规范请参考 Python 官网的 PEP 8。PEP 8 还包含命名规范，对变量、函数等对象的命名给出建议。

虽然在保证语法正确的情况下，我们可以任意书写 Python 代码，但遵守书写规范的 Python 代码阅读起来会让人感到非常轻松。遵守代码书写规范写出的是具有一致性风格的代码，这不仅便于我们与他人交流，也能让我们自己很方便地回顾曾经写过的代码。

2.4 Python 扩展库和标准库

在 Python 中有三个相互联系的概念：模块（module）、包（package）和库（library）。模块是具有一定功能的 Python 代码文件，能让我们有条理地组织 Python 代码。把相关 Python 代码放入一个模块，可以让我们更方便地使用 Python 代码。一个 Python 代码文件就是一个模块。包是一种包含模块的文件夹，可以有子模块。库是具有相关功能模块的集合。这三个概念本质上都是模块，一般不用刻意区分。本书一般用“库”这个说法。

Python 之所以强大，是因为它拥有众多的库可用来完成各种各样的功能。Python 的库分为标准库和扩展库（也有很多人称之为扩展包）两种。标准库是 Python 自带的库，提供了数学运算、目录操作、日期时间处理等一些重要功能，随着 Python 软件的安装而自动安装，我们可以直接使用。扩展库则需要下载相应的软件安装之后才能使用。

2.4.1 扩展库的安装

扩展库的安装有三种方式：用 pip 命令自动安装、下载 Wheel 文件安装、下载源代码安装。现以 Windows 操作系统下安装 Python 扩展库为例来介绍。

1．用 pip 命令自动安装扩展库

首先确保计算机正常联网，其次确保 pip 命令测试成功。安装扩展库的时候，打开命令行窗口，输入命令“pip install 扩展库名称”，然后按下 Enter 键，即可安装相应的扩展库。图 2-44 为扩展库 openpyxl 的安装过程。

在图 2-44 中输入命令“pip install openpyxl”，然后按下 Enter 键，即可看到界面上启动了安装过程。在安装过程中，它会下载相应的文件，下载后自动安装。一般情况下，扩展库有可能还需要其他扩展库来支持其运行，pip 安装扩展库的时候，会自动下载扩展库所需的其他扩展库。我们要做的就是耐心等待安装完成。

有时如果网速过慢，安装扩展库的过程会中断。如果没有意外中断，安装的最后会给出安装成功的提示，并且告知一共安装了多少个扩展库，以及各扩展库的版本。例如，对于图 2-44，openpyxl 在安装过程中共自动下载了 3 个扩展库。

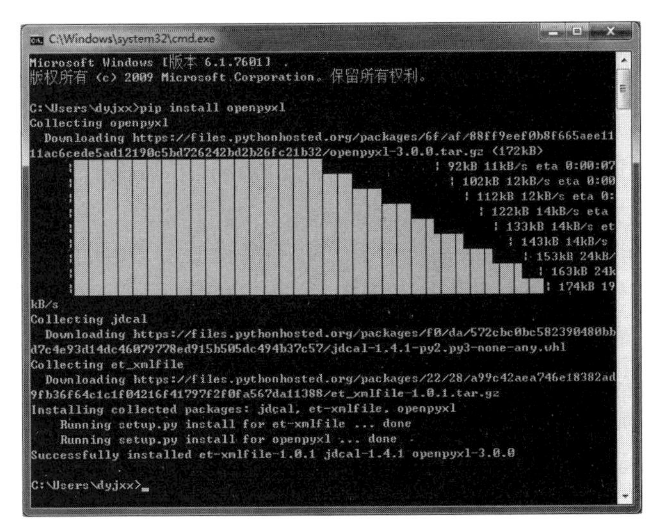

图 2-44　用 pip 命令自动安装扩展库

命令行 pip 安装扩展库的方式最简单、最直接，建议优先采用。常用的 pip 命令如表 2-1 所示。

表 2-1　常用的 pip 命令

pip 命令	说　明
pip install 扩展库名	在线安装扩展库
pip install 扩展库名 –i 安装源	在线安装扩展库，指定安装源
pip install 扩展库名= =版本号	在线安装扩展库，指定特定版本，注意是两个等号
pip uninstall 扩展库名	卸载扩展库
pip uninstall 扩展库名= =版本号	卸载特定版本的扩展库
pip install *.whl	离线安装扩展库

前三条命令是在线安装扩展库，接下来的两条命令是卸载扩展库，最后一条命令是离线安装扩展库，离线安装需要提前下载扩展库对应的离线安装文件。

在介绍离线安装扩展库前，我们先卸载刚刚安装成功的 openpysl 扩展库。卸载的方法是启动命令行窗口，输入命令“pip uninstall openpyxl”，然后按下 Enter 键，卸载程序会询问是不是要继续卸载，输入“y”后按下 Enter 键，等一会就卸载完成了，如图 2-45 所示。

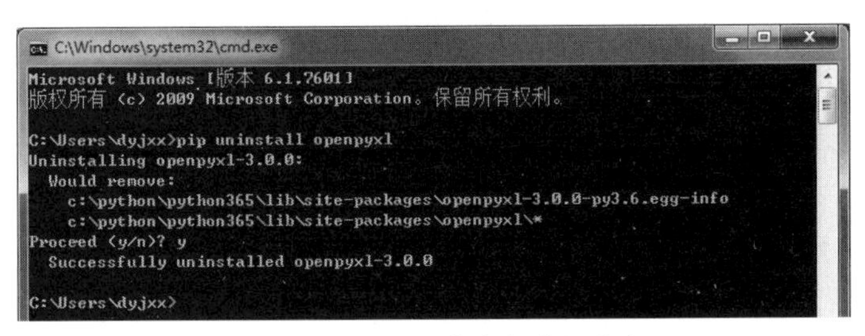

图 2-45　用 pip 命令卸载扩展库

2．用 Wheel 文件手动安装扩展库

有些 Python 扩展库提供了离线安装文件供使用者下载。Wheel 文件是一种流行的 Python 扩展库离线文件格式，它本质上是一个压缩文件，扩展名是“.whl”。在网络不好的情况下，自动安装容易失败，下载 Wheel 文件来离线安装就是一个比较好的选择。安装 Wheel 文件前，

我们需要把它下载到计算机上。常用的下载 Wheel 文件的地址有如下两个。

① LFD（Laboratory for Fluorescence Dynamics）官网，提供了非官方的 Windows 版 Python 扩展库列表，从中可以下载到大多数扩展库最新版本的 Wheel 文件。

② PyPI（Python Package Index）提供了大多数 Python 扩展库的索引，可以通过扩展库名称检索扩展库。

一般情况下，Windows 用户进入第一个网站差不多就够用了。页面给出了所有能提供的扩展库列表，各种扩展库按名称的字典顺序排列，可以拖动页面右边的滚动条找到需要的扩展库。也可以直接按组合键 Ctrl+F，打开搜索框，输入扩展库的名字来搜索。如果能找到相应的扩展库，我们根据列表中 Wheel 文件的名称，就能看到该扩展库的自身版本、支持的 Python 版本和支持的操作系统平台等信息。

现在以扩展库 openpyxl 为例，通过搜索 openpyxl 可以找到两条相关的下载项，如图 2-46 所示[①]。可以看到，有些扩展库的某些版本只支持 Python 2，有些只支持 Python 3，有些同时支持 Python 2 和 Python 3。文件名中带"-py2-none"的表示支持 Python 2；带"-py3-none"的表示支持 Python 3；带"-py2.py3-none"的表示同时支持 Python 2 和 Python 3；带"-any"的表示同时支持 32 位和 64 位的 Windows 操作系统。

图 2-46　扩展库文件下载（1）

Wheel 文件名称中带什么字样可以区分它支持 32 位和 64 位的 Windows 呢？这里搜索的 openpyxl 恰好没有区分，我们再以另一个扩展库 wordcloud 为例来说明。在下载页面中搜索 wordcloud，会得到如图 2-47 所示的结果[②]。

图 2-47　Wheel 文件下载（2）

---

① 扩展库的版本会不断更新，所以页面搜索结果可能有变化，本图为 2019 年 10 月 28 日的搜索结果。

② 本图为 2019 年 10 月 28 日的搜索结果。

可以看到，wordcloud 扩展库自身的版本是 1.5.0，支持的 Python 版本是 2.7、3.5、3.6、3.7 和 3.8，对每种版本又分别推出了支持 32 位 Windows 和支持 64 位 Windows 的两个 Wheel 文件。如果文件名中带有“-win32”，就说明它支持 32 位的 Windows，如果带有“-win_amd64”，就说明它支持 64 位的 Windows。

我们下载 Wheel 文件的时候，要先查清楚 Python 版本和 Windows 操作系统位数。因为本书的 Python 运行环境是 64 位 Windows 7 + 64 位 Python 3.6.5，所以要下载 wordcloud 扩展库中带“-cp36-cp36m”和“-win_amd64”的 Wheel 文件，即 wordcloud-1.5.0-cp36-cp36m-win_amd64.whl。如果 Python 环境是 32 位 Windows 7 + 32 位 Python 3.8.0，就应下载 wordcloud-1.5.0-cp38-cp38-win32.whl。单击 Wheel 文件名对应的超链接，就可以下载了。

现在回到 openpyxl 下载页面，搜索到的 openpyxl 有两个版本：openpyxl 2.6.3 和 openpyxl 3.0.0。由于我们的 Python 版本是 3.6.5，因此这两个版本的 Wheel 文件都可以下载。一般来说，下载新版的就好，但有些场合需要很多扩展库相互配合来工作，可能需要特定版本的扩展库，所以有时候下载旧版也是可能的。现在下载 3.0.0 版的 Wheel 文件 openpyxl-3.0.0-py3-none-any.whl，然后离线安装。

如果有些扩展库在第一个下载页面找不到，可以到 PyPI 网站去查找，在这里使用搜索功能搜索需要的扩展库，如果能搜索到，在扩展库的页面中就会看到下载地址和安装及使用说明。有的下载到的不是 Wheel 文件，而是源代码，下面会介绍源代码的安装方式。这里假定下载到了 Wheel 文件。

注意，下载到的 Wheel 文件不要改名字，因为文件名中蕴含着该扩展库所需的 Python 版本和操作系统位数等信息，随意重命名可能导致安装失败或其他一些不可预料的后果。

这里仍以 openpyxl 为例来介绍离线扩展库的安装。首先把下载到的 Wheel 文件 openpyxl-3.0.0-py3-none-any.whl 放到计算机的某个文件夹下，如 D:\mypython，然后启动命令行窗口，将当前目录切换到 D:\mypython，再输入命令“pip install openpyxl-3.0.0-py3-none-any.whl”，按下 Enter 键，等待安装完成即可，如图 2-48 所示。

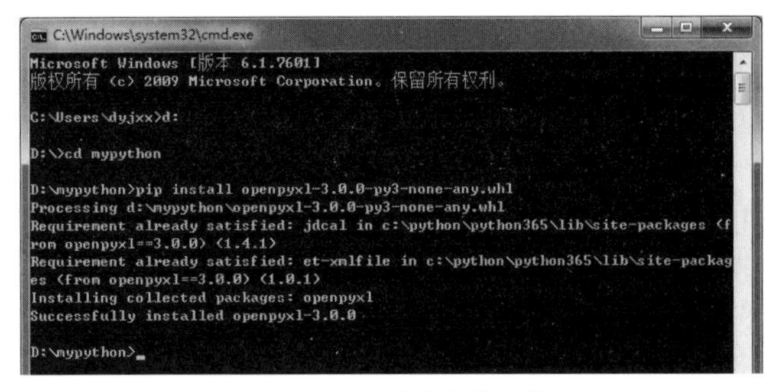

图 2-48　扩展库文件安装

注意，在安装命令中，Wheel 文件要写全名，包括扩展名。

3．用源代码安装扩展库

前面给出的下载 Wheel 文件的两个网址中，第一个只能下载 Wheel 文件，第二个可能下载到 Wheel 文件，但有时只能下载到扩展库的源代码。通过源代码方式安装扩展库也是一种可行的选择。在 pip 命令自动安装失败又下载不到 Wheel 文件的情况下，源代码安装方式就必不可少了。

一般情况下，在 PyPI 网站中找到的扩展库都会提供源代码下载，而且在扩展库的介绍页面会提示安装的方式。我们仍以 openpyxl 为例来介绍扩展库的源代码安装方式，之前因为已安装，所以要卸载。找到要下载的源代码文件 openpyxl-3.0.0.tar.gz 并下载。

假定 openpyxl-3.0.0.tar.gz 被下载到 D:\mypython 文件夹，这是一个压缩文件，把该文件解压缩到 D:\mypython\openpyxl-3.0.0 文件夹，可以看到一个名叫 setup.py 的 Python 代码文件，这就是接下来我们要操作的对象。

现在打开命令行窗口，将当前目录切换到 D:\mypython\openpyxl-3.0.0，输入命令"python setup.py install"，然后按下 Enter 键，等待安装完成。

一般情况下，扩展库的源代码安装方式的命令格式如下。

```
python  setup.py  install
```

如果这个命令不行，应看下扩展库的说明，按照说明进行安装。

4. 用国内源安装扩展库

用 pip 命令在线自动安装扩展库时，Python 默认是从国外的服务器下载安装文件，明显的缺点是安装速度慢，慢到让人无法忍受，有时干脆就是安装失败。从国内源来 pip 安装扩展库是非常有必要的。Python 的国内源有不少，常用的有清华源、阿里源和豆瓣源。

一般情况下，从国外源能安装到的扩展包，国内源也能找到，而且安装速度快很多。

下面以清华源为例来介绍从国内源安装扩展库的方法。如果是临时使用，给 pip 命令添加"-i"参数指定安装源就可以。比如安装 openpyxl 扩展库，在命令行窗口中运行如下 pip 命令。

```
pip install openpyxl -i https://pypi.tuna.tsinghua.edu.cn/simple
```

如果安装出错，可以添加信任选项，让 Python 信任国内源。完整的安装命令如下。

```
pip  install  openpyxl  -i  https://pypi.tuna.tsinghua.edu.cn/simple  --trusted-host  pypi.tuna.
tsinghua.edu.cn
```

如果想永久从国内源安装扩展库，方法如下：打开用户目录（在 Windows 7 下就是 Windows 桌面所在目录的上级目录），在其中创建一个 pip 目录，在笔者的计算机上，这个用户目录是 C:\Users\dyjxx，所以要创建一个新目录 C:\Users\dyjxx\pip。在 pip 目录下新建一个文本文件：

```
[global]
index-url = https://pypi.tuna.tsinghua.edu.cn/simple
trusted-host = pypi.tuna.tsinghua.edu.cn
```

将该文本文件保存为 pip.ini。以后再用命令"pip install 扩展库名"来安装扩展库，就会自动从清华源安装，可以体会到飞速安装带来的愉悦。

注意，在 Windows 10 操作系统中，上面的三行代码可能不行，改成下面的代码即可。注意，等号两边一定要有空格。

```
[global]
index-url = https://pypi.tuna.tsinghua.edu.cn/simple
[install]
trusted-host = pypi.tuna.tsinghua.edu.cn
disable-pip-version-check = true
timeout = 5000
```

很多初学者在创建 pip.ini 文件时往往有个误区，导致国内源配置失败。这种错误操作为：在 Windows 的某目录下单击右键，在弹出的快捷菜单中选择"新建"→"文本文档"，为这个新创建的文件命名为 pip.ini，然后把上面的内容放入这个文件并保存；再把这个文件放入上面提到的 pip 目录。结果发现，pip 安装的时候根本不使用国内源。

原因很简单：创建的文件不是 pip.ini，而是 pip.ini.txt，所以使用国内源失败。解决的方法是关闭 Windows“隐藏已知文件类型的扩展名”这个开关，让它总是显示文件的扩展名，见 2.2.2 节。

让 Windows 总是显示文件的扩展名之后，我们会发现文件名原来真的不是 pip.ini，而是 pip.ini.txt。将其再次改名为 pip.ini，放到正确的位置，这时就可以使用国内源了。

在 Windows 总是显示文件扩展名的情况下，我们再仿照上面的步骤建立 pip.ini，它的名字绝对不会再变成 pip.ini.txt 了。

2.4.2 标准库和扩展库的使用

Python 的标准库不需要安装可直接使用，扩展库需要先安装才能使用。标准库和扩展库的使用方法是一样的，都需要使用 import 语句先导入，再使用库中的对象。

库中的对象可以是常量，可以是函数，也可以是类。类是什么呢？类用来描述具有相同的属性和方法的所有对象构成的集合，定义了该集合中每个对象共有的属性和方法，对象是类的实例。Python 把一切都看成对象，整数、实数、字符串甚至函数都是对象。1 是一个对象，2 是一个对象，3 也是一个对象，这 3 个对象有共同的属性和方法，它们可以归为一类，称为 int 类，所以每个整数对象的数据类型就是 int。在 Python 中，很多库自定义了很多类，使用这些类的时候，要通过为变量赋值的方法把类实例转化为一个对象再使用。对象的属性可以简单理解为变量或常量，对象的方法可以简单理解为函数。

使用库中的对象大致有如下三种方法。

```
import 库名 [as 别名]
from 库名 import 对象名 [as 别名]
from 库名 import *
```

注意，个别扩展库的库名在安装和使用时是不一致的，比如，python-docx 扩展库使用 pip 命令自动安装时的库名是 python-docx，所以在命令行窗口中的安装命令为

```
pip install python-docx
```

但是，在安装成功导入该库中的对象时，库名却变成了 docx，导入语句就应该为

```
import docx
```

或

```
from docx import 对象名
```

一般情况下，除非特别说明，本书中提到的扩展库的库名在自动安装时与 import 导入时是同一个名称。

1. import 库名 [as 别名]

其中，[as 别名]表示这部分内容可以有，也可以没有。先看一种简单的情况，不用别名，直接用“import 库名”导入库。使用时需要用“库名.对象名”的方式使用库中的对象。例如：

```
>>> import math
>>> a = math.sqrt(9)
>>> print(a)
3.0
```

使用了标准库 math 的 sqrt 函数求算术平方根。这里的 math.sqrt 不能写成 sqrt。因为不同的标准库和扩展库可能拥有相同的函数名，在使用某个库的函数时，需要指定库名，Python 解释器才能知道使用哪个库的函数。

我们在导入库的时候，还可以用“import 库名 as 别名”为导入的库起一个别名，然后用“别名.对象名”的方式使用库中的对象。例如：

```
>>> import math as f
>>> a = f.sqrt(25)
>>> print(a)
5.0
>>> b = math.sqrt(36)
Traceback (most recent call last):
  File "<pyshell#4>", line 1, in <module>
    b = math.sqrt(36)
NameError: name 'math' is not defined
```

注意，用别名的方式导入库后，原来的库名不再有效，只能用“别名.对象名”方式来使用库中的对象，用“原名.对象名”方式会出错。

2．from 库名 import 对象名 [as 别名]

先看一个不带别名使用库中对象的例子。

```
>>> from math import sqrt
>>> sqrt(4)
2.0
```

这种方法不需要指定库名就可以使用库中的对象。例如，上面声明了 sqrt 这个函数对象是从标准库 math 中取出的，所以使用该函数时不用再加库名。

这种从库中导入对象的方法也可以为导入的对象指定别名。例如：

```
>>> from math import sqrt as f
>>> f(9)
3.0
```

由于一个库中可能有很多对象，如果使用来自同一个库的多个对象，这些对象都需要导入。导入时可以分为多个语句，也可以在一个语句中导入多个对象。例如：

```
>>> from math import pi
>>> pi
3.141592653589793
>>> from math import ceil, floor
>>> ceil(pi)
4
>>> floor(pi)
3
```

这里的 pi 是标准库 math 定义的一个常量，就是圆周率。ceil 是 math 库中的上取整函数，它的作用是获取不小于某个数的最小整数。floor 是 math 库中的下取整函数，作用是获取不大于某个数的最大整数。

我们不仅可以从库中导入函数和常量，还可以导入类，然后将类实例化为对象，再对该对象进行操作。比如，可以从标准库 fractions 中导入 Fraction 类进行分数运算（见第 12.4 节）。

3. from 库名 import *

如果使用来自同一个库的对象太多，可以用“from 库名 import *”一次性导入该库中的所有对象，这些对象在使用时直接使用自身名字而不必在前面加库名。例如：

```
>>> from math import *
>>> ceil(pi)
4
>>> floor(pi)
3
```

注意，这种用法只在理论上可行，实际使用的时候，可能混淆来自不同库的同名称的对象，需慎用。

第 3 章　Python 的基本概念

本章将介绍 Python 的数据和数据类型、变量和关键字、运算符和表达式、内置函数和内置对象，及其相应的语法格式。

3.1　数据和数据类型

3.1.1　数据与对象

在当今的大数据时代，数据无处不在。所有的程序设计语言都能处理数据。我们可以简单地把“数据”理解成所有能够输入计算机并能够被计算机处理的信息。

注意，并不是只有“123”和“3.14”这样的数值才算数据，像“你好”和“今天天气不错”这样的文字信息也是数据。只不过，“123”与“你好”的数据类型不一样，前者是整数类型，后者是字符串类型。

Python 把一切数据都看作对象。简单来说，一个对象是来自某类事物中的一个个体。比如，123 是来自整数类的一个对象，“你好”是来自字符串类的一个对象，等等。在生活中也有大量的例子，如 1990 年北京亚运会的吉祥物盼盼是来自熊猫这个类的一个对象。

我们可能不止一次听说过“面向对象程序设计”这个概念。面向对象程序设计以对象为核心，认为程序是由一系列对象组成的，每个对象都有自己的属性和方法。对象的属性反映了对象的性质，可以用某种类型的数据的值来表示。对象的方法是对象能发出的动作或者我们能对这个对象所作出的动作。对象的方法通常表现为函数，函数可以理解为一段能完成特定任务的程序代码。Python 内置了很多函数和方法来对各种数据对象进行操作。

我们可以用一种面向对象的方法来编写 Python 程序，但不必非得如此。封装、继承和多态①的概念对初学者来说难度较大。我们完全可以用简单的面向过程的方法来直接编写 Python 程序。

面向过程的方法是把解决问题的过程告诉 Python：先做什么，再做什么……最后一步做完了，任务也就完成了。比如我们要加密一段文字，面向过程的方法大概是这样的。

第一步：从键盘输入要加密的明文字符串。

第二步：获取明文字符串的每一个字符，按照加密方案逐个加密每一个字符。

① 封装、继承和多态是面向对象程序设计的基本概念。

第三步：把加密后的每一个字符连接成密文字符串。

第四步：输出密文字符串。

对初学者来说，用面向过程的方法来思考问题比较容易编写 Python 程序，可以迅速上手。关于对象，我们刚开始学习时只需要简单地知道 Python 程序可以处理对象，但编写 Python 程序不是必须采用面向对象的方法。

3.1.2 数据类型

每种程序设计语言都能处理很多数据类型，不同的程序设计语言能处理的数据类型有些是类似的，也有一些不太一样。比如，所有程序设计语言都有整数类型，VB 有日期类型，C 语言有字符类型但没有字符串类型，Python 有复数类型……

我们学习 Python 程序设计，需要先了解 Python 的数据类型。因为在 Python 中，一切数据都是对象，所以 Python 中的数据类型其实就是对象的类型。Python 中的对象类型大体上可以梳理为四大类：简单类型、组合类型、扩展类型和其他类型。Python 官方文档并没有这种分类提法，只是笔者为了理解方便而归纳的。

简单类型的对象的值可以直接写出。Python 中的简单类型有整数类型（int）、浮点数类型（float）、复数类型（complex）、字符串类型（str）、字节串类型（bytes）、布尔类型（bool）、空类型（NoneType）。

组合类型的对象的值也可以直接写出，但它们的值是用半角“()”、“[]”、“{}”、“,”和“:”等界定符，把简单类型对象或另一些组合类型对象组合在一起而得到的序列。Python 中的组合类型有四类：列表类型（list）、元组类型（tuple）、集合类型（set）和字典类型（dict）。

扩充类型的对象需要导入标准库或扩展库才能使用。比如，分数类型的对象需导入标准库 fractions 才能使用，日期时间类型的对象需要导入 datetime 标准库才能使用，矩阵类型的对象需要导入 numpy 扩展库才能使用，pandas 扩展库定义了 Series 和 DataFrame 这两种类型的对象，可以让我们很方便地处理一维数组和二维表格。

其他类型的对象是指非上述三种类型的对象，常用的有编程单元（函数、类和模块）、文件对象、异常对象、可迭代对象[①]（如 range、zip、map、enumerate）等。

现在逐一介绍前两类对象中的每一种对象的数据类型。

1．整数类型（int）

Python 中的整数可以用十进制、二进制、八进制和十六进制表示。各种形式的整数规定如下。

十进制：用 0～9 这 10 个字符组成的数值，除了 0，最高位不能为 0。十进制的特点是逢十进一。在最高位左边可以加“+”或“−”。例如，正确的写法有 123、45、0、00、−89、+123、+0、−0，错误的写法有 012、−05、15L、15U。注意：从 C 语言转到 Python 的学习者可能会出现 15L、15U 这样的错误写法。

二进制：在 0、1 这两个二进制字符前加上 0b 或者 0B 即为二进制表示的整数。二进制的特点是逢二进一。最高位左边可以加“+”或“−”。例如，正确的写法有 0b110、0B110、0b0、0b00、0B0011、−0b11、−0b011，错误的写法有 0b12、011。

---

① 可迭代对象将在 3.2.2 节和 3.4.1 节进行介绍。

八进制：在 0～7 这 8 个字符前加上 0o 或者 0O[①]即为八进制表示的整数。八进制的特点是逢八进一。最高位左边可以加“+”或“-”。例如，正确的写法有 0o123、0O123、0o012、0o0、+0O123、-0o123，错误的写法有 0o18、o12。

十六进制：在 0～9 和 a～f（或 A～F）的字符前加上 0x 或者 0X 即为十六进制表示的整数。在十六进制字符中，0～9 的含义与十进制一样，a 和 A 表示十进制的 10，b 和 B 表示十进制的 11，…，f 和 F 表示十进制的 15。十六进制的特点是逢十六进一。最高位左边可以加“+”或“-”。例如，正确的写法有 123、0XA1、0x0ef、0x0、+0x123、-0x123，错误的写法有 0x1g、x12。

几种进制数的对应关系如表 3-1[②]所示。

表 3-1　十进制数与二进制、八进制、十六进制的对应关系

十进制	二进制	八进制	十六进制
0	0b00000	0o00	0x00
1	0b00001	0o01	0x01
2	0b00010	0o02	0x02
3	0b00011	0o03	0x03
4	0b00100	0o04	0x04
5	0b00101	0o05	0x05
6	0b00110	0o06	0x06
7	0b00111	0o07	0x07
8	0b01000	0o10	0x08
9	0b01001	0o11	0x09
10	0b01010	0o12	0x0a
11	0b01011	0o13	0x0b
12	0b01100	0o14	0x0c
13	0b01101	0o15	0x0d
14	0b01110	0o16	0x0e
15	0b01111	0o17	0x0f
16	0b10000	0o20	0x10

在很多场合，为了使数字表达更清晰，数字可以每 3 位一组加上“,”分节符，如在 Excel 中。在 Python 中没有这样的逗号分节符。但为了提高数值的可读性，Python 允许在一个合法整数的任意两个数字中间插入一个下划线，据说这个特性是从 Python 3.6 开始引入的[③]，如 12_34.5、+1_2_3、0xa_b 等。

关于 Python 的整数，需要强调的一点是整数的大小没有限制。例如：

```
>>> 123**123
11437436793461719009988029522806627674621807845185022977588797505236950478566689644660656836
52015421696499747277306288423453431965811348959199428208744498372120994766489583590237960785
49041949007807220625356526926729664064846685758382803707100766740220839267
```

在上面的例子中，123**123 表示 123 的 123 次方，这是一个很大的数字，但 Python 表示

---

① 符号 o 是小写字母，O 是大写字母。

② 在表中，为了将各数位对齐，二进制、八进制和十六进制数中不足位的数在最高位左边用 0 补齐。

③ 董付国．Python 程序设计基础与应用．机械工业出版社，2018．

这个数字毫无压力。在这点上，Python 比 C 语言等编程语言要好很多。在很多编程语言中，如果整数过大，会超出所能表达的范围，导致数据溢出错误。科学计算时往往需要专门考虑防止数据溢出的问题。

Python 能表示的整数范围可以说只受内存大小的限制，理论上是没有上限的。一般情况下，用 Python 编写程序进行计算时不需要考虑数据溢出，这为我们提供了很大的方便。

整数类型的数据可以用 Python 的 type 函数和 isinstance 函数来查看和验证其类型。

```
>>> type(5)
<class 'int'>
>>> isinstance(5, int)
True
```

后面讲述其他类型的数据时，都可以用 type 函数和 isinstance 函数来查看和验证其类型，不再一一说明。

2．浮点类型（float）

Python 中的浮点数有两种形式：一种形式是带小数点的数，整数部分或小数部分是 0 的话，可以省略，但不能同时省略整数部分的 0 和小数部分的 0；另一种形式是用科学计数法形式表示的数。科学计数法在数学中的形式是 $a \times 10^n$，在 Python 中的形式是

```
aen
```

或者

```
aEn
```

例如：

```
3.14     10.     .001     1e8     3.14e-10     3.5E2     0e0
```

注意，Python 中的浮点数运算结果存在误差，而且有时候结果很奇怪。比如，简单的 0.3 减去 0.1，结果不是得到 0.2，而是 0.19999999999999998。

```
>>> 0.3-0.1
0.19999999999999998
```

由于浮点数运算存在误差，因此直接判定两个浮点数表达式是否相等有时会出错，我们应该判断两者之差的绝对值是否小于一个非常小的正浮点数，如果小于，就认为这两个浮点数表达式的值相等。

```
>>> 0.1+0.2 == 0.5-0.2
False
>>> abs((0.1+0.2) - (0.5-0.2)) < 1e-8
True
```

上述代码中，abs 是 Python 中求绝对值的函数。

3．复数类型（complex）

Python 中允许使用复数这种类型的数据，复数由实数部分和虚数部分构成，实数部分和虚数部分都被认为是浮点数。注意，Python 中的复数写法与数学中的写法不一样，数学中复数的形式是 $a+bi$，但 Python 中复数的形式是 $a+bj$，其虚部后跟的符号是 j 而不是 i。当然，用大写字母 J 来标识虚部也是可以的。

由于复数是对象，对象一般具有属性和方法，复数对象有两个属性和一个方法。

❖ real 属性：表示复数的实部。

❖ imag 属性：表示复数的虚部。

❖ conjugate 方法：返回复数的共轭复数。

复数的有关运算法与数学中完全一致，求复数的模可以用 Python 中求绝对值函数 abs 来求出。例如：

```
>>> x = 3j
>>> x
3j
>>> a = 2+x
>>> a
(2 + 3j)
>>> a.real              # 求复数 a 的实部
2.0
>>> a.imag              # 求复数 a 的虚部
3.0
>>> a.conjugate()       # 求 a 的共轭复数
(2 - 3j)
>>> abs(a)              # 求复数 a 的模
3.605551275463989
```

从上面的操作可以看到，Python 输出实部和虚部都不为 0 的复数时，在外面加上了半角“()”。

因为 Python 中导入了复数，所以对-1 进行开平方运算可以直接进行。理论上，负数开平方得到正负两个虚数，但在 Python 中负数开平方得到的是正的虚数。下面是关于负数开平方和虚数平方的示例。

```
>>> -1 ** 0.5
-1.0
>>> (-1) ** 0.5
(6.123233995736766e-17 + 1j)
>>> 1j ** 2
(-1 + 0j)
```

按照数学运算的优先级，乘方符号“**”优先于“-”，所以第 1 个表达式得到-1；第 2 个表达式中，括号改变了优先级，所以计算的是-1 的 0.5 次方，也就是-1 的平方根，得到虚数 1j，即 0+1j，但由于实部的浮点数 0 存在误差，实际上并不是 0，而是一个非常小的正实数；第 3 个表达式计算的是虚数 1j 的平方，从数学上看应该是-1，但 Python 认为是一个实部为-1 虚部为 0 的复数，所以按照复数的输出形式输出了(-1+0j)的结果。

4．字符串类型（str）

字符串是由若干字符顺次相连构成的字符序列，如各种文本。

很多程序设计语言区分了字符和字符串，但 Python 并不区分，把字符和字符串都认为是字符串类型。Python 中的字符串是在一对特殊的界定符中间写有若干字符构成的字符序列。

Python 中的字符可以是数字，可以是英文字母，可以是标点符号，可以是汉字，也可以是制表符、换行符等一些不可显示的符号。

Python 中的字符串界定符有如下 4 种。

❖ 一对半角单引号：'Hello'。

❖ 一对半角双引号："你好"。

❖ 一对半角三单引号：'''中国传媒大学'''。

❖ 一对半角三双引号："""人生苦短，我用 Python。"""。

字符串的界定符自身也是由字符组成的，如果字符串中包含的某些字符恰好与构成该字符串界定符的字符一样，就必须用转义字符来解决。例如：

```
'I\'m␣a␣student.'①
```

在上面的字符串中，半角单引号是字符串的一部分，但半角单引号又是字符串界定符，为了表明字符串中的那个半角单引号是普普通通的字符，而不是字符串界定符，就在前面加了一个半角"\"。转义字符将在 8.1.2 节详细介绍，这里只需要知道，在字符串中的一些字符前加上半角"\"就表示与原来不一样的含义。上面的字符串如果用一对半角""""当界定符，就不存在转义字符的问题。

```
"I'm␣a␣student."
```

Python 之所以设定了这么多字符串界定符，就是为了方便我们在某界定符中的字符是字符串中的普通字符时选用其他界定符。如果"'"和"""都是字符串中的普通字符，我们可以考虑选用三引号界定符，这样字符串中的"'"和"""都不需写成转义字符的样子。例如：

```
'''He␣said,␣"I'm␣a␣student."'''
```

注意，上面的字符串不能用半角三双引号界定符，否则会报错。

```
>>> """He␣said,␣"I'm␣a␣student.""""
SyntaxError: EOL while scanning string literal
```

报错是因为 4 个半角"""连用，Python 认为前三个半角双引号构成字符串界定符，与前面的三个半角"""配对界定了一个字符串，但最后还有一个单独的"""，所以出错了。

关于字符串，我们可以求它的长度（也就是它包含的字符个数），可以取出它的第几个字符，可以判断它是否包含某个字符，也可以判断它是否包含另一个字符串。字符串的操作将在第 8 章进行介绍。这里先了解字符串这种数据类型即可。

不包含任何字符的字符串被称为空字符串或空串，记为''或""。当然，用三引号表示也是可以的。

字符串对象有两个重要的方法经常用到：split 方法和 join 方法。前者可以把一个字符串拆分成多个字符串组成的列表，后者把字符串列表的各字符串合并成一个总的字符串。例如：

```
>>> s = "我␣爱␣学␣Python"
>>> t = s.split()
>>> t
['我', '爱', '学', 'Python']
>>> a = "␣".join(t)
>>> a
'我␣爱␣学␣Python'
```

5．字节串类型（bytes）

有些程序设计语言，如 C 语言，把英文字母视为单字节字符，把汉字视为多字节字符，求

---

① 在纸媒或者不可复制的电子版媒介上，空格这个字符的有无和数目多少是不容易看出来的。所以本书在涉及程序的输入、输出或者在特意强调字符串或文件内容中的半角空格的情况下，会用符号"␣"来表示一个半角空格。本书后面还有很多这样的表示，不再一一注明。另外，本书以后所说的空格均指半角空格。

字符串的长度是用字节数来计算的，求一个字符串中包含多少个字符，还得写一段程序代码来求。但 Python 3 没有这么麻烦，默认在内存中存储字符串时存储的是每个字符的 Unicode 代码。每个英文字母对应一个 Unicode 代码，每个汉字也对应一个 Unicode 代码，Python 3 把英文字母和汉字一视同仁，都认为是一个字符。这为我们处理带中文的字符串提供了很大的方便。相比之下，Python 2 处理中文时就非常麻烦。

Python 3 也能像其他程序设计语言那样以字节的方式来处理字符串，这需要用到字节串这种数据类型。Python 3 中的字节串数据形式是字母 b 或者 B 后加上字节串界定符所界定的字节串内容。字节串界定符与字符串界定符是一样的，表示英文的字节串内容与英文字符串一样，表示中文的字节串内容是若干形如"\x**"的内容组成的序列，这里的"**"表示十六进制字符。例如：

```
>>> b"Hello"
b'Hello'
>>> b'\xe6\x88\x91\xe7\x88\xb1Python'
b'\xe6\x88\x91\xe7\x88\xb1Python'
```

字符串和字节串在 Python 3 中分别对应文本数据和二进制数据，是两种数据类型。字符串类型用 str 表示，字节串类型用 bytes 表示。Python 3 在网络上传输文本数据的时候，需要转换为字节串来传输。字符串对象的 encode 方法用来把字符串转换为字节串，字节串对象的 decode 方法用来把字节串转换为字符串。下面是字符串和字节串相互转化的例子。

```
>>> "我爱 Python".encode()
b'\xe6\x88\x91\xe7\x88\xb1Python'
>>> b'\xe6\x88\x91\xe7\x88\xb1Python'.decode()
'我爱 Python'
```

字符串对象的 encode 方法是一个编码过程，字节串对象的 decode 方法是一个解码过程。前者是把字符串"我爱 Python"编码成 UTF-8 格式的字节串，后者是把 UTF-8 格式的字节串解码成字符串"我爱 Python"。（UTF-8 编码在配套电子出版物的 2.1.3.3 节中详细介绍，这里仅仅用作字符串和字节串转换的例子。）

Python 的内置函数 bytes 和 str 也能完成这种转换。

```
>>> bytes("我爱 Python", encoding="utf-8")
b'\xe6\x88\x91\xe7\x88\xb1Python'
>>> str(b'\xe6\x88\x91\xe7\x88\xb1Python', encoding="utf-8")
'我爱 Python'
```

关于字节串，我们目前只需要知道它表示的是一种二进制数据，而且它与字符串可以相互转化就行了。

6．布尔类型（bool）

布尔类型是用来表示真和假的数据类型，如比较两个数是不是相等，比较的结果要么是真，要么是假。Python 用 True 表示真，用 False 表示假。Python 中布尔类型的数据也只有 True 和 False 这两个值。注意，True 和 False 都是只有第一个字母大写，其他字母小写。

在 Python 中，isinstance 函数用来判定某个数据对象是不是某种数据类型，它的返回值就是布尔类型。

7. 空类型（NoneType）

在 Python 中，空类型表示一个空对象。空类型只有一个值 None（注意，只有第一个字母大写，其他字母小写）。None 不是 0（0 是一个整数类型的对象），也不是空字符串"（空字符串是一个字符串类型的对象），也不是 False（False 表示一个布尔类型的对象），None 就表示什么也没有，它表示一个空对象。

None 这个值的数据类型是 NoneType。在 Python 中有一些无返回值的函数，如果非要获取这些函数的返回值，得到的就是 None 值。

对于空类型的数据，我们可以用 Python 的 type 函数来查看其类型，但不能用 isinstance 函数来验证其类型。

8. 列表类型（list）

列表类型是一种组合类型，是用列表界定符和元素分隔符将 Python 中各种类型的数据组合在一起而得到的新的数据类型。

列表界定符是一对半角“[]”，元素分隔符是半角“,”，列表的元素可以是 Python 中的任何数据类型（包括另一些列表，以及下面要介绍的元组、字典与集合），列表中的元素允许重复。例如：

```
[1]
[1, 2, 3, 3, 3]
["1", "2", "3", "4", "5"]
["张三", "李四", "王五"]
[1, 'a', True, None, [1, 2]]
[(1, 2), {3, 5}, {1:10, 2:20}]
[(1, 2, 2), {1:10, 2:20}, {3, 5}]
```

列表中包含的元素个数被称为列表长度，可以用 Python 的函数 len 来求出。

```
>>> len([1, 2, [3, 4]])
3
```

不包含任何元素的列表是空列表，空列表记为[ ]，空列表的长度为 0。

```
>>> len([])
0
```

注意，非空列表中的元素是有序的，[1, 2, 3]和[1, 3, 2]这两个列表的内容是不一样的。对于一个列表来说，它的各元素在列表中有一个位置，元素位置自前而后从 0 开始递增编号。我们可以获取一个列表指定位置处的元素的值，这个位置称为“下标”。例如：

```
>>> [1, 2, 3][0]
1
>>> [1, 2, 3][1]
2
>>> [1, 2, 3][2]
3
>>> [1, 2, 3][3]
Traceback (most recent call last):
  File "<pyshell#21>", line 1, in <module>
    [1, 2, 3][3]
IndexError: list index out of range
```

在上面的例子中，获取列表[1,2,3]的下标为 3 的元素的值失败，因为该列表只包含 3 个元素，元素下标为 0～2，根本没有下标为 3 的元素。注意，按照下标获取列表元素值时，下标越界会发生错误。

Python 还可以从右往左对下标进行编号，编号方法如下：倒数第 1 个元素的下标为-1，倒数第 2 个元素的下标为-2，倒数第 3 个元素的下标为-3……

从右往左编号的下标也不能越界，否则也会报错。

```
>>> [1, 2, 3][-1]
3
>>> [1, 2, 3][-2]
2
>>> [1, 2, 3][-3]
1
>>> [1, 2, 3][-4]
Traceback (most recent call last):
  File "<pyshell#25>", line 1, in <module>
    [1, 2, 3][-4]
IndexError: list index out of range
```

从右往左的编号为操作列表的后几个元素提供了方便。比如，取列表的最后一个元素（前提是列表至少有一个元素），直接取下标是-1 的那个元素就行，根本不需知道列表到底有多少个元素。

Python 允许在列表的最后一个元素之后写一个半角“,”，也允许把列表写在多行中。

```
>>> [1, 2, 3, [4, 5, ], ]
[1, 2, 3,  [4, 5]]
>>> [
        1,
        2,
        3,
        [4, 5],
    ]
[1, 2, 3, [4, 5]]
```

在列表的元素较长时，分行写是一个好习惯，每行写一个元素，这样写出来的列表显得很清楚。考虑到我们有可能调整各元素的顺序，在最后一个元素之后写一个半角“,”，各行后面就都有半角“,”了，可以方便地调整各行的顺序。

虽然我们可以在列表的最后一个元素后写一个半角“,”，但 Python 输出列表的时候，并不带这个半角逗号。

另外，从上面的操作示例中可以看出，Python 输出列表时总是在它的元素界定符半角“,”后加上一个空格。这种风格使得列表元素之间间隔增大，更容易看清列表的元素。有些人写列表的时候，喜欢在半角“,”后加上一个空格，但不写空格也是没有问题的。写法没有统一规定，我们根据个人喜好去写就行。对于后面的元组、集合和字典，Python 在输出时也喜欢在元素分隔符后面加上空格，这里统一指出，后面不再赘述。

列表对象是可变的，我们可以往列表中增减元素，也可以修改列表中的元素。列表对象的 append 方法可以从尾部添加元素，pop 方法可以从尾部删除元素，指定下标可以修改元素值。

```
>>> a = [1, 2, 3]
```

```
>>> a.append(100)
>>> a
[1, 2, 3, 100]
>>> a[2] = 20
>>> a
[1, 2, 20, 100]
>>> a.pop()
100
>>> a
[1, 2, 20]
```

判断一个对象在不在列表中可以用运算符 in。

```
>>> 3 in [1, 2, 3]
True
>>> 4 in [1, 2, 3]
False
```

列表对象将在 7.2 节进行介绍。

9．元组类型（tuple）

元组类型是一种组合类型，是用元组界定符和元素分隔符将各种类型的数据组合在一起而得到的新的数据类型。

元组界定符是一对半角“( )”，元素分隔符是半角“,”，元素可以是 Python 中的任何数据类型（包括列表、其他元组，以及下面要介绍的字典与集合），元素内容是允许重复的。例如：

```
(1, )
(1, 2, 2)
("张三", "李四", "王五")
(1,  ('a', True), None, [1, 2])
((1, 2), ["a"], {1:10, 2:20}, {3,5})
```

元组中包含的元素个数被称为元组长度，元组长度可以用 Python 的函数 len 来求出。注意，元组中只有一个元素的时候，该元素后要加一个半角“,”，否则 Python 不会认为这是一个元组。

```
>>> type((1, ))
<class 'tuple'>
>>> (1)
1
>>> type((1))
<class 'int'>
```

不包含任何元素的元组是空元组，记为“( )”，空元组的长度为 0。非空元组中的元素是有序的，既可以从 0 开始往后递增设置下标，也可以从-1 开始往前递减设置下标，下标同样不能越界。在元素个数超过 1 的元组中，Python 允许在最后一个元素后面添加一个半角“,”，也允许分多行书写。这都与列表很像。

元组与列表最大的不同在于，列表是可变的，元组不是可变的，它既不能增减元素，又不能修改元素。Python 引入元组是因为元组的访问速度比列表的访问速度快。

判断一个对象在不在元组中可以使用运算符 in。

```
>>> 3 in (1, 2, 3)
```

```
True
>>> 4 in (1, 2, 3)
False
```

元组对象将在 7.3 节进行介绍。

10．集合类型（set）

集合类型是一种组合类型，是用集合界定符和元素分隔符将各种类型的数据组合在一起而得到的新的数据类型。

集合界定符是一对半角的“{ }”，元素分隔符是半角“,”，元素可以是 Python 中的任何不可变数据类型（包括整数、浮点数、复数、字符串、None、True、False 和元组），不可以是列表、集合和字典这三类可变序列。例如：

```
>>> {3, 2.0, 3+2j, "Hello", None, True, False, ('x', 'y')}
{False, True, 2.0, 3, (3 + 2j), None, ('x', 'y'), 'Hello'}
>>> {1, 2, 2, 2}
{1, 2}
>>> {0, 1, True, False}
{0, 1}
```

上面的第一个例子可以看出集合的无序性，第二个例子可以看出集合的无重复性。第三个例子中，True 和 False 在结果中消失，这是因为 Python 在集合中把 True 作为整数 1 去对待，把 False 作为 0 去对待，这也反映了集合的无重复性。

集合中包含的元素个数被称为集合长度，集合长度可以用 Python 的函数 len 来求出。不包含任何元素的集合是空集合，其长度为 0。注意，空集合不能记为“{}”，需要用 set()表示一个空的集合。

集合是可变的，可以添加元素，也可以删除元素。由于集合中的元素是无序的，因此我们不能像列表和元组那样使用数字下标方法来访问集合中的元素。判断一个对象在不在集合中，可以使用运算符 in。

```
>>> 3 in {1, 2, 3}
True
>>> 4 in {1, 2, 3}
False
```

集合对象将在 7.5 节进行介绍。

11．字典类型（dict）

字典类型是一种组合类型，是用字典界定符和元素分隔符将各种类型的数据组合在一起而得到的新的数据类型。

字典界定符是一对半角的“{}”（与集合一样），元素分隔符是半角“,”，每个元素是半角“:”隔开的一对数据对象，“:”前面的对象称为键，“:”后面的对象称为值。键与值组合在一起才是字典的一个元素。字典的形式如下：

```
{键1:值1, 键2:值2, … , 键n:值n}
```

字典的键可以是 Python 中的任何不可变数据类型（包括整数、浮点数、复数、字符串、None、True、False 和元组），不可以是列表、集合和字典这三类可变对象。字典的值可以是任何类型。例如：

```
>>> {1:10, 2:20, 3:30}
{1: 10, 2: 20, 3: 30}
>>> {"a":1, "b":2, "c":3}
{'a': 1, 'b': 2, 'c': 3}
>>> {"张三":{"age":23, "sex":"男"}, "李四":{"age":25, "sex":"女"}}
{'张三': {'age': 23, 'sex': '男'}, '李四': {'age': 25, 'sex': '女'}}
>>> {("的", "u"):12345, ("一", "num"):9999}
{('的', 'u'): 12345, ('一', 'num'): 9999}
```

字典中包含的元素个数被称为字典长度，字典长度可以用 Python 的函数 len 来求出。不包含任何元素的字典是空字典，可记为“{}”，空字典的长度为 0。

字典有三个方法经常使用：keys 方法可以得到字典的所有键；values 方法可以得到字典的所有值；items 方法可以得到字典的所有键值对构成的元组。

需要说明的是，字典中的元素是无序的，不能像列表和元组那样使用表示元素位置的数字下标来访问字典中的元素，不过字典允许用键作为下标来访问其中的元素。

```
>>> {"a":1, "b":2, "c":3}["a"]
1
>>> {"a":1, "b":2, "c":3}["b"]
2
>>> {"a":1, "b":2, "c":3}["d"]
Traceback (most recent call last):
  File "<pyshell#13>", line 1, in <module>
    {"a":1, "b":2, "c":3}["d"]
KeyError: 'd'
```

在上面的例子中，字典{"a":1, "b":2, "c":3}没有"d"这个键，所以用"d"作为下标去访问该字典就会出错。

字典是可变的，可以添加元素，也可以删除元素。

判断一个对象是不是字典中的键，可以使用运算符 in。

```
>>> "a" in {"a":1, "b":2, "c":3}
True
>>> "d" in {"a":1, "b":2, "c":3}
False
>>> 1 in {"a":1, "b":2, "c":3}
False
```

字典对象将在 7.4 节进行介绍。

总结一下：简单类型中的字符串对象、字节串对象和四类组合类型对象都是由很多元素组成的，都属于序列结构的对象。根据是否可变，序列可以分为可变序列和不可变序列；根据序列中的元素是否有序，序列可分为有序序列和无序序列，如表 3-2 所示。

表 3-2　序列对象的可变性与有序性对比

对象类型	字符串	字节串	列表	元组	集合	字典
是否可变	×	×	√	×	√	√
是否有序	√	√	√	√	×	×

凡是可变的序列都可以增加和删除元素，凡是不可变的序列都不能修改其中的元素。凡是

有序的序列，都可以用正向和负向的数字下标去访问其中的元素；凡是无序的序列，都不能用数字下标去访问其中的元素。字典中的元素也可以用下标方法访问，但不能用表示元素位置的数字下标，只能用键作为下标。

3.2 变量与关键字

3.2.1 对象的存储

Python 中用到的每个对象都需要存储在内存中，在内存中都有一个具体的存储位置，对象在内存中的存储地址就是对象的 id。对象的 id 可以用 Python 的内置函数 id 来获取。

```
>>> id(1)
1873701904
>>> id("abc")
31013888
>>> id([1, 2, 3])
50118920
```

在 Python 中，对象有三个重要的属性：id、type 和 value。id 是对象的存储地址，type 是对象的数据类型，value 是对象的值。比如上面给出的对象"abc"，它的 id 是 31013888，type 是 str，value 是"abc"。不同对象的 type 和 value 可以是相同的，但 id 绝不会相同。

```
>>> id(10000)
48858544
>>> id(9999+1)
48857360
```

3.2.2 变量

为了便于访问对象，我们需要给对象起一个名字，这样就可以通过名字来访问这个对象。在 Python 代码中为对象起的名字就叫变量。

1．变量的赋值

在很多程序设计语言中，为变量赋值是将数据填入内存中为变量分配的数据空间，当赋值改变时，将新的数据重新填入变量的数据空间。但在 Python 中，赋值操作并不是这样的。Python 中的变量都不分配存储数据的内存空间，为变量赋值是把该变量与某对象的 id 关联在一起，当赋值改变时，实际上是将变量与原有对象解除关联，并与新的对象建立关联。所谓变量的值，其实就是变量所关联对象的值。

从关联意义上，“赋值”这个概念在 Python 中不是特别贴切，但胜在简洁。在其他程序设计语言中也经常这么说，出于习惯，在本书中会说为某某变量赋值，也会说某某变量的值，好在这样说不会引起误解。

在 Python 中，赋值语句可以分为两类：一类是简单赋值，另一类是通过序列封包和序列解包来赋值。

（1）简单赋值

简单赋值语句有以下 3 种形式。

① varname = thevalue

② varname1 = varname2 = … = thevalue

③ varname1, varname2, … = thevalue1, thevalue2, …

执行第一种赋值语句的时候，Python 首先按照给定的值 thevalue 创建一个对象，把这个对象的 id 与指定变量名 varname 建立联系。关联以后，如果想得到对象的 value，直接使用变量名即可，如果想得到对象的 id，用内置函数 id(varname)即可，如果想查看对象的 type，用内置函数 type(varname)即可。

```
>>> id(1)
1873701904
>>> a = 1
>>> id(a)
1873701904
>>> a
1
>>> type(a)
<class 'int'>
```

第二种赋值语句是将多个变量与同一个对象建立关联，这些变量的 id 是相同的。

```
>>> x = y = 0
>>> id(x)
1347972080
>>> id(y)
1347972080
```

因为几个变量的 id 相同，如果它们关联的对象是可变序列对象，当我们通过其中一个变量让序列的元素值改变时，这种改变也会同时反映给其他变量。

```
>>> a = b = [1, 2]
>>> id(a)
49388552
>>> id(b)
49388552
>>> a[0] = 10
>>> b
[10, 2]
```

其实用第一种形式的赋值语句时，也可能出现两个变量的值同步发生变化的情况。

```
>>> a = [1, 2, 3]
>>> b = a
>>> b
[1, 2, 3]
>>> a[0] = 10
>>> a
[10, 2, 3]
>>> b
[10, 2, 3]
```

这种同步改变可能是我们所希望的，也可能不是。如果是后者，会造成不可预料的后果。所以，把一个列表对象赋值给一个变量的时候，一定要考虑是否允许它们的值同步变化。如果不希望它们同步变化，就可以用列表对象的浅拷贝或深拷贝。浅拷贝见 7.2.4 节，深拷贝见 12.2 节。

第三种形式的赋值语句是将多个对象与多个变量分别建立关联。

```
>>> a, b=[1, 2], [1, 2]
>>> id(a)
49248200
>>> id(b)
49294536
```

从上面的代码可以看出，为几个变量赋予相同的列表值，第二种形式的赋值语句将导致变量值同步修改，第三种形式的赋值语将把几个变量分别关联到几个值相同但 id 不同的对象，这就能避免变量值同步修改的问题。

（2）通过序列封包和序列解包来赋值

把多个值赋给一个变量时，Python 会自动地把多个值封装成元组，称为序列封包。

把一个序列（字符串、列表、元组、集合、字典）或可迭代对象直接赋给多个变量，此时会把序列或可迭代对象中的各元素依次赋值给每个变量，称为序列解包。序列解包要求变量的个数与序列中元素的个数相同。

可迭代对象将在 3.4.1 节中进行介绍，这里先通过一个简单例子说明。列表是有序的，元素可以通过下标来访问。如果我们想一个一个地顺次得到列表的每个元素来使用，这个顺次获取列表每个元素的过程称为遍历，也称为迭代。如果一个对象中的所有元素都可以通过迭代方法来获取，就称之为可迭代（iterable）对象。在 Python 中，除了字符串、列表、元组、集合、字典这些序列类的对象，还有很多类型的可迭代对象，如 range 对象、enumerate 对象等。

序列封包赋值语句用来给单个变量赋值，其形式为

```
varname = …  = thevalue1, thevalue2, …
```

例如：

```
>>> a = 1, 2, 3
>>> a
(1, 2, 3)
```

后面在介绍函数的返回值时，如果函数返回多个值，这多个值会封包构成一个元组返回。

序列解包赋值语句用来给多个变量赋值，其形式有如下两种。

```
varname1, varname2, … = 序列或可迭代对象
varname1, *varname2 = 序列或可迭代对象
```

第一种形式要求序列或可迭代对象中的元素个数与变量个数相等，赋值时顺次将元素赋予变量。第二种形式要求前面带“*”的变量只能有一个，序列或可迭代对象的元素个数大于等于前面不带“*”的变量个数，赋值时先按照顺序为每个前面不带“*”的变量赋予一个元素，然后将其余元素封包成一个列表赋值给前面带“*”的变量。

```
>>> a, b = [1, 2]
>>> a
1
>>> b
2
>>> a, b = {1: 10, 2: 20}
>>> a
1
```

```
>>> b
2
>>> a, b, *c = range(10)
>>> a
0
>>> b
1
>>> c
[2, 3, 4, 5, 6, 7, 8, 9]
```

使用序列解包赋值时要注意，如果用字典为多个变量赋值，那么变量得到的值是字典的键，不是字典的值，也不是键值对组成的元组。

2. 变量的数据类型

有些程序设计语言的变量需要声明数据类型，Python 不需要声明变量的数据类型。因为 Python 的变量与对象是关联在一起的，它关联的对象的数据类型是什么，这个变量的数据类型就是什么。在赋值语句执行的时候，Python 解释器会自动根据等号右侧的数据类型来决定变量的数据类型。

在不同的时间段内，一个变量关联的对象是可以发生变化的。例如：

```
>>> a = 1
>>> a
1
>>> id(a)
1873701904
>>> a = "Hello"
>>> a
'Hello'
>>> id(a)
50098952
```

在上面的例子中，看起来是变量 a 的值发生了变化，实际上是变量 a 关联的对象发生了变化，通过两次查看 id 可知。因为变量先后关联的对象的值和数据类型可能不相同，所以在 Python 程序中，一个变量的值和类型都有可能发生变化。

3. 变量命名

Python 中有很多对象，每个对象都可以关联变量，不同的对象需要关联不同的变量，为此我们可能需要很多变量名。那么，什么符号串可以充当变量名呢？

当然不是任意的符号串都可以充当变量名，Python 的变量名包含的字符有一定的限制，具体有如下两条。

- ❖ Python 3 的变量名必须以字母、汉字或者下划线开头，后跟字母、数字、汉字或下划线构成的一个字符序列。
- ❖ Python 变量名不能与 Python 的关键字相同。

下面第一行给出的几个变量都是合法的变量名，第二行的几个变量都是不合法的变量名。

```
a      abc    ABC    _x     张三的年龄
a+b    2ab    x3%    _x:    if    for
```

其中，第一行的 abc 和 ABC 是两个不同的变量名，因为 Python 区分变量名的大小写。第二行的最后两个不合法，因为与 Python 的关键字相同。关键字将在 3.2.3 节详细介绍。

关于变量名还需要强调的是，变量名最好不要与 Python 内置的函数名、标准库名和类型名等符号串相同。之所以说“最好不要”而不是“不允许”，是因为这样的变量名 Python 并不报错，但运行时会给我们带来很多困惑。例如：

```
>>> max(3, 6, 5)
6
>>> max = "Hello"
>>> max(3, 6, 5)
Traceback (most recent call last):
  File "<pyshell#3>", line 1, in <module>
    max(3, 6, 5)
TypeError: 'str' object is not callable
```

在上面的例子中，max 本来是 Python 内置的函数名，其功能是求几个数中的最大者，如果让 max 充当了变量名，下一步再想用 max 函数时就会提示错误。

我们可以在 IDLE 的交互式窗口中用“dir(__builtins__)”命令查看 Python 内置的函数名、标准库名和类型名。

为了判断一个符号串是否适合充当变量名，可以使用字符串对象的 isidentifier 方法。

```
>>> "123".isidentifier()
False
>>> "a123".isidentifier()
True
>>> "年龄".isidentifier()
True
>>> "12%3".isidentifier()
False
>>> "for".isidentifier()
True
```

这里，字符串"for"的 isidentifier 方法返回值为 True，但它不适合作为变量名，因为它是关键字。关键字用作变量名是要报错的。

3.2.3 关键字

Python 的关键字（keywords）又称为保留字（reserved words），是一些具有特定含义的变量，Python 解释器看到这些特定的变量会做出一些特定的处理，变量名决不能与任何一个关键字相同。

Python 3.6 中的关键字有 33 个，除了 False、None、True 这 3 个以大写英文字母开头，其余 30 个关键字都是纯粹由小写英文字母组成的。

```
False     None      True
and       as        assert     break     class     continue
def       del       elif       else      except    finally
for       from      global     if        import    in
is        lambda    nonlocal   not       or        pass
raise     return    try        while     with      yield
```

Python 3.7 比 Python 3.6 多了 async 和 await 这两个关键字，关键字总数变成了 35。

不管安装了 Python 的什么版本，我们都可以用一个统一的方法查看计算机安装的 Python 版本所对应的关键字，就是在 IDLE 的交互式环境下输入“help("keywords")”，然后按下 Enter 键，就可以看到当前版本 Python 的所有关键字了。

3.3 运算符和表达式

3.3.1 常量数据和变量数据

在 Python 程序中，我们经常需要让一些数据参加各种运算，以获取运算产生的结果。Python 中的数据都是由对象的值提供的，所以数据的运算其实是对象的运算。一般参与运算的对象分为两种，一种是我们直接写出数据值的那些对象，另一种是关联了变量的对象。前一种对象对应的数据称为常量数据，简称常量；后一种对象对应的数据称为变量数据，简称变量。

3.3.2 运算符

数据运算需要有运算符。Python 中的运算符主要包括算术运算符、关系运算符、逻辑运算符、位运算符、集合运算符、序列运算符、矩阵运算符、测试运算符、复合赋值运算符，Python 3.8 中新增了海象运算符。

个别的运算符身兼多职，如“&”既是位运算中的与运算符，又是集合运算中的交集运算符。

1. 算术运算符

算术运算符主要有如下几类：负数运算符“-”、加法运算符“+”、减法运算符“-”、乘法运算符“*”、真除运算符“/”、整商运算符“//”、求余运算符“%”和乘方运算符“**”，其中负数运算符和减法运算符是同一个符号。

（1）负数运算符

负数运算符的功能是对右边的数值型数据（整数、浮点数、复数）取相反数。例如：

```
>>> a = 5
>>> -a
-5
>>> b = 5.6
>>> -b
-5.6
>>> --b
5.6
>>> c = 2+3j
>>> -c
(-2-3j)
```

（2）加法、减法、乘法运算符

加法运算符的功能是对两个数值型数据（整数、浮点数、复数）求和。

减法运算符的功能是对两个数值型数据（整数、浮点数、复数）求差。

乘法运算符的功能是对两个数值型数据（整数、浮点数、复数）求积。

```
>>> 3 + 5
8
>>> a = 2.0
>>> b = a - 3.5
>>> b
-1.5
>>> (2+3j) * (2-3j)
(13 + 0j)
```

运算结果的数据类型规定如下：如果有复数参与运算，结果一定是复数类型；如果没有复数参与运算，再看有没有浮点数参与运算，如果有，结果一定是浮点数类型；如果没有复数和浮点数参与运算，结果是整数类型。

```
>>> type(1+2)
<class 'int'>
>>> type(1+2.0)
<class 'float'>
>>> type(1+(2+3j))
<class 'complex'>
```

（3）真除、整商、求余运算符

与除法运算有关的运算符有三个：真除运算符“/”、整商运算符“//”和求余运算符“%”，它们都遵守除数不能为 0 的约定。

真除运算就是普通的数学除法运算，董付国老师称之为“真除”①，以区别于整商运算。如果有复数参与运算，结果是复数类型，否则结果是浮点数类型。例如：

```
>>> 8 / 2
4.0
>>> (4+6j) / 2
(2 + 3j)
```

整商运算也是做除法，但整商运算的结果是整数，做除法之后取不大于真除结果的最大整数。例如：

```
>>> 12 // 3          # 真除12/3结果是4，所以这里的结果是4
4
>>> 11 // 3          # 真除11/3结果是3.6666666666666665，所以这里的结果是3
3
>>> 11 // -3         # 真除11/-3结果是-3.6666666666666665，所以这里的结果是-4
-4
>>> -11 // 3         # 真除-11/3结果是-3.6666666666666665，所以这里的结果是-4
-4
```

整商运算还允许浮点数参与运算，不过结果是浮点数，且小数部分总是 0。例如：

```
>>> 11.2 // 3        # 真除11.2/3结果是3.7333333333333333，所以这里的结果是3.0
3.0
>>> 11.2 // 3.8      # 真除11.2/3.8结果是2.9473684210526314，所以这里的结果是2.0
2.0
```

求余运算一般用于两个数（仅限于整数或浮点数）相除求余数，运算结果等于被除数减去

① 董付国．Python 可以这样学．清华大学出版社，2017．

整商运算的结果跟除数的乘积。例如：

```
>>> 12 % 3          # 结果等于 12 - (12//3)*3
0
>>> 11 % 3          # 结果等于 11 - (11//3)*3
2
>>> -11 % 3         # 结果等于 -11 - (-11//3)*3
1
>>> 11 % -3         # 结果等于 11 - (11//-3)*(-3)
-1
>>> 11.2 % 3        # 结果等于 11.2 - (11.2//3)*3
2.1999999999999993
```

求余运算一般用来判断整数的奇偶性，判断两个整数是否有整除关系。例如：

```
>>> 12%2 == 0
True
>>> 11%2 == 0
False
```

（4）乘方运算符

乘方运算符又叫幂运算符，用“**”表示，表示一个数的多少次方。整数、浮点数和复数都可以参与乘方运算。例如：

```
>>> 2 ** 3
8
>>> 3 ** 2
9
>>> 2 ** 0.5
1.4142135623730951
>>> -1 ** 5
-1
>>> (-1) ** 0.5
(6.123233995736766e-17 + 1j)
>>> 1j ** 2
(-1 + 0j)
>>> 2 ** 2j
(0.18345697474330172 + 0.9830277404112437j)
```

算术运算的各运算符之间的优先级与数学中的一样，用半角“( )”可以改变运算符的优先级。例如：

```
>>> 2 + 3*4**2
50
>>> (2 + 3)*4**2
80
>>> (2 + 3*4)**2
196
```

如果不太清楚各运算符的优先级，加括号是一个比较好的做法。甚至单独的一个数字也可以加上“( )”。例如：

```
>>> 2 + 3*(4**2)
50
```

```
>>> (2) + 3*(4**2)
50
>>> (2) * (3)
6
```

在 3.1.2 节中介绍元组时提到，只有一个元素的元组须在元素后面加上“,”，当时读者可能不知道为什么，现在我们应该能明白 Python 为什么这样规定了。如果单元素元组没有逗号，一个数字放在一对“()”中，我们就不知道表示的是元组还是一个用来改变优先级的括号。

2. 关系运算符

关系运算符又叫比较运算符，主要是比较两个可比较对象的值之间的相等、大于、小于等关系，关系运算的结果为 True 或 False。Python 中的关系运算符有 6 个，如表 3-3 所示。

表 3-3　Python 中的关系运算符

运算符	说　明
==	检查两个对象的值是否相等，若相等，则运算结果为 True，否则为 False
!=	检查两个对象的值是否不相等，若不相等，则运算结果为 True，否则为 False
<	检查两个对象的值是否存在小于关系，若是，则运算结果为 True，否则为 False
<=	检查两个对象的值是否存在小于或等于关系，若是，则运算结果为 True，否则为 False
>	检查两个对象的值是否存在大于关系，若是，则运算结果为 True，否则为 False
>=	检查两个对象的值是否存在大于或等于关系，若是，则运算结果为 True，否则为 False

注意，参与关系运算的两个对象之间必须是可比较的，不可比较的对象之间不能参与关系运算。例如，复数之间不能相互比较大小，整数对象不能与字符串对象比较大小，等等。布尔对象在参与关系运算的时候，True 按 1 处理，False 按 0 处理。

（1）“==”和“!=”运算符

对于“==”和“!=”这两个关系运算符，所有对象都可以参与比较，不管对象的数据类型是否相同，只看两个对象的值是否相等。例如：

```
>>> 1+2 == 3
True
>>> "abc" == [1,2]
False
>>> a = "Hello"
>>> a == "Hello"
True
```

在上面的例子中，1+2 的结果为 3，3==3 的结果为 True。算术运算符的优先级高于关系运算符。

（2）<、<=、>和>=运算符

对于“<”“<=”“>”“>=”这四个关系运算符，在对象可比较时分为如下几种情况。

① 布尔类型、整数类型、浮点数类型的比较

布尔类型的 True 视为 1，False 视为 0，然后按数值大小对这三种类型的数据进行比较。例如：

```
>>> True==1
True
>>> 1>=1.0
```

```
True
>>> 1>2
False
>>> 1<2+3
True
>>> 1<=2
True
```

② 字符类型的比较

字符比较的是两个字符的代码。Python 采用的字符代码是 Unicode。Unicode 字符集收录了很多字符，把每个字符与一个十进制整数对应，不同的字符对应的十进制数不同，字符对应的十进制数就是字符的 Unicode 代码。比较字符实际上是比较两个字符的 Unicode 代码：较小的 Unicode 代码对应的字符也小。

注意，字符比较是区分大小写的，'A'是小于'a'的，因为字符'A'的 Unicode 代码小于'a'的 Unicode 代码。

③ 字符串类型的比较

字符串之间的大小关系实际上是通过比较字符串中的字符来得到比较结果的。比较两个字符串的时候，是从前到后逐一比对两个字符串同一位置处的对应字符，如果分出大小，就终止比较，否则继续比较下一个位置处的对应字符，直到分出大小或者至少一个字符串的字符全都参与了比较为止。字符串比较的原则如下。

❖ 空字符串等于空字符串。
❖ 空字符串小于非空字符串。
❖ 若非空字符串 a 的第一个字符小于非空字符串 b 的第一个字符，则 a<b 为真。
❖ 若非空字符串 a 的第一个字符大于非空字符串 b 的第一个字符，则 a>b 为真。
❖ 若非空字符串 a 的第一个字符等于非空字符串 b 的第一个字符，则 a 与 b 的比较结果取决于将 a 和 b 各自去掉第一个字符后继续比较的结果。

例如：

```
>>> "123" < "abc"
True
>>> "ABC" > "abc"
False
>>> "abc" < "abcd"
True
```

④ 列表之间及元组之间的比较

如果两个对象都是列表或者都是元组，而且它们的各元素类型顺次也相同，就可以进行比较。这与字符串的比较类似，都是逐个比较元素，以第一次比出大小关系的那次比较结果为准。例如：

```
>>> [1, 2, 3] < [1, 2, 3, 4]
True
>>> [1, 2, 4] < [1, 2, 3, 4]
False
>>> ["Hello", "World"] < ["hello", "world"]
True
>>> [1, "Hello"] > [1, "World"]
```

```
False
>>> [1, 2, 3] < ["Hello"]
Traceback (most recent call last):
  File "<pyshell#108>", line 1, in <module>
    [1, 2, 3] < ["Hello"]
TypeError: '<' not supported between instances of 'int' and 'str'
>>> (1, 2) < (2, 3)
True
```

⑤ 集合之间的比较

两个集合之间的比较是指是否具有子集关系。若集合 A 是集合 B 的真子集，则 A<B 为 True；若集合 A 是集合 B 的子集，则 A<=B 为 True。例如：

```
>>> {1, 2} < {1, 2, 3}
True
>>> {1, 2} <= {1, 2, 3}
True
>>> {1, 2, 3} <= {1, 2, 3}
True
>>> {1, 4} <= {"Hello", "World"}
False
```

Python 允许一次用多个关系运算符对多个对象进行比较。例如：

```
>>> a = 5
>>> 10>a >= 3
True
```

其中，10>a>=3 相当于 10>a 且 a>=3，所以结果为真。这种表达更加简洁，更符合数学的表达习惯。但是，学过 C 语言的人要接受这种表达可能得费好大一番功夫。因为在 C 语言中，10>a >= 3 的结果居然为假。如果不习惯这么写，干脆写成 10>a and a>=3，这里的 and 是逻辑运算符，表示逻辑与。

3．逻辑运算符

参与逻辑运算的对象既可以是布尔类型的对象，也可以是非布尔类型的对象。逻辑运算符有三个：逻辑非运算符 not、逻辑与运算符 and、逻辑或运算符 or。

在逻辑运算中，非布尔类型的数据与布尔类型之间有一个对应关系。非 0 的数值、非空的字符串、列表、元组、集合、字典等都被认为是 True。0、None、空的字符串、列表、元组、集合、字典被认为是 False。

用布尔类型的对象参与布尔运算是基础，非布尔类型的对象参与布尔运算如果不明白，读者可以暂时放一放，以后回头看。

（1）逻辑非运算符

逻辑非运算符的功能是对右边布尔类型的数据或者相当于布尔类型的数据进行否定，也就是真假翻转。not True 的结果是 False，not False 的结果是 True。逻辑非运算符可以多个连用。例如：

```
>>> not True
False
>>> not False
```

```
True
>>> not not False
False
```

逻辑非也可以作用于非布尔类型的对象。例如：

```
>>> not 5
False
>>> b = []
>>> not b
True
```

（2）逻辑与运算符

逻辑与运算符的功能是对参与运算的对象进行逻辑与操作。在 Python 中，逻辑与运算可以针对布尔类型的对象，也可以针对其他类型的对象。

① 布尔类型的逻辑与运算

只有当参与运算的两个布尔对象的值都为 True 时，结果才为 True，否则结果为 False。例如：

```
>>> 5 > 3 and 10 < 20
True
>>> True and False
False
>>> 2 < 1 and True
False
>>> False and False
False
```

其中，5>3 的结果为 True，10<20 的结果为 True，True and True 的结果为 True。逻辑运算符的优先级低于关系运算符。

② 至少有一个非布尔类型的对象参与的逻辑与运算

假定 A 和 B 两个对象至少有一个是非布尔类型的对象，A and B 的逻辑运算结果规定为：若 A 对象的值相当于 False，则 A and B 的逻辑运算结果是 A 对象；若 A 对象的值相当于 True，则 A and B 的逻辑运算结果是 B 对象。例如：

```
>>> y = 2020
>>> y % 4
0
>>> y%4 == 0
True
>>> y % 100
20
>>> y%100 == 0
False
>>> y%4 and y%100
0
>>> y%4 == 0 and y % 100
20
>>> y%4 == 0 and y%100! = 0
True
```

（3）逻辑或运算符

逻辑或运算符的功能是对参与运算的对象进行逻辑或操作。在 Python 中，逻辑或运算可以针对布尔类型的对象，也可以针对其他类型的对象。

① 布尔类型的逻辑或运算

只有当参与运算的两个布尔对象的值都为 False 时，结果才为 False，否则结果为 True。例如：

```
>>> 5 > 3 or 10 < 20
True
>>> True or False
True
>>> 2 < 1 or True
True
>>> False or False
False
```

② 至少有一个非布尔类型的对象参与的逻辑或运算

假定 A 与 B 两个对象至少有一个是非布尔类型的对象，A or B 的逻辑运算结果规定为：若 A 对象的值相当于 False，则 A or B 的逻辑运算结果是 B 对象；若 A 对象的值相当于 True，则 A or B 的逻辑运算结果是 A 对象。例如：

```
>>> A = []
>>> B = 6
>>> C = A or B
>>> C
6
>>> id(B) == id(C)
True
>>> A = "Hello"
>>> B = 6
>>> C = A or B
>>> C
'Hello'
>>> id(A) == id(C)
True
```

在逻辑运算符中，not 的优先级最高，and 次之，or 的优先级最低，它们的优先级都低于关系运算符，关系运算符的优先级都低于算术运算符。

关于 not、and 和 or 应用的一个比较经典的例子是闰年判定问题：判断一个给定的正整数年份 *n* 是不是闰年。我们知道，被 400 整除的年份一定是闰年；如果年份能被 4 整除但不能被 100 整除，这样的年份也是闰年。为此，我们可以写一个判定年份 *n* 是否为闰年的逻辑式：

```
n%400 == 0 or n%4 == 0 and not n%100 == 0
```

或者

```
n%400 == 0 or n %4== 0 and n%100 != 0
```

4．位运算符

参与位运算的对象只能是整数对象和布尔对象，布尔对象的 True 值视为 1，False 值视为 0。

要熟悉位运算，需要简单了解补码的知识。计算机存储整数的时候，在内存中存储的是整数对应的二进制补码形式。补码有如下规定：一个非负整数的补码是它的二进制数自身，最高位前补符号位 0；一个负整数的补码是其相反数的二进制补码各位反转，末位加 1，并且最高位补上一个符号位 1；0 的补码是 0。

补码有两个特点：一是最高位的符号位重复多少次不影响数值的大小；二是用两个整数的补码进行二进制加减运算，得到的结果恰好是这两个整数直接加减的结果对应的补码。我们在查看整数补码的时候，为了方便，往往通过扩展符号位的办法来把补码的二进制位数变成 4 或 8 的倍数，以便让所有的补码在数位上对齐。表 3-4 给出了一些整数的补码。

表 3-4　整数的补码示例

整数	补码	整数	补码
–8	1000	0	0000
–7	1001	1	0001
–6	1010	2	0010
–5	1011	3	0011
–4	1100	4	0100
–3	1101	5	0101
–2	1110	6	0110
–1	1111	7	0111

Python 针对整数的位运算，实际上是针对整数的补码进行位运算，如果有两个整数参加的位运算，就先把两个整数的补码对齐成相同的位数，再对相同位置上的二进制位分别进行运算。Python 中的位运算符有 6 个，如表 3-5 所示。

表 3-5　Python 的位运算符

<table>
<tr><th>运算符</th><th>运算名称</th><th>运算说明</th><th>举　例</th></tr>
<tr><td>&</td><td>位与</td><td>1&1 = 1　1&0 = 0　0&1 = 0　0&0 = 0</td><td>–2&9 结果为 8</td></tr>
<tr><td>|</td><td>位或</td><td>1|1 = 1　1|0 = 1　0|1 = 1　0|0 = 0</td><td>–2|9 结果为–1</td></tr>
<tr><td>^</td><td>异或</td><td>1^1 = 0　1^0 = 1　0^1 = 1　0^0 = 0</td><td>–2^9 结果为–9</td></tr>
<tr><td><<</td><td>左移</td><td>所有二进制位均向左移动指定位数，最低位补 0</td><td>3<<1 结果为 6，–3<<1 结果为–6</td></tr>
<tr><td>>></td><td>右移</td><td>所有二进制位均向左移动指定位数，最高位补符号位</td><td>3>>1 结果为 1，–3>>1 结果为–2</td></tr>
<tr><td>~</td><td>取反</td><td>所有二进制位反转，0 和 1 互变</td><td>~–3 的结果为 2，~3 的结果是–4</td></tr>
</table>

整数的补码位运算如下。

```
>>> -2&9
8
>>> -2|9
-1
>>> -2^9
-9
```

–2 的补码是 10，9 的补码是 01001。为了与 9 进行位运算，–2 的补码需补符号位，凑成与 9 的补码相同的位数，补符号位后是 11110。–2 和 9 进行位与、位或、异或运算的时候，是它们的补码的相同位置的二进制位分别进行位运算，如图 3-1 所示。

位运算有时很有用。例如，判断整数 *n* 的奇偶性，通常的做法是判断 *n*%2 是否为 0，其实也可以用位运算做到这一点，方法是判断 *n*&1 是否为 0。

```
整数          补码            补成相同位数
 -2     →      10      →       11110
  9     →     01001    →       01001

  11110            11110             11110
& 01001          | 01001           ^ 01001
--------         --------          -------
  01000  → 8       11111  → -1       10111  → -9
```

图 3-1　位运算的原理

又如，整数 n 乘以 2 和除以 2 操作也可以用位运算中的左移位和右移位来实现：n<<1 相当于 n*2，n>>1 相当于 n//2。如果乘以或除以 2 的幂，也可以很方便地用左右移位来实现。

关于异或运算有必要多说几句，该运算有一个比较好玩的性质，假设有整数 a 和整数 b，则 a 与自身异或得 0，与 0 异或得到自身。由此可以推知，a 与 b 异或两次会得到 a 自身。这个性质可以用来交换两个变量的值，具体方法请参考 4.3.6 节。异或运算还有一个妙用，12.5 节的例 12-7 给出了一个寻找一组整数中独一无二数的方法，就是使用了异或运算。

5．集合运算符

集合运算符的功能是对数据类型为集合的对象进行操作。Python 中的集合运算符有 4 个，其中有 3 个与位运算符重合，有 1 个与算术运算符重合，如表 3-6 所示。

表 3-6　Python 的集合运算符

运算符	运算名称	运算说明	举　例
&	交运算	求两个集合的交集	{1,2,3}&{2,5}结果为{2}
|	并运算	求两个集合的并集	{1,2,3}|{2,5}结果为{1,2,3,5}
-	差运算	求两个集合的差集	{1,2,3}-{2,5}结果为{1,3}
^	对称差运算	求两个集合的对称差集①	{1,2,3}^{2,5}结果为{1,3,5}

集合运算可以快速求解单篇文本的无重复字词、两篇文本的公共用词、用词差异，这其实是两个字符串集合之间的简单运算。如果没有集合这种数据结构，想做到这一点就需要写很多行代码。例如：

```
>>> x = ['好', '好', '学', '习', '天', '天', '向', '上']
>>> set(x)
{'好', '向', '天', '学', '习', '上'}
>>> a = {"小明", "喜欢", "学习", "Python"}
>>> b = {"小刚", "喜欢", "学习", "英语"}
>>> a & b
{'学习', '喜欢'}
>>> a - b
{'小明', 'Python'}
```

6．序列运算符

这里的序列特指有序序列，包含字符串、列表和元组。这三种序列都可以进行连接运算和倍增运算，相应的运算分别对应连接运算符“+”和倍增运算符“*”，与算术运算符重复，如

① 集合 a 与 b 的对称差集在数学中记为 $a \oplus b$，用 Python 的表达式表示就是 a^b。

表 3-7 所示。

表 3-7　序列运算符

运算符	运算名称	运算说明	举　例
+	连接运算	两个序列的元素顺次连接起来得到一个更大的序列	[1,2]+[3,4]结果为[1, 2, 3, 4] (1,2,3)+(4,)结果为(1, 2, 3, 4) "abc"+"de"结果为'abcde'
*	倍增运算	一个序列元素重复若干次，构成一个更大的序列 第二个操作数是整数	[1,2,3]*2 结果为[1, 2, 3, 1, 2, 3] (1,2,3)*2 结果为(1, 2, 3, 1, 2, 3) "123"*2 结果为'123123' 2*"123"结果为'123123'

7．矩阵运算符

Python 虽然没有内置矩阵这种数据类型，但它专门为矩阵的乘法运算分配了一个运算符@，是从 Python 3.5 开始引入的[①]。在 Python 中，使用矩阵需要导入 numpy 扩展库。

设 $\boldsymbol{A}$ 与 $\boldsymbol{B}$ 是两个矩阵，在数学中，$\boldsymbol{A}$ 与 $\boldsymbol{B}$ 的乘积记为 $\boldsymbol{A}\times\boldsymbol{B}$，计算 $\boldsymbol{A}\times\boldsymbol{B}$ 时需要满足一个条件：$\boldsymbol{A}$ 的列数必须要等于 $\boldsymbol{B}$ 的行数。数学中的矩阵相乘举例如下（矩阵符号的下标表示矩阵的行数和列数），设

$$\boldsymbol{A}_{2,3}=\begin{bmatrix}1 & 2 & 3\\ 4 & 5 & 6\end{bmatrix}\qquad \boldsymbol{B}_{3,2}=\begin{bmatrix}10 & 40\\ 20 & 50\\ 30 & 60\end{bmatrix}$$

则

$$\boldsymbol{C}_{2,2}=\boldsymbol{A}_{2,3}\times\boldsymbol{B}_{3,2}=\begin{bmatrix}1\times10+2\times20+3\times30 & 1\times40+2\times50+3\times60\\ 4\times10+5\times20+6\times30 & 4\times40+5\times50+6\times60\end{bmatrix}=\begin{bmatrix}140 & 320\\ 320 & 770\end{bmatrix}$$

数学中的矩阵 $\boldsymbol{A}\times\boldsymbol{B}$ 用 Python 来表示就是 A@B。上述矩阵相乘用 Python 代码来操作的示例如下。

```
>>> import numpy as np
>>> A = np.mat([[1, 2, 3], [4, 5, 6]])
>>> A
matrix([[1, 2, 3],
        [4, 5, 6]])
>>> B = np.mat([[10, 40], [20, 50], [30, 60]])
>>> B
matrix([[10, 40],
        [20, 50],
        [30, 60]])
>>> A@B
matrix([[140, 320],
        [320, 770]])
```

使用 numpy 扩展库表示矩阵的时候，算术运算符中的乘法运算符“*”也可以实现与矩阵运算符@相同的功能。另外，算术运算符中的加、减、除运算符都可以应用于矩阵运算，这三个运算要求两个矩阵的行数和列数相同，整体运算的结果是矩阵对应位置处的元素分别进行

① 董付国．Python 程序设计（第 2 版）．清华大学出版社，2016.

加、减、除运算得到的结果。例如：

```
>>> import numpy as np
>>> A = np.mat([[1, 2], [3, 4]])
>>> A
>>> B = np.mat([[5, 6], [7, 8]])
>>> A+B
matrix([[ 6,  8],
        [10, 12]])
>>> A-B
matrix([[-4, -4],
        [-4, -4]])
>>> A*B
matrix([[19, 22],
        [43, 50]])
>>> A/B
matrix([[0.2       , 0.33333333],
        [0.42857143, 0.5       ]])
```

8．测试运算符

测试运算符包含两个，一个是身份测试运算符（或者叫同一性测试运算符①）is，另一个是成员测试运算符 in。前者测试两个对象是否为同一个对象的不同表示，后者测试一个对象是否为某个序列对象中的元素，如表 3-8 所示。

表 3-8　测试运算符

运算符	运算名称	运算说明	举　例

is	身份测试	若对象 A 与对象 B 的 id 一样，则 A is B 的值为 True
		is 可以与逻辑非运算组合起来得到 is not，含义与 is 相反
			>>> A = B = [1,2]
			>>> A is B
			True
			>>> A,B=[1,2],[1,2]
			>>> A is B
			False
			>>> A is not B
			True

in	成员测试	若对象 A 的值是序列 B 中的一个元素，则 A in B 的值为 True in 可以与逻辑非运算组合起来得到 not in，含义与 in 相反	3 in [1,2,3]结果为 True 3 not in [1,2,3]结果为 False

9．复合赋值运算符

在 Python 中，还有一类特别的具有运算功能的符号。这类符号是在上面介绍的某些运算符后面加上等号构成的，兼具运算和赋值的功能。在 Python 3.6 中，这类符号有如下 13 个。

```
+=      -=      *=      /=      //=     %=      @=
&=      |=      ^=      >>=     <<=     **=
```

这类符号其实是一类赋值语句的简写形式。例如，a+=b 其实是 a=a+b 的简写形式，a-=b 是 a=a-b 的简写形式，其他符号以此类推。例如：

```
>>> b = [1, 2, 3]
```

① 董付国．Python 程序设计开发宝典．清华大学出版社，2017．

```
>>> b += [4]
>>> b
[1, 2, 3, 4]
```

需要说明的是，Python 的官方文档并不认为“+=”这样的简写形式符号是运算符，而认为它们是一种分隔符（delimiter）。所以，从严格意义上说，这些符号不能算作运算符，但很多人习惯上称之为“复合赋值运算符”，这里也从众，认同该说法。

另外，赋值符号“=”也被一些人称为“赋值运算符”，本书不持这种观点。因为运算符是对数据进行运算的，运算之后有一个结果。但赋值操作只是把一个对象同一个变量建立关联，操作之后不返回任何值，所以我们认为 Python 中的赋值符号“=”不是运算符。在 Python 的官方文档中，赋值符号“=”被归入 delimiter 这类符号。

Python 3.8 中引入的海象运算符才算得上是赋值运算符。

10．海象运算符

Python 3.8 引入了一个新的运算符——海象运算符（Walrus Operator），该运算符用一个半角“:”加上一个半角“=”来表示，即“:=”。因为该运算符很像海象的两个眼睛和两颗长长的牙，所以被称为海象运算符。它的功能是构造一个兼具赋值功能的表达式，能够在给变量赋值的同时返回这个表达式的值。例如：

```
m := 8
```

这里的“m: =8”是一个赋值表达式，它把 8 赋值给 m，同时得到这个赋值表达式自身的值为 8。注意，它不能单独作为赋值语句使用，必须作为一个表达式存在于 Python 代码中。

相比之下，m=8 只能完成赋值功能，是一个赋值语句，不是一个表达式。m==8 只是一个表达式，不具有赋值功能。

一般情况下，海象运算符应用在 if 和 while 语句中，能让 Python 代码的表达更为简洁，还能提高程序的执行效率。

例如：循环读取文本文件各行数据的代码片段（完整代码见 10.3.1 节的例 10-3）如下。

```
line = fpr.readline()
while line:
    txt += line
    line = fpr.readline()
```

如果引入海象运算符，那么上述代码可以精简成如下形式。

```
while line := fpr.readline():
    txt += line
```

由于海象运算符是新引入的，据说其优先级还没有明确的规定。例如：

```
>>> n = m := 8
SyntaxError: invalid syntax
>>> n = (m := 8)
>>> n
8
```

按理，海象运算符构造的赋值表达式是一个表达式，就可以把这个表达式赋值给一个变量，但目前 Python 居然把这样的用法给判断成了语法错误，不知道以后能不能改进。在目前的情况下，使用海象运算符勤加括号是一个比较好的做法。

Python 中的全部 26 个运算符（含海象运算符）中，部分运算符身兼数职，现将所有运算符的功能总结为一张表，放在附录 C 中。

3.3.3 表达式

用运算符把常量数据和变量数据连接而成的符号序列称为表达式，表达式计算的结果是对象，通常我们要获取的是结果对象的值。

用算术运算符构造的表达式称为算术表达式，如“n%400”；用关系运算符构造的表达式称为关系表达式，如“k==0”；用逻辑运算符构造的表达式称为逻辑表达式，如“a and b”。

很多表达式包含多种运算符，如“n%400==0 or n%4==0 and n%100!=0”。

运算符有优先级。算术运算符内部，乘方优先，取负次之，乘除再次，加减最末。关系运算符优先级低于算术运算符，逻辑运算符优先级低于关系运算符。表 3-9 给出了一个较为详细的优先级说明，运算符按优先级从低到高的顺序排列，位于表格同一行的运算符优先级相同。

表 3-9 Python 运算符的优先级

运算符	说 明
or	逻辑或
and	逻辑与
not x	逻辑非，单目运算符，需与它后面的表达式相结合
in, not in, is, is not,<, <=, >, >=, ==, !=	成员测试，身份测试，关系运算
|	位或
^	位异或
&	位与
<<, >>	左右移位
+, -	加法，减法
*, @, /, //, %	乘法，矩阵乘法，真除，整商，求余
+x, -x, ~x	正号、负号、位运算取反，这三个运算符都是单目运算符，都需要同后面的表达式相结合
**	乘方，从右往左结合，如 2**3**4 相当于 2**(3**4)

目前介绍过的运算符都已经列在表 3-9 中。不过，这些不是最全的，学习条件表达式、lambda 表达式、切片、函数后，这个运算符优先级列表还可以扩充，详情可查看 Python 软件自带的官方文档。在官方文档中，展开 The Python Language Reference 项的 Expressions 项，选择该条目下的 Operator precedence 项，就能看到完整的表达式优先级列表。

对于初学者来说，当一个表达式中涉及很多种类的运算符时，想理清各种运算符的优先级是一件非常困难的事情。其实也没有必要强行记住，因为我们有括号大法，括号可以强行改变优先级。

如果不得不写一个复杂的表达式又不太清楚表达式中运算符优先级的高低，可以多用括号，让先计算的表达式优先计算。例如，判定一个正整数年份 *n* 是否闰年的表示是这样的：

```
n%400 == 0 or n%4 == 0 and n%100 != 0
```

如果不清楚运算符的优先级，可以多加括号，变成如下样子：

```
(n%400 == 0) or ((n%4 == 0) and (n%100 != 0))
```

粗暴简单，括号相见，其谁曰不然？

前面介绍过，通过运算符把常量数据和变量数据连接成符号序列的是表达式，其实表达式也不全是通过运算符号构成的。我们可以联想一个数学中的概念“代数式”。

用运算符号把数或表示数的字母连接而成的式子是代数式，单独的一个数或字母也是代数式。

Python 中的表达式概念与数学中的代数式概念类似，单独的一个常量或变量也是表达式。

此外，有返回值的函数调用也算是一种表达式。后面将介绍的条件表达式和 lambda 表达式也是表达式。

在 Python 中，凡是能表示一个对象或通过操作得到一个对象的语句片段的都是表达式。Python 程序设计的套路无非就是在适当的时候将表达式赋值给一些变量，在适当的时候将表达式的值输出。不只 Python 这样，其他程序设计语言大体上也是这个套路。

有些简单的程序设计任务，核心内容就是寻求一个表达式，对相关变量赋值后，表达式的值随之确定，输出表达式的值即可。

【例 3-1】 温度转换。

生活中，衡量温度高低有摄氏度和华氏度两种温度指标，包括中国在内的大部分国家采用摄氏度，美国等少数国家采用华氏度。华氏温标是德国人华伦海特（Gabriel Daniel Fahrenheit）于 1714 年创立的，规定水的熔点为 32 度，沸点为 212 度，中间 180 等分，其温度单位用℉表示。摄氏温标是瑞典人摄尔修斯（Celsius）于 1740 年提出的，规定在 1 个标准大气压下冰水混合物的温度定为 0 度，水的沸点规定为 100 度，中间 100 等分，其温度单位用℃表示。两者的换算关系如下。

$$℃=(℉-32)\div 1.8$$

$$℉=℃\times 1.8+32$$

已知某一天的温度为摄氏温度 28℃，试编写 Python 程序输出该温度对应的华氏温度。

```
c = 28
f = c*1.8 + 32
print(f)
```

这段代码比较简单，摄氏温度已经知道，只要能写出用摄氏温度来表示华氏温度的表达式，问题就解决了。

还有一些问题的表达式不能直接写出来，但可以通过数学知识总结出一个表达式。比如，把 1～100 的整数加起来，根据高斯算法，自然知道这个结果是(1+100)*100/2=5050。如果是从 1 开始累加到任意给定的正整数 *n* 呢？我们有表达式 (1+n)*n//2，所以不难写出程序。

【例 3-2】 从 1 开始累加到 *n*（一）。

```
n = 1000
s = (n+1)*n // 2
print(s)
```

如果是求给定的任意一批整数的和，就没有表达式可用。设列表 a 中有一些素数，如 a=[2, 3, 5, 7, 9, 11, 13]，需要求出这些素数之和。这时单靠运算符，我们没有任何表达式可以用。幸好，Python 有个内置函数可以解决这个问题。这个函数就是 sum。

【例 3-3】 求列表中的整数之和（一）。

```
a=[2, 3, 5, 7, 9, 11, 13]
s = sum(a)
print(s)
```

求若干整数之和，用 Python 中一个函数就可以轻松搞定。下面介绍 Python 内置的常用函数及其功能。

3.4 内置函数和内置对象

Python 不但提供了列表、元组、集合、字典等功能强大的组合数据类型，而且提供了丰富的内置函数，为我们编写 Python 代码提供了很大的方便。

Python 的内置函数和内置对象是 Python 软件自带的，不需要导入任何库就可以直接使用。在 Python 的交互式环境下，执行“dir(__builtins__)”命令可以查看所有内置函数。

```
>>> dir(__builtins__)
```

返回一个列表，列表中不仅包含内置函数，还有一些内置常量和内置变量，从 abs 开始往后的那些元素就是 Python 内置函数的名称（下面的列表省略了前头一部分内容）。

['abs', 'all', 'any', 'ascii', 'bin', 'bool', 'bytearray', 'bytes', 'callable', 'chr', 'classmethod', 'compile', 'complex', 'copyright', 'credits', 'delattr', 'dict', 'dir', 'divmod', 'enumerate', 'eval', 'exec', 'exit', 'filter', 'float', 'format', 'frozenset', 'getattr', 'globals', 'hasattr', 'hash', 'help', 'hex', 'id', 'input', 'int', 'isinstance', 'issubclass', 'iter', 'len', 'license', 'list', 'locals', 'map', 'max', 'memoryview', 'min', 'next', 'object', 'oct', 'open', 'ord', 'pow', 'print', 'property', 'quit', 'range', 'repr', 'reversed', 'round', 'set', 'setattr', 'slice', 'sorted', 'staticmethod', 'str', 'sum', 'super', 'tuple', 'type', 'vars', 'zip']

网友 In 探索者-李帆平曾根据 Python 3.6 官方文档详细解析了 68 个内置函数①，与上面列表中的内容大同小异。

这么多内置函数我们可能记不住，没关系，可以用上面的命令随时查看 Python 中有哪些内置函数和内置对象。如果想了解具体的内置函数，可以在交互式窗口中执行“help(函数或对象名)”命令来了解详情。例如，查看 sum 函数的详细信息，运行结果如下。

```
>>> help(sum)
Help on built-in function sum in module builtins:

sum(iterable, start=0, /)
    Return the sum of a 'start' value (default: 0) plus an iterable of numbers

    When the iterable is empty, return the start value.
    This function is intended specifically for use with numeric values and may
    reject non-numeric types.
```

下面介绍一些常用的内置函数和内置对象。

3.4.1 内置函数

现从全部内置函数中选取 53 个进行简单介绍。这些函数大致可分为 12 类，如表 3-10 所示。

1. 输入/输出函数

Python 程序与用户进行沟通需要使用输入、输出函数。输入/输出函数有两个：input 和 print，如表 3-11 所示。

关于输入/输出函数，第 4 章还会详细介绍。

---

① In 探索者-李帆平. Python 内置函数详解（翻译自 Python 3.6 官方文档，共 68 个）. CSDN，2017.

表 3-10　Python 常用内置函数分类一览表

函数类型	数量	函数名
输入/输出函数	2	input、print
数学函数	6	abs、divmod、max、min、pow、round
字符代码函数	2	chr、ord
进制转换函数	3	bin、hex、oct
类型转换函数	13	bool、bytearray、bytes、complex、dict、float、frozenset、int、list、set、str、repr、tupple
求值和执行函数	2	eval、exec
格式化函数	1	format
测试函数	3	all、any、isinstance
序列操作函数	11	enumerate、filter、iter、len、map、next、range、reversed、sorted、sum、zip
文件操作函数	1	open
查看函数	7	dir、globals、help、id、locals、type、vars
退出函数	2	exit、quit

表 3-11　Python 内置函数：输入/输出函数

函数名	功能	举例
input	从键盘输入一个字符串	>>> input("请输入一个整数：") 请输入一个整数：123 '123'

print	将一个或多个表达式的值输出到屏幕	>>> print(3+5)
		8
		>>> print(3,5)
		3 5

2．数学函数

Python 的大部分数学函数都放在标准库 math 中，需要导入才能使用。少数常用的数学函数被设为内置函数。内置数学函数有 6 个，按字典顺序依次是 abs、divmod、max、min、pow、round，如表 3-12 所示。

表 3-12　Python 内置函数：数学函数

函数名	功能	举例		
abs	求整数和浮点数的绝对值 求复数的模	abs(-5.60) abs(3+4j)	==> ==>	5.6[①] 5.0
divmod	将两数进行整除，返回整商和余数组成的元组	divmod(7,3) divmod(7,3.6)	==> ==>	(2, 1) (1.0, 3.4)
max	求若干数中的最大值，也可以用来求数值型列表或元组中的最大元素值	max(2,7,5) max([2,7,5])	==> ==>	7 7
min	功能跟 max 相反，求最小值	min(2,7,5) min([2,7,5])	==> ==>	2 2
pow	pow(x,y)表示求 x**y 的值 pow(x,y,z)表示求 x**y%z 的值	pow(2,5) pow(2,5,6)	==> ==>	32 2
round	四舍五入 可以指定小数点后保留几位小数	round(3.14) round(3.14,1)	==> ==>	3 3.1

① 这里用==>表示函数的返回值，下同。

注意，round函数的功能是四舍五入只是一种习惯上的说法，实际的舍入情况比较复杂，即四舍六入，“五”根据不同的情况有舍有入。这里简单提一下，具体细节请读者自行查阅有关资料。

3．字符代码函数

所谓字符代码，是指字符被映射成的整数。在Python中，每个字符的代码是其在Unicode字符集中映射的整数，即Unicode代码。Python用于字符代码处理的函数有两个：chr和ord，在功能上构成一对互逆的操作，如表3-13所示。

表3-13　Python内置函数：字符代码函数

函数名	功　能	举　例
chr	返回Unicode代码对应的字符 字符的Unicode代码是一个非负整数	chr(65)　==>　'A' chr(0x41)　==>　'A' chr(32993)　==>　'胡' chr(0x80e1)　==>　'胡'
ord	返回一个字符的Unicode代码 结果为十进制数形式	ord('A')　==>　65 ord('胡')　==>　32993

由于函数chr和ord的功能是互逆的，因此chr(ord(c))的结果还等于字符c，ord(chr(n))的结果，还等于十进制数n。

在C语言中，字符分为有符号字符和无符号字符，有符号字符的代码范围是-128～127，无符号字符的代码范围是0～255。一个英文字母占1字节，算一个字符，一个汉字占2字节，算两个字符。处理字符串时要考虑中英文混合的情况，在很多情况下，进行字符串处理是不太方便的。而且，C语言不允许用汉字充当变量名和函数名。

但是Python对字符的处理非常人性化，而且非常简单。每个字符的代码是一个非负整数，一个英文字母是一个字符，一个汉字也是一个字符，对于中英文混合的情况，Python处理起来更方便。在Python中，允许汉字充当变量名和函数名，与Python的字符串处理机制有关。

部分常用字符的Unicode代码如表3-14所示。

表3-14　常用字符的Unicode代码

字　符	Unicode代码（十进制）	Unicode代码（十六进制）
半角空格'␣'	32	0x20
字符'0'～'9'	48～57	0x30～0x39
字符'A'～'Z'	65～90	0x41～0x5a
字符'a'～'z'	97～122	0x61～0x7a
全角空格'□'[①]	12288	0x3000

在Python中，字符可以比较大小，字符的大小关系取决于字符的Unicode代码之间的大小关系。设ch1、ch2是两个字符。

- ❖ 若ord(ch2)大于ord(ch2)，则字符ch1就大于字符ch2。
- ❖ 若ord(ch2)等于ord(ch2)，则字符ch1就等于字符ch2。
- ❖ 若ord(ch2)小于ord(ch2)，则字符ch1就小于字符ch2。

常用字符之间的大小关系如下：空格字符 < 所有的数字字符 < 所有的大写字母字符 < 所有的小写字母字符。

字符串也可以比较大小，字符串比较大小的原则请参考3.3.2节中字符串类型的比较部分内容。

4．进制转换函数

Python提供了3个函数用于把十进制整数转换为二进制、八进制、十六进制字符串，如表3-15所示。

① 全角空格在纸质媒介上不方便显示，本书用符号□表示全角空格，后面不再一一注明。

表 3-15　Python 内置函数：进制转换函数

函数名	功　能	举　例		
bin	把整数转换为二进制形式的字符串	bin(10)	==>	'0b1010'
oct	把整数转换为八进制形式的字符串	oct(10)	==>	'0o12'
hex	把整数转换为十六进制形式的字符串	hex(10)	==>	'0xa'

5. 类型转换函数

类型转换函数常用的有 13 个：bool、bytes、bytearray、complex、dict、float、int、list、set、frozenset、str、repr、tupple，它们的功能是把一种数据类型的对象转换为另一种类型，如表 3-16 所示。

表 3-16　Python 内置函数：类型转换函数

函数名	功　能	举　例		
bool	把其他类型的对象转为布尔类型 None 和所有相当于数字 0、空字符串、空列表等空的序列对象都会被转为 False 其他情况转换为 True	bool(None) bool(0.0) bool([]) bool("abc")	==> ==> ==> ==>	False False False True
bytes	把可转为字节串的对象转为字节串	bytes([1,2]) bytes([65,97]) bytes("Aa","gbk") bytes("胡","gbk")	==> ==> ==> ==>	b'\x01\x02' b'Aa' b'Aa' b'\xba\xfa'
bytearray	把可转为字节数组的对象转为字节数组 相对于不可变的字节串，字节数组的元素可以改变	bytearray([65,97]) bytearray("胡","gbk")	==> ==>	bytearray(b'Aa') bytearray(b'\xba\xfa')
complex	根据两个数值类型构造出复数	complex(3,5)	==>	(3+5j)
dict	把可转换为字典的对象转换为字典	dict([(1,10),(2,20)])	==>	{1: 10, 2: 20}
float	把布尔类型、整数、浮点数或者像整数、浮点数的字符串转为浮点数	float(False) float("12.3")	==> ==>	0.0 12.3
int	把布尔类型、整数、浮点数或者像整数的字符串转为整数 第二个参数为用于转换的进制数	int(8.7) int("123") int("123",8)	==> ==> ==>	8 123 83
list	把可迭代对象转换为列表	list(range(3))	==>	[0, 1, 2]
set	把可迭代对象转换为集合	set({1:10,2:20})	==>	{1, 2}
frozenset	把可迭代对象转换为不可变集合 与 set 相比，frozenset 不可变	frozenset([1,2,3])	==>	frozenset({1, 2, 3})
str	把其他类型的对象转为字符串 转换结果适合人阅读	str(2+5) str(None)	==> ==>	'7' 'None'
repr	把其他对象转为适合机器阅读的字符串，也就是字符串的本来面目 对于同一个对象来说，用 print 函数把 repr 函数的结果输出，恰好得到与 str 函数一样的结果	str("12\nab") repr("12\nab") >>> print(repr("12\nab")) '12\nab'	==> ==>	'12\nab' "'12\\nab'"
tuple	把可迭代对象转换为元组	list((1,2,3))	==>	[1, 2, 3]

表 3-16 中的 13 个类型转换函数中，除了 repr，其他 12 个函数，如果不带任何参数调用，就会按照相应的数据类型各自创建一个相当于 False 的对象。

```
bool()          ==>     False
bytes()         ==>     b''
bytearray()     ==>     bytearray(b'')
complex()       ==>     0j
dict()          ==>     {}
```

```
float()        ==>    0.0
int()          ==>    0
list()         ==>    []
set()          ==>    set()
frozenset()    ==>    frozenset()
str()          ==>    ''
tuple()        ==>    ()
```

另外，Python 提供了正无穷和负无穷这两个浮点数，用 float 函数可以表示它们。正无穷和负无穷不是具体的数字，但任意给定一个确定的整数或浮点数，它总是小于正无穷且大于负无穷。

```
>>> a = 99**99
>>> float("-inf") < a < float("inf")
True
>>> b = -9999**9999
>>> float("-inf") < b < float("inf")
True
```

关于正无穷和负无穷的运算比较复杂，本书不打算介绍，感兴趣的读者请自行查阅有关资料。

6．求值和执行函数

Python 提供了两个功能强大的内置函数：一个是 eval，一个是 exec，前者用来求表达式的值，后者用来执行一段 Python 代码，如表 3-17 所示。

表 3-17　Python 内置函数：求值和执行函数

函数名	功　能	举　例
eval	求字符串形式的 Python 表达式的值	eval("2+3*4")　==>　14 eval("[1,2,3]")　==>　[1, 2, 3]

exec	执行字符串中存储的一段 Python 代码	>>> s = """a = 8
		print(a+10)"""
		>>> exec(s)
		18

7．格式化函数

Python 的内置函数 format 可以根据一个表达式的值按照特定的格式构造出一个新的字符串对象。有时需要给一个长整数加上分节符（半角“,”）、在一个短整数前面添加 0 以补足位数、将一个小数位数很多的浮点数保留很少的小数位数，等等，这些都需要 format 函数出面解决。

format 函数的格式如下：

```
format(Python 表达式, 格式字符串)
```

其功能是按照格式字符串的格式化要求，对给定的 Python 表达式的值进行格式化，得到一个字符串。

这里的格式字符串包含格式控制符和格式字符，其中格式控制符可以没有，但格式字符必须有，而且必须是格式字符串中的最后一个字符。格式字符表明了被格式化的数据类型，格式控制符位于格式字符前面，用来说明格式化操作的数据宽度、对齐方式等要求。例如：

```
>>> format(0.983, "%")
'98.300000%'
>>> format(0.983, ".2%")
'98.30%'
```

其中，'%'是格式字符，表示把浮点数 0.983 格式化成百分数的形式，若没有前面的格式控制符，则默认在小数点后有 6 位小数；若在前面加了格式控制符".2"，则表示要把 0.983 格式化成百分数的形式，小数点后有两位小数。

Python 的内置函数 format 常用的格式字符有很多，各格式字符的功能说明和格式化示例列成表格，放在附录 D 中，常用的格式控制符的功能说明列表也放在附录 D 中。

附录 D 只是给出了部分格式字符和格式控制符的使用示例，更详细的格式化规则请参考官方文档及其他资料。

8. 测试函数

Python 内置的测试函数有 3 个：all、any、isinstance，如表 3-18 所示。

表 3-18　Python 内置函数：测试函数

函数名	功　能	举　例		
all	测试序列对象的元素是否全部相当于 True 如果用 bool 函数作用于序列的每个元素，得到的结果全部是 True，则测试结果为 True，否则为 False	all([1, 2, "ab"]) all([1, 0, "ab"])	==> ==>	True False
any	测试序列对象的元素是否至少有一个相当于 True 如果用 bool 函数作用于序列的每个元素，得到的结果至少有一个是 True，则测试结果为 True，否则为 False	any([1, 0, "ab"]) any([[], 0, ""])	==> ==>	True False
isinstance	判断表达式的数据类型是否为给定的数据类型	isinstance(8+6,str) isinstance("ab",str)	==> ==>	False True

表 3-16 中的 13 个类型转换函数，除了 repr，其他 12 个函数中的每个函数名恰好代表了一种数据类型，测试函数 isinstance 可以使用的数据类型可以是这 12 种类型之一。当然，Python 中的数据类型不止这 12 种，初学者可以暂时先掌握这些。

9. 序列操作函数

序列操作函数用来对序列类型的对象进行操作。序列类型的对象，除了列表、元组、集合、字典这四类组合类型的对象，简单类型的字符串、字节串、字节数组也是一种序列类型的对象，Python 的内置对象 enumerate、filter、map、range、reversed、zip 等也是序列类型的对象。序列类型的对象的共同特点是可以枚举其中的元素。

Python 用于序列操作的常用内置函数有 11 个，它们是 enumerate、filter、iter、len、map、next、range、reversed、sorted、sum、zip，如表 3-19 所示。

表 3-19 在介绍 iter 函数和 next 函数时提到了迭代器，介绍 len 时提到了惰性求值、可迭代对象，这里解释一下。

迭代器是 Python 中比较重要的一个概念，它是一种存放一连串数据的对象，我们可以在不知道其内部结构的情况下顺次访问其中的元素。

迭代器具有延迟计算的特点，并不是事先准备好所有元素等着我们访问，而是在访问到某个元素时才临时计算该元素，在访问之前，元素不存在，在访问之后，元素马上被销毁。迭代器的全部元素被访问完之后，迭代器变空，如果想再次使用这个迭代器，还得重新构建一个迭代器对象。

表 3-19 Python 内置函数：序列操作函数

函数名	功 能	举 例

enumerate	枚举序列中的元素及其位置，得到 enumerate 对象	>>> a = [10, 20, 30]
		>>> list(enumerate(a))
		[(0, 10), (1, 20), (2, 30)]

filter	设 a 是序列类对象，函数 filter 用来筛选 a 中的元素，用法有两种：
	filter(f, a)或 filter(None, a)
	这里 f 是一个函数，筛选结果是 a 中那些能让函数 f 返回 True 的所有元素构成 filter 对象
	filter(None, a)表示筛选 a 中不为假的那些元素构成 filter 的对象
		>>> a = [1,2,3,4,5,6]
		>>> list(filter(lambda x:x%2, a))
		[1, 3, 5]
		
		>>> a = [0, 1, "", "ab"]
		>>> list(filter(None, a))
		[1, 'ab']

iter
next
	iter 用来构造迭代器；next 用来获取迭代器的下一个元素，一般与 iter 配合使用	>>> a = iter([1, 2])
		>>> e = next(a, None)
		>>> while e:
		        print(e)
		        e = next(a, None)

len	求序列的长度，即元素个数
	适用于列表、元组、集合、字典、字符串、range 对象，不适用于 enumerate、filter、map、zip 具有惰性求值特点的可迭代对象
		>>> len("abcde")
		5
		>>> len([1,2,3])
		3

map	设 a 是序列，函数 map 用来对 a 中的元素进行变换，用法：
	map(f,a)
	其中 f 是一个函数，变换结果是用函数 f 作用于 a 中的所有元素的返回值构成 map 对象
		>>> a = [1, 2, 3]
		>>> list(map(str,a))
		['1', '2', '3']

range	根据起始值、终止值和步长构造一个整数序列，生成 range 对象	>>> list(range(1,50,10)) [1, 11, 21, 31, 41]

reversed	逆转序列的元素顺序得到 reversed 对象	>>> a = [1, 2, 3]
		>>> list(reversed(a))
		[3, 2, 1]

sorted	对序列的元素进行排序
	排序结果返回列表
	默认升序排列
	复杂的排序还可以指定排序关键词
		>>> sorted([1,8,5,7])
		[1, 5, 7, 8]
		>>> sorted([1,8,5,7], reverse=True)
		[8, 7, 5, 1]

sum	对数值型序列求和	>>> sum([1,2,3])
		6
		>>> sum(range(10))
		45

zip	将多个序列相同位置处的元素组合成元组，得到 zip 对象	>>> list(zip([1,2,3],[4,5,6])) [(1, 4), (2, 5), (3, 6)]

延迟计算也被称为惰性求值。惰性求值使得迭代器占用的内存非常少，我们可以用迭代器来访问元素数目众多甚至是无限的数据集合。

迭代器的缺点是访问迭代器中的元素的时候，不能指定要访问元素的位置，只能从第一个元素开始顺序访问，直到访问完最后一个元素为止。这种顺次访问对象中每个元素的过程称为遍历。

使用内部函数 iter 可以构造一个迭代器。迭代器本身提供了一个__next__方法，用于获取它的下一个数据元素，当用__next__方法获取完它的全部元素后，如果再次调用__next__方法，会引发 StopIteration 异常。该异常只是表示遍历元素完成，不是错误。我们使用迭代器的__next__方法遍历其元素时，需要加入异常处理语句。下面是使用__next__方法遍历迭代器全部元素的代码。

【例 3-4】 遍历迭代器中的全部元素（一）。

```
a = iter([1, 2, 3])
while True:
    try:
        e = a.__next__()
    except StopIteration:
        break
    print(e)
```

我们也可以使用内部函数 next 来遍历迭代器中的全部元素，效果与迭代器自身的__next__方法一样。

【例 3-5】 遍历迭代器中的全部元素（二）。

```
a = iter([1, 2, 3])
while True:
    try:
        e = next(a)
    except StopIteration:
        break
    print(e)
```

在上面的代码中，如果迭代器 a 中的元素都被访问完毕，再调用 next(a)就会引发异常。我们可以给 next 函数传递第二个参数，来取消异常处理代码。

【例 3-6】 遍历迭代器中的全部元素（三）。

```
a = iter([1, 2, 3])
e = next(a, None)
while e:
    print(e)
    e = next(a, None)
```

在上面的代码中，如果迭代器 a 中的元素都被访问完毕，再调用 next(a, None)不会引发异常，而是返回一个 None，这样就不再需要异常处理代码。

如果计算机上安装的是 Python 3.8 及更高的版本，代码还可以用海象运算符进一步精简。

【例 3-7】 遍历迭代器中的全部元素（四）（仅适用于 Python 3.8 及以上版本）。

```
a = iter([1, 2, 3])
while e := next(a, None):
    print(e)
```

遍历迭代器中的元素，Python 还提供了一个简单的办法：用 for 循环来实现。

【例 3-8】 遍历迭代器中的全部元素（五）。

```
a = iter([1, 2, 3])
for e in a:
    print(e)
```

在 Python 中，凡是实现了__iter__方法或__getitem__方法的对象都可以使用迭代器进行访问，这样的对象被称为可迭代对象。字符串、列表、元组、集合、字典、文件这些对象都实现了__iter__方法或__getitem__方法，所以它们都是可迭代对象，3.4.2 节中要介绍的 enumerate 等对象也是可迭代对象。

另外，本文前面提到的序列类对象也是可迭代对象。6.6 节将介绍的生成器是迭代器的一种，自然也是可迭代对象。

可迭代对象有一种通用的遍历元素的方法，假设 a 是一个可迭代对象，那么遍历 a 的元素的通用方法如下。

```
for e in a:
    print(e)
```

10．文件操作函数

Python 的内置函数 open 可以根据给定的文件名打开一个文件，返回文件对象，然后可以通过文件对象对文件进行写入或者读取内容的操作。open 函数的功能可以分为两类，如表 3-20 所示。

表 3-20　Python 内置函数：文件操作函数

函数名	功　能	举　例

open	以写入方式打开文件，返回文件对象
	此后可以通过文件对象的方法向文件中写入数据
		>>> fpw = open("test.txt", "w")
		>>> fpw.write("你好")
		2
		>>> fpw.close()

open	以读取方式打开文件，返回文件对象
	此后可以通过文件对象的方法从文件中读取数据
		>>> fpr = open("test.txt", "r")
		>>> txt = fpr.read()
		>>> fpr.close()
		>>> txt
		'你好'

函数 open 还有其他参数，如指定文件的编码方式、错误处理方式等。open 函数的详细用法将在第 10 章中进行介绍。

11．查看函数

Python 有 7 个常用的内置函数可以用来查看对象的各种信息，依次是 dir、globals、help、id、locals、type、vars，如表 3-21 所示。

表 3-21　Python 内置函数：查看函数

函数名	功　能	举　例
dir	返回指定对象的属性列表 若不带参数，则返回当前作用域内的所有对象名称构成的列表	>>> dir(__builtins__) >>> dir()
globals	返回一个字典，包含当前作用域内的所有全局变量及其值	>>> globals()
help	返回对象的帮助信息	>>> help(sum)

id	返回对象的 id	>>> a = 8
		>>> id(a)
		1967877360

locals	返回一个字典，包含当前作用域内的所有局部变量及其值	>>> locals()
type	查看对象的数据类型	type(5)　　==>　　<class 'int'> type("5")　　==>　　<class 'str'>
vars	vars()相当于 locals() vars(obj)相当于 obj.__dict__，返回一个类似字典的对象，包含 obj 对象的所有属性和属性值	>>> vars() >>> vars(str)

12．退出函数

Python 有 2 个内置函数 exit 和 quit 用来退出 Python，如表 3-22 所示。

表 3-22　Python 内置函数：退出函数

函数名	功　能	举　例
exit	在交互式的 IDLE 窗口中退出 Python 环境	>>> exit()
quit	同 exit	>>> quit()

注意，exit 和 quit 只能用来在交互式的 IDLE 窗口中退出 Python。在 Python 代码中，如果想退出 Python，可以使用 sys 标准库的 exit 函数。sys.exit()执行后会引发 SystemExit 异常，如果不捕获 SystemExit 异常，就立即退出 Python 程序；如果捕获 SystemExit 异常，就可以做一些善后处理工作。

3.4.2　内置对象

Python 中一切皆是对象。本书前面介绍了整数、浮点数、字符串等简单类型的对象，介绍了列表、元组等组合类型的对象，也提到了 enumerate、range 等对象。这种不需要导入任何标准库或扩展库就能使用的对象被称为内置对象。

字符串这个内置对象将在第 8 章进行介绍，列表、元组等四种组合类型的内置对象将在第 7 章进行介绍。本节专门介绍 enumerate、range 等几个由内置函数产生的内置对象。

1．enumerate 对象

一般，遍历可迭代对象 a 中的元素可以使用 for-in 结构，但这个结构只能获取元素值而不能获取元素的位置。要想同时获取元素的值和位置，就需要 enumerate 对象。enumerate 对象是用内置函数 enumerate 作用于可迭代对象的返回值。例如：

```
>>> a = [1, 2, 3]
>>> b = enumerate(a)
>>> b
<enumerate object at 0x000001F0BA58FCF0>
```

上面代码中的变量 b 就是一个 enumerate 对象。enumerate 对象具有惰性求值的特点，不可以用内置函数 len 求它的元素个数，也不可以直接查看它的所有元素，需要用 for-in 结构来遍历。例如：

```
a = "xyz"
for e in enumerate(a):
    print(e)
```

上述代码的运行结果如下。

```
(0, 'x')
(1, 'y')
(2, 'z')
```

对于可迭代对象 a 来说，enumerate(a)包含的元素个数与 a 一样多，enumerate(a)的每个元素都是一个二元组，每个二元组对应 a 中的某元素的位置和元素值。我们修改上述代码，以便得到 a 的每个元素在 a 中的位置和元素值。

```
a = "xyz"
for e in enumerate(a):
    index, value = e
    print(f"元素位置：{index}，元素值：{value}")
```

在上面的代码中，e 是一个二元组，根据 3.2.2 节介绍的序列解包赋值方法，它的两个元素自然可以顺次赋值给 index 和 value 变量。事实上，可以在 for 循环中取消变量 e，直接用 index 和 value 来代替。例如：

```
a = "xyz"
for index, value in enumerate(a):
    print(f"元素位置：{index}，元素值：{value}")
```

这段代码就是获取可迭代对象中的元素位置和元素值的典型代码，后面会经常用到。

另外，对于元素数目不大的 enumerate 对象，我们可以把它转化为 list 对象来看直接查看它的全部元素。例如：

```
>>> a = "xyz"
>>> b = enumerate(a)
>>> b
<enumerate object at 0x000001F0BA58FC18>
>>> list(b)
[(0, 'x'), (1, 'y'), (2, 'z')]
>>> list(b)
[]
```

在上面的代码中，第 2 个 list(b)的结果为空列表，这是因为第 1 个 list(b)已经把 b 的元素遍历完了，b 中已经没有元素了。

2．filter 对象

filter 对象是内置函数 filter 作用于迭代器对象的返回值，具有惰性求值的特点，不可以用内置函数 len 求它的元素个数，也不可以直接查看它的所有元素，但可以转换为列表来直接查看其中的元素，或者用 for-in 结构来遍历它。例如：

```
>>> a = [0, 1, "", "ab"]
>>> b = filter(bool, a)
>>> b
<filter object at 0x000001F0BA574CF8>
>>> list(b)
[1, 'ab']
>>> list(b)
[]
```

3．map 对象

map 对象是内置函数 map 作用于迭代器对象的返回值，具有惰性求值的特点，不可以用内置函数 len 求它的元素个数，也不可以直接查看它的所有元素，但可以转换为列表来直接查看其中的元素，或者用 for-in 结构来遍历它。

map 函数用来对列表的元素进行整体变换，结果得到 map 对象，再对 map 对象进行操作，可以转换为其他类型的数据。例如：

```
>>> a = [1, 2, 3]
```

```
>>> b = map(str, a)
>>> b
<map object at 0x000001F0BA574CC0>
>>> c = list(b)
>>> c
['1', '2', '3']
>>> d = list(map(int, c))
>>> d
[1, 2, 3]
>>> d == a
True
```

上面的代码演示了如何把整数列表转换为 map 对象再转换为字符串列表，并把字符串列表再转换回整数列表。

4．range 对象

range 对象是内置函数 range 的返回值，不是惰性求值的，可以用内置函数 len 求它的元素个数，但也没办法直接查看其中的所有元素，一般是转换为列表来直接查看其中的元素，或者用 for-in 结构来遍历。range 对象中的元素可以顺次访问，可以直接按位置访问，不存在元素被访问之后就被销毁的问题。例如：

```
>>> a = range(5)
>>> a
range(0, 5)
>>> len(a)
5
>>> list(a)
[0, 1, 2, 3, 4]
>>> a[1]
1
>>> for i in a:
        print(i)

0
1
2
3
4
```

range 对象本身要注意的事项并不多，倒是生成 range 对象的内置函数 range 需要重点掌握。

range 函数有 3 个参数，它的使用格式如下。

```
range(起始值, 终止值, 步长)
```

其中，起始值、终止值和步长值都是整数，且步长值不能是 0。起始值的默认值为 0，步长的默认值为 1。

range 函数的作用是根据起始值、终止值和步长值构造一个整数序列，生成的整数序列被保存在一个 range 对象中。整数序列的生成规律如下。

- ❖ 若步长值大于 0，则从起始值开始，按步长逐步变化，取所有小于终止值的整数。
- ❖ 若步长值小于 0，则从起始值开始，按步长逐步变化，取所有大于终止值的整数。

需要特别注意的是，终止值不出现在最终的整数序列中。例如：

```
>>> list(range(10,50,10))
[10, 20, 30, 40]
```

上面代码中的步长 10 大于 0，所以从 10 开始递增取数，每隔 10 个数取一次值，所有小于终止值 50 的整数是 10、20、30、40（注意不包含 50）。例如：

```
>>> list(range(50,10,-10))
[50, 40, 30, 20]
```

上面代码中的步长-10 小于 0，所以从 50 开始递减取数，每隔 10 个数取一次值，所有大于终止值 10 的整数是 50、40、30、20（注意不包含 10）。例如：

```
>>> list(range(50, 10, 10))
[]
```

上面代码中的步长 10 大于 0，所以从 50 开始递增取数，每隔 10 个数取一次值。由于小于终止值 10 的整数不存在，因此 range 对象就是空对象，转变成列表就是空列表。

如果步长为 1，那么第 3 个参数可以省略，这时如果起始值为 0，也可以省略第 1 个参数。例如：

```
>>> list(range(1, 5, 1))
[1, 2, 3, 4]
>>> list(range(1, 5))
[1, 2, 3, 4]
>>> list(range(0, 5))
[0, 1, 2, 3, 4]
>>> list(range(5))
[0, 1, 2, 3, 4]
```

5. reversed 对象

reversed 对象是内置函数 reversed 作用于可迭代对象的返回值，具有惰性求值的特点，不可以用内置函数 len 求它的元素个数，也不可以直接查看它的所有元素，但可以转换为列表来直接查看其中的元素，或者用 for-in 结构来遍历它。

```
>>> a = [1, 2, 3]
>>> b = reversed(a)
>>> b
<list_reverseiterator object at 0x000001F0BA4F7128>
>>> list(b)
[3, 2, 1]
>>> list(b)        # b 中的元素已经全部访问过，再访问时 b 中已经没有任何元素
[]
```

注意，由于内置函数 sorted 的返回值是一个列表，很多初学者误以为 reversed 函数的返回值也是一个列表，这是不正确的，它其实是一个具有惰性求值特点的可迭代对象。

6. zip 对象

zip 对象是内置函数 zip 的返回值，不是惰性求值的，不可以用内置函数 len 求它的元素个数，也不可以直接查看它的所有元素，但可以转换为列表来直接查看其中的元素，或者用 for-in 结构来遍历它。例如：

```
>>> a = [1, 2, 3]
```

```
>>> b = list("xyz")
>>> c = zip(a, b)
>>> c
<zip object at 0x000001F0BA57BF88>
>>> d = list(c)
>>> d
[(1, 'x'), (2, 'y'), (3, 'z')]
```

zip 函数以一个或多个可迭代对象作为参数，返回的 zip 对象以元组作为元素，元组中的各元素正是作为 zip 函数参数的那些可迭代对象中的相同位置处的元素。由于作为 zip 函数参数的那些可迭代对象元素个数可能不相同，zip 对象中的元素个数与几个可迭代对象中的元素最少对象的元素个数相同。例如：

```
>>> a = [1, 2, 3, 4, 5]
>>> b = list("xyz")
>>> c = [True]*6
>>> d = zip(a, b, c)
>>> list(d)
[(1, 'x', True), (2, 'y', True), (3, 'z', True)]
```

一个可迭代对象可以与自身构成 zip 对象。例如：

```
>>> a = [1, 2, 3]
>>> b = zip(a, a)
>>> list(b)
[(1, 1), (2, 2), (3, 3)]
```

一个可迭代对象还可以独自构成 zip 对象。例如：

```
>>> a = [1, 2, 3]
>>> b = zip(a)
>>> list(b)
[(1,), (2,), (3,)]
```

zip 对象在我们需要将多个可迭代对象的相同位置处的元素建立关联的时候比较有用。例如，将两个列表对应位置处的元素相加，结果保存为新的列表。

```
>>> a = [1, 2, 3]
>>> b = [10, 20, 30]
>>> c = list(map(sum,zip(a,b)))
>>> c
[11, 22, 33]
```

当然，用列表对象的 append 方法配合循环结构也能完成这个任务，显然这里给出的代码更为简洁，是更加 Python 化的代码。

另外，zip 对象是构建字典的高效工具。例如：

```
>>> name = {"张三", "李四", "王五"}
>>> age = {18, 25, 21}
>>> d = dict(zip(name, age))
>>> d
{'李四': 25, '王五': 18, '张三': 21}
```

思 考 题

1．设 a=[1,5,7,3]，表达式 sorted(a)==a.sort()的值是多少？

2．设 a=8，请写出如下表达式的值。

（1）a==8 or 9　　（2）a==8 or a==9

（3）a==3 or 5　　（4）a==3 or a==5

（5）a==8 and 9　　（6）a==8 and a==9

（7）a==3 and 5　　（8）a==3 and a==5

3．请写出如下表达式的值。

（1）2<5<8　　（2）2>5<8

（3）2<8<5　　（4）2>8<5

4．请写出如下表达式的值。

（1）3>5 or 5　　（2）5>3 or 5

（3）3>5 and 5　　（4）5>3 and 5

（5）5 or 3>5　　（6）5 or 3<5

（7）5 and 3>5　　（8）5 and 3<5

（9）0 or 3>5　　（10）0 or 3<5

（11）0 and 3>5　　（12）0 and 3<5

5．请写出如下表达式的值。

（1）1900%400==0 or 1900%4==0 and 1900%100

（2）2000%400==0 or 2000%4==0 and 2000%100

（3）2020%400==0 or 2020%4==0 and 2020%100

（4）2019%400==0 or 2019%4==0 and 2019%100

（5）1900%400==0 or 1900%4==0 and 1900%100!=0

（6）2000%400==0 or 2000%4==0 and 2000%100!=0

（7）2020%400==0 or 2020%4==0 and 2020%100!=0

（8）2019%400==0 or 2019%4==0 and 2019%100!=0

6．请写出如下表达式的值。

（1）len(str([1,2,3]))　　（2）len(str(1+2j))

7．请判断下列符号串中哪些是合法的 Python 表达式。

（1）len([1,4,3,2])　　（2）len(1,4,3,2)

（3）max([1,4,3,2])　　（4）max(1,4,3,2)

（5）min([1,4,3,2])　　（6）min(1,4,3,2)

（7）sum([1,4,3,2])　　（8）sum([1,2,3,4], 5)

（9）sum(1,2,3,4)　　（10）sum(1,2)

8．请判断下列符号串中哪些是合法的 Python 表达式。

（1）1_5 + 0x15　　（2）1_5 + 0x1.5

（3）1_5 + 1.5　　（4）15 + 0b1101

（5）15 + .6　　（6）15 + 1e5

（7）15 + 0xah　　（8）15 * "abc"

（9）"abc" * 15　　（10）"abc" + 15

第 4 章　输入和输出

前面在内置函数部分介绍了 input 和 print 函数，它们的功能是处理数据的输入和输出。本章将详细讲解。

数据不仅可以使用键盘输入，还可以从文件读入；输出数据不仅是输出数据到屏幕，也可以是输出数据到文件。关于从文件输入数据和输出数据到文件，后面在文件部分中再详细讲。本章的数据输入专指从键盘输入，数据输出专指输出到屏幕。

4.1　数据输入

4.1.1　获取输入数据

Python 程序在运行时，如果需要从键盘输入数据，可以使用内置函数 input。该函数在调用时，会等待用户从键盘输入一些数据，等用户按 Enter 键后，函数就停止接收数据，返回一个字符串。该字符串包含按 Enter 键之前的所有字符。

input 函数的调用方法有两种：一种是直接调用，另一种是给一个字符串当参数。后者能在输入数据时，参数字符串以输入提示信息的形式在屏幕上显示。

第一种调用方法示例如下。

```
s = input()
```

这种调用方法在程序运行时不会给出任何提示信息，只是停下来等待用户从键盘输入数据。显然，这种方法并不友好，因为程序运行时停下来等待输入，与程序正在运行看起来没什么区别。用户也许以为程序正在运行，如果没有输入动作，程序就会一直等待下去。

第二种调用方法示例如下。

```
s = input("请问你叫什么名字: ")
```

这种调用方法比较友好，程序运行时会先显示一个提示信息，告知用户程序需要输入数据，从而采取相应的操作。

注意，不管是采取哪一种调用方法，input 函数返回的都是一个字符串，如果需要整数或者浮点数等其他类型的数据，就需要用转换函数。

4.1.2　转换输入数据

得到输入数据后，如果需要转成其他类型的数据，可以用相应的转换函数进行转换。如果需要整数，就用 int 函数来转换，如果需要浮点数，就用 float 函数来转换……现在以整数为例来看输入数据的转换方法。

1．输入数据转换为一个整数

前面写过从 1 累加到 *n* 的程序，当时 *n* 是直接在程序中给定的，现在修改一下，让 *n* 的值从键盘输入。

【例 4-1】 从 1 开始累加到 *n*（二）。

```
s = input("请输入一个整数: ")
n = int(s)
r = (n+1) * n // 2
print(r)
```

我们还可以省去用变量 *s*，直接将前两行代码合二为一。

【例 4-2】 从 1 开始累加到 *n*（三）。

```
n = int(input("请输入一个整数: "))
r = (n+1) * n // 2
print(r)
```

总结：

✧ s = input("提示信息")，从键盘获取一个字符串。

✧ a = int(input("提示信息"))，从键盘获取一个整数。

✧ b = float(input("提示信息"))，从键盘获取一个浮点数。

2．输入数据转换为两个整数

假设需要从键盘输入两个整数，可以用字符串对象的 split 方法和内置函数 map 配合来从输入字符串得到两个整数。

【例 4-3】 从 *m* 开始累加到 *n*（一）。

```
s = input("请输入两个整数 m 和 n（m 小 n 大，用空格隔开，Enter 键结束输入）: ")
m, n = map(int, s.split())
r = (m+n) * (n-m+1) // 2
print(r)
```

本例用了赋值方法中的第三种：把一个可迭代对象的元素分别赋值给几个变量，map 函数的返回值是一个 map 对象，map 对象是可迭代对象。

上述代码的执行过程为：如果输入的字符串是"1␣10"，s 的值就是"1␣10"，s.split()的结果就是列表['1', '10']，map(int, ['1', '10'])的结果是一个 map 对象，它的元素是两个整数对象 1 和 10，刚好分别赋值给 m 和 n。

如果输入数据时用其他符号将两个数隔开，如用半角“,”，那么提示信息和赋值处理需要作相应的变动。

```
s = input("请输入两个整数 m 和 n（m 小 n 大，用半角逗号隔开，Enter 键结束输入）: ")
m, n = map(int, s.split(","))
r = (m+n) * (n-m+1) // 2
print(r)
```

如果需要两个以上的数据，赋值时多加一些变量，提示信息稍微改动一下即可，这里不再详细举例。

3．输入数据转换为一个整数列表

如果需要从键盘输入一个整数列表，可以用内置函数 eval 来完成数据的转换。

【例 4-4】 求列表中的整数之和（二）。

```
a = eval(input("请输入一个整数列表: "))
s = sum(a)
print(s)
```

代码运行时，我们按照 Python 中整数列表的书写形式输入一个整数列表，得到一个像整数列表的字符串，然后用 eval 函数进行转换，即可得到真正的整数列表。

4.1.3 处理输入错误

从键盘输入数据时，往往会发生数据转换错误。比如，要求输入一个整数，不小心输入了一个字符串，数据转换时就会报错。

```
请输入一个整数: a
Traceback (most recent call last):
  File "C:\Users\dyjxx\Desktop\test.py", line 1, in <module>
    n = int(input("请输入一个整数: "))
ValueError: invalid literal for int() with base 10: ''
```

避免出错有两种处理方法：一是使用 try-except 结构，二是用字符串的类型判定方法先判断再转换，从而避免发生转换错误。

初学者如果看不懂下面的内容，也不会影响对后面知识的学习。不妨先暂时略过，在需要输入数据时输入程序所需要的正确数据，程序就不会发生运行错误。等后面学到一定程度，再回过头来看这一段内容即可。

1．用 try-except 结构处理输入错误

try-except 结构可以用来捕捉代码运行错误。如果 try 与 except 之间的代码运行无误，那么 try-except 结构顺利结束，否则执行 try-except 结构中 except 后面的代码。

有了 try-except 结构，我们就可以在可能运行出错的代码处设置这样的结构，一旦代码运行出错，就可以主动捕获到错误并进行适当地处理，不至于让程序运行的时候报错终止。

【例 4-5】 用 try-except 结构处理输入错误代码示例（一）。

```
try:
    n = int(input("请输入一个整数: "))
    r = n*n
    print(r)
except:
    print("您输入的不是整数。")
```

如果想捕获具体的出错信息，就可以在 try-except 结构中加入 Exception 对象。

【例 4-6】 用 try-except 结构处理输入错误代码示例（二）。

```
try:
    n = int(input("请输入一个整数: "))
    r = n*n
    print(r)
except Exception as e:
```

```
        print("代码运行出错，出错信息如下：")
        print(e)
```

try-except 结构还可以带上 else 语句，如果 try 与 except 之间的代码不引发错误，执行完 try-except 之间的代码后，会接着执行 else 后面的代码。

【例 4-7】 用 try-except 结构处理输入错误代码示例（三）。

```
try:
    n = int(input("请输入一个整数："))
except Exception as e:
    print("代码运行出错，出错信息如下：")
    print(e)
else:
    r = n*n
    print(r)
```

try-except 结构还可以带上 finally 语句，不管 try 与 except 之间的代码是否引发错误，在整个 try-except 结构即将结束时都会执行 finally 部分的代码。

【例 4-8】 用 try-except 结构处理输入错误代码示例（四）。

```
try:
    n = int(input("请输入一个整数："))
except Exception as e:
    print("代码运行出错。")
    r = e
else:
    r = n*n
finally:
    print(r)
```

上面例子的 try-except-else-finally 结构是捕获错误的最全结构，try-except 部分是必须的，其他两项根据需要选用。

try-except 结构可以和语句 sys.exit( )配合起来，一旦捕捉到代码运行错误，就退出程序运行。捕捉不到错误再继续运行 try-except 结构后的语句。

【例 4-9】 用 try-except 结构处理输入错误代码示例（五）。

```
from sys import exit

try:
    n = int(input("请输入一个整数："))
except Exception as e:
    print("代码运行出错，程序将退出。出错信息是：", e)
    exit()

r = n*n
print(r)
```

2．用字符串的类型判断方法处理输入错误

在得到输入的字符串后，先判断字符串中的字符是否都是数字字符，若是，则可以进行转换为数字的操作，否则可提示用户输入错误。

【例 4-10】 用字符串的类型判断方法处理输入错误示例代码。

```
from math import sqrt
s = input("请输入一个非负整数: ")
if not s.isdigit():
    print("您输入的不是非负整数。")
else:
    i = int(s)
    print(sqrt(i))
```

上面的代码使用字符串的 isdigit 方法来判断字符串是否为数字字符串，若是，则转为整数的操作就不会报错，否则提示用户输入出错。

3．用 assert 语句处理输入错误

在得到输入的字符串进行后续操作前，应先用 assert 语句断定某个条件成立，若不成立，则程序会抛出异常，否则顺利执行后续的语句。

【例 4-11】 用 assert 语句处理输入错误示例代码。

```
from math import sqrt
s = input("请输入一个非负整数: ")
assert s.isdigit(), "您输入的不是非负整数。"
i = int(s)
print(sqrt(i))
```

本书在以后的程序示例中，有时候为了简洁，不再写处理输入错误的语句，在代码中均假设输入数据符合程序要求。不过输入数据符合程序要求仅仅是一种理想的情况，在实用的程序中必须要处理输入错误的代码。

4.2 数据输出

获取程序运行的结果是人们与计算机交流的重要手段，可以说是运行程序的必然需求。Python 使用内置函数 print 把数据输出到屏幕。

最简单的输出方式为

```
print(合法的 Python 表达式)
```

比如，把 1、2、100 这些数字输出到屏幕上：

```
print(1)
print(2)
print(100)
```

上述代码执行后，屏幕上的输出结果如下。

```
1
2
100
```

这 3 行输出数据可能有些人看着不太习惯，总希望输出的这些数字能够从个位进行对齐。那么，我们需要让输出的数据按照一定的格式呈现到屏幕上。例如，个位对齐的输出格式为

```
print(f"{1:3d}")
print(f"{2:3d}")
print(f"{100:3d}")
```

上述代码执行后，屏幕上的输出结果如下[①]。

```
␣␣1
␣␣2
100
```

如果希望按照 001、002、100 这样的形式输出，就相应地修改如下。

```
print(f"{1:03d}")
print(f"{2:03d}")
print(f"{100:03d}")
```

上述代码执行后，屏幕上的输出结果如下。

```
001
002
100
```

最简单的输出直接用 print 函数即可，如果要按一定的格式输出，就需要按照 Python 的语法来设定各种输出格式。上面代码中 f"{1:03d}"的作用就是设定数字 1 的输出格式。

我们先从最简单的输出讲起，然后讲解 Python 中用来设定输出格式的几种语法。

4.2.1 最简单的数据输出

函数 print 是 Python 的内置函数，我们不需要导入任何标准库或者扩展库就可以使用它。print 函数加上一些参数，就构成了 print 语句。最简单的输出就是输出数据的原貌，不带任何格式。

我们按输出单个表达式和输出多个表达式来分别进行探讨。

1. 输出单个表达式

print 语句的使用格式如下。

```
print(表达式)
```

print 语句在执行时，先计算表达式的值，再按照这个值原本的标准形式输出到屏幕，然后把屏幕上的光标自动换到下一行。

所谓标准形式，是指 Python 在输出一种数据时自然呈现的形式。比如整数，我们可以用十进制 0x0A 来表示整数 10，也可以用 0b1010 来表示整数 10，但 Python 在输出 10 的时候，总是输出为十进制整数的形式。

前面介绍过各种数据类型，单个表达式的值无非是前面介绍的几种数据类型之一，print 语句直接输出各种类型的表达式的注意事项说明如下。

（1）输出整数类型

对于整数类型的表达式，直接输出表达式计算结果的标准形式，注意布尔类型和一些字符串类型可以转化为整数类型。例如：

```
>>> print(1)
1
>>> print(10**10)
```

① 为了强调半角空格的存在，这里把看不见的空格写成了字符“␣”。

```
10000000000
>>> print(-8_6)
-86
>>> print(int("123", 10))
123
>>> print(int("123", 8))
83
>>> print(int(True))
1
>>> print(int(False))
0
```

（2）输出浮点类型

输出浮点数的时候，小数点后面最多输出 16 位数字。例如：

```
>>> print(3.6)
3.6
>>> print(2.3400)
2.34
>>> print(-2.000)
-2.0
>>> print(1.01234567890123450001)
1.0123456789012344
>>> print(1.01234567890123451001)
1.0123456789012346
>>> print(1.01234567890123452001)
1.0123456789012346
```

在上面的例子中，2.3400 被输出成 2.34，因为 Python 输出浮点数时小数最后面不输出多余的 0。-2.000 之所以被输出成-2.0 而不是-2，它保留小数点最后一个 0，因为这个数据是浮点数而不是整数。

注意，若小数点后面超出 16 位，输出时会被截断成 16 位，截断时并非是四舍五入的。

（3）输出复数类型

输出复数类型数据时，Python 总是把虚部后面的大写字母 J 转换为小写的 j，也总是把形如 x.0 的浮点数实部或者浮点数虚部输出成整数 x。若实部不为 0，则输出复数时外面加“( )”；若实部为 0，则输出复数时只输出虚部和符号 j，不加半角 “( )”。例如：

```
>>> print(5+6J)
(5+6j)
>>> print(5+6j)
(5+6j)
>>> print(5+6.0j)
(5+6j)
>>> print(5.0+6.0j)
(5+6j)
>>> print(2+0j)
(2+0j)
>>> print(0+3j)
3j
```

```
>>> print(0+0j)
0j
```

（4）输出字节串类型

输出字节串数据时，屏幕上会显示字节串原本的样子，连同前导 b 和字节串界定符都一起输出。注意，字节串界定符会自动被 Python 输出为一对单引号。例如：

```
>>> a = "你好".encode("utf-8")
>>> a
b'\xe4\xbd\xa0\xe5\xa5\xbd'
>>> print(a)
b'\xe4\xbd\xa0\xe5\xa5\xbd'
>>> s = b"Hello"
>>> s
b'Hello'
```

（5）输出字符串类型

输出字符串时，只输出字符串的内容，字符串界定符是不被输出的。例如：

```
>>> s = "Hello"
>>> s
'Hello'
>>> print(s)
Hello
>>> s = "It's an apple"
>>> s
"It's an apple"
>>> print(s)
It's an apple
```

对于字符串类型，Python 很偏爱用半角“'”充当字符串常量的界定符，不到万不得已，它不会用半角“'”来界定。即便我们写字符串常量的时候用“"”界定，Python 也会纠正为优先用“'”界定。

注意，在 Python 中，所有类型的数据都可以用 str 函数来强行转换为字符串类型的数据。其他类似的数据用 str 函数强行转换为字符后，其形式可能与我们最初的表达不完全一致。复数转字符的例子如下。

```
>>> a = 2+3J
>>> b = str(a)
>>> print(b)
(2+3j)
>>> print(str(0+3J))
3j
```

复数转为字符串后，大写的 J 一定会变成小写的 j，复数两边可能加上半角“()”。

关于其他类型的数据用 str 函数强行转换为字符串，我们记住一点就行：用 print 语句输出一个表达式在屏幕上显示成什么样子，用 str 函数强行把它转换为字符串后，字符串的内容就是什么样子。

（6）输出布尔类型

布尔类型的数据只有两个值：True 和 False，其输出结果就是它们自身（首字母大写，其他字母小写）。Python 中的很多数据类型都可以转换为布尔类型，而且很多运算符构造表达式的值也可以是布尔类型。例如：

```
>>> print(True)
True
>>> print(False)
False
>>> print(5>3>1)
True
>>> print(bool([]))
False
```

其他类型的数据转换为布尔类型时，None、数字 0、空字符串、空列表、空元组、空集合、空字典这些转换后得到 False，其他非 0 非空的数据转换后得到 True。

（7）输出空类型

空类型在输出时，屏幕上显示其自身的样子，第一个字母大写，其他字母小写。例如：

```
>>> print(None)
None
```

空类型只能被转换成布尔类型的 False 和字符串类型的'None'，不能被转换成其他类型。例如：

```
>>> a = str(None)
>>> a
'None'
>>> print(a)
None
>>> print(bool(None))
False
```

（8）输出组合类型

组合类型包括列表类型、元组类型、集合类型和字典类型。组合类型主要是由基本类型通过类型界定符和元素分隔符来构成的。

输出这四种组合类型的数据时，元素界定符后会自动出现一个空格。例如：

```
>>> b = {1:10, 2:20}
>>> print(b)
{1:␣10,␣2:␣20}
```

另外，由于 Python 优先用半角“'”来界定字符串，因此当四种组合类型中有字符串作为元素或元素的一部分时，输出到屏幕后，原来的字符串界定符可能变成半角“'”。例如：

```
>>> a = [123, "xyz", '甲乙丙']
>>> print(a)
[123,␣'xyz',␣'甲乙丙']
```

2．输出多个表达式

探讨单个表达式输出的目的是看各种类型的数据输出的本来面目是什么样的。有了单个表达式的输出作为基础，我们很自然地想看一下多个表达式如何输出。

多个表达式输出，无非是各表达式各自按照自己的本来面目输出，我们关心的无非是这多个输出数据之间的排列方式。也就是说，是每个数据占一行，还是多个数据都输出到同一行？如果输出到同一行，那各个数据之间用什么符号隔开？

如果希望每个输出数据在屏幕上占一行，就直接写多行输出语句即可，每个输出语句输出一个数据。例如：

```
print(123)
print("Hello")
print([1,2,3])
```

Python 的 print 语句输出数据后有自动换行的特性。所以，对于上面的例子，我们会看到如下结果。

```
123
Hello
[1,␣2,␣3]
```

我们用一个print语句也能得到与上面一模一样的结果。方法是把多个表达式写到一个print语句中，中间用半角“,”隔开，然后为 print 函数指定一个参数 sep="\n"。例如：

```
print(123, "Hello", [1,2,3], sep="\n")
```

print 函数的 sep 参数的意思是在同一个 print 语句中输出的多个表达式之间用什么分隔符隔开，我们指定了用换行符隔开，所以虽然是用一个 print 语句输出三个表达式，但输出到屏幕上还是达到了每个数据占一行的效果。

如果我们把上一个输出语句的参数 sep="\n"拿掉，输出的三个数据就会显示到同一行上，且每两个数据之间用一个空格隔开。例如：

```
>>> print(123, "Hello", [1,2,3])
123␣Hello␣[1,␣2,␣3]
```

因为 sep 参数的默认值是一个空格，指定它的值为换行符时，输出的三个数据之间用换行符隔开，但不指定该参数时，该参数取默认值：一个空格，所以输出结果就是三个数据输出到同一行，用一个空格隔开每个输出的数据。

当然，我们也可以指定其他的分隔符，如斜线分隔符"/"。例如：

```
>>> print(123, "Hello", [1,2,3], sep="/")
123/Hello/[1,␣2,␣3]
```

既然单个 print 语句的输出结果可以分布到多行，那么多个 print 语句的输出结果能否合并到同一行呢？答案是肯定的。例如：

```
print(123, end="/")
print("Hello", end="/")
print([1,2,3])
```

其输出结果恰好也是

```
123/Hello/[1,␣2,␣3]
```

print 函数的 end 参数指定了数据输出结束后额外输出的字符，若指定了 end="/"，则输出完应该输出的数据内容后，额外输出一个"/"；若不指定 end 参数，则 end 参数取默认值"\n"，输出完该输出的数据内容后，额外输出一个换行符。

总之，print 函数常用的有两个参数：sep 和 end。sep 参数的默认值是一个空格，end 参数的默认值是换行符"\n"。

如下两个输出语句功能相同。

```
print(表达式)
print(表达式, end="\n")
```

如下两个输出语句功能相同。

```
print(表达式1, 表达式2, 表达式3)
print(表达式1, 表达式2, 表达式3, sep="␣")
```

如果将 sep 参数与 end 参数组合起来，就能得到更灵活的输出形式。

3．序列解包输出

序列解包的一个用法是将序列或可迭代对象前面加上“*”，表示将其中的元素顺次取出来，一般用于作为函数的参数。

```
>>> a = [1, 2, 3, 4, 5]
>>> print(a)
[1, 2, 3, 4, 5]
>>> print(*a)
1 2 3 4 5
>>> print(*a, sep="/")
1/2/3/4/5
>>> print(range(5))
range(0, 5)
>>> print(*range(5))
0 1 2 3 4
>>> s = "abcde"
>>> print(s)
abcde
>>> print(*s)
a b c d e
```

有了序列解包输出，我们就可以不用遍历序列或可迭代对象中的元素，就能将这些元素全部输出。

【例 4-12】 从键盘输入一个字符串，顺次输出其各字符，以半角“,”隔开。

```
a = input()
print(*a, sep=',')
```

可以去掉变量 a，把上述两句代码合并成一句。

```
print(*input(), sep=',')
```

如果不用序列解包，就得用后面将介绍的循环语句来遍历字符串输出其各元素，或者用字符串对象的 join 方法来构造一个输出字符串。

4．print 函数的全部参数

现在，我们来介绍 print 函数的全部参数。

```
print(表达式1, 表达式2, …,
      sep = '␣',
      end = '\n',
      file = sys.stdout,
      flush = False)
```

参数说明如下。

❖ 表达式 1、表达式 2……为需要输出的表达式，至少要有一个。

❖ sep 参数用于指定输出数据之间的分隔符，默认为一个空格'␣'。

- ❖ end 参数用于指定输出完全部数据后额外输出什么字符，默认是换行符'\n'。
- ❖ file 参数用于指定输出位置，默认值为标准输出设备，即计算机屏幕。可以借助让 print 语句的输出内容写入文件，后面将在 10.3.2 节介绍文件读写时再介绍写入方法。
- ❖ flush 参数用于设定输出数据是否立即输出，默认值为 False，在输出到屏幕时，该参数用处不大，如果是输出到文件，那么输出的数据会在输出缓冲区暂存，积累到一定数量再写入文件。若指定该参数为 True，则输出数据不在缓冲区暂存，立即输出到文件。

4.2.2 数据格式化

4.2.1 节介绍的是简单输出。简单输出就是输出数据的标准形式，不带任何格式。如果对输出格式有要求，就得设定数据的格式再输出。所谓设定数据格式，可以简单理解为把各种类型的数据组合成具有一定格式的字符串，这种操作习惯上称为数据格式化。

在 Python 中，数据格式化有以下四种方法：%格式化，format 格式化，f-strings 格式化，Template 格式化。

1. %格式化方法

用“%”进行字符串格式化的方法由来已久，在 1972 年诞生的 C 语言中就已经存在，1989 年诞生的 Python 语言有着与 C 语言极为相似的“%”格式化方法。

%格式化方法的形式如下：

```
"格式字符串" % exp
```

或

```
"格式字符串" % (exp1, exp2, …)
```

其中，"格式字符串"中包含一到多个格式串；%是格式运算符；exp、exp1 和 exp2 是被格式化的数据，可以是常量、变量或表达式。

当格式字符串中包含一个格式串时，采用第一种形式进行格式化，此时被格式化的数据只能是一个 Python 表达式；当格式字符串中包含多个格式串时，采用第二种形式进行格式化，此时需要对多个表达式进行格式化，这多个表达式要写成元组的形式。

格式字符串、格式运算符、被格式化数据构成了一个完整的格式化表达式，其中，格式运算符“%”与前面的格式字符串和后面被格式化的数据之间可以用空格隔开，也可以没有空格。格式化表达式的运算结果是一个字符串对象。

格式字符串包含普通字符串和格式串两种形式，是两者的混合物，其中普通字符串可以没有，格式串至少要有一个。为了区别于格式字符串中的普通字符串，格式串有特定的标志，格式串的形式如下：

```
"%[-][+][0][m][.n]格式字符"
```

一个格式串包含三部分内容：格式串标识符、格式控制符、格式字符。格式串标识符是第一个字符，它必须是%；格式串中最后一个字符是格式字符，表示要格式化的数据的类型；格式标识符与格式字符之间的部分是格式控制符。格式控制符括在方括号中，表示它们不是必须的，可根据需要选用。例如：

```
"%c" % 65      表示把表达式 65 格式化为字符，结果是'A'
"%d" % 65      表示把表达式 65 格式化为十进制数，结果是'65'
"%x" % 65      表示把表达式 65 格式化为十六进制数，结果是'41'
"%f" % 65      表示把表达式 65 格式化为浮点数，结果是'65.000000'
```

```
"%f" % 3.14      表示把表达式 3.14 格式化为浮点数，结果是'3.140000'
"%d" % 3.14      表示把表达式 3.14 格式化为整数，结果是'3'
```

这里的 c、d、x、f 都是格式字符。Python 中%格式化方法的格式字符还有很多，具体请参见附录 E。

明白了格式字符的含义后，我们对表达式格式化成什么样的字符串大体上有了了解。为了让格式化结果按照一定的格式呈现，可能还需要对它进一步约束和控制。比如，浮点数最终显示几位小数，整个浮点数占用几个字符的空间，如果格式化得到的字符串长度小于指定的总宽度，那么它是左对齐呈现还是右对齐呈现？这样的要求可以通过格式控制符来实现。例如：

```
"%5s" % "ab"     要求总宽度 5 字符，数据不足位则前补空格，结果是'   ab'
"%-5s" % "ab"    要求总宽度 5 字符，数据左对齐，结果是'ab   '
"%5d" % 8        要求总宽度 5 字符，数据不足位则前补空格，结果是'    8'
"%05d" % 8       要求总宽度 5 字符，数据不足位则前补 0，结果是'00008'
""%+5d" % 8      要求总宽度 5 字符，非负整数前面显示正号，结果是'   +8'
"%6.2f" % 3.1    要求总宽度 6 字符，保留两位小数，结果是'  3.10'
"%.2f" % 3.1     要求保留两位小数，结果是'3.10'
```

格式控制符的更多信息请参考附录 E。

掌握了格式字符和格式控制符，我们可以构造格式化表达式，来得到希望得到的字符串。为了得到指定格式的字符串，可以在格式字符串中的格式串前后任意加入普通字符串。例如：

```
"圆周率π保留两位小数是：%.2f。" % 3.1415926
```

其中，格式字符串中除了"%.2f"是具有特定含义的格式串，其他地方的字符都是任意加入的普通字符串，这些任意普通字符串会被原封不动地保留到格式化结果中。上述格式化表达式最终得到的结果是如下的字符串。

```
'圆周率π保留两位小数是：3.14。'
```

再举一个多表达式格式化的例子。

```
>>> name, age = "张三", 25
>>> "%s 今年%d 岁。" % (name, age)
'张三今年 25 岁。'
```

其中，"%s"和"%d"是两个格式串，所以需要对两个表达式进行格式化；name 和 age 这两个变量先构成一个元组，再把元组写在格式运算符的后面。

%格式化方法被一些人认为是一种过时的格式化方法，但也有一些人习惯使用，尤其是刚从 C 语言转到 Python 的学习者，对这种格式化方法会让他们感到非常亲切。有时我们需要从 Excel 文件或者数据库中读取记录，读取后是一个元组，格式化这些读出的数据，%方法还是非常方便的。例如：

```
t = ("张三", 25)
print("%s 今年%d 岁。" % t)
```

另外，我们在网上可能会看到如下格式化方法。

```
d = {"name": "张三", "age": 28}
print("%(name)s 今年%(age)d 岁。" % d)
```

这种格式化方法使用的不是元组而是字典，初学者了解即可。

最后说一下%格式化方法的特殊字符。因为“%”在格式字符串中有特殊含义，它是格式串的引领字符，如果恰好字符“%”是格式字符串中的普通字符串的一部分，就需要在格式字符串中将“%”写两遍。例如：

```
>>> "%d%%%d=%d" % (a, b, a%b)
'18%7=4'
```

2．format 格式化方法

format 格式化方法实际上是使用了字符串对象的 format 方法，用来格式化输出数据，可以获得比%格式化方法更加灵活多样的结果。

format 方法的格式如下。

```
"普{0}通{1}文{2}字…".format(exp1, exp2, exp3, …)
```

其中，"普{0}通{1}文{2}字…"是格式字符串，{0}、{1}、…是数字占位符，format 方法的参数 exp1、exp2、…是被格式化的表达式。格式化的时候，被格式化的表达式从前往后按顺序依次放到{占位数字}指定的位置。注意，占位数字是从 0 开始编号的。

```
>>> name, age = "张三", 25
>>> "{0}今年{1}岁".format(name, age)
'张三今年 25 岁'
```

如果参数个数与“{占位数字}”个数一致，就可以省略掉占位数字只保留“{}”。例如：

```
>>> name, age = "张三", 25
>>> "{}今年{}岁".format(name, age)
'张三今年 25 岁'
```

因为“{}”有特殊的作用，是界定占位数字的，所以，如果“{”或者“}”是格式串中的普通字符，就需要写两次。就像%格式化方法中的特殊字符“%”用作普通字符时需要在格式字符串中写两次一样。例如：

```
>>> name, age = "张三", 25
>>> "{}今年{}岁，这个{{是普通字符".format(name, age)
'张三今年 25 岁，这个{是普通字符'
```

如果需要进行精细化控制，可以在数字占位符所在的“{}”内对每个表达式进行格式串设定，精细化控制格式如下（以一个参数为例）：

```
"普通{占位数字:格式串}文字".format(exp)
```

简单来说，就是在占位数字后面写个半角“:”，半角“:”与“}”之间的文字是格式化单个表达式的格式串。

那么，格式串又有哪些控制字符呢？这里的格式串跟内置函数 format 的格式串在语法上是完全一致的，本书已经在第 3.4.1 节具体介绍，这里不再赘述。仅举几例：

```
>>> pi = 3.1415926
>>> "π={:.3f}".format(pi)
'π=3.142'
>>> "π={:8.3f}".format(pi)
'π=␣␣␣3.142'
>>> "π={:=+8.3f}".format(pi)
'π=+␣␣3.142'
```

3．f-strings 格式化方法

f-strings 格式化方法是从 Python 3.6 才开始引入的，比%s 格式化方法和 format 格式化方法都要简洁高效。f-strings 方法的格式为：

```
f"普{exp1:格式串}通{exp2:格式串}文{exp3:格式串}字…"
```

或

```
F"普{exp1:格式串}通{exp2:格式串}文{exp3:格式串}字…"
```

其中，“{}”中的 exp1、exp2…是被格式化的表达式，“:”与“}”之间的格式串用来对每个表达式进行格式控制。当然，格式串可以省略。格式串开头字符 f 与 F 的意思一样。例如：

```
>>> name, age = "张三", 25
>>> f"{name}今年{age}岁，明年{age+1}岁"
'张三今年 25 岁，明年 26 岁'
>>> F"{name}今年{age}岁，明年{age+1}岁"
'张三今年 25 岁，明年 26 岁'
```

f-strings 方法将 format 的占位数字与被格式化的表达式合并，因此比后者更为简洁，越来越多的人喜欢用 f-strings 方法来格式化数据。

与 format 格式化方法一样，如果“{”或“}”是格式串中的普通字符，就需要写两次，否则会出错。例如：

```
>>> name, age = "张三", 25
>>> f"{name}今年{age}岁，这个{{是普通字符"
'张三今年 25 岁，这个{是普通字符'
>>> f"{name}今年{age}岁，这个{是普通字符"
SyntaxError: f-string: expecting '}'
```

如果需要进行精细化控制，可以在被格式化的表达式所在的“{}”中对每个表达式进行格式串设定。格式串与 format 格式化方法的格式串一样，都是与内置函数 format 的格式串在语法上保持完全一致。

```
>>> pi = 3.1415926
>>> f"π={pi:.3f}"
'π=3.142'
>>> f"π={pi:8.3f}"
'π=␣␣␣3.142'
>>> f"π={pi:=+8.3f}"
'π=+␣␣3.142'
```

4．Template 格式化方法

Template 格式化方法使用了标准库 string 中的 Template 模板，格式化数据需要以下三步。第一步，导入模板：from string import Template。第二步，设置模板和模板变量，模板变量的形式是${var}。第三步，模板替换，将模板变量替换为合法的 Python 表达式。例如：

```
from string import Template
s = Template("${var1}今年${var2}岁，明年${var3}岁")
name, age = "张三", 25
t = s.substitute(var1=name, var2=age, var3=age+1)
print(t)
```

Template 方法无法对模板替换中的表达式提供精细化控制格式，但可以借助内置函数 format 对要格式化的表达式进行格式控制。例如：

```
money1, money2 = 1234.56, -567.89
from string import Template
s = Template("近两个月营业利润：\n${m1}万元\n${m2}万元")
t = s.substitute(m1=format(money1, "=+9.2f"), m2=format(money2, "=+9.2f"))
```

```
    print(t)
```

上述代码的运行结果如下。

```
    近两个月营业利润:
    +␣1234.56 万元
    -␣␣567.89 万元
```

5. 四种数据格式化方法对比

这里给出三个输出数据格式化的例子。对于每个例子，四种格式化方法使用的变量值都相同，且格式化结果完全一样，如表 4-1～表 4-3 所示。

表 4-1　四种数据格式化方法对比（一）

格式化要求	变量	name, age = "张三", 25
	格式化结果	'张三今年 25 岁，明年 26 岁。'
%方法	"%s 今年%d 岁，明年%d 岁。" % (name, age, age+1)	
format 方法	"{}今年{}岁，明年{}岁。".format(name, age, age+1)	
f-strings 方法	f"{name}今年{age}岁，明年{age+1}岁。"	
Template 方法	from string import Template s = Template('${var1}今年${var2}岁，明年${var3}岁。') s.substitute(var1=name, var2=age, var3=age+1)	

表 4-2　四种数据格式化方法对比（二）

格式化要求	变量	pi = 3.1415926
	格式化结果	'π=3.142'
%方法	"π=%.3f" % pi	
format 方法	"π={:.3f}".format(pi)	
f-strings 方法	f"π={pi:.3f}"	
Template 方法	from string import Template s = Template("π=${var}") s.substitute(var=format(pi,".3f"))	

表 4-3　四种数据格式化方法对比（三）

格式化要求	变量	money = 23.16
	格式化结果	'金额：0023.16 元'
%方法	"金额：%07.2f 元" % money	
format 方法	"金额：{:07.2f}元".format(money)	
f-strings 方法	f"金额：{money:07.2f}元"	
Template 方法	from string import Template s = Template("金额：${var}元") s.substitute(var=format(money,"07.2f"))	

4.3 综合举例

4.3.1 十进制转二进制（一）

我们日常生活中用十进制数比较多，有时也会用到二进制数。我们可以借助 Python 的内置函数和数据格式化方法来完成十进制转二进制的任务。

【例 4-13】 十进制转二进制（一）：用内置函数 format。

```
n = int(input("请输入一个非负整数: "))
print(format(n, "b"))
```

如果想输出具有固定位数的二进制串，如把 n 转换成 8 位二进制串（不足 8 位，前面补 0），可以用如下表达式：

```
format(n, "08b")
```

如果 n 是 12，那么上述表达式的值会是'00001100'。format 函数可参考 3.4.1 节和附录 D。

4.2.2 节介绍的 format 格式化方法也可以完成十进制转二进制的工作。

【例 4-14】 十进制转二进制（二）：用 format 格式化方法。

```
n = int(input("请输入一个非负整数: "))
print("{:b}".format(n))
```

另外，用 f-strings 格式化方法也能达到相同的目的。

【例 4-15】 十进制转二进制（三）：用 f-strings 格式化方法。

```
n = int(input("请输入一个非负整数: "))
print(f"{n:b}")
```

4.3.2 鸡兔同笼（一）

鸡兔同笼是一个著名的数学问题。《孙子算经》中是这样叙述的：今有雉兔同笼，上有三十五头，下有九十四足，问雉兔各几何？这段话的意思是：鸡和兔子在同一个笼子里，从上面数，头有 35 个，从下面数，脚有 94 只。那么，笼子中有多少只鸡和多少只兔子？

显然，作为一道数学题，我们可以用二元一次方程组来求解。已知头的数目 head=35，脚的数目 foot=94，设 x 表示鸡的只数，y 表示兔子的只数，则

$$x+y=\text{head}$$

$$2x+4y=\text{foot}$$

我们只需要求出鸡和兔子关于头和脚的表达式，输出即可，可以解得

```
x = 2*head-foot//2
y = foot//2-head
```

【例 4-16】 鸡兔同笼问题求解（一）。

```
head, foot = 35, 94
x = 2*head - foot//2
y = foot//2 - head
print(f"鸡: {x}, 兔子: {y}")
```

上面是利用数学技巧解题。如果对方程组不太熟悉，可以用枚举法来解决，这需要用到循

环结构，将在 5.6.1 节进行介绍。

4.3.3 韩信点兵（一）

《孙子算经》中有这样一道算术题："今有物不知其数，三三数之剩二，五五数之剩三，七七数之剩二，问物几何？"这段话的意思是：一个正整数除以 3 余 2，除以 5 余 3，除以 7 余 2，问这个数最少是几?

这类问题也称为韩信点兵问题：韩信清点士兵人数，令三人一组从面前走过，最后剩两人，五人一组剩三人，七人一组剩两人。问士兵至少有多少人?

最简单的思路是依次假设人数为 1、2、3、4、5……逐个检验，找到第一个满足条件的数即可。比较巧妙的办法可以不用循环，只用一个表达式就可以搞定。

明朝数学家程大位在《算法统宗》中以诗句的形式给出了解答此类问题的诀窍：

三人同行七十稀，
五树梅花廿一枝，
七子团圆正半月，
除百零五便得知。

意思是：被 3 除的余数乘以 70，被 5 除的余数乘以 21，被 7 除的余数乘以 15，这三个结果加起来除以 105，取余数即可得到结果。

在《射雕英雄传》中，黄蓉就是用类似的思路来指点瑛姑来求解"鬼谷算题"的。

> 黄蓉笑道："这容易得紧。以三三数之，余数乘以七十；五五数之，余数乘以二十一；七七数之，余数乘十五。三者相加，如不大于一百零五，即为答数，否则须减去一百零五或其倍数。"

【例 4-17】 韩信点兵问题求解（一）。

```
r3 = 2
r5 = 3
r7 = 2
x = (r3*70 + r5*21 + r7*15) % 105
print(x)
```

4.3.4 换酒问题（一）

某商店促销一种酒，规定在本店买的酒可以在喝完后用空瓶和瓶盖来换酒：2 个空瓶可以换走一瓶酒，4 个瓶盖可以换走一瓶酒。小明最初从该商店买了 n 瓶酒（$n \geq 1$）。那么，小明最终能喝到多少瓶酒？假定商店不允许顾客向他人借空瓶或瓶盖[①]，请编写 Pyton 程序求解该问题。

让我们从最初有 1 瓶完整的酒开始考察，看看最多能喝的瓶数与最初买的完整的酒的数目 n 之间有什么关系。

如果最初买 1 瓶完整的酒，显然可以喝到 1 瓶，余下 1 个空瓶和 1 个瓶盖。

---

① 换酒问题的原型来自国防科技大学刘万伟老师在微信群分享的一道题目，本节关于换酒问题的解题思路得益于刘万伟老师的启发。

再买 1 瓶，又可以喝到 1 瓶，又余下 1 个空瓶和 1 个瓶盖。这样累计喝 2 瓶，余下 2 个空瓶和 2 个瓶盖，2 个空瓶换 1 瓶完整的酒，再打开喝掉。此时累计喝掉 3 瓶，余下 1 个空瓶和 3 个瓶盖。总之，最初买 2 瓶，可以喝到 3 瓶，余下 1 个空瓶和 3 个瓶盖。

再买 1 瓶，又可以喝到 1 瓶，又余下 1 个空瓶和 1 个瓶盖。这样累计喝到 4 瓶，余下 2 个空瓶和 4 个瓶盖。显然，剩下的空瓶和瓶盖可以换 2 瓶完整的酒，换来打开喝掉，累计喝到 6 瓶，余下 2 个空瓶和 2 个瓶盖；2 个空瓶还可以换 1 瓶完整的酒，再打开喝掉，累计喝到 7 瓶，余下 1 个空瓶和 3 个瓶盖。

我们发现了一个规律：从买第 3 瓶开始，每多买 1 瓶完整的酒，就可以多喝 4 瓶，而且剩余的空瓶和瓶盖数不变。

现在列出最初购买的完整的瓶数与能喝到的酒数之间的数量关系如下。

最初买的完整的酒数 n	喝到的酒数	剩余空瓶数	剩余瓶盖数
1	1	1	1
2	3	1	3
3	7	1	3
4	11	1	3

可以看到，对于 $n \geqslant 2$ 的情况，能喝到的酒数目为 $4n-5$，这个规律对于 $n=1$ 的情况不适用，不过刚好是 $5-4n$，也就是 $4n-5$ 的绝对值。于是，我们得出一个通用的数学表达式$|4n-5|$，把它写成 Python 表达式输出即可。

【例 4-18】 换酒问题求解（一）。

```
n = int(input("小明最初买了多少瓶酒（>=1）: "))
r = abs(4*n-5)
print(f"最多能喝{r}瓶酒。")
```

4.3.5 最大公约数（一）

从键盘输入两个整数，输出它们的最大公约数。由于本书目前尚未介绍 Python 中的循环结构，暂时还没有办法写代码求解，不过这个任务可以借助标准库 math 的 gcd 函数来完成。

【例 4-19】 求最大公约数（一）。

```
# 导入标准库 math 的函数
from math import gcd

# 输入
s = input("请输入两个整数，用空格隔开: ")
a, b = map(int, s.split())

# 调用函数 gcd
r = gcd(a, b)

# 输出
print(r)
```

上面的代码先导入标准库的函数，再输入两个整数，然后计算最大公约数，最后输出结果。

任意给定两个整数，gcd 函数能返回它们的最大公约数。唯一美中不足的是，gcd(0,0)居然返回 0，严格来讲，这个返回值是不对的，因为数学上 0 与 0 没有最大公约数。等后面介绍到选择结构后，我们再对上面的代码进行改进，修正 0 与 0 的最大公约数的问题。

4.3.6 交换两个变量的值

交换两个变量的值是程序设计中经常用到的一个操作。设变量 a 的值为 3，变量 b 的值为 5，交换 a 与 b 的值的常规思路是额外设置一个变量 t 来暂存其中的一个变量的值，具体交换办法如下。

【例 4-20】 交换两个变量的值（一）。

```
a, b = 3, 5
t = a
a = b
b = t
print(a, b)
```

在内存很小很昂贵的时候，程序员们曾经为节省一个变量的内存空间而煞费苦心，发明了一种不借助额外变量来交换两个变量值的方法，就是用位运算的异或运算。

【例 4-21】 交换两个变量的值（二）。

```
a, b = 3, 5
a = a^b
b = a^b
a = a^b
print(a, b)
```

这种方法利用了异或运算的性质，的确是一个巧妙的思路。但对于 Python 来说，这种做法虽然可行，但并不简洁，利用序列解包赋值法可以得到一种更简单的做法，简单到只有一个赋值语句。

【例 4-22】 交换两个变量的值（三）。

```
a, b = 3, 5
a, b = b, a
print(a, b)
```

思 考 题

1．单句输出。

请用一个 print 语句输出如下图案。

```
*
**
***
****
```

2．请写出如下表达式的值。

（1）"%03d"%2*3

（2）"%03d"%(2*3)

3．已知 a = 0.1234，请写一个语句输出 a 的百分数的形式：12.34%。

4．废帝刘贺。

2016 年 3 月 2 日，首都历史博物馆开始展出海昏侯墓的出土文物，墓主刘贺是汉武帝刘彻的孙子。汉武帝死后，他的小儿子刘弗陵即位，几年后刘弗陵病逝。辅政大臣霍光迎立刘贺为帝，但很快霍光又宣布刘贺干了 1127 件坏事，废掉了刘贺，史称“汉废帝”。后来继位的汉宣帝将刘贺封为海昏侯。刘贺从登基到被废，仅仅当了 27 天皇帝。请编写 Python 程序，计算刘贺在位期间平均每天干了多少件坏事？要求输出结果保留小数点后三位小数。

5．KD 数据。

在目前流行的某游戏中，KD 数据反映了一个玩家的整体实力。KD 中的 K 是指 Kill，即击杀敌人的总数，D 是指 Death，即玩家的阵亡次数。由于玩家每次参与游戏的结局分为不阵亡和阵亡两种情况，因此玩家的死亡次数等于参与游戏的总场数减去不阵亡次数。KD 数据的计算公式为

$$KD = \frac{\text{击杀数}}{\text{总场数} - \text{不阵亡数}}$$

请输入一个玩家的击杀数、总场数和不阵亡数，计算该玩家的 KD 数据并输出。要求输出结果保留小数点后三位小数。

6．情侣身高（一）。

据说网上流传着一个情侣身高公式，即情侣间最佳的身高比例为 1∶1.09，也就是说：女方身高×1.09 = 男方身高。例如，女孩身高 165 cm，其男友的理想身高应该是 165 cm×1.09= 179.85 cm≈180 cm。

现在请编写 Python 程序，根据输入的女孩身高求其男友的理想身高，要求身高以厘米为单位，输入为整数，输出也为整数。

7．情侣身高（二）。

第 6 题给出了一个情侣身高公式，网传而已，不必当真。真正感情好的情侣之间，身高比例自然是各不相同的，每个人都完全可以定制自己认同的情侣最佳身高比例。现在请编写 Python 程序，根据输入的女孩身高和男孩身高，求取适合两人的最佳身高比例。要求身高以厘米为单位，输入为整数，输出格式为 1∶x，其中 x 为浮点数，保留两位小数。

8．最小公倍数（一）。

本章 4.3.5 节给出了通过调用 math 标准库的 gcd 函数来求任意两个整数的最大公约数的方法，其实也可以用该函数求任意两个正整数的最小公倍数。方法是两个正整数的乘积除以它们的最大公约数。请编写 Python 程序，接收从键盘输入的两个正整数，输出它们的最小公倍数。

9．狐假虎真（一）。

某动物园有 18 只老虎和 12 只狐狸，把它们平均分成 10 组，每组有 3 只动物。其中老虎永远说真话，狐狸永远说假话。有一天，管理员问它们：“你们组内有老虎吗？”有 24 只动物回答“有”。管理员又问：“你们组内有狐狸吗？”有 27 只动物回答“没有”。请编写 Python 程序，输出老虎组（纯粹由老虎构成的组）的数目、狐狸组（纯粹由狐狸构成的组）的数目和混合组的数目。

【提示】本题是根据网上流传的一道小学数学题改编的，可以用简单的算术表达式进行计

算。先从数学和逻辑上把问题搞清楚，找到计算公式。设 T 为老虎总数，对于本题目来说，$T=18$；F 为狐狸总数，对于本题目来说，$F=18$；G 为所有组数，对于本题目来说，$G=10$；n 为平均每组的动物数目；A 为问组内有没有老虎时回答“有”的动物数，对于本题目来说，$A=24$；B 为问组内有没有狐狸时回答“没有”的动物数，对于本题目来说，$B=27$；x 为老虎组的数目；y 为狐狸组的数量；z 为混合组的数量。

那么，问第一个问题时，所有的老虎都会回答“有”，因为老虎说真话；狐狸组的所有狐狸都会回答“有”，因为狐狸说假话；只有混合组的狐狸才会回答没有。据此可以确定混合组中的狐狸数目是 $T+F-A$，那么狐狸组的狐狸数目就是 $F-(T+F-A)=A-T$。同理，可根据第二个问题的回答情况求得老虎组的老虎总数为 $B-F$。于是

$$x=(\mathrm{B}-\mathrm{F})/n$$

$$y=(\mathrm{A}-\mathrm{T})/n$$

$$z=\mathrm{G}-x-y$$

把数据代入公式即可求得结果，用 print 语句输出即可。

10．夫人年龄。

已知 F 公司总裁马先生比夫人布女士小 24 岁，M 公司总裁川先生比夫人梅女士大 24 岁，又知 F 公司总裁比 M 公司总裁小 32 岁，问 M 公司总裁夫人比 F 公司总裁夫人小多少岁？

【提示】年龄每年都在变，年龄差不变，随便给其中一个人的年龄设置一个整数，然后计算即可。

第 5 章　基本程序结构

5.1　结构化程序设计

前面提到，Python 既支持面向过程的程序设计，又支持面向对象的程序设计。面向过程和面向对象都是解决问题的思维方式，前者关注的核心是任务实现的步骤，适合处理简单的任务，后者关注的核心是对象之间的关系，适合处理复杂的任务。即便是面向对象的程序设计，其具体的实现也是以面向过程的程序设计为基础的。

对于面向过程的程序设计，人们在实践中总结了结构化程序设计的思想。结构化程序设计是把程序设计的任务分解成若干功能相对独立的模块，各模块分别编程实现，如有必要，一些模块可以再分成若干子模块，最后把各模块连接为最终的程序。这个思想概括来说就是“自顶向下，逐步细化”。结构化程序设计的好处是程序代码结构清晰、容易理解、便于修改。

结构化程序设计有三种基本结构：顺序结构、选择结构和循环结构。

5.1.1　顺序结构

顺序结构就是多个模块之间或一个模块内部的多个步骤之间按先后顺序实现。顺序结构分为严格顺序和非严格顺序。

严格顺序指的是一个任务的各步骤之间在时间上存在先后的依赖关系，实现顺序不能改变。比如，做饭时去冰箱取鸡蛋这个任务大致可以分为如下先后相继的三个步骤：① 打开冰箱门；② 取出鸡蛋；③ 关闭冰箱门。

非严格顺序指的是一个任务的各步骤之间先实现哪个步骤都行，但由于每次只能进行一个步骤，这也有一个实现顺序的问题。例如，计算机游戏《仙剑奇侠传 98 柔情版》李逍遥寻找三味药材的任务就是一个非严格的顺序结构。

李逍遥和林月如在白河村韩医仙家见到昏迷不醒的赵灵儿，韩医仙要他们去找一些药材回来救赵灵儿。从煎药童子口中得知还缺人参、雪莲子、何首乌、银杏子、鹿茸、活鲤鱼的肝这 6 味药材。林月如回家去取人参、雪莲子、何首乌，李逍遥负责余下的三味药材：银杏子、鹿茸、活鲤鱼。

在游戏中，李逍遥在韩家屋后的银杏树上取得银杏子；然后出村口见到猎人在路上设下捕鹿夹子，将夹子捡起放到鹿经过的地方，追鹿，鹿逃跑会被夹子夹住，就可以取得鹿茸；最后到村中渔夫家借钓具，在河边钓鱼可得活鲤鱼。其实，李逍遥取得三味药材没有必要非得遵守“① 银杏子、② 鹿茸、③ 活鲤鱼”这个顺序，也可以是如下五种顺序之一：

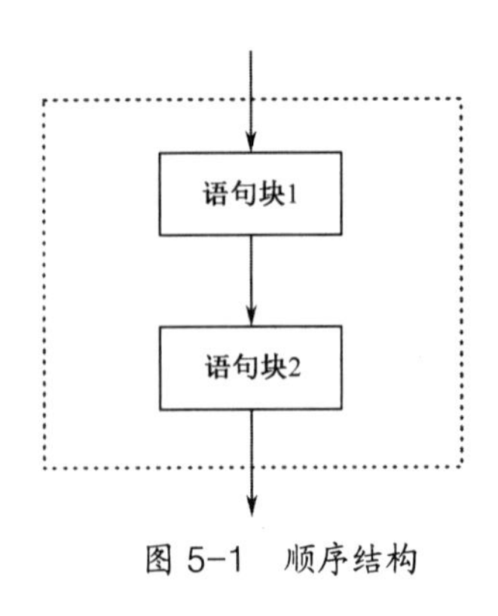

图 5-1 顺序结构

- ❖ ① 银杏子、② 活鲤鱼、③ 鹿茸。
- ❖ ① 鹿茸、② 银杏子、③ 活鲤鱼。
- ❖ ① 鹿茸、② 活鲤鱼、③ 银杏子。
- ❖ ① 活鲤鱼、② 银杏子、③ 鹿茸。
- ❖ ① 活鲤鱼、② 鹿茸、③ 银杏子。

总之，非严格顺序结构的具体实现顺序很灵活，李逍遥在与煎药童子对话前集齐这三味药材就行。

在程序设计中，顺序结构就是把若干语句按一定顺序写出来构成的若干行代码，如图 5-1 所示。一般把逻辑上具有相关性的若干连续代码行称为语句块。

5.1.2 选择结构

选择结构又叫分支结构，指的是在一定条件下有选择地执行一些模块或语句。在生活中，我们几乎每天都会执行选择结构。例如：

如果明天不下雨，那么，
  小明会去动物园看熊猫，
  还要去看猴子；
否则，
  小明就在家看书。
如果小明生病了，那么，
  小明会去医院。

在程序设计中，需要选择结构的地方也非常多。例如：

如果 *a*%2 的值为 0，那么，
  输出"偶数"；
否则，
  输出"奇数"；
如果 *a*<0，那么，
  把 abs(*a*)赋值给变量 *a*。

选择结构可以分为单分支选择结构、双分支选择结构和多分支选择结构，如图 5-2、图 5-3、图 5-4 所示。

5.1.3 循环结构

循环结构就是在某种条件下反复执行同一段代码很多次，直到条件不满足为止，如图 5-5 所示。生活中也有很多循环的例子。例如，学生小明从星期一到星期五每天的主要安排如下：起床，吃早饭，上课，吃午饭，上课，吃晚饭，上课，睡觉。

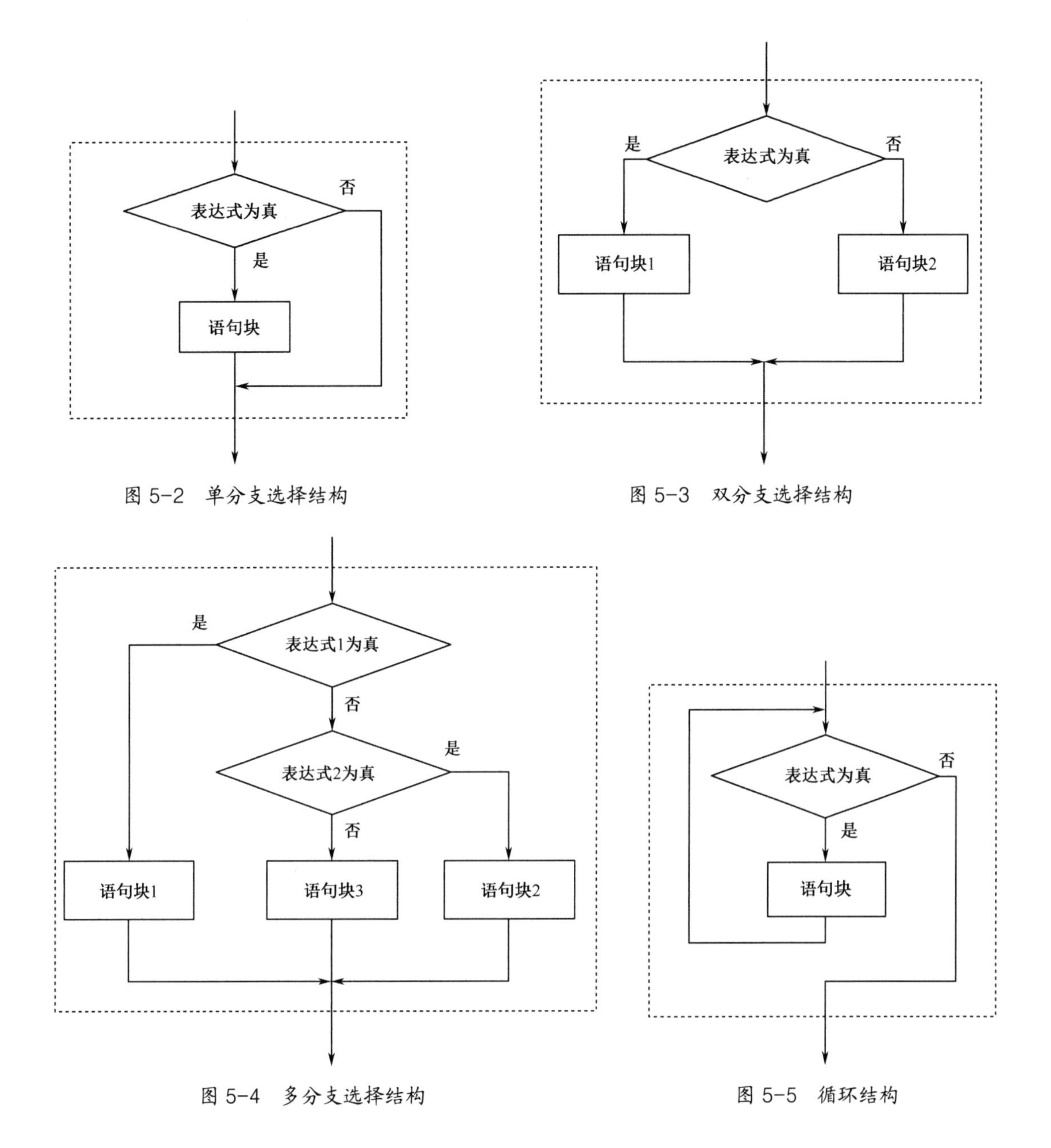

图 5-2　单分支选择结构

图 5-3　双分支选择结构

图 5-4　多分支选择结构

图 5-5　循环结构

5.1.4　结构嵌套

顺序结构、选择结构和循环结构的语句块内部还可以包含这三种结构中的一种或多种，这就形成了结构嵌套。

例如，把一段消息中的每个英文字母变成它后面第四个字母，消息中的其他字符不变，如 a 变 e、b 变 f、A 变 E、B 变 F……规定小写字母 w、x、y、z 后面第四个字母是分别是 a、b、c、d，大写字母 W、X、Y、Z 后面第四个字母是分别是 A、B、C、D。

这里按照“自顶向下，逐步细化”的原则逐步分析结构嵌套。

总体来看，这个任务是一个顺序结构，包含以下四部分。

第一行，输入消息文本到变量 s。

第二行，变量 t 初始化为空字符串。

第三行，反复从 s 头部取一个字符，加密后添加到 t 末尾，直到 s 为空。

第四行，输出变量 t。

上面的顺序结构的第三行，可以细化为一个循环结构。

第 1 行，当 s 不为空时，反复执行如下步骤：

第 2 行，　　从 s 头部取下一个字符 ch。

第 3 行，　　将 ch 转变成 newch。

第 4 行，　　将 newch 添加到 t 的尾部。

上面循环结构的第 3 行可以细化为一个选择结构。

第(1)行，如果 ch 是英文字母，那么，

第(2)行，　　newch = 英文字母 ch 后面第 4 个字母

第(3)行，否则，

第(4)行，　　newch = ch

上面选择结构的第(2)行还可以细化为一个选择结构。

第①行，如果 ch 是小写字母，那么，

第②行，　　newch = chr(ord('a')+(ord(ch)-ord('a')+4)%26)

第③行，否则，

第④行，　　newch = chr(ord('A')+(ord(ch)-ord('A')+4)%26)

把这些结构嵌套组合起来，就得到了信息加密的完整解决方案。

```
输入消息文本到变量 s
变量 t 初始化为空字符串
当 s 不为空时，反复执行如下步骤：
    从 s 头部取下一个字符 ch
    如果 ch 是英文字母，那么，
        如果 ch 是小写字母，那么，
            newch = chr(ord('a')+(ord(ch)-ord('a')+4)%26)
        否则，
            newch = chr(ord('A')+(ord(ch)-ord('A')+4)%26)
    否则，
        newch = ch
    将 newch 添加到 t 的尾部
输出变量 t
```

上面嵌套结构的每行基本上对应 Python 的一个语句，逐句翻译成 Python 语言，即可得到解决任务的程序代码。

5.2　顺序结构

在 Python 中，只需把符合 Python 语法的多个语句按先后顺序逐行写出就构成了顺序结构。有些语句之间有严格的顺序，如变量一般是先赋值再引用，先输入再引用；有些语句之间没有严格的顺序，可以根据个人习惯安排这些语句之间的先后顺序。

5.2.1 顺序结构举例

1. 整数拆分与合并

把一个整数的各位按顺序拆开成整数列表，再把整数列表合并为整数。

【例 5-1】 整数拆分（一）。

```
a = 12345
b = str(a)
c = list(map(int, b))
print(c)
```

上述代码先把整数 12345 转变成字符串"12345"，再用内置函数 map 和 list 转换为列表[1, 2, 3, 4, 5]，最后将列表输出。这是一个严格的顺序结构。

【例 5-2】 整数列表合并（一）。

```
a = [1, 2, 3, 4, 5]
b = list(map(str, a))
c = "".join(b)
d = int(c)
print(d)
```

上述代码先把整数列表[1, 2, 3, 4, 5]转变为字符串列表['1', '2', '3', '4', '5']，再用字符串对象的 join 方法转换为字符串"12345"，然后用内置函数 int 转换为整数 12345。这也是一个严格的顺序结构。

2. 随机数生成

在 Python 中常常会用到随机数。产生随机数需要 random 标准库，从中导入需要的函数，调用函数即可生成符合要求的随机数。先导入函数后使用，这也是一种顺序结构。

【例 5-3】 生成指定范围内的一个随机整数。

```
from random import randint
a, b = 10, 20
x = randint(a, b)
print(x)
```

上述代码生成一个 a 和 b 之间的随机整数，含 a 和 b。

【例 5-4】 生成指定范围内的若干无重复随机整数。

```
from random import sample
a, b, n = 10, 20, 5
x = sample(range(a, b+1), n)
print(x)
```

上述代码生成 a 和 b 之间的 n 个不同的随机整数，含 a 和 b。

此外，random 标准库还有其他函数可以操作非数值型数据：choice 函数可以从列表等序列类对象中随机选取一个元素返回，shuffle 函数可以让列表的元素随机乱序排列。

random 标准库的详细介绍请参考 12.8 节。

5.2.2 顺序结构的拼接

Python 中一切皆是对象。表达式是对象，函数的返回值是对象，对象的方法的返回值也是对象，新产生的对象也有方法，调用新对象的方法可能也会返回对象……

我们可以把具有严格顺序的几个相关赋值语句拼接起来成为一个长语句，这样使得程序代码非常简洁。需要注意的是，语句不要拼接得过长，免得丧失可读性。

比如求最大公约数，不考虑输入容错的情况下，可以将例 4-19 中的顺序结构简化如下。

【例 5-5】 求最大公约数（二）。

```
from math import gcd
print(gcd(*map(int, input().split())))
```

整数拆分为数字列表的代码可以简化如下。

【例 5-6】 整数拆分（二）。

```
a = 12345
print(list(map(int, str(a))))
```

数字列表合并为整数的代码可以简化如下。

【例 5-7】 整数列表合并（二）。

```
a = [1, 2, 3, 4, 5]
print(int("".join(list(map(str, a)))))
```

当我们阅读别人写的 Python 代码的时候，拼接的长语句可以逐步拆分成多个语句，以便理解。例如，对于例 5-7 的代码，先把 print 函数的参数赋值给一个变量 x，可得 3 行代码。

```
a = [1, 2, 3, 4, 5]
x = int("".join(list(map(str, a))))
print(x)
```

再把 int 函数的参数赋值给一个变量 y，可得 4 行代码。

```
a = [1, 2, 3, 4, 5]
y = "".join(list(map(str, a)))
x = int(y)
print(x)
```

再把字符串的 join 方法的参数赋值给一个变量 w，可得 5 行代码。

```
a = [1, 2, 3, 4, 5]
w = list(map(str, a))
y = "".join(w)
x = int(y)
print(x)
```

拆分到这里，程序代码的各语句就可以理解了。除了变量名不同，这里的代码与例 5-2 一样。

注意，在语句拼接时，如果拼接的语句过长，会导致不容易理解。我们在拼接具有顺序结构的 Python 语句时，需要平衡简洁性与可读性。

5.3 选择结构

选择结构是根据是否满足一定的条件来决定是否执行一些代码。所谓条件是否满足，指的是一个合法的 Python 表达式的值是否为真。如果表达式的值不是 None、数字 0、0.0、0j、False、空字符串、空列表、空元组、空字典、空集合、空 range 对象或其他空的可迭代对象，那么视为满足条件（称表达式为真），否则视为不满足条件（称表达式为假）。判断表达式是否为真有一个简单的方法：凡是转化为布尔类型能得到 True 的表达式都为真。

能充当选择结构条件的常用表达式包括但不限于以下几类。

❖ 单个变量或算术表达式：a、b-3。

❖ 关系表达式：a>b、x==y、w<=6、a!=3。

❖ 逻辑表达式：not a、a and b、a or b。

❖ 测试表达式：x in [1, 2, 3]、y not in "abc"、a is b。

❖ 其他表达式（如函数调用）。

判断一个表达式是否为真，需要熟悉运算符的优先级。比如，表达式 3<a>2 与 3<a and a>2 是同一个意思，表达式 a is 5 or 8 与 a is 5 or a is 8 不是同一个意思，a == 5 or 8 与 a == 5 or a == 8 也不是同一个意思。如果不清楚表达式中运算符的优先级，可以加括号，这在 3.3.3 节也曾给出过建议。

Python 的选择结构由关键字 if、else、elif 参与构成，分为单分支选择结构、双分支选择结构和多分支选择结构。4.1.3 节提到的 try-except 结构也可以算作选择结构，本章只涉及 if 选择结构。

5.3.1 单分支选择结构

单分支选择结构是一个复合语句，格式如下。

```
if 表达式:
    语句块
```

注意，if 这一行的表达式后面有个半角“:”，语句块内的各语句相对 if 语句要缩进相同的距离，我们可以理解为语句块内的全部语句都归 if 语句“管辖”，被管辖的语句相对于管辖语句要缩进一层（一般一层缩进是 4 个空格）。如果 if 后面的表达式为真，那么语句块内的每个语句都要执行一次。

【例 5-8】 从键盘输入一个整数，输出其绝对值的算术平方根（一）。

```
a = int(input())
if a < 0:
    a = -a
print(a**0.5)
```

上面的代码是一个顺序结构。第 1 行是一个简单语句，第 2～3 行构成一个选择结构的复合语句，第 4 行是一个简单语句。在复合语句中，a = -a 要相对于“if a<0:”缩进一个层次。如果从键盘输入的整数小于 0，那么 a = -a 会被执行，从而把 a 的相反数赋值给 a。如果从键盘输入的整数大于或等于 0，那么 a = -a 不会被执行。

注意，“print(a**0.5)”不能相对于 if 缩进，一旦缩进，就表明它属于 if 引领的复合语句，只有在满足 a<0 时它才会执行。而事实上，简单语句“print(a**0.5)”与 if 这个复合语句属于同一个顺序结构，它们是同级别的，等 if 复合语句执行完毕，它一定会执行。

5.3.2 双分支选择结构

双分支选择结构也是一个复合语句，格式如下。

```
if 表达式:
    语句块 1
```

```
else:
    语句块 2
```

除了 if 这一行的表达式后面有个半角“:”，else 后面也有一个半角“:”，语句块 1 相对于 if 缩进了一个层次，语句块 2 相对于 else 缩进了一个层次。如果 if 后面的表达式为真，那么语句块 1 内的每个语句都要执行一次，否则语句块 2 内的每个语句都要执行一次。

【例 5-9】 从键盘输入一个整数，输出其绝对值的算术平方根（二）。

```
a = int(input())
if a < 0:
    b = (-a)**0.5
else:
    b = a**0.5
print(b)
```

在上面的代码中，第 2～4 行是一个复合语句，也是一个双分支循环结构。a<0 时，会执行“b=(−a)**0.5”语句，否则执行“b=a**0.5”语句。不管执行哪一个语句，在 if 这个复合语句执行完毕后，都会执行“print(b)”语句。

当然，我们可以把 print 函数放入循环结构内部，使得全部代码减少一行。

【例 5-10】 从键盘输入一个整数，输出其绝对值的算术平方根（三）。

```
a = int(input())
if a < 0:
    print((-a)**0.5)
else:
    print(a**0.5)
```

这样，print 语句多了，需要修改输出内容的话不太方便。可能有些人不习惯用太多的 print 语句，例 5-9 的方法是一种相对不错的选择。

5.3.3 多分支选择结构

多分支选择结构也是一个复合语句，格式如下。

```
if 表达式 1:
    语句块 1
elif 表达式 2:
    语句块 2
…
elif 表达式 n:
    语句块 n
else:
    语句块 n+1
```

其中，else 这一行语句及“语句块 n+1”可以没有。在这个结构中，if 表达式和 elif 表达式的后面各有一个半角“:”，else 后面也有一个半角“:”，语句块 1 到语句块 n+1 均相对于 if、elif、else 这些行缩进一个层次。对于这个结构，Python 在执行代码的时候，首先考察表达式 1，若表达式 1 为真，则执行语句块 1，否则再考察表达式 2，若表达式 2 为真，则执行语句块 2，若不为真，则继续考察后面的表达式，直到考察到表达式 n；若表达式 n 为真，则执行语句块 n，否则，如果存在 else 行，就会执行语句块 n+1。

【例 5-11】 百分制转五分制（一）。

从键盘输入一个整数表示百分制分数，转为五分制分数输出，若输入的整数在 0～100 之外，则输出 ERROR。已知百分制分数与五分制分数的对应关系如下。

百分制分数	90～100	80～89	70～79	60～69	0～59
五分制分数	A	B	C	D	E

```
score = int(input())
if score>100 or score<0:
    r = "ERROR"
elif score >= 90:
    r = "A"
elif score >= 80:
    r = "B"
elif score >= 70:
    r = "C"
elif score >= 60:
    r = "D"
else:
    r = "E"
print(r)
```

上述代码的思路比较明确，先检查输入的分数是否在 0～100 范围外，若是，则将变量 r 赋值为"ERROR"，否则检查分数是否大于等于 90，若是，则将五分制分数"A"赋值给变量 r，否则逐步按照 80、70、60 的临界点去检查分数，然后将相应的五分制分数赋值给变量 r，最后输出 r 的值。

当然，例 5-11 的代码比较冗长，后续将进行简化。

【例 5-12】 中文星期名称转英文名称（一）。

从键盘输入一个中文的星期名，把它转为英文的星期名输出，若输入的不是中文的星期名，则输出 ERROR。已知中文星期名和英文星期名的对应关系如下。

星期一	星期二	星期三	星期四	星期五	星期六	星期日
Monday	Tuesday	Wednesday	Thursday	Friday	Saturday	Sunday

```
cnane = input()
if cnane == "星期一":
    ename = "Monday"
elif cnane == "星期二":
    ename = "Tuesday"
elif cnane == "星期三":
    ename = "Wednesday"
elif cnane == "星期四":
    ename = "Thursday"
elif cnane == "星期五":
    ename = "Friday"
elif cnane == "星期六":
    ename = "Saturday"
elif cnane == "星期日":
    ename = "Sunday"
```

```
    else:
        ename = "ERROR"
    print(ename)
```

本例的思路是将输入字符逐个与中文星期名进行比较，与哪个相等，就把相应的英文名赋值给变量 ename，若都不相等，则将 ename 赋值为"ERROR"，最后输出 ename 的值。这里的代码也比较冗长，后续将进行简化。

5.3.4 选择结构的嵌套

选择结构的语句块内如果还包含选择结构，就构成了选择结构的嵌套。现以判断一个给定的年份是否为闰年为例来介绍选择结构的嵌套，下面将使用三种嵌套选择结构。

闰年是现行公历（格里高利历）的一个概念。地球绕太阳公转一圈的时间是 365 天 5 时 48 分 46 秒[①]，公历中规定一年有 365 天（称平年），但是每 4 年就会多出大约一天的时间，所以规定每 4 年设置一个 366 天的年份（称闰年），但这样的话，每 100 年又会少一天，所以规定年份为 100 倍数的不设置闰年，但这样每 400 年又多出一天，所以规定 400 的整数倍年份设置为闰年。这样，每 400 年的总时间就与地球绕太阳公转 400 圈的时间比较吻合了。这就是现行格里高利历的置闰规则，可以总结如下：四年一闰，逢百免闰，四百再闰。意思是：通常被 4 整除的年份是闰年，但被 100 整除的年份例外，是不是闰年要看年份是不是 400 的倍数，被 400 整除的就是闰年，否则不是。例如，1900 年不是闰年，2000 年是闰年，2020 年是闰年。

【例 5-13】 判断一个年份是否为闰年（一）。

```
n = int(input())
if n%4 == 0:
    if n%100 == 0:
        if n%400 == 0:
            flag = True
        else:
            flag = False
    else:
        flag = True
else:
    flag = False
print(flag)
```

上述代码嵌套了三层选择结构。先后看年份是否被 4、100、400 整除，根据不同的情况输出 True 或者 False。

【例 5-14】 判断一个年份是否为闰年（二）。

```
n = int(input())
if n%100 == 0:
    if n%400 == 0:
        flag = True
    else:
        flag = False
```

① 数据出处：人民教育出版社课程教材研究所．数学三年级下册．北京：人民教育出版社，2014.

```
else:
    if n%4 == 0:
        flag = True
    else:
        flag = False
print(flag)
```

上述代码嵌套了两层选择结构。先看年份是否被 100 整除，若能被 100 整除，再看能否被 400 整除，若不能被 100 整除，再看能否被 4 整除，根据不同的情况输出 True 或 False。

【例 5-15】 判断一个年份是否为闰年（三）。

```
n = int(input())
if n%400 == 0:
    flag = True
else:
    if n%100 == 0:
        flag = False
    else:
        if n%4 == 0:
            flag = True
        else:
            flag = False
print(flag)
```

上述代码嵌套了三层选择结构。依序看年份是否被 400、100、4 整除，根据不同的情况输出 True 或 False。

例 5-15 还可以转换为多分支的选择结构。

【例 5-16】 判断一个年份是否为闰年（四）。

```
n = int(input())
if n%400 == 0:
    flag = True
elif n%100 == 0:
    flag = False
elif n%4 == 0:
    flag = True
else:
    flag = False
print(flag)
```

本例的多分支选择结构相对于例 5-15 的嵌套选择结构来说，可以减少代码行数，减少缩进层次，逻辑上更清楚。不过，这个代码还不是最简洁的，最简洁的代码应不需选择结构即可达到目的，如例 5-17 所示。

【例 5-17】 判断一个年份是否为闰年（五）。

```
n = int(input())
flag = n%400 == 0 or n%4 == 0 and n%100 != 0
print(flag)
```

【例 5-18】 判断某年某月有几天（一）。

从键盘输入两个正整数，第 1 个表示年份，第 2 个是 1～12 之间的数字（含 1 和 12），表示这一年的月份，输出这个月份的天数。若年份不是正整数或者月份不对，则输出-1。

```
n, m = map(int, input().split())
if n <= 0 or not 1 <= m <= 12:
    d = -1
elif m == 1 or m == 3 or m == 5 or m == 7 or m == 8 or m == 10 or m == 12:
    d = 31
elif m == 4 or m == 6 or m == 9 or m == 11:
    d = 30
else:
    if n%400 == 0 or n%4 == 0 and n%100 != 0:
        d = 29
    else:
        d = 28
print(d)
```

两个 elif 行用 or 连接了多个表达式，其实是可以用 in 运算符简化的，else 下的 4 行是用来求 2 月份天数的，也可以简化。最终的简化代码如下。

【例 5-19】 判断某年某月有几天（二）。

```
n, m = map(int, input().split())
if n <= 0 or not 1 <= m <= 12:
    d = -1
elif m in (1, 3, 5, 7, 8, 10, 12):
    d = 31
elif m in (4, 6, 9, 11):
    d = 30
else:
    d = 28 + int(n%400 == 0 or n%4 == 0 and n%100 != 0)
print(d)
```

在上述代码中，2 月份为 d 赋值的时候，本来是一个 4 行的选择结构，这里巧妙运用了例 5-17 的思想，将是否为闰年转换成一个布尔类型的对象，再用 int 转换为整数 0 或者 1，加到 28 上，就得到了 2 月份的天数。

注意，if 语句的

```
n%400 == 0 or n%4 == 0 and n%100 != 0
```

可以简写为

```
n%400 == 0 or n%4 == 0 and n%100
```

而不影响最终的结果。

但是，在例 5-19 中

```
int(n%400 == 0 or n%4 == 0 and n%100 != 0)
```

不能简写为

```
int(n%400 == 0 or n%4 == 0 and n%100)
```

否则可能出错，而且这种错误十分隐蔽，不好排查。后面 14.1 节的例 14-1 就是因为这种简写而出错的。

5.3.5 条件表达式

条件表达式是双分支选择结构的一种简化形式，本质上是一种表达式，其值可根据不同的条件选取两个值之一。条件表达式的格式如下。

```
value1 if 表达式 else value2
```

其含义是：若表达式的值为真，则以 value1 作为整个条件表达式的值，否则以 value2 作为整个条件表达式的值。

一般情况下，用条件表达式为变量赋值可以把 4 行代码简化为 1 行。例如：

```
if a%2 == 0:
    b = "偶数"
else:
    b = "奇数"
```

可以改为如下条件表达式：

```
b = "偶数" if a%2 == 0 else "奇数"
```

上述赋值语句“=”右边的条件表达式取值是"偶数"和"奇数"这两个字符串之一，具体取什么值要看变量 a 的值而定。

如果需要用条件表达式参与构造更大的表达式，需要注意条件表达式的优先级，免得误用。例如：

```
b = "偶" if a%2 == 0 else "奇" + "数"
```

当 a 的值为奇数时，变量 b 的值是字符串"奇数"，但是当 a 的值为偶数时，变量 b 的值是字符串"偶"而不是字符串"偶数"，原因是条件表达式中的条件运算符的优先级比“+”的低，"奇" + "数"作为一个整体构成条件表达式的两个值之一，而不是"偶"和"奇"二选一后再加上"数"。

现在用条件表达式来改写例 5-19 的代码。

【例 5-20】 判断某年某月有几天（三）。

```
y, m = map(int, input().split())
if y <= 0 or not 1 <= m <= 12:
    d = -1
elif m in (1, 3, 5, 7, 8, 10, 12):
    d = 31
elif m in (4, 6, 9, 11):
    d = 30
else:
    d = 29 if y%400 == 0 or y%100 != 0 and y%4 == 0 else 28
print(d)
```

5.3.6 选择结构的多样性

能完成同一个功能的选择结构有不同的表示方法。

1. 单分支选择结构的多样化代码

单分支选择结构可以使用 pass 语句变成双分支选择结构。例如：

```
if 表达式:
    语句块
```

可改写成

```
if not 表达式:
    pass
```

```
    else:
        语句块
```

上述两段代码功能一样，当然，就这个改写而言没什么意义。不过把 pass 语句放到选择结构中，虽然它什么也不做，但它的存在使得 if 结构保持了语法上的正确性和逻辑上的完整性，便于以后扩充代码。

2．判断整数奇偶性的多样化代码

判断整数奇偶性的代码段，如下四种方法都可以完成。

第一种：

```
    if a%2 != 0:
        print("奇数")
    else:
        print("偶数")
```

第二种：

```
    if a%2:
        print("奇数")
    else:
        print("偶数")
```

第三种：

```
    if a%2 == 0:
        print("偶数")
    else:
        print("奇数")
```

第四种：

```
    if not a%2:
        print("偶数")
    else:
        print("奇数")
```

3．判断列表是否为空的多样化代码

判断列表是否为空的选择结构也有多种写法（假设 x 是一个列表）。

第一种：

```
    if x != []:
        print("非空列表")
    else:
        print("空列表")
```

第二种：

```
    if x:
        print("非空列表")
    else:
        print("空列表")
```

第三种：

```
    if x == []:
        print("空列表")
```

```
else:
    print("非空列表")
```

第四种：

```
if not x:
    print("空列表")
else:
    print("非空列表")
```

各种方法没有优劣之分，学习 Python 时习惯用哪种都可以。

5.4 循环结构

Python 用 while、for 关键字来实现循环结构。循环结构可以选择与 else 关键字配合，在循环内部还可以用 continue 关键字和 break 关键字实现流程跳转。

5.4.1 while 循环

while 循环的完整结构如下。

```
while 表达式:
    语句块 1
else:
    语句块 2
```

其中，while 这一行的表达式后有一个半角“:”，else 后有一个半角“:”。while 这一行和 else 这一行是上下对齐的，语句块 1 内的各语句都要相对于 while 这一行缩进一个层次，语句块 2 中的各语句都要相对于 else 这一行缩进一个层次。其中，while 下的语句块 1 称为循环体，while 后的表达式中涉及的变量称为循环变量。

上述 while 循环结构的执行过程是这样的：当表达式的值为真时，就执行循环体，执行完循环体后，再去判断表达式是否为真，若为真，继续执行循环体，再去判断表达式的值是否为真，如此反复，直到表达式的值为假；当表达式的值为假时，就会执行 else 后面的语句块 2，执行完毕，整个循环结构结束；若一开始表达式就为假，则整个 while 循环结构将只执行语句块 2，然后直接结束。

while 循环结构中可以没有 else 关键字，如果没有，就得到 while 循环的简单结构。

```
while 表达式:
    语句块
```

我们先看 while 循环的简单结构。

【例 5-21】 求正整数 1+2+…+n 的和（一）。

从键盘输入一个正整数 n，输出从 1 到 n 的和。

```
n = int(input())
s, i = 0, 0
while i < n:
    i += 1
    s += i
print(s)
```

上述代码在运行时，先接收从键盘输入的正整数赋值给 n，再将 s 和 i 都赋值为 0，然后开始循环结构进行累加，把从 1～n 各数字的和累加到变量 s 中，循环结构执行完毕，再执行 print 语句，输出 s 的值。

在 while 循环中，一定要注意避免死循环。所谓死循环，是程序执行到循环结构后永远在执行循环体中的语句，无法终止循环的一种状态。要避免死循环，需要注意让 while 后的表达式有机会为假，这样才能结束循环。

对于例 5-21，假设输入的 n 值为 10，i 的值一开始为 0，首次进入循环结构时，表达式 i<n 为真，所以执行循环体，在循环体中让 i 的值增加 1，等再次判断表达式 i<n 是否为真时，i 的值不再是 0 而是 1，但 i<n 依然为真，所以继续执行循环体；在循环体中，i 的值继续增加 1……直到 i 的值在循环体中变成 10 时，i<n 第一次为假，此时结束循环结构的执行。当循环结构结束时，s 的值已经变成了 55，这正好是 1+2+…+10 的结果，下一步自然是用 print 语句输出它的值。

在 while 循环中，循环变量的初始值、循环条件（也就是 while 后面的表达式）的表达形式、循环体中语句的顺序是相互关联的，我们在设计循环结构时一定要注意。

仍然以 1～n 求和来举例。对于例 5-21 的代码来说，如果把 i 的初始值设定为 1，那么循环体中的两个语句“i += 1”和“s += i”就需要换一下位置才能保证把 1 加到 s 上，但这样又会把 n 漏掉加不上。所以，还得修改循环条件，把“i<n”改为“i<=n”才行。修改后的全部代码如下。

【例 5-22】 求 1+2+…+n 的和（二）。

从键盘输入一个正整数 n，输出从 1 到 n 的和。

```
n = int(input())
s, i = 0, 1
while i <= n:
    s += i
    i += 1
print(s)
```

注意，在 while 循环结构中，循环变量最主要的作用是通过改变自身的值来改变循环表达式的值，以此来避免死循环。循环变量可以在循环体中出现，也可以不出现。编写程序时，可以根据实际情况，决定是否在循环体中使用循环变量。

再来看一个用 while 循环结构判断自幂数的例子。所谓自幂数，是指满足如下条件的 k 位数：各位数字的 k 次方之和等于该正整数自身。网友们给 1～10 位的自幂数都起了好听的名字：1 位的自幂数称为独身数，2 位的自幂数不存在，3 位的自幂数称为水仙花数，4 位的自幂数称为四叶玫瑰数，5 位的自幂数称为五角星数……

判断一个整数是否为自幂数的方法是先获取该整数的位数 k，然后分别获取各位数字，累加它们的 k 次方，再判断累加和是否等于正整数自身。获取各位数字可以反复用除以 10 取余法。

【例 5-23】 判断一个整数是否为自幂数（一）。

```
n = 153
k = len(str(n))
s, n_save = 0, n
while n > 0:
    s += (n%10)**k
```

```
        n //= 10
    flag = s == n_save
    print(flag)
```

5.4.2 for 循环

for 循环的完整结构如下。

```
for 变量 in 可迭代对象:
    语句块 1
else:
    语句块 2
```

其中，for 这一行的最后有一个半角“:”，else 后有一个半角“:”。for 这一行和 else 这一行是上下对齐的，语句块 1 内的各语句都要相对于 for 这一行缩进一个层次，语句块 2 中的各语句都要相对于 else 这一行缩进一个层次。其中，for 下的语句块 1 称为循环体，for 后的变量称为循环变量。循环变量可以是一个，也可以是多个。

3.4.1 节提到遍历可迭代对象元素的一个通用方法，就是用 for-in 结构，其实是将可迭代对象的元素一个一个地取出来赋值给一个变量，这有助于我们理解 for 循环结构。

for 循环结构在执行时，过程是这样的：逐个遍历可迭代对象的元素并把它赋值给循环变量，每遍历一个元素，就执行循环体一次，再遍历可迭代对象的下一个元素；如此反复，直到将可迭代对象的元素全部遍历完。在可迭代对象的元素全部遍历后，就会执行 else 后的语句块 2，执行完毕，整个循环结构结束。若一开始可迭代对象为空，则整个 for 循环结构将只执行语句块 2，然后直接结束。

for 循环结构中可以没有 else 关键字，这样就得到 for 循环的简单结构。

```
for 变量 in 可迭代对象:
    语句块
```

我们先看 for 循环的简单结构。现在仍以求 1+2+…+n 的和为例来看 for 循环的用法。

【例 5-24】 求 1+2+…+n 的和（三）。

从键盘输入一个正整数 n，输出从 1 到 n 的和。

```
n = int(input())
s = 0
for i in range(1, n+1):
    s += i
print(s)
```

上述代码在运行时，若对象 range(1, n+1)为空，则直接结束循环结构的执行，否则会顺次遍历 range(1, n+1)的各元素，将元素值赋值给变量 i，然后将 i 的值累加到变量 s 上，遍历完 range(1, n+1)的元素，循环结构自动结束，最后输出 s 的值。

迄今为止，本书用了三种方法来求 1+2+…+n 的和，这三种方法都不是最简洁的。最简洁的方法是用内置函数 sum，只需要一个简单的表达式 sum(range(1, n+1))就可以取代 for 循环结构。

有时我们费劲写了很多行代码实现一个功能后，才发现可以用更简单的办法来轻松搞定。不过，此前的辛苦绝对不会白费，每一次对自己的否定都意味着自己 Python 编程能力的提升。本书在举例的时候，尽量会对同样的问题采用多种解法来实现。在掌握多种解法的基础上，我们慢慢地可以通过对比总结出最简洁、高效的方法。

另外，与 while 循环一样，for 循环中的循环变量可以在循环体中出现，也可以不出现。

Python 中有两种循环结构：while 循环和 for 循环。理论上，任何一种编程任务都能用这两种循环之一来完成，用其中一种循环结构写的程序代码都能转换为另一种循环结构。一般情况下，while 循环适用于循环次数不确定的情形，而 for 循环适用于循环次数确定的场合。

例如，例 5-23 给出了一个判断自幂数的代码，用 while 循环就比 for 循环更自然。而下面求阶乘的例子，笔者更倾向于使用 for 循环。

【例 5-25】 循环法求阶乘。

```
n = int(input())
t = 1
for i in range(1, n+1):
    t *= i
print(t)
```

本书后面的例子都不刻意对比 while 循环和 for 循环，只是选择笔者更习惯的循环结构。

5.4.3 continue 语句

在 while 循环和 for 循环中都可以使用 continue 语句，其功能是提前结束本轮循环，循环体语句块中剩下的语句不再执行，下轮循环是否执行，要看循环条件是否满足。一般，continue 语句要与 if 语句配合使用。下面以 for 循环为例来介绍 continue 语句的使用。

【例 5-26】 输出 100 以内的正奇数之和（一）。

```
s = 0
for i in range(1, 100):
    if i%2 == 0:
        continue
    s += i
print(s)
```

上述代码共执行循环体 99 次，循环变量 i 的取值分别是 1、2、3、…、99。当 i 取值为奇数时，i%2 的值为 1，i%2==0 为假，if 选择结构不执行，顺序执行到语句“s += i”时，就把 i 累加到 s 上；当 i 取值为偶数时，i%2==0 为真，则执行选择结构中的 continue 语句，提前结束本轮循环，语句“s += i”不执行，于是偶数累加不到 s 上。当循环结构执行完毕，最终的结果就是所有的奇数累加到 s 上。

上述代码也可以不用 continue 语句来实现。

【例 5-27】 输出 100 以内的正奇数之和（二）。

```
s = 0
for i in range(1, 100):
    if i%2:
        s += i
print(s)
```

如果不使用 continue 语句，就得用 if 语句把循环体中 continue 语句后的所有语句放入选择结构中。这里的例子比较简单，continue 语句后的循环体语句只有一个，在一些比较复杂的代码中，循环体中 continue 语句后可能有很多行语句，还有可能包含选择结构或者循环结构，这样不用 continue 语句无疑会增加这一部分代码的缩进层次。代码的缩进层次过多会降低代码的可读性，增加理解的难度。

所以，在循环结构中，恰当地使用 continue 语句可以减少一些代码段的缩进层次，使代码的可读性更好。

对于输出 100 以内的正奇数之和的例子来说，例 5-26 和例 5-27 都不够简洁。代码中的 continue 语句和 if 语句都是没有必要存在的，可以简化如下。

【例 5-28】 输出 100 以内的正奇数之和（三）。

```
s = 0
for i in range(1, 100, 2):
    s += i
print(s)
```

本例比例 5-26 和例 5-27 都简洁一点，但还不是最简洁的。最简洁的代码是连 for 循环都不需要，如例 5-29 所示。

【例 5-29】 输出 100 以内的正奇数之和（四）。

```
s = sum(range(1, 100, 2))
print(s)
```

5.4.4 break 语句

在 while 循环和 for 循环中都可以使用 break 语句，其功能是提前结束它所在的整个循环结构的执行。注意，continue 语句只是提前终止一轮循环，break 语句是终止整个循环。

一般，break 语句要与 if 语句配合使用。下面以寻找 1000 以内最大的完全平方数为例来介绍 break 语句的用法。

所谓完全平方数，是指恰好是某个整数的平方的非负整数，如 0、1、4、9、16、25 都是完全平方数。

判断一个非负整数是不是完全平方数，最直接的办法是看它的算术平方根取整后再平方，是否与自身相等。求算术平方根可以用 math 标准库的 sqrt 函数，也可以用乘方运算符，0.5 次方刚好就是算术平方根。

【例 5-30】 求 1000 以内最大的完全平方数。

```
for n in range(1000, 0, -1):
    a = int(n**0.5)
    if a*a == n:
        break
print(n)
```

本例从 1000 开始向下逐个考察，最先判定为完全平方数的那个整数肯定是最大的完全平方数，找到它之后，循环结构就没有必要再执行了，所以用 break 语句退出循环。

5.4.5 循环结构中的 else 子句

while 循环结构和 for 循环结构可以带 else 子句，其作用是当循环结构正常执行完毕（只要不是通过 break 语句跳出循环的情况都算正常执行完毕，哪怕循环体一次也不执行），则执行 else 子句后的语句块。else 子句和它后面的语句块是整个循环结构的一部分，对于更大的结构来说，整个循环结构是一个整体。

【例 5-31】 输出 100 以内的正奇数之和（五）。

```
s = 0
for i in range(1, 100, 2):
    s += i
else:
    print(s)
```

本例中，循环体中没有 break 语句，所以循环结构中 else 子句的语句块，在循环体部分执行结束后是必然要执行的。

如果循环体中有 break 语句，那么，循环结构中 else 子句的语句块不一定有机会得到执行。下面以判定一个数是否为素数为例来说明。

素数又叫质数，是指那些除 1 和它本身之外不再有其他任何因子的自然数。判定一个自然数 n 是否为素数有一个办法，就是用 n 除以从 2 到 n−1 之间（含 2 和 n−1）的每个整数，如果都不能整除，就说明 n 是素数，一旦有一次整除，就说明 n 不是素数。

【例 5-32】 判断素数（一）。

```
n = int(input())
if n < 2:
    flag = False
else:
    for j in range(2, n):
        if n%j == 0:
            flag = False
            break
    else:
        flag = True
print(flag)
```

本例先判断 n 是否小于 2，若小于 2，直接为变量 flag 赋值为 False，否则用循环结构去除：依次用 2、3、…、n−1 去除 n，若发生了整除现象，则说明 n 不是素数，就把 flag 变量赋值为 False，同时剩余的整除测试没有必要再执行，所以用 break 语句退出循环。如果用 break 语句退出循环，for 结构的 else 子句就不会执行，变量 flag 的值会保持 False 到最后。如果 for 循环结构没有发生任何整除现象，就说明 n 是素数，在 for 结构的循环体执行完毕，就会执行 else 子句后的语句，于是变量 flag 被赋值为 True。

为了测试 n 是否为素数，上面代码中的循环结构从 2 一直测试到 n−1，其实没必要循环这么多次，测试到 n//2 若不发生整除，就可以证明其为素数了，甚至可以再少一点，从 2 测试到 $\sqrt{n}$ 足矣。这样，循环次数可以大大减少。

【例 5-33】 判断素数（二）。

```
n = int(input())
if n < 2:
    flag = False
else:
    k = int(n**0.5)+1
    for j in range(2, k):
        if n%j == 0:
            flag = False
            break
    else:
```

```
        flag = True
print(flag)
```

上述代码根据不同的情况，将 flag 变量赋值为 True 或者 False。我们也可以采取如下做法：先无条件为 flag 变量赋值为 False，再根据情况，有条件地将 flag 赋值为 True。

【例 5-34】 判断素数（三）。

```
n = int(input())
flag = False
if n >= 2:
    k = int(n**0.5) + 1
    for j in range(2, k):
        if n%j == 0:
            break
    else:
        flag = True
print(flag)
```

在程序设计中，我们经常会遇到如下赋值方式。

```
if 表达式:
    var = 值1
else:
    var = 值2
```

很多时候，可以写成如下形式。

```
var = 值2
if 表达式:
    var = 值1
```

在 Python 中，还可以用条件表达式来得到更简洁的赋值方法。

```
var = 值1 if 表达式 else值2
```

5.5 循环结构的嵌套

循环结构内部的语句块如果再包含循环，就构成了多重循环，也就是循环结构的嵌套。现在用循环结构的嵌套来输出 1000 以内的所有素数。

【例 5-35】 输出 1000 以内的全部素数（一）。

```
n = 1000
for i in range(2, 1001):
    k = int(i**0.5) + 1
    for j in range(2, k):
        if i%j == 0:
            break
    else:
        print(i)
```

有了例 5-33 的基础，上述代码不难理解。需要注意的是，如果多重循环中有 break 语句，它只跳出它所在的那个循环。如本例中的双重循环，break 语句只是跳出了内层的 for j 循环，不会影响外层 for i 循环的正常执行。

很多与平面图形符号有关的输出都是双重循环，外层控制行数，内层控制列数，结合 if 可以控制输出位置，如输出下面的图案。

```
*
***
*****
*******
*********
```

【例 5-36】 输出直角三角形星号图案（一）。

```
n = 5
for i in range(1, n+1):
    for j in range(2*i-1):
        print("*", end="")
    print()
```

在上述代码中，外层循环用变量 i 控制行数，i 同时表示行号，从 1 循环到 n，内层循环用 j 控制要输出“*”的个数。每一行的“*”个数是 2*i–1，所以让 j 从 0 循环到 2*i–2。当然，让 j 从 1 循环到 2*i–1 也行，只要能保证内层循环结构的循环体执行 2*i–1 次即可。

本例是输出直角三角形星号图案的通用编程思路。用 Python 语言则完全没必要用双重循环，因为 Python 有字符串的倍增运算。

【例 5-37】 输出直角三角形星号图案（二）。

```
n = 5
for i in range(n):
    print("*"*(2*i+1))
```

本例与例 5-36 的输出结果完全一样。

再看一个图案，这与例 5-36 输出的图案差不多，只不过从直角三角形变成了等腰三角形。

```
    *
   ***
  *****
 *******
*********
```

输出该图案时，除了考虑每行的“*”个数与行号的关系，还要考虑每行“*”前输出的空格数目与行号的关系。设行号 i 从 0 开始，则每行空格数是 n–1–i，“*”数是 2*i+1，据此不难写出程序代码。

【例 5-38】 输出等腰三角形星号图案（一）。

```
n = 5
for i in range(n):
    print("␣"*(n-1-i) + "*"*(2*i+1))
```

5.6 综合举例

5.6.1 十进制转二进制（二）

4.3.1 节给出了十进制转二进制的三种方法，是用 Python 内置函数和 Python 的数据格式化方法来实现的，如果是自己写代码来转换，可以用除余法来实现。

除余法的思想如下：先把十进制数除以 2，记下商和余数，然后在商大于 0 的情况下，将商不断地除以 2，记下每次的商和余数，直到商为 0，最后把得到的余数逆序输出即可。具体实现时，可以设置一个列表来存储每次除法得到的余数，最后将列表元素逆序输出即可。

【例 5-39】 十进制转二进制（四）：除余法。

```
n = int(input("请输入一个非负整数: "))
r = [0] if n == 0 else []
while n > 0:
    r.append(n%2)
    n //= 2
r.reverse()
for i in r:
    print(i, end="")
```

除了除余法，位运算也能达到同样的效果。一个整数与 1 进行位运算的结果就是该整数除以 2 的余数，整数右移 1 位相当于将其除以 2 求整商。

【例 5-40】 十进制转二进制（五）：移位法。

```
n = int(input("请输入一个非负整数: "))
r = [0] if n == 0 else []
while n > 0:
    r.append(n&1)
    n = n >> 1
r.reverse()
for i in r:
    print(i, end="")
```

5.6.2 鸡兔同笼（二）

4.3.2 节给出了一个鸡兔同笼问题，当时是利用数学技巧解题。现在用枚举法来解决该问题。已知鸡和兔子的可能数目范围是 1～35（含 1 和 35），那么列举鸡和兔子数目的所有可能组合，能满足头和脚的数目要求的组合就是题目的解。这种一一列举所有可能解再对每个解进行考察的方法称为枚举法。枚举法最适合用循环结构来表示。

【例 5-41】 鸡兔同笼问题求解（二）。

```
head, foot = 35, 94
for x in range(1, head+1):
    for y in range(1, head+1):
        if x+y == head and 2*x+4*y == foot:
            print(f"鸡: {x}, 兔子: {y}")
```

为了减少循环次数，可以把本例中的双重循环改为单层循环。

【例 5-42】 鸡兔同笼问题求解（三）。

```
head, foot = 35, 94
for x in range(1, head+1):
    y = head-x
    if 2*x+4*y == foot:
        print(f"鸡: {x}, 兔子: {y}")
```

5.6.3 韩信点兵（二）

4.3.3 节给出了韩信点兵问题，当时是利用数学技巧解题，现在用循环结构来解决该问题。解题思路是：先考察 1 能否满足整除条件，若满足，则输出 1 并退出循环；否则，依次考察 2、3、4……直到有一个被考察的整数满足整除条件为止。

【例 5-43】 韩信点兵问题求解（二）。

```
r3, r5, r7 = 2, 3, 2
n = 1
while True:
    if n%3 == r3 and n%5 == r5 and n%7 == r7:
        print(n)
        break
    n += 1
```

5.6.4 换酒问题（二）

4.3.4 节给出了一个换酒问题，当时是利用数学技巧解题，现在用循环结构来解决该问题。解题思路是：设置一个变量 s，用来累加喝到的酒数，s 的初值为 n，同时空瓶和瓶盖的初值也为 n；然后反复考察空瓶数和瓶盖数是否满足换酒条件，若满足，则换酒并扣除换酒用掉的空瓶和瓶盖数目，s 累加上换酒得到的新酒数目，同时空瓶和瓶盖也都加上新酒的数目（每瓶新酒喝掉会得到 1 个空瓶和 1 个瓶盖）。

【例 5-44】 换酒问题求解（二）。

```
n = int(input("小明最初买了多少瓶完整的酒: "))
s = 0 if n <= 0 else n
bottle = jar = n
while bottle >= 2 or jar >= 4:
    wine = bottle // 2 + jar // 4
    bottle = wine + bottle%2
    jar = wine + jar%4
    s += wine
print(f"小明可以喝{s}瓶酒。")
```

5.6.5 最大公约数（二）

前面的例 4-19 和例 5-5 中求最大公约数使用了 math 标准库的 gcd 函数，当时提到 gcd 函数的一个不足之处是认为 0 与 0 的最大公约数是 0，这是错误的，因为 0 与 0 没有最大公约数，这里改进一下。

【例 5-45】 求最大公约数（三）。

```
from math import gcd
s = input("请输入两个整数，用空格隔开: ")
a, b = map(int, s.split())
if a == 0 and b == 0:
    print("0 与 0 没有最大公约数。")
else:
```

```
    r = gcd(a, b)
    print(r)
```

不使用 gcd 函数，用选择和循环结构写代码也是非常简单的。

【例 5-46】 求最大公约数（四）。

```
a, b = map(int, input().split())
if a == 0 and b == 0:
    print("0与0没有最大公约数。")
else:
    r = max(abs(a), abs(b))
    for i in range(min(abs(a), abs(b)), 0, -1):
        if a%i == 0 and b%i == 0:
            r = i
            break
    print(r)
```

这里的 for 循环结构是求最大公约数的核心代码，思路为：让 i 从 a 与 b 的绝对值中的较小者 min(abs(a),abs(b))循环到 1，每轮循环都用 a 和 b 这两个数除以 i，如果都能整除，就把 r 赋值为 i，然后退出循环，转去执行循环结构下的 print 语句。这个方法能保证第一次发生整除时的 i 值就是 a 和 b 的最大公约数。

我们也可以不用 break 语句来完成这个任务。

【例 5-47】 求最大公约数（五）。

```
a, b = map(int, input().split())
if a==0 and b==0:
    print("0与0没有最大公约数。")
else:
    r = max(abs(a), abs(b))
    for i in range(1, min(abs(a), abs(b))+1):
        if a%i==0 and b%i==0:
            r = i
    print(r)
```

上述代码的思路是：让 i 从 1 循环到 a 与 b 的绝对值中的较小者 min(abs(a), abs(b))，每轮循环都用 a 和 b 这两个数除以 i，如果都能整除，就把 r 赋值为 i，最后一次发生整除的 i 就是 a 和 b 的最大公约数。

用这两种方法求最大公约数的区别在于：一种方法是从小到大，关注最后一次整除，不用 break 语句；另一种方法是从大到小，关注第一次整除，需要用 break 语句。这两种方法都不是求最大公约数的最简洁方法，目前求最大公约数公认的最简洁方法是辗转相除法，据说这是欧几里得发明的。其思路如下（假设 a 和 b 这两个都是非负整数且不同时为 0）：

第一步，若 b 为 0，则转第三步，否则继续第二步。

第二步，r=a%b，a=b，b=r。

第三步，输出 a。

辗转相除法的程序代码如下。

【例 5-48】 求最大公约数（六）。

```
a, b = map(int, input().split())
if a == 0 and b == 0:
    print("0与0没有最大公约数。")
else:
```

```
    a, b = abs(a), abs(b)
    while b:
        r = a%b
        a = b
        b = r
    print(a)
```

在上述程序中，while 循环的循环体有 3 行代码，这是一个严格的顺序结构。对于大多数程序设计语言来说，这已经是最简代码了，但 Python 语言有自己独特的语法，我们运用序列解包赋值法可以将循环体中的代码简化为 1 行。

【例 5-49】 求最大公约数（七）。

```
a, b = map(int, input().split())
if a == 0 and b == 0:
    print("0与0没有最大公约数。")
else:
    a, b = abs(a), abs(b)
    while b:
        a, b = b, a%b
    print(a)
```

这种在算法上简洁高效又充分利用 Python 语言的语法特点的优雅代码被广大 Python 爱好者戏称为 Pythonic（Python 化的）代码。能写出 Pythonic 代码是我们学习 Python 的努力目标。如何才能写出 Pythonic 代码呢？Python 之禅（The Zen of Python）大概给出了 Pythonic 代码的评价标准。我们在 IDLE 的交互式窗口中运行命令“import this”，即可看到 The Zen of Python 的全文。

```
>>> import this
The Zen of Python, by Tim Peters

Beautiful is better than ugly.
Explicit is better than implicit.
Simple is better than complex.
Complex is better than complicated.
Flat is better than nested.
Sparse is better than dense.
Readability counts.
Special cases aren't special enough to break the rules.
Although practicality beats purity.
Errors should never pass silently.
Unless explicitly silenced.
In the face of ambiguity, refuse the temptation to guess.
There should be one-- and preferably only one --obvious way to do it.
Although that way may not be obvious at first unless you're Dutch.
Now is better than never.
Although never is often better than *right* now.
If the implementation is hard to explain, it's a bad idea.
If the implementation is easy to explain, it may be a good idea.
Namespaces are one honking great idea -- let's do more of those!
```

5.6.6 百钱百鸡

我国古代数学家张丘建在《张丘建算经》一书中提出了一个百钱百鸡的数学问题：鸡翁一值钱五，鸡母一值钱三，鸡雏三值钱一。百钱买百鸡，问鸡翁、鸡母、鸡雏各几何？

分析：假定公鸡、母鸡、小鸡至少都要买一只，公鸡买 x 只、母鸡买 y 只，小鸡买 z 只，那么，有如下两个等式。

$$x+y+z=100 \tag{5-1}$$

$$5x+3y+z/3=100 \tag{5-2}$$

其中，$1\leqslant x, y, z\leqslant 100$，且 z 必须是 3 的倍数。由于涉及判断 z 是否为 3 的倍数，因此把式(5-2)转化为

$$15x+9y+z=300 \tag{5-3}$$

我们只需要让 1～100 的整数 x、y、z 满足式(5-1)和式(5-3)即可。

最简单的做法是设置三重循环。

【例 5-50】 百钱百鸡（一）。

```
for x in range(1, 101):
    for y in range(1, 101):
        for z in range(1, 101):
            if x+y+z == 100 and 15*x+9*y+z == 300:
                print(f"公鸡: {x}, 母鸡: {x}, 小鸡: {z}")
```

其实通过分析可以知道，公鸡必须小于 20 只，母鸡必须小于 33 只，小鸡必须小于 100 只，我们可以把上面三重循环的循环次数大大减少。

【例 5-51】 百钱百鸡（二）。

```
for x in range(1, 20):
    for y in range(1, 33):
        for z in range(1, 100):
            if x+y+z == 100 and 15*x+9*y+z == 300:
                print(f"公鸡: {x}, 母鸡: {x}, 小鸡: {z}")
```

我们还可以把三重循环改为两重循环，进一步缩小循环次数。

【例 5-52】 百钱百鸡（三）。

```
for x in range(1, 20):
    for y in range(1, 33):
        z = 100-x-y
        if 15*x+9*y+z == 300:
            print(f"公鸡: {x}, 母鸡: {x}, 小鸡: {z}")
```

5.6.7 兔子数列

兔子数列，又称为斐波那契数列，起源于中世纪意大利数学家斐波那契在《算盘书》中提出的一个问题：已知一对小兔子能在出生一个月之后长成一对青年兔子，一对青年兔子能在一个月之后长成成年兔子，一对成年兔子每个月都能生出一对小兔子。现有一对小兔子，问一年后共有多少对兔子？

通过简单分析可以知道，从第一个月开始，兔子的对数有如下规律：1、1、2、3、5、8、

13、21、34、55、89、144……对于斐波那契的问题，这个答案是 144。

从数学上，我们可以求出该数列的通项公式为

$$a_n=\frac{1}{\sqrt{5}}\left(\left(\frac{1+\sqrt{5}}{2}\right)^n-\left(\frac{1-\sqrt{5}}{2}\right)^n\right) \qquad (n=1,2,3,\cdots)$$

在程序设计中，通常用兔子数列来练习循环结构，一般是求出这个数列的前 n 项的值或第 n 项的值，所依据的递推式为

$$\begin{cases}a_1=a_2=1\\a_{n+2}=a_n+a_{n+1},\ n>2\end{cases}$$

请编写 Python 程序，输出兔子数列的前 n 项，每项占一行，n 从键盘输入。

【例 5-53】 兔子数列前 n 项（一）。

```
n = int(input())
a = b = 1
for i in range(n):
    print(a)
    t = a + b
    a = b
    b = t
```

上述代码还有一个更加 Pythonic 的写法如下。

【例 5-54】 兔子数列前 n 项（二）。

```
n = int(input())
a = b = 1
for i in range(n):
    print(a)
    a, b = b, a+b
```

如求的是兔子数列第 n 项，可以用如下代码。

【例 5-55】 兔子数列第 n 项（一）。

```
n = int(input())
a, b = 1, 1
for i in range(n-1):
    a, b = b, a+b
else:
    print(a)
```

5.6.8 奇数幻方

幻方是由一组排放在正方形方格中的连续整数组成，其每行、每列及两条对角线上的数之和均相等。通常，幻方由从 1～N^2 的连续整数组成，N 为正方形方格的行数或列数，称为幻方的“阶”。N 阶幻方包含 N 行 N 列，并且所填充的数字为 1～N^2。对于任意的 $N\geqslant3$，N 阶幻方总是存在的。

传说幻方的最初由来是这样的：夏禹治水时，河南洛阳附近的大河里浮出了一只乌龟，背上有一个很奇怪的图形，后人称之为“洛书”。如果把图形改成现在通行的阿拉伯数字，就是如下形状。

4　9　2

3　5　7

8　1　6

如果画上方格，就是我们熟悉的 3 阶幻方。现已证明，如果不考虑旋转和对称，3 阶幻方只有唯一构造方法。

求解幻方，理论上可以用枚举法，通过构造多重循环枚举所有可能来求解，如 3 阶幻方需要枚举 9!=62880 种可能。随着幻方阶数的增加，枚举法不再适用，5 阶幻方需要枚举的次数是 $25!\approx1.5\times10^{25}$，假设计算机每秒计算 10 万亿次，也得计算 49185 年才能枚举完所有可能的情况。

古今中外很多数学家都在研究幻方，发明了很多高效率构造幻方的方法。《射雕英雄传》中，瑛姑与黄蓉之间就有一段关于幻方构造方法的对话。就构造方法而言，需要区分奇数阶幻方和偶数阶幻方，偶数阶幻方还要细分为单偶数（4 的倍数加 2）阶幻方和双偶数（4 的倍数）阶幻方。除了奇数阶幻方存在简单的构造方法，其他两类偶数幻方的构造都很复杂。

这里说一下奇数阶幻方的构造，设幻方的阶数为奇数 $N\geqslant3$ 。

第一步：准备一个包含 $N\times N$ 个小方格的正方形。它包含 N 行 N 列，行的编号从上到下依次为 0～$N-1$，列的编号从左到右依次为 0～$N-1$。以 5 阶奇数幻方为例，行号和列号都是从 0～4，如图 5-6 所示。

幻方的行列接续约定为：第 0 行的下一行是第 1 行，第 1 行的下一行是第 2 行……第 $N-1$ 行的下一行是第 0 行。列也类似约定，第 $N-1$ 列的右一列是第 0 列。

有了行列接续约定后，再来介绍“右下方”概念（下一行和右一列位置处的方格）：

第 0 行 0 列方格的右下方是第 1 行 1 列方格

第 4 行 2 列方格的右下方是第 0 行 3 列方格

第 1 行 4 列的右下方方格是第 2 行 0 列方格

……

第 4 行 4 列的右下方方格是第 0 行 0 列方格

第二步：填写幻方数字，填写原则如下。

① 开始数字 1 放最后一行中间方格，填数成功的位置为当前位置，以后每次填数递增 1。

② 反复从当前位置寻找下一个填数位置，填上数字，直到填完 N^2 为止。

③ 寻找下一个填数位置的原则为：每次总是试图找当前位置的右下方方格，若右下方已经被填上了数字，则将当前位置上方的方格作为下一个填数位置。

5 阶幻方的填数结果如图 5-7 所示。

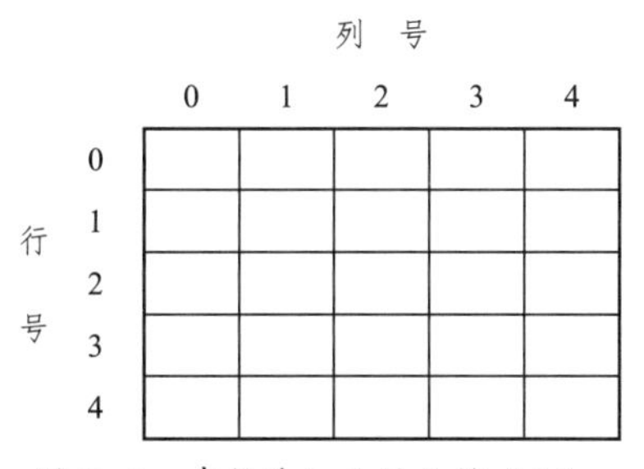

图 5-6　奇数阶幻方的方格（1）

列号

行号	0	1	2	3	4
0	11	18	25	2	9
1	10	12	19	21	3
2	4	6	13	20	22
3	23	5	7	14	16
4	17	24	1	8	15

图 5-7　奇数阶幻方的方格（2）

在 Python 中，可以用嵌套列表的元素表示幻方的一个个方格，刚好行号和列号也是从 0 开始的。以 5 阶幻方为例，填完之后的嵌套列表内容如下。

```
[[11,  18,  25,  2,   9],
 [10,  12,  19,  21,  3],
 [4,   6,   13,  20,  22],
 [23,  5,   7,   14,  16],
 [17,  24,  1,   8,   15]]
```

至于寻找下一个填数位置，刚好可以用整除求余来解决问题。奇数阶幻方的求解问题是程序设计中练习循环和求余数的经典题目。

【例 5-56】 生成奇数阶幻方。

```
N = 5

# 初始化
row, col = N-1, N//2
a = []
for i in range(N):
    a += [[0]*N]

# 填充
for i in range(1, N*N+1):
    a[row][col] = i
    newr, newc = (row+1)%N, (col+1)%N
    if a[newr][newc]:
        row = (row-1)%N
    else:
        row, col = newr, newc

# 输出
for i in range(N):
    for j in range(N):
        print(f"{a[i][j]:02d}", end = "\t")
    print()
```

5.6.9 哥德巴赫猜想（一）

哥德巴赫猜想是数学界比较著名的一道题目，是指任一大于 2 的整数都可写成三个素数之和，其简化版是指任一个大于 2 的偶数都可以表示成两个素数之和，本题目将哥德巴赫猜想理解为后者。请编写 Python 程序，从键盘接收一个大于 2 的偶数，把它分解成两个素数相加的形式，要求输出所有可能的分解结果，且分解的第一个素数不能大于第二个素数。有了例 5-32～例 5-34 奠定的判断素数的基础代码，我们不难写出下面的代码。

【例 5-57】 验证哥德巴赫猜想（一）。

```
n = int(input())
assert n > 2 and n%2 == 0
# 让 k 从 2 循环到 n//2，若 k 和 n-k 都是素数，则输出结果
for k in range(2, n//2+1):
```

```
        for i in range(2, int(k**0.5)+1):  # 判断k是不是素数
            if k%i == 0:
                break
        else:
            # k是素数，再判断n-k是否为素数
            for i in range(2, int((n-k)**0.5)+1):
                if (n-k)%i == 0:
                    break
            else:
                # k和n-k都是素数，输出结果
                print(f"{n}={k}+{n-k}")
```

上述代码用了三重循环，其中判断 k 是否为素数的代码与判断 n-k 是否为素数的代码几乎完全一样，这种代码重复是我们不希望的。第 6 章将使用函数进行简化。

5.6.10 信息加密（一）

5.1.4 节提到了一个信息加密的例子，当时分析了程序的框架结构，现在可以用代码来实现了。

【例 5-58】 信息加密（一）。

```
s = input()
t = ""
for ch in s:
    if 'a' <= ch <= 'z':
        newch = chr(ord('a')+(ord(ch)-ord('a')+4)%26)
    elif 'A' <= ch <= 'Z':
        newch = chr(ord('A')+(ord(ch)-ord('A')+4)%26)
    else:
        newch = ch
    t += newch
print(t)
```

这段代码思路简单，符合我们思考问题的流程，但不够简洁。无论从代码行数还是从时间效率来看，都有改进的余地，后面我们会继续改进。

5.6.11 求圆周率

圆周率是圆的周长与直径的比值，一般用希腊字母 π 表示。π 值是一个无限不循环小数。我国古代数学家祖冲之是世界上第一个将圆周率精确到小数点之后第 7 位数字的人，祖冲之计算的 π 值介于 3.1415926 和 3.1415927 之间。目前，借助计算机，人们可以轻而易举地准确求出 π 值小数点后面数百万位数字，π 值的前 100 位如下：

π=3.1415926535897932384626433832795028841971693993751058209749445923078164062862089986280348253421170679…

π 是一个在数学及物理学中普遍存在的数学常数，它的地位非常重要，重要到人类专门因为它建立了一个节日：很多年前，数学界就自发地把 3 月 14 日这一天作为圆周率日来庆祝。2019 年 11 月 26 日，联合国教科文组织在第四十届大会上正式宣布 3 月 14 日为“国际数学日”，于是 2020 年 3 月 14 日成为了地球上第一个国际数学日。

如果在 Python 中使用圆周率进行计算，我们可以使用 math 标准库的常量 pi。

```
>>> import math
>>> math.pi
3.141592653589793
```

math 标准库的常量 pi 保留到小数点之后 15 位，这个精度足够应付日常计算。如果科学计算需要更多的小数位数，可以用一些公式来求得精度更高的 π 值。

1．莱布尼茨公式

π 有一个比较简单的计算公式：

$$1-\frac{1}{3}+\frac{1}{5}-\frac{1}{7}+\cdots+(-1)^{n-1}\frac{1}{2n-1}+\cdots=\frac{\pi}{4}$$

这个公式称为莱布尼茨公式。我们可以利用这个公式的变形来近似求 π 值：

$$\pi\approx 4\times\left(1-\frac{1}{3}+\frac{1}{5}-\frac{1}{7}+\cdots+(-1)^{n-1}\frac{1}{2n-1}\right)$$

当 n 足够大的时候，π 就能达到一定的精度。

【例 5-59】 求圆周率（一）：莱布尼茨公式。

```
n = int(input())
pi = 0
sign = 1.0
for i in range(n):
    pi += sign / (2*i+1)
    sign = -sign
pi *= 4
print(f"n={n:9d}, π={pi}")
```

这个程序算法比较简单，非常容易写出程序代码，其缺点是随着 n 的增大，求出小数点后精确数字的位数增加的速度太慢。当 n 等于 1 亿时，仅仅能求出圆周率小数点后 7 位精确数字。下面是上述代码先后 9 次运行的结果汇总。

```
n=        1, π=4.0
n=       10, π=3.0418396189294032
n=      100, π=3.1315929035585537
n=     1000, π=3.140592653839794
n=    10000, π=3.1414926535900345
n=   100000, π=3.1415826535897198
n=  1000000, π=3.1415916535897743
n= 10000000, π=3.1415925535897915
n=100000000, π=3.141592643589326
```

从上面的结果可以看出，用莱布尼茨公式求解高精度 π 值的速度太慢，因此该公式只具有理论上的意义。程序设计中一般用它来练习循环结构。真正在科学计算中，计算高精度 π 值有效率更高的公式可以选择，如韦达的圆周率公式和拉马努金的圆周率公式。

2．韦达公式

生活在 16 世纪的法国数学家弗朗索瓦·韦达给出了一个无穷连乘形式的公式，即

$$\frac{2}{\pi}=\frac{\sqrt{2}}{2}\times\frac{\sqrt{2+\sqrt{2}}}{2}\times\frac{\sqrt{2+\sqrt{2+\sqrt{2}}}}{2}\times\cdots$$

据说该公式是历史上第一个关于圆周率的表达式，可以变形为

$$\pi=2\times\frac{2}{\sqrt{2}}\times\frac{2}{\sqrt{2+\sqrt{2}}}\times\frac{2}{\sqrt{2+\sqrt{2+\sqrt{2}}}}\times\cdots$$

用该公式来计算 π 值，*n* 不需要很大就能保证圆周率的小数点后很多位数具有精确值（*n* 为根号的层次）。比如，*n* 为 12 时，就能求出小数点后第 7 位数字的准确值，而莱布尼茨公式的 *n* 为 10^8 才能达到同样的效果。

【例 5-60】 求圆周率（二）：韦达公式。

```
n = int(input())
pi = 2
t = 0
for i in range(n):
    t = (2+t)**0.5
    pi *= 2/t
print(f"n={n:2d}，π={pi}")
```

下面是上述代码先后 9 次运行的结果汇总。

```
n=10，π=3.1415914215112
n=20，π=3.14159265358862
n=30，π=3.1415926535897944
n=40，π=3.1415926535897944
n=50，π=3.1415926535897944
n=60，π=3.1415926535897944
n=70，π=3.1415926535897944
n=80，π=3.1415926535897944
n=90，π=3.1415926535897944
```

上述结果在 *n*=40 之后不再变化，怀疑是浮点数除法的累计误差导致的。如果能精确保留小数点之后很多位，结果会不会有所不同呢？12.3 节将揭开这个谜团。

3．拉马努金公式

印度数学家拉马努金给出的公式比韦达公式更具震撼力。

$$\frac{1}{\pi}=\frac{2\sqrt{2}}{99^2}\sum_{k=0}^{\infty}\frac{(4k)!}{k!^4}\frac{26390k+1103}{396^{4k}}$$

用该公式计算 π 值，只需要取无穷连加的第一项（即 *k*=0 这一项）即可让结果的小数点后面前 6 位数字都是准确值，只需要取前两项即可让结果的小数点后面前 15 位数字都是准确值，只需要取前 13 项之和即可让结果的小数点后前 103 位数字都是准确值。

【例 5-61】 求圆周率（三）：拉马努金公式。

```
from math import factorial, pow
n = int(input())
v = 0
for k in range(n+1):
    v += (2*2**0.5)/99**2*factorial(4*k)/(factorial(k)**4) \
        *(26390*k+1103)/396**(4*k)
pi = 1/v
print(f"n={n}，π={pi}")
```

这个程序使用了 math 标准库中的 factorial 函数和 pow 函数，前者用来求阶乘，后者用来求乘方。math 标准库中还有不少常用的函数，将在 12.7 节进行介绍。

由于浮点数精度的限制，本例并不能求出 π 值小数点后 100 位的准确数字。为了实现这个目标，我们需要更为精确的浮点数表达形式。第 12 章的思考题 1 就是用来对本例进行改进的，改进后的程序能求出 π 值小数点后 100 位准确数字。

4．蒙特卡洛方法

蒙特卡洛方法又称为蒙特卡罗方法，使用随机数来进行模拟实验，用模拟事件的发生频率来替代被模拟现象的概率。用蒙特卡洛方法求 π 值的方法如下。

往平面上的正方形内随机投点，如果投点位置完全随机且投点次数足够多，那么这些点最终在正方形内的分布应该是均匀的。如果统计落在正方形内切圆中的那些点的个数，这个数目与总实验次数的比值应该等于圆面积与正方形面积之比。按照这个原理，我们不难写出蒙特卡洛方法求 π 值的程序代码。

【例 5-62】 求圆周率（四）：蒙特卡洛方法。

```
from random import uniform
total = 10**8
count = 0
for i in range(total):
    x = uniform(-1, 1)
    y = uniform(-1, 1)
    count += 1 if x**2+y**2 <= 1 else 0
pi = count/total*4
print(pi)
```

本例中，实验次数为 1 亿次，某个运行程序的结果是 3.14183168，如果实验次数足够多，实验结果应该越来越接近 π 值。

5.6.12 海龟画图

Python 的 turtle 标准库可以用来绘制简单的图形，我们可以用它来练习循环结构。用 turtle 标准库来画图俗称海龟画图，海龟画图的过程可以想象成一个海龟在画布上移动，移动所留下的痕迹就是画图的结果。

1．海龟画图的代码框架

画图一开始，我们导入 turtle 标准库，然后用库中的 Turtle 类创建一个海龟对象 t，就可以使用调用对象 t 的方法进行画图。画图结束后，再调用 turtle 标准库的 done 函数结束整个画图过程。整个画图的代码框架如下。

```
import turtle              # 导入 turtle 标准库
t = turtle.Turtle()        # 创建海龟对象，同时在屏幕上生成一个画图窗口
pass                       # 各种画图语句
turtle.done()              # 画图程序的最后一个语句，这一个语句必须要有
```

注意，最后一个语句的作用是在画图结束后维持画图窗口在屏幕上，否则画图程序运行完毕，画图窗口就会消失。

我们也能看到如下代码框架。

```
import turtle as t          # 导入 turtle 标准库
pass                        # 各种画图语句
t.done()                    # 画图程序的最后一个语句，这个语句必须有
```

本书所有海龟画图程序均按第一个框架来写。

下面先介绍海龟画图的几个概念，再介绍 turtle 标准库的函数和海龟对象的方法，最后给出几个画图示例。

2．画图窗口和画布

画图窗口是运行 turtle.Turtle()语句在屏幕上创建的一个窗口，海龟画图的结果会在这个窗口中显示。画图窗口默认的位置在屏幕正中间，默认的尺寸为：窗口宽度是屏幕宽度的一半，窗口高度是屏幕高度的 3/4。宽度和高度均以像素为单位。

可以用如下方法设置画图窗口的宽度和高度。

```
turtle.setup(600, 400)    # 第一个参数为宽度，第二个参数为高度
```

可以用如下方法获取画图窗口的宽度和高度。

```
turtle.window_width()
turtle.window_height()
```

虽然海龟画图的结果是在画图窗口中显示的，但不是直接画在画图窗口中，而是画在画布上的。

画布是画图窗口中的一个矩形区域，画布的尺寸可以与画图窗口一致，也可以不一致。如果画布尺寸比画图窗口尺寸大，画图窗口会显示滚动条；如果画布小于画图窗口的尺寸，画布会填满整个画图窗口。默认的画布尺寸为 400×300，也就是宽 400 像素、高 300 像素。

可以用如下方法获取画布的尺寸。

```
turtle.screensize()                       # 返回值是二元组：(画布宽度,画布高度)
```

可以用如下方法设置画布的尺寸。

```
turtle.screensize(500, 200)               # 第一个参数是画布宽度，第二个参数是画布高度
```

还可以在设置画布尺寸时设置整个画布的背景颜色。

```
turtle.screensize(500, 200, "yellow")     # 背景颜色为黄色
```

注意，这些设置都是通过调用 turtle 标准库的函数实现的，并非调用海龟对象的方法。

3．画布上的坐标系

在画布上有一个横轴为 X、纵轴为 Y 的平面直角坐标系（当然这个坐标系是隐藏的，我们看不到），坐标系的原点(0,0)在画布的中心，X 轴的正方向向右，Y 轴的正方向向上，坐标轴的长度单位为像素。画布的坐标系原点在画图窗口的中心位置。

画布上的任何一个位置都可以用一个坐标(x,y)来表示，其中 x 表示横坐标，y 表示纵坐标，每个这样的位置称为一个点。比如，点(20,0)在原点右方距离 20 个像素的位置，点(0,10)在原点上方距离 10 个像素的位置，点(20,10)在点(20,0)上方距离 10 个像素的位置，也在(0,10)右方距离 20 个像素的位置，点(−20,−10)与点(20,10)相对于原点对称。

最开始创建画图窗口的时候，海龟一开始在原点(0,0)，面向 X 轴的正方向，这个方向称为原始方向。在画图的任何时刻，海龟的头部面向的方向称为海龟的朝向，朝向和原始方向的夹角是一个介于 0°～360° 的角度，从原始方向开始逆时针从 0° 逐渐变大。

这些点在画布上的坐标和以原点为中心的角度示例如图 5-8 所示。

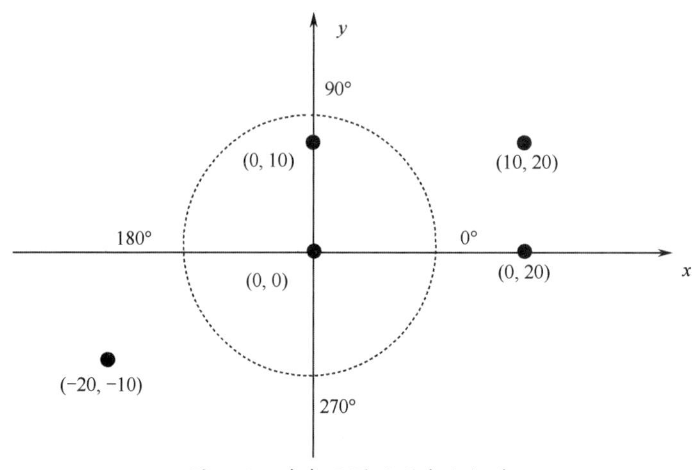

图 5-8 海龟画图的画布坐标系

默认情况下，海龟画图的角度是 0°～360°的模式，它还支持弧度制，用 π/2 表示 90°，π 表示 180°。海龟对象有方法可以设置这两种角度模式，这里不详细介绍。

海龟对象就是画图的画笔，我们可以定位画笔、控制画笔的转向和移动。画笔移动会留下痕迹，痕迹就是画在画布上的线条。线条可以围成图形，我们可以设置画笔的画图速度、线条的颜色和痕迹粗细，还可以设置填充图形的颜色。

4．控制画笔的动作

（1）定位画笔的位置

定位画笔的位置，常用的命令如下。

```
t.goto(x0,y0)          # 让海龟从当前位置沿直线走到点(x0,y0)
t.setposition(x0,y0)   # 功能同 t.goto(x0,y0)，简写为 t.setpos(x0,y0)
t.setx(x0)             # 让海龟保持纵坐标不变，从当前位置移动到横坐标为 x0 的点
t.sety(y0)             # 让海龟保持横坐标不变，从当前位置移动到纵坐标为 y0 的点
```

注意，上面三个直接定位画笔位置的方法在执行后，海龟的朝向与定位前一致，不会发生变化。一个既能定位画笔位置又能改变画笔朝向的方法如下。

```
t.home()              # 让海龟从当前位置沿直线走到原点，且回归原始方向
```

（2）控制画笔转向

画笔一开始朝向 X 轴的正方向，此时如果让它前进，它就会沿着这个方向前进指定的距离。如果想让它朝别的方向移动，就得改变画笔的朝向。控制画笔转向的命令分为相对转向和绝对转向两种。

相对转向是指相对于海龟的当前朝向左转还是右转多少度，有如下两个命令。

```
t.left(n)             # 向左转向 n 度，简写为 t.lt(n)
t.right(n)            # 向右转向 n 度，简写为 t.rt(n)
```

海龟对象的很多方法都有简写形式，功能不变，实际使用时可根据习惯选用。

绝对转向就是无视海龟原来的朝向，直接为其设定一个新朝向。绝对转向的命令有一个：

```
t.setheading(n)       # 把画笔朝向设置成 n 度，简写为 t.seth(n)
```

这里的 n 是相对于原始方向逆时针偏转的角度。

（3）控制画笔前进和倒退

控制画笔前进和倒退，有如下两个命令。

```
t.forward(n)              # 控制画笔前进 n 个像素，简写为 t.fd(n)
t.backward(n)             # 控制画笔后退 n 个像素，简写为 t.bk(n) 或 t.back(n)
```

前进和转向可以结合起来，画一些简单的图形，如三角形、长方形、五边形等。

等边三角形的画法示例如下。

```
a = 100
for i in range(3):
    t.forward(a)
    t.left(120)
```

上述代码修改成通用的代码后，可以画出任意正多边形。

```
n = int(input())
a = 100
for i in range(n):
    t.forward(a)
    t.left(360/n)
```

（4）画点、直线和圆

画点比较简单，用命令 t.dot 即可。

```
t.dot(n)
```

该命令以画笔的当前位置为圆心画一个直径为 n 的圆点，点的颜色为画笔的线条颜色，默认是黑色。

画直线的方式很多，可以分为两种类型：一是通过定位画笔位置，二是通过控制画笔前进或后退。这两种方式都能留下直线痕迹。

画圆可以用 t.circle 来实现：

```
t.circle(r)               # 从当前位置开始画一个半径为|r|的圆
```

当 r 为正值时，是逆时针画圆，当 r 为负值时，是顺时针画圆。注意，画笔当前位置是画圆的起点而不是圆心。例如：

```
t.circle(100)             # 逆时针画半径为 100 的圆
t.circle(-100)            # 顺时针画半径为 100 的圆
```

有时不需要画整个圆，而是画一段圆弧，这时可以通过画圆时设定第 2 个参数来实现。

```
t.circle(r,j)     # 以|r|半径为画一个对应圆心角为|j|度的圆弧
```

当 j 为正数时，让画笔前进画圆弧；当 j 为负数时，让画笔后退画圆弧。如果 j 为 360 的倍数或省略 j 参数，就表示让海龟画一个以 r 为半径的整圆；如果 j 为 90，就画一段 1/4 圆弧。

注意，r 和 j 的正负都对画弧效果有影响，组合起来有 4 种情况。例如：

```
t.circle(100, 90)
t.circle(100, -90)
t.circle(-100, 90)
t.circle(-100, -90)
```

这 4 个语句的画弧效果不一样，我们可以在代码中实际测试。

如果画的不是圆弧，而是用若干长度相等的直线段拼成的类圆弧，就需要在画圆时设定第 3 个参数来实现。例如：

```
t.circle(r, j, step)              # 3 个参数画类圆弧，step 必须是一个正整数
```

表示以|r|为半径画对应圆心角为|j|度的类圆弧，该类圆弧用 step 段等长的直线段拼成，要求 step 是一个整数。

如果省略圆心角参数直接指定第 3 个参数，就需要指定参数名 steps 并给它传递一个正整数，在 steps 参数值大于 2 时，相当于画一个圆内接正多边形。

```
t.circle(r,steps=step)          # 画圆内接正 step 边形
```

在画圆弧的过程中，海龟的朝向随时在变化，当画满一个圆后，海龟的朝向与画圆之前是一致的，若画一个半圆，则画半圆结束之后海龟的朝向刚好与画半圆之前是相反的。若画其他度数的圆弧，则朝向不容易直接确定，不过我们想转向某个指定的点(x0,y0)也比较容易，只需要获取转向该点所需的角度就行，具体见本节后面的“7. 获取画笔状态”内容。

（5）输出文字

有时我们需要在画布上写文字，这要用到海龟对象的 write 方法，该方法有 4 个参数。

```
write(arg, move=False, align='left', font=('Arial', 8, 'normal'))
```

4 个参数的含义解释如下：arg 为要输出的字符串；move 指定画笔是否移动，默认值为 False，表示输出文字时画笔不动；align 指定输出的文字相对于画笔是左对齐、右对齐还是居中，默认是左对齐；font 指定输出文字所用的字体。其中，第 1 个参数必选，后 3 个参数可选。

往画布上写字的例子为：

```
t.write("画图用海龟，一学你就会。", font=("宋体", 24, "normal"))
```

（6）控制画笔的抬起和放下

默认情况下，用直线法、圆弧法和定位法移动海龟的位置都会在画布上留下痕迹。如果不想留下痕迹可以抬起画笔，以后移动就不会留下痕迹；等需要留下痕迹的时候，再落下画笔，以后再移动画笔就会留下痕迹。

```
t.penup()                  # 抬起画笔，可简写为 t.pu() 和 t.up()
t.pendown()                # 落下画笔，可简写为 t.pd() 和 t.down()
```

（7）控制画笔的线条粗细和颜色

默认情况下，画笔的线条粗细为 1 像素，如果想控制画笔线条粗细，可以用如下命令。

```
t.pensize(w)               # 线条粗细设为 w 像素，用 t.width(w)也行
```

默认情况下，画笔的线条颜色为黑色，如果想改变画笔线条的颜色，可以用如下命令。

```
t.pencolor(颜色值)
```

常见的颜色值可以用英文的颜色单词字符串来表示，例如：

```
t.pencolor("red")          # 设置线条颜色为红色
```

海龟支持其他颜色表示法，具体请参考本节后面的“5. 海龟画图的颜色表示”内容。

海龟经过若干次移动后，如果不是一直走直线，海龟的移动路线与起止点连线会得到一个封闭图形，我们可以自行设置封闭图形的填充颜色。默认情况下，画笔的填充颜色与线条的默认颜色一样，都是黑色。我们可以用如下方式设置画笔的填充颜色。

```
t.fillcolor(颜色值)
```

例如：

```
t.fillcolor("blue")
```

我们可以同时设置画笔的线条颜色和填充颜色。例如：

```
t.color("red", "blue")            # 线条颜色为红色，填充颜色为蓝色
```

若只设定一个颜色，则表示线条颜色和填充颜色设置相同。

```
t.color("red",)                   # 线条颜色和填充颜色都是红色
```

设定的线条颜色会在画笔落下后再移动时立即生效，但填充颜色不会立即生效，我们需要用一对命令指定填充的起点和终点：

```
t.begin_fill()                    # 开始填充，此时海龟的位置为填充的起点
t.end_fill()                      # 结束填充，此时海龟的位置为填充的终点
```

从 t.begin_fill()开始，一直到 t.end_fill()为止，期间海龟的移动路线与移动起止点的连线组成的封闭图形内部会用指定的填充颜色进行填充。

（8）控制画笔的速度

控制画笔的速度可以用如下命令。

```
t.speed(k)
```

这里，k 是 0～10 的整数，1 最慢，2～10 则逐渐加快，k 为 0 时速度最快。默认情况下，画笔速度为 3。

5．海龟画图的颜色表示

（1）英文颜色单词

我们可以直接使用英文颜色单词字符串来表示颜色，像 red、green、blue、yellow、white、black 等常见的英文颜色单词都可以使用。当然，英文中颜色单词很多，turtle 中能使用的颜色单词也不少，具体有哪些单词请查阅有关资料。

（2）6 位十六进制 RGB 颜色代码

6 位十六进制 RGB 颜色代码需要用半角“#”开头。构成 RGB 颜色代码的 6 位十六进制数从前往后每 2 位分为一组，共 3 组，依次表示在合成颜色中红、绿、蓝三种颜色分量的浓度，每个颜色分量的浓度为 00～FF，00 表示相应的颜色分量不存在，FF 表示相应的颜色分量浓度最大。例如，#00FF00 表示红色分量缺少，绿色分量浓度最大，蓝色分量缺少，总的颜色就表示绿色。当然，直接用 green 这个英文单词也行。十六进制 RGB 颜色代码中的字母大小写均可。

（3）三元组颜色代码

三元组颜色代码的三个元素从左到右对应的颜色分量依次为红、绿、蓝。默认情况下，颜色分量是 0～1 的一个浮点数，0 表示颜色分量缺失，1 表示颜色分量浓度最大，0 和 1 之间的数值代表了颜色分量的浓度。表 5-1 给出了三种颜色代码的部分对应关系。

表 5-1　海龟画图的颜色单词、十六进制 RGB 颜色代码和三元组颜色代码

颜色单词	red	green	blue	yellow	white	black
十六进制 RGB 颜色代码	#ff0000	#00ff00	#0000ff	#ffff00	#ffffff	#000000
三元组颜色代码	(1,0,0)	(0,1,0)	(0,0,1)	(1,1,0)	(1,1,1)	(0,0,0)

注意，海龟画图还允许另一种形式的三元组颜色代码：颜色分量是 0～255 的整数，数值的多少代表了颜色分量的有无和浓淡。

如果想使用颜色分量最高是 255 的三元组颜色表示法，就需要 turtle 标准库的 colormode 函数进行设置。

```
turtle.colormode(255)             # 使用颜色分量最高是 255 的三元组颜色表示法
turtle.colormode(1.0)             # 使用颜色分量最高是 1 的三元组颜色表示法
```

默认情况下，海龟画图的三元组颜色表示法是颜色分量最高值为 1 的表示法。

6. 设置画笔的隐藏和显示

有时画完图之后，为了美观，我们需要隐藏画笔。隐藏方法如下。

```
t.hideturtle()                    # 隐藏画笔，简写为 t.ht()
```

如果需要把隐藏的画笔恢复显示，可用如下命令。

```
t.showturtle()                    # 隐藏画笔，简写为 t.st()
```

7. 获取画笔的状态

（1）获取画笔的线条粗细。

```
t.pensize()
t.width()
```

（2）获取画笔的线条颜色和填充颜色。

```
t.pencolor()                      # 获取画笔的线条颜色
t.fillcolor()                     # 获取画笔的填充颜色
t.color()                         # 获取画笔的线条颜色和填充颜色构成的二元组
```

（3）获取画笔的起落状态。

```
t.isdown()                        # 返回值为 True 表示画笔落下，False 表示画笔抬起
```

（4）获取画笔的显隐状态。

```
t.isvisible()                     # 返回值为 True 表示画笔可见，False 表示画笔隐藏
```

（5）获取画笔的位置。

```
t.position()                      # 返回画笔的位置：(横坐标,纵坐标)，可简写为 t.pos()
t.xcor()                          # 返回画笔位置对应的横坐标
t.ycor()                          # 返回画笔位置对应的纵坐标
t.distance(x0,y0)                 # 返回画笔当前位置到点(x0,y0)的直线距离
```

（6）获取画笔的朝向。

```
t.heading()                       # 获取画笔的当前朝向与原始方向的夹角
t.towards(x0,y0)                  # 获取画笔朝向某个指定点(x0,y0)所需的左转角度
```

8. 海龟对象的常用方法总结

我们通过调用海龟对象的各种方法进行画图，如表 5-2 所示。

表 5-2　海龟对象的常用画图方法

分类	方法名称	等价方法	功　能
定位	goto		将画笔定位到指定的点
	home		将画笔定位到原点，同时转向为原始方向
	setposition	setpos	同 goto
	setx		保持画笔纵坐标不变定位横坐标
	sety		保持画笔横坐标不变定位纵坐标
转向	left	lt	从画笔当前朝向左转指定的角度
	right	rt	从画笔当前朝向右转指定的角度
	setheading	seth	把画笔朝向设置成指定的角度

续表

分类	方法名称	等价方法	功　能
进退	forward	fd	让画笔前进指定的距离
	backward	bk 或 back	让画笔后退指定的距离
设置画笔属性	speed		设置画笔的画图速度
	pensize	width	设置画笔的线条粗细
	pencolor		设置画笔的线条颜色
	fillcolor		设置画笔的填充颜色
	color		同时设置画笔的线条颜色和填充颜色
画图	dot		以当前位置为圆心指定直径画圆点
	circle		画圆，需指定半径、还可指定角度和步长
写字	write		往画布上写字
画图辅助动作	penup	pu 或 up	画笔抬起，抬起之后，移动画笔不再画线
	pendown	pd 或 down	画笔落下，落下之后，移动画笔才能画线
	begin_fill		填充图形开始
	end_fill		填充图形结束
获取画笔信息	pensize	width	获取画笔粗细
	pencolor		获取画笔的线条颜色
	fillcolor		获取画笔的填充颜色
	color		获取画笔的线条颜色和填充颜色
	isdown		获取画笔是否处于落下状态
	isvisible		获取画笔是否处于显示状态
	position		返回画笔的位置
	xcor		返回画笔位置对应的横坐标
	ycor		返回画笔位置对应的纵坐标
	distance		返回画笔当前位置到点的直线距离
	heading		获取画笔的当前朝向
	towards		获取画笔朝向某个指定点所需的左转角度

9．海龟画图的结果保存

海龟画图无法直接保存成 JPG、GIF、PNG 等格式的图片，如果需要，可以保存成 EPS 格式的图片，可用如下语句来保存。

```
turtle.getscreen().getcanvas().postscript(file=r"result.eps")
```

注意，该语句需在 turtle.done()前运行。运行结果会再得到一个 EPS 图片文件，用 Word 软件将其插入，即可看到该图片。

10．海龟画图示例

【例 5-63】 海龟画图示例 1：太阳花。

```
import turtle
t = turtle.Turtle()

r = 400                         # 画笔每次前进的像素数
x = 170                         # 画笔每次左转的角度
t.speed(0)                      # 设置画笔画图的速度
t.up()
t.backward(r//2)                # 海龟往后退 r 的一半
t.down()
t.color("red", "yellow")        # 设置画图的线条颜色和填充颜色
t.begin_fill()                  # 开始填充
for i in range(360//(180-x)):  # 重复下面的两个动作 360//(180-x) 次
    t.forward(r)                # 画笔前进 r 像素
    t.left(x)                   # 画笔左转 x 度
t.end_fill()                    # 结束填充
t.hideturtle()                  # 画图完毕隐藏画笔

turtle.done()
```

如果把 170 改成 144，把填充颜色改成红色，就会画出一个红色的五角星。当然，角度不是朝向正上方的，我们可以稍微修改一下代码，让它朝向正上方。

【例 5-64】 海龟画图示例 2：螺旋线。

```
import turtle
t = turtle.Turtle()
t.speed(0)
for i in range(1, 200):
    t.circle(i, 10)
t.hideturtle()
turtle.done()
```

【例 5-65】 海龟画图示例 3：画太阳。

```
import turtle
t = turtle.Turtle()
t.speed(0)

a = 100                         # 太阳光芒长度
h = 30                          # 太阳和光芒之间的白色环的宽度
y = 120                         # 黄色太阳的半径
n = 36                          # 光芒线条个数
w = 5                           # 光芒线的宽度
t.color("red")
t.pensize(w)
for i in range(n):              # 画光芒
    t.fd(a+h+y)
    t.goto(0,0)
    t.left(360/n)
```

```
t.color("white")                                    # 画白环，画成白色大点
t.dot(2*(y+h))
t.color("yellow")                                   # 画黄色太阳，画成黄色大点
t.dot(2*y)

t.hideturtle()
turtle.done()
```

【例 5-66】 海龟画图示例 4：画蟒蛇。

```
import turtle
t = turtle.Turtle()
t.speed(0)
t.pensize(40)

# 画蛇身体
t.up()
t.goto(-200, 0)
t.down()
mycolor = ["red", "yellow", "green", "purple", "blue"]
colornum = len(mycolor)
for index, color in enumerate(mycolor):
    t.seth(-24)
    t.color(color)
    t.circle(50, 50)
    if index != colornum-1:
        t.circle(-50, 50)
    else:
        t.circle(30, 150)
        t.color(mycolor[0])
        t.forward(30)

# 画眼睛
t.color("black")
p0 = t.pos()
for p in [(p0[0]+1, p0[1]+8), (p0[0]-1, p0[1]-8)]:
    t.up()
    t.goto(p)
    t.down()
    t.dot(5)

t.hideturtle()
turtle.done()
```

【例 5-67】 海龟画图示例 5：黄玫瑰。

```
import turtle
t = turtle.Turtle()
t.speed(0)

# 画图
```

```
a = 600
c = (1, 1, 0)                                    # 最外层正方形的颜色
n = 10                                           # 正方形个数

# 将画笔定位到合适的位置
t.up()
t.goto(-a/2, -a/2)
t.down()

# 循环画正方形
for i in range(n):
    co = tuple(map(lambda x:x*(n-i)/n, c))       # 颜色渐变
    t.color(co)
    t.begin_fill()
    for i in range(4):
        t.forward(a)
        t.left(90)
    t.end_fill()

    # 移动画笔位置，调整画笔朝向，调整正方形的边长
    x = a/(3**0.5+1)
    t.forward(x*3**0.5)
    t.left(60)
    a = 2*x

t.hideturtle()
turtle.done()
```

本程序是根据2021年第六届北京青少年创意编程与智能设计大赛复赛阶段的一道模拟练习题编写而成的。运行后会生成10个从大到小旋转嵌套的正方形，颜色从外向内，逐渐从黄色变成黑色，整体看起来像一朵盛开的黄玫瑰。

思考题

1．阶梯水价。

为促进水资源节约，北京市从2014年5月1日起对居民用水实行阶梯水价：将每个家庭全年用水量划分为3个阶梯，水价分档递增。对于不超过5口之家来说，第1阶梯用水量不超过180立方米，水价为每立方米5元；第2阶梯用水量为181～260立方米，水价为每立方米7元；第3阶梯用水量为260立方米以上，水价为每立方米9元。对于多于5口之家，每户每增加1人，每年各阶梯水量基数分别增加30立方米。小明家有6口人，2020年全年用水306立方米，请编写Python程序，输出小明家2020年的水费数值。

2．判定日期的合法性。

从键盘输入用空格隔开的3个整数，若将这3个整数视为年、月、日，则这个日期可能合法，也可能不合法。请编写Python程序，判断输入的3个数是否表示一个合法的日期，是合法日期，则输出True，否则输出False。假设年份是正整数，而且不允许用标准库或者扩展库。

3．判定日期是一年的第几天（一）。

从键盘输入用空格隔开的 3 个整数，分别表示年、月、日，假设输入的是一个合法的日期。请编写 Python 程序，输出该日期是该年的第几天。不允许用标准库或者扩展库。

提示：参考本章例题中判断某年某月有几天的代码，在此基础上修改代码。

4．蔡勒公式。

从键盘输入用空格隔开的 3 个整数，分别表示年、月、日。假设输入数据能够表示一个合法日期，请编写 Python 程序，计算该日期是星期几，输出 0～6 中的一个数字即可（0 表示星期日）。

蔡勒公式是公认的计算任意一天是星期几的最好方法：

$$W = \lfloor C/4 \rfloor - 2C + y + \lfloor y/4 \rfloor + \lfloor 13*(M+1)/5 \rfloor + d - 1$$

该公式最早由德国数学家克里斯蒂安•蔡勒（Christian Zeller，1822—1899）在 1886 年推导出的，因此被称为蔡勒公式（Zeller's Formula）。在这个公式中，$\lfloor n \rfloor$ 表示对 n 下取整；C 表示世纪数减一，也就是四位年份的前两位；y 表示年份的后两位；M 表示月份，若月份是 1 或 2，需看成上一年的 13 月和 14 月；d 表示日。

根据这几个数字即可算出 W，再除以 7 求余数。余数是一个小于 7 的非负整数，余数是几就表示这一天是星期几，0 表示是星期日。

现在来计算 2049 年 5 月 1 日是星期几，显然 C=20，y=4，M=5，d=1，代入蔡勒公式，有

$$\begin{aligned} W &= \lfloor 20/4 \rfloor - 2*20 + 49 + \lfloor 49/4 \rfloor + \lfloor 13 * (5+1) / 5 \rfloor + 1 - 1 \\ &= -15 \end{aligned}$$

−15 除以 7 的余数为 6，所以 2049 年 5 月 1 日是星期六。

5．输出某年某月的日历。

从键盘输入用空格隔开的两个整数，分别表示年、月，假设输入的是一个合法的月份。请编写 Python 程序，输出该月份的日历。不允许用标准库或者扩展库。

提示：借助上题的蔡勒公式，计算出该月份的 1 号是星期几，然后按“日一二三四五六”的顺序，输出 7 列若干行数据即可。

6．判定素数方法改进。

例 5-32～例 5-34 给出了 3 个判定素数的例子，虽然在一程度上减少了循环次数，但循环次数可以进一步减少。比如，除了 2，所有偶数都不是素数，除了 3，所有被 6 除余 3 的都不可能是素数。总结一下：2 和 3 直接判定为素数，在所有大于 3 的整数中，凡是被 6 除余数不是 1 或 5 的都不可能是素数，余数为 1 或 5 的才需要用循环结构去进一步判定，在循环结构中，因为不需考虑 2 的问题，所以我们把循环 for j in range(2, k)改为 for j in range(3, k, 2)，可以大大减少循环次数。请根据这个思路编写一个能判定素数的更高效的 Python 程序。

7．回文素数。

所谓回文素数，指的是符合如下条件的素数：从前往后读和从后往前读都一样大于 10 的素数，如 11、101、383 等。请编写 Python 程序，输出 1000 以内的所有回文素数，按从小到大的顺序输出到屏幕，每个数字占一行。

8．一亿以内的全部自幂数。

前面的例 5-23 给出了判断一个整数是否为自幂数的方法。请编写 Python 程序，输出一亿以内的自幂数，每个数占一行。

9．输出星号菱形图案。

请编写 Python 程序，输出下面的图案。

```
    *
   ***
  *****
 *******
*********
 *******
  *****
   ***
    *
```

提示：先考虑通用的解决方案。要想输出上面的图案，可以把图案拆成两部分，一部分是一个上小下大的等腰三角形，另一部分是一个上大下小的等腰三角形。这两部分分别计算每行空格数和星号的数目与行号的关系，各自用循环输出即可。当然，也可以合起来用一个循环结构来实现，这需要搞清楚每行的空格数、星号数目与行号之间的关系。

10．输出数字三角形图案。

请编写 Python 程序，输出下面的图案。

```
    1
   121
  12321
 1234321
123454321
```

11．输出数字菱形图案。

请编写 Python 程序，输出下面的图案。

```
    1
   121
  12321
 1234321
123454321
 1234321
  12321
   121
    1
```

提示：可以在星号菱形图案的基础上进一步思考，本该输出星号的地方应该输出什么样的数字字符。

12．完全数。

完全数又称完美数或完备数。若一个数的所有因子（不含自身）之和等于它自身，则称该数为完全数。例如，6=1+2+3，28=1+2+4+7+14，所以 6 和 28 都是完全数。请编写 Python 程序，输出 10000 以内的所有完全数，每个数占一行。

13．最小公倍数（二）。

第 4 章的思考题 8 中给出了一个求最小公倍数的问题，当时提示用 math 标准库的 gcd 函数来解决问题。现要求不得使用 gcd 函数求最小公倍数，请用循环来编写 Python 程序，完成题目要求。

14．狐假虎真（二）。

第 4 章的思考题 9 中给出了一个狐假虎真问题，当时提示通过总结出数学表达式来求解。现要求用循环结构实现该问题的求解。

15．金币云商抽签模拟。

中国金币网上商城（又名金币云商）经常面向实名会员以抽签的形式预售一些金银纪念币，预售期结束后选定一个日期进行抽签并公布抽签结果，中签的会员可以购买一枚相应规格的纪念币。抽签规则如下。

首先设定几个变量如下。

A：基数；

B：翻转数；

T：中签数目（作者注：金币云商网站用到此变量，但没有命名成变量，这里设为变量 *T*）；

X：总报名次数；

Y：种子号，即起始中签号；

Z：阶数。

然后计算各变量的值。

（1）*A*=(抽签日的上一个工作日的深圳证券交易所深证成指“今收”指数×100)×(抽签日的上一个工作日的深圳证券交易所中小板指“今收”指数×100)×10000（注：*A* 为整数，不能有小数位）。

（2）*B*=将基数 *A* 对应的数字倒序排列（如首位有 0，则直接抹去）。

（3）*Y*= *B* 除以 *X* 后所得的余数加 1。

（4）*Z*= *X* 除以 *T* 取整数（舍掉小数点后的部分）；

最后得到全部中签号：

第 1 个中签号=*Y*；

第 2 个中签号=*Y*+*Z*；

第 3 个中签号=*Y*+*Z*×2；

第 *N* 个中签号=*Y*+*Z*×(*N*−1)；

如果第 *N* 个中签号码>总报名次数，那么第 *N* 个中签号码=*Y*+*Z*×(*N*−1)−总报名次数。

【举例说明】

2020 年 10 月 13 日 9:00 至 10 月 16 日 12:00 的 2021 中国辛丑（牛）年 30 克彩色圆形银币的抽签活动共有 94792 次报名，共抽取中签号 4000 个，抽签日期是 2020 年 10 月 19 日，抽签日的前一个交易日是 2020 年 10 月 16 日，当日深交所指数收盘行情如下。

深证成指：13532.73

中小板指：9071.6

根据抽签方法计算可得

基数 *A*=(深证成指×100)×(中小板指×100)×10000=1227635134680000

反转数 *B*=864315367221

总报名次数 *X*=94792

中签数 *T*=4000

种子号 Y=B%X+1=864315367221%94792+1=15382

阶数 Z=X//T=94792//4000=23

第 1 个中签号=Y=15382；

第 2 个中签号=Y+Z=15403；

第 3 个中签号=Y+2*Z=15428；

以此类推，

第 3453 个中签号=15382+3452*23=94778；

第 3454 个中签号=15382+3453*23=94801>X，所以第 3454 个中签号=94801−X=9；

以此类推，

第 4000 个中签号=15382+3999*23−X=12567。

金币云商中签号码的计算过程非常透明，抽签依赖的几个要素基本上都不存在人工操控的可能性，任何一个人在特定时期内的参与都有可能改变中签结果，任何一个人都是全程公证人，任何一个人都能独立地计算出准确的中签号码。从这一点看，金币云商的抽签制度相对来说是比较先进的抽签制度。

请编写一个模拟金币云商抽签的Python 程序，接收从键盘输入的总报名次数、中签数目、深证成指和中小板指，按照金币云商的中签计算规则，计算出全部的中签号码并按顺序输出。

16．自然常数。

无理数 e 是一个无限不循环小数，它的值为 2.718281828……它与圆周率 π 及虚数单位 i 并列为数学中最重要的常数。著名的欧拉公式 $e^{i\pi}+1=0$ 完美地将 e、π、i、0 和 1 融合在一起。

e 的计算公式为

$$e=1+\frac{1}{1!}+\frac{1}{2!}+\frac{1}{3!}+\frac{1}{4!}+\cdots+\frac{1}{n!}+\cdots$$

在工程计算中，常常用 $\frac{1}{n!}$ 项及其之前部分的和来求得 e 的近似值。也就是说，当 n 足够大时，可以认为

$$e\approx 1+\frac{1}{1!}+\frac{1}{2!}+\cdots+\frac{1}{n!}$$

请编写 Python 程序，从键盘接收整数 n 的值，用上面的公式求 e 的值并输出到屏幕。

17．有限寿命兔子数列。

5.6.7 节介绍了兔子数列，该数列其实是一种理想的情况，假设兔子都是长生不老的，若兔子寿命有限，那么兔子数列该会是什么样的呢？董付国老师在公众号“Python 小屋”中发布的刷题软件题库中提出了有限寿命兔子数列问题。假设兔子数列中其他条件不变的情况下增加兔子寿命这个条件，如每对兔子的寿命都是 k 个月，并且只要活着就坚持每个月生一对小兔子，这样每个月的兔子数目也能得到一个数列。本书称之为有限寿命兔子数列。假设 k=6，要求从键盘输入 n（n≥1），求有限寿命兔子数列第 n 个月有多少对兔子。

【提示】假设兔子寿命为 k（k≥3）个月，则从第 k+1 个月开始，兔子寿终正寝也不再生小兔。根据题意，把兔子分为以下 3 类。

幼年兔子，1 月龄的兔子，用 y_n 表示第 n 个月幼年兔子的总数；

青年兔子，2 月龄的兔子，用 q_n 表示第 n 个月青年兔子的总数；

成年兔子，2 月龄已上的活兔子，用 c_n 表示第 n 个月成年兔子的总数。

显然，只有成年兔子每个月生小兔，当月的成年兔子在该月生 1 对小兔。

令 t_n 表示第 n 个月所有兔子的总数。为简单起见，令 k=6，同时令第 0 个月各类兔子数目均为 0，考察前 10 个月各类兔子的变化。

月份 n	0	1	2	3	4	5	6	7	8	9	10
幼兔 y_n	0	1	0	1	1	2	3	4	7	10	16
青兔 q_n	0	0	1	0	1	1	2	3	4	7	10
成兔 c_n	0	0	0	1	1	2	3	4	7	10	16
总数 t_n	0	1	1	2	3	5	8	11	18	27	42

可以发现如下规律：

$$\begin{cases} q_n = y_{n-1}, & n \geqslant 1 \\ y_n = c_n, & n \geqslant 2 \\ c_n = c_{n-1} + q_{n-1} - y_{n-k}, & n > k \\ t_n = y_n + q_n + c_n, & n \geqslant 1 \end{cases}$$

用 k=6 推导出来的递推式显然也适用于 k=72，用上述递推式写出 Python 程序即可。

笔者推导出来的这个公式虽然能解题，但算不上比较好的解决方案，国防科技大学刘万伟老师给出了一个更简洁的公式，即：当 n 充分大时，有 $t_n = t_{n-1} + t_{n-2} - t_{n-k}$。据此，我们可以整理得到一个新的递推式，即

$$t_n = \begin{cases} 1, & n = 1,2 \\ t_{n-1} + t_{n-2}, & n > 2 \text{且} n \neq \mathrm{k} \\ t_{n-1} + t_{n-2} - 1, & n > 2 \text{且} n = \mathrm{k} \end{cases}$$

用这个新的递推式写出的 Python 程序显然更简洁。

18．四平方和。

数学上有一个四平方和定理，说的是每个正整数都可以分解为至多 4 个正整数的平方和。若考虑 0，则这个定理就可以表示为：每个正整数都能分解为 4 个非负整数的平方和。比如：

$$5 = 0^2 + 0^2 + 1^2 + 2^2$$

$$7 = 1^2 + 1^2 + 1^2 + 2^2$$

我们对上述分解方法简化表示为元组，即

$$5 \rightarrow (0, 0, 1, 2)$$

$$7 \rightarrow (1, 1, 1, 2)$$

上述分解方法解释如下。

① 每个正整数的分解结果是四元组；

② 每个四元组中元素都是非负整数；

③ 每个四元组中的全部元素按非递减顺序排列；

④ 每个四元组中四个数字的平方和等于给定的正整数。

对于一个给定的正整数来说，可能存在多种四平方和分解方法。例如：

$$4 \rightarrow (0, 0, 0, 2)$$

$$4 \rightarrow (1, 1, 1, 1)$$

在众多的四平方和分解方法中，我们按分解出的四元组由小到大的顺序排列各分解结果。因为在 Python 中四元组(0, 0, 0, 2)小于(1, 1, 1, 1)为真，所以对 4 的所有分解结果排序，结果是

(0, 0, 0, 2)在前。现在我们称排在第一位的四元组为最佳分解方案。

请编写Python 程序，从键盘输入一个正整数，返回该正整数对应的最佳四平方和分解方案。

19．画五角星。

5.6.12 节中提到，将例 5-63 中的代码稍加改动即可画出五角星。现要求画一个红色的五角星，五角星的一个角朝向正上方，而且让五角星的中心位于原点。

【提示】利用正切函数计算五角星中心到五角星水平边的距离，在画图前先调整海龟的初始位置和方向，确保画出的五角星居中朝上。

第 6 章　函数和类

函数是实现某种特定功能的、可以重复使用的代码段。函数有自己的名字，函数名命名规则同变量名的命名规则。函数可能有参数，也可能有返回值。

函数包括内置函数、库（含标准库和扩展库）函数和自定义函数。前面已经介绍过内置函数和个别库函数，本章介绍自定义函数，并简单介绍类。

6.1　使用函数的好处

在 Python 程序代码中使用函数有很多好处：可以提高代码的复用率，减少重复代码；可以方便我们更清楚地表达程序设计思想；还可以提高程序的可读性。

例如，在例 5-57 中有两段判断素数的代码几乎完全一样，由于重复代码的存在，导致整个程序冗长，可读性差。下面采用函数来改写，可以大大简化代码，提高程序的可读性。

【例 6-1】 验证哥德巴赫猜想（二）。

```
def isprime(n):
    "判定 n 是否素数，n 的数据类型是整数。"
    flag = False
    if n >= 2:
        k = int(n**0.5) + 1
        for i in range(2, k):
            if n%i == 0:
                break
        else:
            flag = True
    return flag

n = int(input())
assert n > 2 and n%2 == 0
for k in range(2, n//2+1):
    if isprime(k) and isprime(n-k):
        print(f"{n}={k}+{n-k}")
```

上面定义了一个名叫 isprime 的函数，函数中的代码与例 5-34 差不多，自是不难理解。由于定义了函数，验证哥德巴赫猜想的代码变得非常简洁。

6.2 函数的定义和调用

6.2.1 函数的定义

我们结合例 6-1 中的代码来看函数的定义。

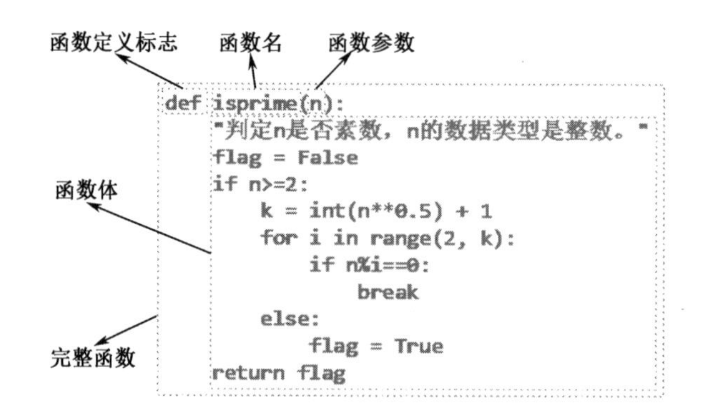

关于函数定义的几点注意事项如下。

① 关键字 def 是函数定义的标志，def 后要有一到多个空白字符（一般是空格），后面是函数名。

② 函数名后有一对半角“()”，其中有零到多个参数，称为形参，若形参有多个，则用半角“,”隔开，形参也可以没有，即便没有形参，这对半角“()”仍然需要存在。

③ 形参后的“)”后需要一个半角“:”，这是必需的。因为 def 语句是个复合语句，与 if 语句、while 语句和 for 语句一样，复合语句首行必须用半角“:”来引领下面的代码。对于 def 复合语句来说，“:”后的代码称为函数体。

④ 函数体中的所有语句都相对 def 语句缩进一个层次。

⑤ 函数体的首行可以是一个字符串，用来对函数进行说明，这个说明不是必需的。

⑥ 函数体从上到下是一个顺序结构，顺序结构内部又可以包含选择结构和循环结构。函数体中的语句书写除了相对 def 语句缩进，没有什么其他限制，只要各语句符合 Python 的语法就行。

⑦ 函数中的 return 语句用来结束函数代码的执行并返回一个对象给调用函数的代码。函数中的 return 语句不是必须有的。

定义了函数后，函数不会自动执行，必须调用它，它才会执行。不少初学者往往误以为定义了函数就可以执行，其实并非如此。定义函数就相当于告诉 Python 解释器：现在有了一个名叫某某的函数，你先不用执行，以后我调用它的时候你再去执行其中的代码。

下面介绍函数的调用。

6.2.2 函数的调用

调用函数大致有两个目的。一个目的是让函数产生数据或者进行数据变换，这时候我们需要获取函数的返回值，如调用标准库的函数 math.sqrt(9)就是想获取 9 的算数平方根。另一个目的是让函数执行特定的功能，不需要知道函数的返回值，如调用内置函数 print 是为了把数据输出到屏幕，我们不需要知道它返回什么值。

另外，有的函数需要参数，调用时就需要给它传递参数（传递的参数叫实参），有的函数不需要参数，调用时直接用函数名加半角“()”就行。

根据函数有无参数和有无返回值，函数可以分为 4 类，相应地，函数的调用方法也分 4 种情况。现在以输出 1+2+…+100 的值为例来一一说明。

1．无参数无返回值函数的调用

【例 6-2】 四类函数的定义和调用（一）：无参数无返回值。

```
def mysum1():
    s = sum(range(1, 101))
    print(f"1+2+…+100 = {s}")

mysum1()
```

这里的函数 mysum1 有两个不方便之处：第一，它把连加运算的终止值 100 写到了函数体内部，只能从 1 加到 100，如果想从 1 加到别的整数，不修改函数就没办法实现。第二，它把输出格式固定到函数体中了，如果想改变输出格式，不修改函数也没有办法搞定。

2．无参数有返回值函数的调用

【例 6-3】 四类函数的定义和调用（二）：无参数有返回值。

```
def mysum2():
    s = sum(range(1, 101))
    return s

result = mysum2()
print(f"1+2+…+100 = {result}")
print(f"从 1 加到 100 结果: {result}")
```

这里的函数 mysum2 克服了例 6-2 中调用 mysum1 不能改变输出格式的缺点，我们可以在不修改函数的前提下修改输出格式。但是，mysum2 仍然不能修改连加的终止值。

3．有参数无返回值函数的调用

【例 6-4】 四类函数的定义和调用（三）：有参数无返回值。

```
def mysum3(n):
    s = sum(range(1, n+1))
    print(f"1+2+…+{n} = {s}")

mysum3(10)
mysum3(100)
```

这里的函数 mysum3 克服了例 6-3 中调用 mysum1 不能修改连加的终止值的缺点，但是调用 mysum3 仍然不能做到在不修改函数的前提下修改输出格式。

4．有参数有返回值函数的调用

【例 6-5】 四类函数的定义和调用（四）：有参数有返回值。

```
def mysum4(n):
    s = sum(range(1, n+1))
```

```
    return s

i = 10
print(f"1+2+…+{i} = {mysum4(i)}")
j = 100
print(f"从 1 加到{j}结果: {mysum4(j)}")
```

代码调用函数 mysum4 既能做到修改连加的终止值，又能随时修改输出格式，还不修改函数的代码。

上面只是列举了四类函数的定义和调用，在实际应用中，我们可以根据实际情况定义和调用合适类型的函数。

6.2.3 关于函数返回值的注意事项

1．函数调用是一种表达式

注意，函数调用也是一种 Python 表达式，而表达式都会有一个值。如果函数有返回值，那么函数调用表达式的值就是 return 语句返回的值；如果函数没有返回值，也就是函数中没有 return 语句，那么函数调用表达式得到的值就是 None。例如：

```
>>> a = [1, 2, 3, 0, 6]
>>> b = sorted(a)
>>> a
[1, 2, 3, 0, 6]
>>> b
[0, 1, 2, 3, 6]
>>> c = a.sort()
>>> a
[0, 1, 2, 3, 6]
>>> c
>>> print(c)
None
```

在上述代码中，调用内置函数的表达式 sorted(a)不改变列表 a 的值，但它有返回值，将 sorted(a)赋值给变量 b 后，b 的值是排序后的列表；而列表对象 a 的 sort 方法只是改变了列表 a 的值，但表达式 a.sort()自身没有返回值，将 a.sort()赋值给变量 c 后，c 得到的值为 None。

2．返回多个值的函数

有些函数有多个返回值，多个返回值会以元组的形式返回。例如，内置函数 divmod 就是返回一个二元组。

```
>>> a, b = 12, 7
>>> c = divmod(a, b)
>>> c
>>> c(1, 5)
```

自定义函数如果想返回多个值，在 return 后面写上多个用“,”隔开的表达式即可。下面是模拟内置函数 divmod 的自定义函数。

```
>>> a, b = 12, 7
```

```
>>> def mydivmod(x, y):                    # 自定义返回多个值的函数
    m = x//y
    n = x%y
    return m, n
>>> mydivmod(a, b)
(1, 5)
```

6.3 函数参数的传递与接收

一般情况下，函数定义时有几个形参，在调用函数时就需要几个实参。每个实参可以是单个的常量、单个变量或表达式。

函数调用时参数传递的方法如下：顺序传递，默认值传递，指定参数名传递，序列解包传递，字典解包传递。

形参接收实参的方法如下：参数数目固定，参数数目可变。

6.3.1 函数参数的传递方式

1. 顺序传递

顺序传递参数是基本的参数传递方式，形参个数与实参个数一一对应，实参的值按顺序传递给形参。

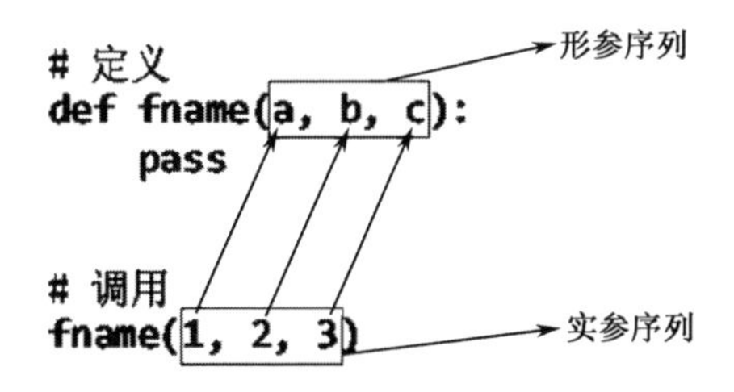

【例 6-6】 函数参数的传递示例（一）：顺序传递。

```
# 返回从 a 加到 b 的和
def f1(a, b):
    s = sum(range(a, b+1))
    return s

# 调用
print(f1(1, 100))
```

2. 默认值传递

默认值传递也是一种顺序传递，只不过在定义函数时，为全部或部分参数指定默认值，调用时可以不给设定了默认值的参数传递实参。

【例 6-7】 函数参数传递示例（一）：默认值传递。

```
# 返回从 a 加到 b 的和
def f2(a=1, b=100):
    s = sum(range(a, b+1))
```

```
    return s

# 调用
print(f2(10, 20))          # 两个实参，两个形参，按顺序传递
print(f2(10))              # 只有一个实参 10，传递给 a
print(f2())                # 无实参，形参 a 和 b 都获得默认值
```

需要说明的是，在函数定义时允许一部分参数有默认值，一部分参数没有默认值。Python 规定，所有有默认值的形参必须放到没有默认值的形参后，也就是说，不允许前面的形参有默认值而后面的形参无默认值。

3．指定形参名传递

顺序传递参数和默认值传递参数都需要考虑实参和形参按顺序对应，指定形参名传递实参的方式更加灵活，可以不需考虑形参与实参的对应关系。

【例 6-8】 函数参数传递示例（三）：指定形参名传递。

```
# 返回从 a 加到 b 的和
def f3(a=1, b=100):
    s = sum(range(a, b+1))
    return s

# 调用
print(f3(a=50))
print(f3(b=1000))
print(f3(b=80, a=30))
```

4．序列解包传递

序列解包传递本质上是顺序传递，只不过传递的实参是一个有序的序列类对象，在该对象前面加“*”来表示把对象的元素按顺序传递给形参。注意，序列对象的元素个数必须与形参个数一致。

【例 6-9】 函数参数传递示例（四）：序列解包传递。

```
# 返回从 a 加到 b 的和
def f4(a, b):
    s = sum(range(a, b+1))
    return s

# 调用
x = [20, 25]
print(f4(*x))
```

5．字典解包传递

字典解包传递本质上是指定形参名传递，字典中的键值对刚好构成函数的形参和实参，调用函数时在字典对象前面加“**”来充当函数的参数。注意，字典的键必须与函数的形参变量名完全一致。

【例 6-10】 函数参数传递示例（五）：字典解包传递。

```
# 返回从 a 加到 b 的和
def f5(a, b):
```

```
    s = sum(range(a, b+1))
    return s

# 调用
d = {"a":1, "b":10}
print(f5(**d))
```

6.3.2 函数形参接收实参的形式

1．形参个数固定

如果函数的形参个数固定，就会通过 6.3.1 节介绍的几种实参传递方式，每个形参各自接收自己所获得的实参。

【例 6-11】 函数形参接收实参示例（一）：形参个数固定。

```
# 返回 3 个参数的和
def myadd1(a, b, c):
    s = a + b + c
    return s

# 调用
print(myadd1(1, 2, 3))
```

2．形参个数可变

如果函数的形参个数可变，那么 Python 提供了两种形参接收实参的方式。一种方式是把接收的实参值放入一个元组，适用于顺序传递实参的方式；另一种方式是把接收的实参放入一个字典，适用于执行参数名传递的方式。

【例 6-12】 函数形参接收实参示例（二）：接收的实参放入元组。

```
# 返回 3 个参数的和
def myadd2(*p):        # 注意 p 前面有一个星号
    print(p)
    s = sum(p)
    return s

# 调用
print(myadd2(1, 2, 3))
```

上述代码的运行结果如下。

```
(1, 2, 3)
6
```

其中，第 1 行结果是在函数 myadd2 中的输出，方便我们查看形参 p 的数据类型；第 2 行代码是对函数调用表达式 myadd2(1, 2, 3)返回值的输出。

【例 6-13】 函数形参接收实参示例（三）：接收的实参放入字典。

```
# 返回 3 个参数的和
def myadd3(**d):                    # 注意 d 前面有两个星号
    print(d)
    s = sum(d.values())
    return s
```

```
# 调用
print(myadd3(x=1, y=2, z=3))
```

上述代码的运行结果如下。

```
{'x': 1, 'y': 2, 'z': 3}
6
```

其中，第 1 行结果是在函数 myadd3 中的输出，方便我们查看形参 d 的数据类型；第 2 行代码是对函数调用表达式 myadd3(x=1, y=2, z=3)返回值的输出。

在函数 myadd3 中，d 是一个字典，表达式 d.values()是一个由 d 的键值对中的值构成的类似列表的可迭代对象，可以用 sum 函数求和。

6.4 函数中的局部变量和全局变量

函数中可以创建变量，函数中创建的变量被称为局部变量。与局部变量相对，还有全局变量。全局变量是不属于任何函数或类的变量。如果函数中的局部变量与函数外部的全局变量同名，那么在函数引用这个相同的变量名时，会对局部变量进行操作。

【例 6-14】 局部变量和全局变量示例（一）。

```
s = -5                          # 创建全局变量 s
def f():
    s = 8                       # 创建局部变量 s
    print(s)                    # 这里输出的是局部变量 s 的值

print(s)                        # 输出全局变量 s 的值
f()
print(s)                        # 输出全局变量 s 的值
```

其输出结果是：

```
-5
8
-5
```

在函数 f 中，为变量 s 赋值为 8，并不会影响全局变量 s 的值，所以在调用函数 f 前后，输出的全局变量 s 的值都是−5。

在函数中，可以用关键字 global 来声明某个变量是一个全局变量，然后就可以在函数中对这个全局变量进行操作。

【例 6-15】 局部变量和全局变量示例（二）。

```
s = -5                          # 创建全局变量 s，赋值为-5
def f():
    global s                    # 声明 s 是全局变量
    s = 8                       # 对全局变量 s 赋值为 8
    print(s)                    # 这里输出的是全局变量 s 的值 8

print(s)                        # 输出全局变量 s 的值-5
f()                             # 调用函数，在函数中改变全局变量 s 的值
print(s)                        # 输出全局变量 s 的值 8
```

其输出结果是：

```
-5
8
8
```

如果存在全局变量 var，但在函数中没有用 global 关键字声明这个全局变量，也没有定义局部变量 var，那么在函数中可以使用该全局变量，但只能读取它，不能为它赋值。

【例 6-16】 局部变量和全局变量示例（三）。

```
s = -5
def f():
    print(s)
f()
print(s)
```

上述代码能正确执行。

【例 6-17】 局部变量和全局变量示例（四）。

```
s = -5
def f():
    print(s)
    s = 8

f()
print(s)
```

上述代码执行时报错，因为在函数中有了“s=8”赋值语句，Python 解释器就认为 s 是局部变量，但上一行有“print(s)”语句，对于局部变量 s 来说，此时尚未创建对象，所以报错。

6.5 lambda 表达式

lambda 表达式是一个有参数有返回值的匿名函数，其特点是在一行代码中同时完成函数的定义和调用。lambda 表达式能让代码简洁，但有时会降低代码的可读性。

内置函数 map 可以对可迭代对象进行元素变换，第 1 个参数可以是内置函数、自定义函数或 lambda 表达式。lambda 表达式的格式为：

```
lambda 形参变量: 关于形参变量的表达式
```

其中，关键字 lambda 与形参变量之间至少要有一个空白字符（一般是一个空格），形参变量至少有一个，如果有多个，就用半角“,”隔开，“:”前后可以有空白字符也可以没有。整个 lambda 表达式的作用是把形参变成“:”后的关于形参变量的表达式值。

【例 6-18】 列表元素乘方变换（一）。

```
def f(n):
    return n*n

a = [1, 2, 3, 4, 5]
b = list(map(f, a))
print(b)
```

上述代码定义了一个函数 f，能返回一个数的平方。表达式 list(map(f, a))的作用是把列表

[1, 2, 3, 4, 5]转换成[1, 4, 9, 16, 25]。现在用 lambda 表达式来实现相同的功能。

【例 6-19】 列表元素乘方变换（二）。

```
a = [1, 2, 3, 4, 5]
b = list(map(lambda x:x*x, a))
print(b)
```

上面代码中的 lambda x:x*x 是一个有着单个形参变量的 lambda 表达式，其作用是把 x 变成 x 的平方。lambda x:x*x 的作用与例 6-18 中的函数 f 是一样的。

lambda 表达式可以使用多个形参，此时相当于一个多参数的函数。

【例 6-20】 列表元素对应相加（一）。

```
def add(x, y):
    return x + y


a = [1, 2, 3, 4, 5]
b = [10, 20, 30, 40, 50]
c = list(map(add, a, b))
print(c)
```

上述代码是利用自定义函数实现的。

【例 6-21】 列表元素对应相加（二）。

```
a = [1, 2, 3, 4, 5]
b = [10, 20, 30, 40, 50]
c = list(map(lambda x,y:x+y, a, b))
print(c)
```

上述代码是利用自定义函数实现的，功能与例 6-20 完全一样。

再来看一个判断自幂数的例子。判断自幂数曾在 5.4.1 节的例 5-23 中用循环结构来实现，这里用 lambda 表达式配合 map、sum 等内置函数来实现。

【例 6-22】 判断一个整数是否为自幂数（二）。

```
n = 153
k = len(str(n))
flag = sum(map(lambda x: int(x)**k, str(n)))==n
print(flag)
```

虽然 lambda 表达式是一个匿名函数，但我们还是可以给它指定一个名字，就像函数一样使用它。把 lambda 表达式赋值给一个变量，这个变量就相当于一个函数。

```
>>> f = lambda x, y:x+y
>>> f(2, 3)
5
```

最后，lambda 表达式的形参也支持默认值。例如：

```
>>> f = lambda x=2, y=3:x+y
>>> f(10, 20)
30
>>> f()
5
>>> f(10)
13
```

```
>>> f(y=10)
12
>>> f(y=10, x=100)
110
```

6.6 生成器函数

包含 yield 语句的函数被称为生成器函数。生成器函数不能通过直接调用来返回一个值，需要首先用生成器函数创建生成器对象，然后通过操作生成器对象来获取数据。

yield 语句相当于 return 语句，其作用也是从函数中返回一个表达式。不同的是，用 yield 语句返回一个值后，会记住返回的位置，下次再进入生成器函数时，不再从头开始执行，而是从上次返回的 yield 语句的下一句开始执行。

本书在 3.4.1 节提到迭代器时说过，生成器也是迭代器的一种。生成器对象具有惰性求值的特点：它的数据不是一下子全部生成的，而是临时生成的，需要数据时，它才临时生成一个数据并返回，返回的同时就把生成过的数据丢掉。这个特点使得生成器可以处理大量数据而没有内存不足的压力。

从生成器中获取数据有如下 3 种方法：使用生成器对象的__next__方法；使用内置函数 next；使用 for 循环遍历生成器对象的元素。

下面举一个简单的生成器函数的例子，用来生成所有的自然数。

【例 6-23】 自然数生成器。

```
def get_natural_number():
    i = 0
    while True:
        yield i
        i += 1

f = get_natural_number()          # 创建生成器对象
for i in range(10):               # 获取生成器的数据方法 1
    print(next(f))

for i in range(10):               # 获取生成器的数据方法 2
    print(f.__next__())

count = 0                         # 获取生成器的数据方法 3
for i in f:
    print(i)
    count += 1
    if count == 10:
        break
```

创建自然数生成器对象后，用了 3 种方法来获取数据。方法 1 生成了 0～9 这 10 个自然数，方法 2 生成了 10～19 这 10 个自然数，方法 3 生成了 20～29 这 10 个自然数。

下面再举一个素数生成器的例子，生成前 10 个素数。

【例 6-24】 素数生成器。

```
# 定义素数生成器函数
def getprime():
    yield 2
    n = 3
    while True:
        yield n
        while True:
            n += 2
            for i in range(3, int(n**0.5)+1, 2):
                if n%i == 0:
                    break
            else:
                break

a = getprime()                              # 创建素数生成器对象
for i in range(10):                         # 获取前 10 个素数
    print(next(a))
```

除了生成器函数可以创建生成器对象，生成器推导式也能创建生成器对象。7.3.8 节将介绍生成器推导式。

6.7 自定义函数库

定义函数的目的是提高代码的重用度，提高程序开发效率。前面在介绍顺序、选择、循环结构时，举的例子都可以改写为函数，以方便后续的程序编写。

如果编写了一个判定素数的函数 isprime，那么，不仅在验证哥德巴赫猜想的时候能用得上，在其他需要判定素数的场合也能用得到。

如果在用到素数函数 isprime 时，我们每次都把验证哥德巴赫猜想的 Python 程序打开，复制其中 isprime 函数的定义代码，粘贴到其他 Python 程序中，这肯定是不方便的。为此，我们希望把 isprime 函数保存成一个 Python 文件，编写其他 Python 程序的时候，可以像导入标准库和扩展库中的函数那样方便地使用自己编写的 isprime 函数。Python 提供了这种机制。一个 Python 文件可以存储一个或多个自定义函数，被称为自定义函数库（或者自定义模块，都是一个意思）。

现在以从 1 加到 n 这个简单的例子来说明如何调用自定义函数。

首先，编写一个 Python 文件，内容包含一个从 1 加到 n 的函数定义和调用代码。

【例 6-25】 使用自定义函数库中的函数示例（一）。

```
def mysum(n):
    return sum(range(1, n+1))
print(mysum(100))
```

上述代码比较好理解，前 2 行定义函数 mysum，第 3 行调用函数 mysum。将上述代码保存为 myfunc.py，运行它，测试无误后，留存备用。myfunc 就是自定义函数库的名字，mysum 就是自定义库 myfunc 中的一个函数名。

然后编写一个从自定义函数库中调用自定义函数 mysum 的 Python 程序。

【例 6-26】 使用自定义函数库中的函数示例（二）。

```
from myfunc import mysum
print(mysum(10))
```

从自定义库中导入自定义函数的语句格式与从标准库或扩展库中导入函数没什么两样，格式都是“import 库名”，或者“from 库名 import 函数名”，导入函数后就可以调用了。我们将这段代码保存为 test.py。

最后，将 myfunc.py 和 test.py 放到同一目录下，运行 test.py 即可。对于这个例子，我们惊讶地发现，它的运行结果有两行：

```
5050
55
```

第一行的输出结果 5050 是在运行语句 from myfunc import mysum 时，执行了 myfunc.py 中的 print 语句产生的结果。第二行的结果 55 才是调用自定义函数 mysum(10)得到的返回值被 print 语句输出的结果。

如果不想在自己程序的输出结果中混入自定义函数库的输出结果，可以把自定义库中的输出语句移除，只留下自定义的函数。这样做有一个弊端，万一有一天发现自定义库中的某个函数有问题，就得打开自定义函数库对有问题的函数进行测试，测试免不了又要写 print 语句。如果每次测试完都把测试代码删除，也是个麻烦事，下次遇到问题时还得重新写测试代码。

那么，能不能既保留自定义函数库中的测试代码又能禁止自定义函数库中的测试代码在导入的时候输出数据呢？答案是可以的。我们修改自定义函数库中的测试代码，在测试代码前加一个特殊的 if 语句即可。我们把 myfunc.py 的内容修改如下。

【例 6-27】 使用自定义函数库中的函数示例（三）。

```
def mysum(n):
    return sum(range(1,n+1))

if __name__ == "__main__":
    print(mysum(100))
```

将修改后的 myfunc.py 和 test.py 放到同一目录下，再次运行 test.py，即可发现输出结果就不再有 5050 了。当我们单独运行 myfunc.py 时，发现 5050 又起作用了。这是为什么？

每个可以运行的 Python 文件（也称为 Python 脚本）都有一个__name__属性（注意，name 两边各有两个下划线）。当 Python 文件单独运行的时候，__name__属性获得的值是字符串"__main__"（注意，main 两边各有两个下划线），当 Python 文件被其他 Python 文件用 import 语句导入时，其__name__属性获得的值就不再是"__main__"而是它的文件名（不含扩展名）。由于自定义函数库的文件名一般不可能是__main__.py，因此导入自定义函数库时就能有效避免测试代码中的输出语句生效。

本书后面的程序，如果是代码中定义了函数且该函数可能被其他代码调用，一般都会有

```
if __name__ == "__main__":
```

语句，这样可以避免测试函数的输出结果对调用函数的代码造成影响。

现在我们初步掌握了导入自定义库函数的方法：把调用自定义库函数的 Python 文件和存放自定义函数库的 Python 文件放到同一目录下，然后就可以用 import 语句导入并调用自定义函数。这样做有一个缺点：我们针对不同的应用写的 Python 程序可能分散在不同的目录下。如果都需要导入自定义函数库，就得把自定义函数库复制很多份。另外，如果发现自定义函数库中的函数有问题，岂不是要到很多目录下去修改？

为了避免这种情况，我们可以把自定义函数库放在计算机硬盘的某个固定位置，让所有需要导入自定义函数库的 Python 程序都从同一个位置导入自定义函数库。为此要修改需要导入扩展库的 Python 程序，让它知道从什么地方导入自定义函数库。

假设把自定义函数库 myfunc.py 放在目录 D:\mypy 中，它的内容如下。

【例 6-28】 使用自定义函数库中的函数示例（四）。

```
def mysum(n):
    return sum(range(1,n+1))


if __name__ == "__main__":
    print(mysum(100))
```

需要调用自定义函数库的 Python 程序可以放入任意目录，文件名任意，它的内容示例如下。

【例 6-29】 使用自定义函数库中的函数示例（五）。

```
import sys
sys.path.append(r"D:\mypy")
from myfunc import mysum
print(mysum(10))
```

上述代码前两行的作用是告诉 Python 解释器到哪里去找自定义函数库 myfunc。正常情况下，我们导入标准库或者扩展库，Python 解释器知道到哪里去找。这是因为 sys 标准库的 path 属性是一个列表，存储了一些路径。Python 解释器导入标准库或者扩展库的时候，就是按照 sys.path 指示的路径去找的。

Python 解释器不知道自定义的函数库 myfunc 放置的目录，所以用 sys.path.append (r"D:\mypy")语句把这个目录添加到 sys.path 中。添加后，Python 解释器就能顺利找到自定义函数库 myfunc 了。

可能有些读者还有疑问：前面把 myfunc.py 和 test.py 放到同一个目录下时，test.py 中没有 sys.path.append 语句，为什么也能运行？这是因为，我们在运行任何一个 Python 程序的时候，该程序所在的目录已经被 Python 解释器自动添加到了 sys.path 中。因为 test.py 所在的目录就是 myfunc.py 的目录，所以运行 test.py 的时候，myfunc.py 的目录已经在 sys.path 中了，因此 Python 解释器自然能找到自定义函数库 myfunc。

以后本书中出现的函数都把它放入自定义函数库 D:\mypy\myfunc.py。

6.8 递归函数

6.8.1 什么是递归函数

如果一个函数直接或间接调用它自身，就称该函数为递归函数。递归是一种解决问题的思路，递归的本质是：用相同的解题思路将问题的规模逐步缩小到可以直接解决的程度。

递归思路需要遵守两个条件：一是每次递归都能将问题的规模缩小，二是规模缩小到一定程度可以直接解决。

举一个求阶乘的例子，看一下求 5!如何用递归思路求解。

5!=5*4!，若能求出 4!，那么，5!就能求出；

4!=4*3!，若能求出 3!，那么，4!就能求出；

3!=3*2!，若能求出 2!，那么，3!就能求出；

2!=2*1!，若能求出 1!，那么，2!就能求出；

1!=1*0!，若能求出 0!，那么，1!就能求出；

0!，数学中不就是直接规定等于 1 吗？

于是，0!=1→1!=1×0!=1→2!=2×1!=2→3!=3×2!=6→4!=4×3!=24→5!=5×4!=120，这就求出了最终的结果。

令 $f(n)$ 表示 $n!$，则

$$f(n)=\begin{cases} n\bullet f(n-1) & n>0 \quad \Leftarrow \quad n>0\text{时，转化为求}f(n-1)\text{，逐步缩小问题规模} \\ 1 & n=0 \quad \Leftarrow \quad n=0\text{时，规模缩小到一定程度，直接解决问题} \end{cases}$$

这是一个典型的递归思路，按照这个思路，不难写出递归的程序。

【例 6-30】 递归法求阶乘（一）。

```
def f(n):
    if n == 0:
        return 1
    else:
        return n*f(n-1)


if __name__ == "__main__":
    print(f(5))
```

如果觉得上述代码不够简洁，还可以用条件表达式把递归函数简化为两行。

【例 6-31】 递归法求阶乘（二）。

```
def f(n):
    return 1 if n == 0 else n*f(n-1)


if __name__ == "__main__":
    print(f(5))
```

6.8.2 递归函数和算法

程序设计中的递归思想来源于算法中的减治法、分治法和动态规划法。减治法是将问题的规模缩小为一个子问题；分治法是将问题的规模缩小为多个子问题；动态规划法也是将问题的规模缩小为多个子问题，与分治法的区别是，多个子问题之间是相互关联的。在自然语言处理领域，计算两个字符串的最小编辑距离的算法和句法分析方法中的 CYK 算法[①]都是典型的动态规划方法。

1．减治法举例

递归求阶乘是一个很典型的减治法实例，例 6-30 和例 6-31 已经给出了程序。求 1+2+⋯+n 连加之和其实也可以用减治法求解。

【例 6-32】 递归法求连加。

```
def f(n):
```

① [美]Daniel Jurafsky, James H. Martin．自然语言处理综论（第二版）．冯志伟，孙乐，译．电子工业出版社，2018．

```
        return 0 if n <= 0 else n+f(n-1)

    if __name__ == "__main__":
        print(f(997))
```

2．分治法举例

求兔子数列的第 n 项是一个典型的分治法解题实例。例 5-55 给出了兔子数列的循环解法，这里给出递归解法。

设兔子数列第 n 项的值为 $f(n)$，观察兔子数列前几项的编号 n 与数值之间 $f(n)$ 的关系，即：

n：	1	2	3	4	5	6	7	8	9	10	11	12
$f(n)$：	1	1	2	3	5	8	13	21	34	55	89	144

据此可以得到一个关系式，即

$$f(n)=\begin{cases}f(n-1)+f(n-2), & n>2\\ 1, & n=1,\ 2\end{cases}$$

不难根据这个关系式写成递归程序。

【例 6-33】 兔子数列第 n 项（二）。

```
    def fibo(n):
        if n <= 0:
            return 0
        elif n <= 2:
            return 1
        else:
            return fibo(n-1) + fibo(n-2)

    if __name__ == "__main__":
        print(fibo(40))
```

3．动态规划法举例

数学智力游戏中的路线问题可以用动态规划的思路解决，进而写出递归程序。题目是这样的：某城市街道如图 6-1(a)所示，规定只能向下走或者向右走，问从 A 点到 B 点共有多少条不同的路线？

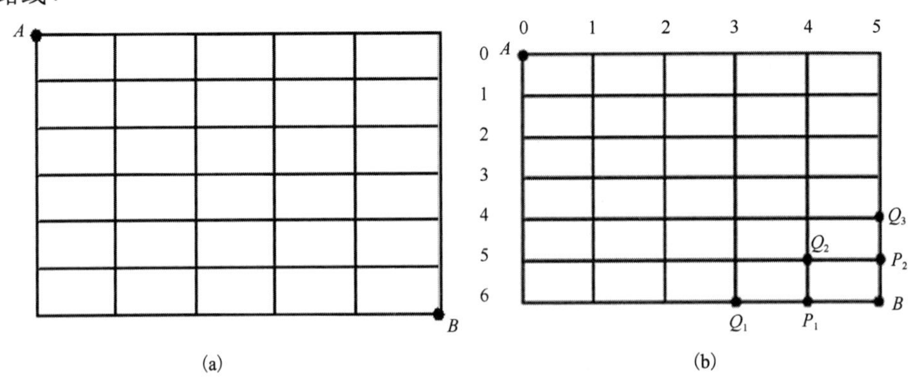

图 6-1　动态规划法街道图

分析：要从 A 点走到 B 点，必须先走到图 6-1(b) 中的 P_1 点或 P_2 点两者之一，然后才能走到 B 点。根据排列组合的规则，从 A 点到 B 的路线数目等于从 A 点到 P_1 点的路线数加上 A

点到 P_2 点的路线数之和。从 A 到 P_1 点的路线数又等于从 A 到 Q_1 点的路线数加上从 A 到 Q_2 点的路线数之和，从 A 到 P_2 点的路线数又等于从 A 到 Q_2 点的路线数加上从 A 到 Q_3 点的路线数之和……除了最上边第 0 行的点和最左边第 0 列的点，从 A 点到其他任何一点的路线数都可以拆分成两条更短的路线数目之和。由于规则的限制，从 A 点到第 0 行各点都只有 1 条路线，从 A 点到第 0 列各点也只有 1 条路线。

令 $f(m,n)$ 表示从 A 点到第 m 行 n 列交叉点的总路线数目，则递推式为：

$$f(m,n)=\begin{cases} f(m,n-1)+f(m-1,n), & m>0，\ n>0 \\ 1, & m=0 \text{或} n=0 \end{cases}$$

据此，不难写出递归程序。

【例 6-34】 街道路线图求解。

```
def f(m, n):
    if m <= 0 or n <= 0:
        return 1
    else:
        return f(m, n-1) + f(m-1, n)


if __name__ == "__main__":
    print(f(6, 5))
```

由于 B 点是第 6 行 5 列的交叉点，因此从 A 到 B 的路线数目等于表达式 f(6,5)。

6.8.3 Python 中的最大递归次数

用递归法写代码，思路明确，在一些场合可以不需循环结构就能解决很多问题，非常方便。但递归函数有一个缺点，就是递归次数有限制。

在例 6-32 中，调用递归函数 f 的表达式写的是 f(997)，如果把 997 改成 998 或者更大的数字，运行程序时就因为超出最大递归次数而出错。

在 Python 中，虽然可以用 sys.setrecursionlimit 函数来设置最大递归次数，但设置后实际的最大递归次数也是很有限的，这个最大递归次数还不到 10000 次。所以，写递归函数求解问题时，要注意问题规模不能太大。

如果想在 Python 中突破最大递归次数的限制，可以采用变通的办法：把 Python 的递归函数写成尾递归函数，再配合装饰器让 Python 解释器支持尾递归，实测递归次数可以达到 1 亿次以上。关于尾递归和装饰器的知识，这里不再介绍，感兴趣的请参阅有关资料。

6.8.4 递归函数举例

1．十进制转二进制（三）

4.3.1 节和 5.6.1 节给出了十进制转二进制的几种方法，这里用递归函数来实现。

根据除余法的原理，一个非负整数 n 对应的二进制串就是在 $n//2$ 对应的二进制串后加上 $n\%2$ 对应的字符串，据此可以写出一个简单的递归函数。

【例 6-35】 十进制数转二进制数（六）：递归法。

```
def dec2bin(n):
```

```
    if n>=2:
        dec2bin(n//2)
    print(n%2, end="")

n = int(input("请输入一个非负整数: "))
dec2bin(n)
```

2．小明吃糖问题

小明有 n 块糖（$n\geq 1$），每天至少吃 1 块，至多吃 2 块。问：吃完这 n 块糖有多少种不同的吃糖方案？比如，吃完 3 块糖的不同方案如下。

❖ 第 1 天吃 1 块，第 2 天吃 1 块，第 3 天吃 1 块；

❖ 第 1 天吃 1 块，第 2 天吃两块；

❖ 第 1 天吃 2 块，第 2 天吃 1 块。

所以，吃完 3 块糖有 3 种不同的方案。

【分析】本题可以用分治法来思考：若第 1 天吃 1 块，则剩下只需要考虑吃完 $n-1$ 块糖的方案数目；若第 1 天吃 2 块，则剩下只需要考虑吃完 $n-2$ 块糖的不同方案数。这样就把规模是 n 的问题降低为规模是 $n-1$ 和规模是 $n-2$ 的两个问题……等问题的规模降到 1 的时候，只有 1 块糖，只能有 1 种吃糖方案。据此不难写出递归程序。

【例 6-36】 小明吃糖问题。

```
def eat(n):
    if n <= 1:
        return 1
    else:
        return eat(n-1) + eat(n-2)

if __name__ == "__main__":
    print(eat(10))
```

其实，这个问题的代码与兔子数列非常相似，只是递归的终止条件稍有不同。

3．汉诺塔问题

汉诺塔问题，又叫 Hanoi 塔问题、河内塔问题或者梵塔问题。几乎每种高级程序设计语言都把该问题作为递归程序设计的经典例子。该问题已经被制成智力玩具，成为孩子们喜欢的智力游戏。

汉诺塔问题源于一个有关“世界末日”的古老传说：在印度某圣庙里安放着一块黄铜板，板上插着 A、B、C 三根柱子。最初在 A 柱子上，从下到上依次放着由大到小的 64 个金属圆盘，庙里的僧侣们需要把这些圆盘全部从 A 柱子移动到 C 柱子上，移动规则有两个：① 一次只能移动一个圆盘；② 在任何一个时刻，大的圆盘都不能压在小的圆盘上面。当所有 64 个金属圆盘都移动到目标位置时，所谓的“世界末日”就会到来。

据说这个问题是 19 世纪的法国数学家爱德华·卢卡斯提出的。他指出，要完成这个任务，僧侣们移动圆盘的总次数（把一个金片从一根针上移动到另一根针上就算一次）是

$$2^{64}-1=18446744073709551615$$

假设僧侣们昼夜不停地工作，每一秒钟就移动一次圆盘，那么完成这个任务也要花 5849 多亿年。据科学家推算，太阳的寿命也就 100 亿年。所以，我们根本不用担心汉诺塔金盘移动

完毕会导致世界末日的问题。

汉诺塔问题的玩法是这样的：如何用最少的步骤完成所有圆盘的移动。现在来分析 n 个圆盘（$n \geqslant 1$）的汉诺塔最少移动问题。首先以 4 盘汉诺塔为例，图 6-2 给出了 4 盘汉诺塔的初始状态，图 6-3 给出了 4 盘汉诺塔的完成状态。

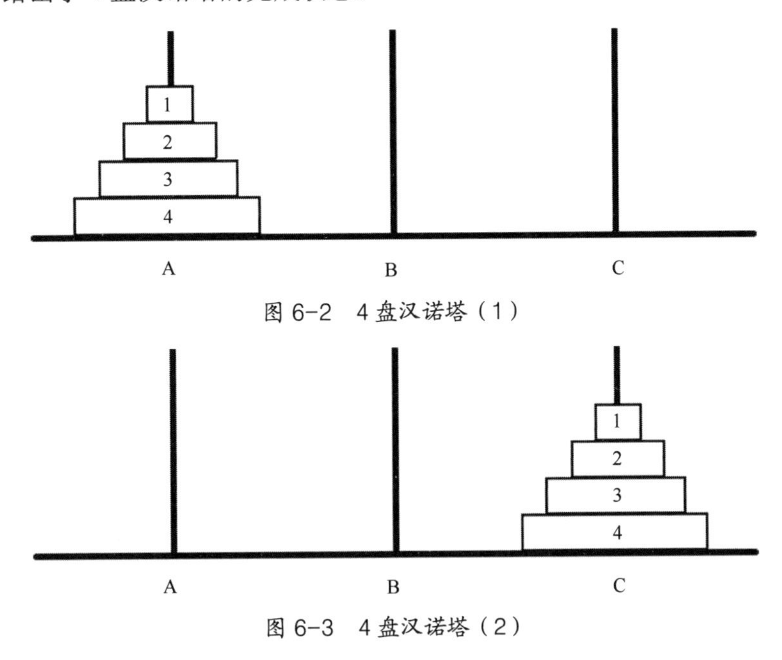

图 6-2　4 盘汉诺塔（1）

图 6-3　4 盘汉诺塔（2）

要想完成从图 6-2 到图 6-3 的过渡，最大的 4 号圆盘必然要移动到 C 柱子且放到最下面，所以圆盘移动过程中必然有一个状态是 B 柱子上有 1、2、3 号圆盘，A 柱子上有 4 号圆盘，如图 6-4 所示。此时可以通过一步移动将 4 号圆盘从 A 柱子移动到 C 柱子上，如图 6-5 所示。

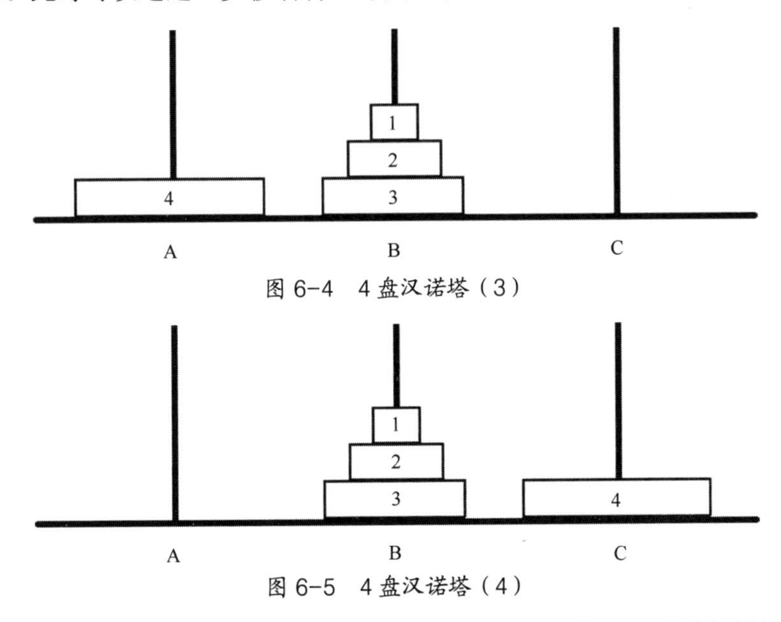

图 6-4　4 盘汉诺塔（3）

图 6-5　4 盘汉诺塔（4）

现在，4 号盘子已经移动到了目标位置，此后 1、2、3 号盘子可以随便放置在 C 柱子的 4 号盘上面，忽略最大的 4 号圆盘，C 柱子可以看成一个空柱子。现在我们面临的任务是把 B 柱子上的 3 盘汉诺塔移动到 C 柱子。

至此，我们已成功地把 4 盘汉诺塔的移动问题转化为两个 3 盘汉诺塔的移动问题和一次最大圆盘的移动问题。这非常符合递归的思路：把问题划归为用同样方法解决的规模较小的问题，规模小到一定程度可以解决，如 1 个盘子的汉诺塔问题，显然可以通过一次移动直接解决。

为了编写递归程序，我们把 3 个柱子进行分类：源柱子、中间柱子、目标柱子。假设圆盘数目为 n（$n \geq 1$），那么：原始状态是 A 为源柱子，B 为中间柱子，C 为目标柱子，我们的目标是将源柱子上的 n 个圆盘移动到目标柱子。为此需要具有如下严格顺序的 3 个顺序结构。

第一步，完成一个 $n-1$ 盘汉诺塔的移动。设 A 为源柱子，C 为中间柱子，B 为目标柱子，移动 $n-1$ 个盘子。

第二步，将源柱子 A 上的 n 号圆盘移动到目标柱子 C，只需要一步移动操作即可完成。

第三步，完成一个 $n-1$ 盘汉诺塔的移动。设 B 为源柱子，A 为中间柱子，C 为目标柱子，移动 $n-1$ 个盘子。

根据这个思路，我们不难实现 n 柱汉诺塔移动步骤的递归程序。

【例 6-37】 汉诺塔问题的递归实现（一）。

```
def hanoi(n, a="A", b="B", c="C"):
    if n > 0:
        hanoi(n-1, a, c, b)
        print(f"{n}号盘: {a}-->{c}")
        hanoi(n-1, b, a, c)

if __name__ == "__main__":
    hanoi(4)
```

如果想在移动步骤中加入第几步的提示信息，可以设置一个全局变量（见例 6-38），也可以不用全局变量而是给函数多定义一个参数（见例 6-39）。

【例 6-38】 汉诺塔问题的递归实现（二）。

```
def hanoi(n, a="A", b="B", c="C"):
    global step
    if n>0:
        hanoi(n-1, a, c, b)
        step += 1
        print(f"第{step}步，移动{n}号盘: {a}-->{c}")
        hanoi(n-1, b, a, c)

if __name__ == "__main__":
    step = 0
    hanoi(4)
```

【例 6-39】 汉诺塔问题的递归实现（三）。

```
def hanoi(n, a="A", b="B", c="C", step=1):
    if n <= 0:
        return 0
    else:
        count1 = hanoi(n-1, a, c, b, step)
        print(f"第{step+count1}步，移动{n}号盘: {a}-->{c}")
        count2 = hanoi(n-1, b, a, c, step+count1+1)
```

```
        return count1*2+1

if __name__ == "__main__":
    hanoi(4)
```

汉诺塔问题用递归思路解题远远比非递归思路简单。与汉诺塔问题类似的还有我国传统智力游戏九连环，解九连环问题也是递归思路更简单更自然，限于篇幅，本书不再展开。

4．等式 123456789=100 的成立问题（一）

数学智力题如下：在 123456789 中任意两个数字之间可以插入且最多只能插入加号和减号中的一个符号，使得等式 123456789=100 成立。现要求用 Python 程序输出所有的等式。

这个问题可以用递归思路来处理。最初把 123456789 这 9 个数字顺次放入整数列表

$$a = [1, 2, 3, 4, 5, 6, 7, 8, 9]$$

目标是在列表的某些元素之间插入加、减号让计算结果等于 100，然后把该问题分成 3 个子问题。

第一，若[1, 2, 3, 4, 5, 6, 7, 8]能插入加、减符号等于 91，则整个结果就可以在这个局部结果的基础上把加号插入 8 和 9 之间得到 100，这就把原问题转化为求[1, 2, 3, 4, 5, 6, 7, 8]插入加、减号等于 91 的所有方案问题。

第二，若[1, 2, 3, 4, 5, 6, 7, 8]能插入加、减符号等于 109，则整个结果就可以在这个局部结果的基础上把减号插入 8 和 9 之间得到 100，这就把原问题转化为求[1, 2, 3, 4, 5, 6, 7, 8]插入加、减号等于 109 的所有方案问题。

第三，若[1, 2, 3, 4, 5, 6, 7, 89]能插入加、减符号等于 100，则整个结果就可以在这个局部结果的基础上直接得到，这就把原问题转化为求[1, 2, 3, 4, 5, 6, 7, 89]插入加、减号等于 100 的所有方案问题。

上述 3 个子问题的成功方案汇总起来，就能得到整个问题的成功方案。

显然，包含 9 个元素的列表的转化问题可以分解为 3 个包含 8 个元素列表的转化问题；包含 8 个元素列表的转化问题可以分解为 3 个包含 7 个元素列表的转化问题……最终转化成包含 1 个元素列表的转化问题。这可以写成递归函数来处理。

【例 6-40】 等式 123456789=100 成立问题求解（一）。

```
def make100_recursive(a, n):
    results = []
    if len(a) == 1 and a[0] == n:
        return [str(n)]
    elif len(a) > 1:
        s = make100_recursive(a[:-1], n-a[-1])
        if s:
            results.extend([f"{item}+{a[-1]}" for item in s])
        s = make100_recursive(a[:-1], n+a[-1])
        if s:
            results.extend([f"{item}-{a[-1]}" for item in s])
        tmpa = a[:-2] + [int("".join(map(str, a[-2:])))]
        results.extend(make100_recursive(tmpa, n))
    return results

if __name__ == "__main__":
```

```
    n = 100
    r = sorted(make100_recursive(list(range(1,10)), n))
    print("\n".join([f"{item}={n}" for item in r]))
```

其运行结果包含 11 个等式：

```
1+2+3-4+5+6+78+9=100
1+2+34-5+67-8+9=100
1+23-4+5+6+78-9=100
1+23-4+56+7+8+9=100
12+3+4+5-6-7+89=100
12+3-4+5+67+8+9=100
12-3-4+5-6+7+89=100
123+4-5+67-89=100
123+45-67+8-9=100
123-4-5-6-7+8-9=100
123-45-67+89=100
```

5．画分形树

分形理论是现代科学中的一个重要理论，是法国数学家曼德布罗特于 1975 年创立的。分形图是一种很复杂的几何结构，一般都有宏观的无规律性和结构的自相似性，如海岸线和大树，远看无规律，细看图形的局部结构，与整体结构相似。

现在用海龟画一个分形树。分形树的结构特点是一个树干分出两个树枝，树枝（作为子树的树干）还可以再分出两个树枝……假设树枝的长度小于树干的长度，当树干的长度低于一定值时，它就不再分出树枝。假设树干的粗细与其长度成正比例关系，树干在不分出树枝的时候认为是叶子，叶子的宽度比树枝大，长度是宽度的倍数，而且颜色变为绿色。为了达到更好的效果，我们让左右子树树干比母树树干长度随机少一定比例再减去一个常数，左右子树相对母树倾斜的角度在一定范围内随机变化。

下面是用递归函数画分形树的程序。

【例 6-41】 海龟画图（六）：分形树。

```
from random import randint, uniform
import turtle
t = turtle.Turtle()
t.speed(0)

# 全局数据
clen = 2                          # 固定长度
mi, ma = 0.15, 0.35               # 子树树干比母树树干减少的比例范围
anglemi, anglema = 15, 35         # 子树树干相对于母树树干倾斜的角度范围

# 递归画树函数
def drawtree(height, t):
    if height <= 0:
        return

    # 随机生成左右子树的偏转方向和树干高度
    ldirection = randint(anglemi, anglema)          # 左子树左偏转的角度
```

```
        rdirection = randint(anglemi, anglema)          # 右子树右偏转的角度
        lsubtreelen = height*(1-uniform(mi, ma))-clen  # 左子树的树干高度
        rsubtreelen = height*(1-uniform(mi, ma))-clen  # 右子树的树干高度

        # 保存画笔原来的宽度和颜色
        w = t.pensize()
        c = t.pencolor()

        # 设置画笔新的宽度和颜色
        if height < clen:                             # 树干长度小于 clen 视为叶子，宽度 clen，长度 3*clen
            t.pensize(clen)
            t.pencolor("green")
            height = 3*clen
        else:
            t.pensize(height/30)

        # 画树干和左右子树
        t.forward(height)                             # 画树干，前进 height
        t.left(ldirection)                            # 左偏转递归画左子树
        drawtree(lsubtreelen, t)
        t.right(ldirection+rdirection)
        drawtree(rsubtreelen, t)                      # 右偏转递归画右子树
        t.left(rdirection)

        # 回退到画树干的起点
        t.backward(height)

        # 恢复画笔原来的宽度和颜色
        t.pensize(w)
        t.pencolor(c)

    # 画树开始代码
    t.hideturtle()
    t.up()
    t.left(90)
    t.backward(200)
    t.down()
    drawtree(120, t)

    t.hideturtle()
    turtle.done()
```

本例画分形树的效果具有随机性，某次运行结果如图 6-6 所示。

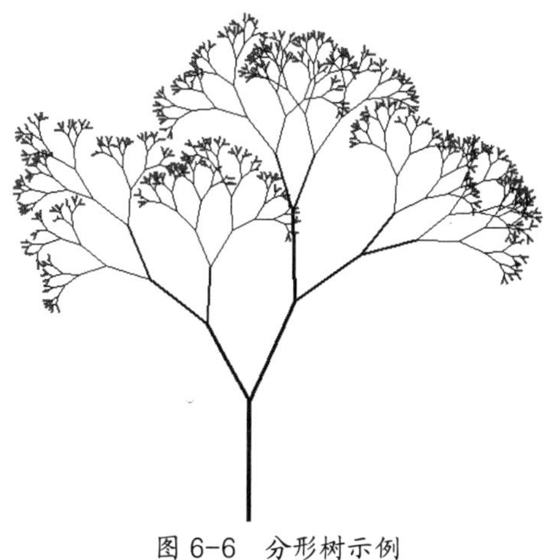

图 6-6　分形树示例

6.8.5 递归与循环的关系

理论上，所有递归函数都可以用循环来改写，所以很多用递归解决的问题也能用普通的循环来解决。

不过，递归函数有的时候比循环结构更简洁，更易懂，汉诺塔问题就是典型的例子。不过，对于汉诺塔来说，非递归程序虽然不太好理解，但可以写得非常简洁。感谢国防科技大学的刘万伟老师写出了下面这个非常Pythonic 的代码并允许本书使用，思路之巧妙令人叹为观止，这里修改了注释和输出格式。

【例 6-42】 汉诺塔问题的非递归实现。

```
def hanoi_nr(n):
    f = "第%d 步，移动%d 号盘：%c-->%c"
    L = [0]*n
    for i in range(1, 2**n):
        s = bin(i)
        j = len(s)-s.rfind('1')-1
        # 要移动的盘子的编号是 j+1，起点是 L[j]
        # 盘子移动方向要根据 j+1 和 n 的奇偶性决定
        begin = L[j]
        L[j] = ((L[j]+2)%3 if (j+n)%2  else (L[j]+1)%3)
        print(f % (i, j+1, chr(ord('A')+begin), chr(ord('A')+L[j])))


if __name__ == "__main__":
    hanoi_nr(4)
```

要解读这段代码可能比较困难。这里简单提示：让 A、B、C 三个柱子按品字形顺时针排列，汉诺塔的移动的核心问题是第几步移动哪个盘子及移动方向是顺时针还是逆时针的。移动规律如下。

① 关于移动几号盘子：第 i（$i \geq 1$）号盘子从第 2^{i-1} 步开始第一次移动，每 2^i 步移动一次。

② 关于移动方向（注意前提是柱子 ABC 是按照品字形顺序排列的）。

❖ 若移动的盘子编号 i 与最大盘号 n 奇偶性相异，则按顺时针方向移动盘子：若源柱为 A，则移动到 B；若为 B，则移动到 C；若为 C，则移动到 A。

❖ 若移动的盘子编号 i 与最大盘号 n 奇偶性相同，则按逆时针方向移动盘子：若源柱为 A，则移动到 C；若为 C，则移动到 B；若为 B，则移动到 A。

读者可以先运行带步骤的汉诺塔递归程序，观察输出结果，总结规律，得到规律后再去解读例 6-42 中的非递归代码。

6.8.6 递归函数的时间效率

一般来说，按照减治算法写的递归函数在函数体中只出现一次递归调用，这样的递归函数在时间效率上与直接用循环实现差不多。

如果是根据分治算法或者动态规划算法写的递归函数，在函数体中会出现多次递归调用，这样的递归函数执行起来往往比直接用循环实现的程序慢很多。

现在以兔子数列为例介绍递归函数的时间效率。

例 5-55 给出了求兔子数列第 n 项的循环解法，这里把它改为用循环实现的普通函数。

【例 6-43】 兔子数列第 n 项（三）。

```
def fibo_nr(n):
    a, b = 1, 1
    for i in range(n-1):
        a, b = b, a+b
    return a

if __name__ == "__main__":
    print(fibo_nr(40))
```

例 6-33 给出了求兔子数列第 n 项的递归函数。现在以求兔子数列的前 50 项为例来对比例 6-33 和例 6-43 的运行时间，需要导入 time 标准库的 time 函数。为了方便对比，下面列出完整的程序。

【例 6-44】 兔子数列递归函数与非递归函数的时间对比。

```
import time

# 兔子数列第 n 项的递归函数
def fibo(n):
    if n <= 0:
        return 0
    elif n <= 2:
        return 1
    else:
        return fibo(n-1) + fibo(n-2)

# 兔子数列第 n 项的非递归函数
def fibo_nr(n):
    a, b = 1, 1
    for i in range(n-1):
        a, b = b, a+b
    return a

if __name__ == "__main__":
    n = 50
    for i in range(1, n+1):
        for f in (fibo, fibo_nr):
            t0 = time.time()
            r = f(i)
            t1 = time.time()
            print(f"{f.__name__}({i}) = {r}, 用时 {t1-t0} 秒")
```

上述程序运行的部分结果如下。

```
fibo(48) = 4807526976, 用时 877.0624063014984 秒
fibo_nr(48) = 4807526976, 用时 0.0 秒
fibo(49) = 7778742049, 用时 1416.7775897979736 秒
fibo_nr(49) = 7778742049, 用时 0.0 秒
fibo(50) = 12586269025, 用时 2299.400492668152 秒
fibo_nr(50) = 12586269025, 用时 0.0 秒
```

我们发现，对于递归函数 fibo，随着 n 的增大，fibo(n)的执行时间增加很快，到 n=50 时，需要 2299 秒才能运行完毕；而函数 fibo_nr 随着 n 的增大，执行时间一直显示为 0.0 秒，这说明执行时间极短，可以忽略不计。当然，不同的计算机运行的结果会有所不同，但用同一个计算机运行两个函数的执行时间具有可对比性。由此可知，当 *n* 比较大的时候，兔子数列的递归函数执行时间远远大于非递归函数。

本节的例子启示我们，对程序代码时间效率要求高的场合采用递归函数可能行不通，如果非递归方法不是特别复杂，就尽量采用非递归方法。如果时间效率要求不高或者递归的规模不大，就可以采取递归法。往往很多精巧美妙的解法会涉及递归。

6.9 类和对象

6.9.1 类和对象的概念

Python 不仅可以用于面向过程的程序设计，也可以用于面向对象的程序设计。面向对象程序设计的两个重要概念就是类和对象。

类是从具有相同的属性和方法的事物中抽象出来的概念，对象是类的实例。比如，熊猫是一个类，北京亚运会的吉祥物盼盼则是熊猫这个类的一个对象。

定义类需要使用关键字 class，class 后跟一到多个空白字符和类名，后面再跟“()”，最后是半角“:”，类可以包含属性和方法，方法就是在类中定义的函数。

6.9.2 类的定义和使用示例

如下代码定义了一个名叫 Test 的简单类。

```
class Test():
    def hello(self):
        print("Hello, world")
```

在类中定义函数时，函数定义语句 def 要相对于 class 缩进一个层次。每个函数在定义时都至少要写一个参数，第一个参数一般要写为 self。注意，self 这个名称不是必需的，可以定义成 a、b 或其他名字，不过写成 self 是约定俗成的。

一些类在定义时会定义__init__方法，除了 self 参数，往往还有其他形参，以便在实例化的时候为对象的属性赋值。

类定义好之后，要把类实例化为对象才能使用对象的属性或者调用对象的方法。总体来说，在 Python 中使用类，大致分为如下三步。第一步，定义类；第二步，将类实例化为对象；第三步，调用对象的方法。

下面是使用上面创建的 Test 类的一个例子：

```
a = Test()
a.hello()
```

注意，在类实例化为对象后，调用对象的方法时不能为形参 self 传递实参，Python 会自动传给 self 一个实参，将对象自身传给 self 参数。

下面给出一个简单的类定义和使用代码。

【例 6-45】 简单类的定义和使用。

```
class Test():
    def __init__(self, thename="小明"):
        self.name = thename

    def hello(self):
        print(f"你好，{self.name}")

if __name__ == "__main__":
    a = Test()
    a.hello()
    b = Test("李焕英")
    b.hello()
```

本书对类不过多涉及，只是简单介绍类的定义和使用。掌握了自定义类的使用方法后，我们再需要使用标准库或扩展库中的类的时候，就能很快上手。当然，使用扩展库的类还需要提前安装相应的扩展库。

Python 有非常多的扩展库能提升效率，我们要充分利用扩展库，只需要写少量代码往往就能完成较为复杂的任务。

思 考 题

1．真正的四舍五入函数。

Python 的内置函数 round 的功能很像是四舍五入取整，但严格来说不是真正的四舍五入，它的特点是四舍六入五复杂：① 舍入位小于等于四直接舍去；② 舍入位大于等于六直接进一；③ 舍入位为五且五后面有非零值数位则进一；④ 舍入位为五且五是最后一位数字时，可能进位，也可能舍弃。

上面的第④个特点总体给人的感觉是很难总结舍入规律。有人把其他领域的“四舍六入五成双①”舍入规律套用到 Python 的 round 函数上，这其实是不对的。

我们通过观察如下代码产生的结果可以看到，舍入位为 5 且 5 是最后一位数字时舍入现象的复杂性：

```
for i in range(5, 1000, 10):
    print(f"round({i/100:4.2f}, 1) = {round(i/100, 1)}")
```

上述代码的部分结果如下。

```
round(1.85, 1) = 1.9          round(2.95, 1) = 3.0
round(2.85, 1) = 2.9          round(7.95, 1) = 8.0
round(8.85, 1) = 8.8          round(8.95, 1) = 8.9
round(9.85, 1) = 9.8          round(9.95, 1) = 9.9
```

可见，“四舍六入五成双”的舍入规律对于 Python 的 round 函数是不成立的。鉴于 round 函数舍入情况的复杂性，我们有时需要简单的四舍五入，现在请编写一个 Python 函数 myround

① 五成双是说如果 5 是最后一位，要根据 5 前面一位数字是单数还是双数来决定舍入：前面是单数，则舍五进一，前面是双数，则直接舍五不进。

来实现真正的四舍五入功能，返回四舍五入后得到的数值。

```
def myround(x, n=None):
    pass
```

其中，参数 x 是需要进行四舍五入的浮点数；n 是非负整数，表示四舍五入后需要保留的小数位数，若 n 为 None，则函数 myround 在对 x 进行四舍五入之后返回整数。

2．快速求整数次幂。

在 Python 中，求一个数的整数次幂可以用乘方运算符，也可以用内置函数 pow。现在要求两者都不能用，自己编写函数求一个数的整数次幂。常规算法是用如下函数。

```
def mi_1(a, n):
    t = 1
    for i in range(n):
        t *= a
    return t
```

上述函数的缺点是随着 n 的增大运算速度会变得很慢，其实存在着比上述函数快得多的运算方法。我们可以把整数 n 折半分成两个或三个整数相加的形式，从而把大整数次幂的运算变成求几个小整数次幂的乘积。例如：

$$a^{19} = a^{2*9+1} = a^9 * a^9 * a$$

$$a^9 = a^{2*4+1} = a^4 * a^4 * a$$

$$a^4 = a^{2*2} = a^2 * a^2$$

$$a^2 = a * a$$

请按照上述思想写一个递归函数。

3．判定日期是一年的第几天（二）。

第 5 章思考题第 3 题给出了一道求某个日期是一年的第几天的题目，现要求把实现代码用 Python 函数改写。

4．判定日期是星期几。

从键盘输入用空格隔开的 3 个整数，分别表示年、月、日，假设输入的是一个合法日期，请编写一个 Python 程序，判断这一天是星期几。12.11.3 节和 12.12.2 节将介绍用标准库 time 和 datetime 来判断某一天是星期几，这里不允许用标准库或者扩展库，也不许用前面介绍过的蔡勒公式。

【提示】 上题是写一个求日期是一年的第几天的函数，本题可以使用该函数。我们首先要确定一个已知的日期是星期几，如 2021 年 12 月 1 日是星期三，这称为基准日期，然后使用函数分别计算输入日期和基准日期各自是当年的第几天，以及两个年份的 1 月 1 日之间相差的天数，进而确定输入日期和基准日期相差的天数，最后根据这个相差的天数和星期数 7 天一循环的特点来确定输入日期是星期几。

5．换酒问题（函数版）。

4.3.4 节给出了一个换酒问题，当时总结出一个数学公式，后来在 5.6.4 节又给出了循环求解的思路和程序代码，现在再换一种解法，请用递归思路来编写 Pyton 程序，完成题目要求。

6．孪生素数。

若两个连续奇数都是素数，则称它们是孪生素数，如 3 和 5、5 和 7、11 和 13 等。请编写 Python 程序，输出 10000 以内的孪生素数，输出时，每对孪生素数占一行，同一行的两个素数，小的在前，大的在后，中间用空格隔开。

7．小明上楼梯问题。

楼梯包含 n（$n≥1$）个台阶，小明上楼梯每步至少上一个台阶、至多上两个台阶。请编写 Python 程序，求出上到楼梯顶共有多少种不同的上楼梯方案，楼梯的台阶数从键盘输入。

比如，上 3 个台阶的楼梯的不同方案如下。

① 第 1 步上 1 个台阶，第 2 步上 1 个台阶，第 3 步上 1 个台阶。

② 第 1 步上 1 个台阶，第 2 步上 2 个台阶。

③ 第 1 步上 2 个台阶，第 2 步上 1 个台阶。

所以，上 3 个台阶的楼梯有 3 种不同的方案。

8．四柱汉诺塔问题。

6.8.4 节介绍的汉诺塔中有三根柱子，称为三柱汉诺塔，通常说的汉诺塔问题实际上指的是三柱汉诺塔。如果把三柱汉诺塔问题扩展，变成 A、B、C、D 四根柱子，A 柱子是源柱子，上面有 n（$n≥1$）个金属圆盘，D 柱子是目标柱子，移动圆盘的要求与三柱汉诺塔一样。现要求把所有圆盘从 A 柱子全部移到目标柱子 D，请编写 Python 程序，输出四柱汉诺塔问题的最少移动次数。为了节省程序运行时间，建议输入的 $n≤28$。

9．“3+3”新高考选考科目问题（一）。

从 2017 年开始，上海采用“3+3”新高考制度，第 1 个“3”俗称“大三门”，表示语文、数学、外语 3 个科目，这是必考科目；第 2 个“3”俗称“小三门”，是指从历史、地理、政治、物理、化学、生物这 6 个科目中任选 3 门报考。小明是按照新高考制度参加高考的考生，请编写一个 Python 程序，帮小明计算他一共有多少种可能的选考方案。

10．自幂数（函数版）。

自幂数是各位数字的 k 次方之和等于自身的整数（其中 k 是整数的位数），例如，153 就是一个自幂数，因为 $153=1^3+5^3+3^3$。1 位的自幂数称为独身数，有 10 个；两位的自幂数不存在；三位的自幂数称为水仙花数，有 4 个；四位的自幂数称为四叶玫瑰数，有 3 个；五位的称为五角星数，有 3 个……请编写 Python 函数，判断一个正整数是否为自幂数，并使用这个自定义函数来输出 10000 以内的所有自幂数。

第 7 章　Python 的序列操作

7.1　序列结构

在 Python 中，列表、元组、字典、集合这几种组合类型的对象和字符串对象被统称为序列类型的对象。这些对象包含很多元素，这些元素以某种方式组合起来，从数据结构的观点来说，这些对象又被称为序列结构。

根据不同的角度，序列可以分为如下几种。

1．有序序列和无序序列

从是否有序的角度分类，序列可以分为有序序列和无序序列。凡是支持用数字下标来定位元素位置的序列被称为有序序列，反之被称为无序序列。

字符串、列表、元组是有序序列，字典和集合是无序序列。有序序列支持双向索引来定位元素位置，双向索引分为正向索引和逆向索引。

正向索引：第 1 个元素下标为 0，第 2 个元素下标为 1，以此类推。

逆向索引：倒数第 1 个元素下标为-1，倒数第 2 个元素下标为-2，以此类推。

例如，设列表 a=[10, 20, 30, 40, 50]，则它的双向索引解释如下。

❖ 10 的正向索引下标为 0，逆向索引下标为-5，所以，a[0]和 a[-5]都是指元素 10。
❖ 20 的正向索引下标为 1，逆向索引下标为-4，所以，a[1]和 a[-4]都是指元素 20。
❖ 50 的正向索引下标为 4，逆向索引下标为-1，所以，a[4]和 a[-1]都是指元素 50。

2．可变序列和不可变序列

从对象的值是否可变的角度，序列可以分为可变序列和不可变序列。若对象能够在 id 不变的情况下改变自身的值，则称为可变序列，否则为不可变序列。

列表、字典、集合是可变序列，字符串、不包含可变序列的元组是不可变序列；另外，整数、浮点数等简单数据类型的对象虽然不是序列，但它们都是不可变的对象。

关于可变对象举例如下。

```
>>> a = [1, 2, 3]
>>> id(a)
49102152
>>> a[0] = 10
```

```
>>> a
[10, 2, 3]
>>> id(a)
49102152
```

列表 a 的值在操作过程中发生了变化，但它的 id 始终不变，这说明列表是可变对象，同样的思路可以说明集合和字典是可变对象。

字符串将在第 8 章介绍，这里先介绍列表、元组、集合和字典。

7.2 列表及其操作

列表是 Python 的内置对象，是有序、可变的序列类对象，列表的所有元素放在一对半角“[]”中，用半角“,”将各元素分隔开，各元素的数据类型可以相同，也可以不相同。

列表的元素在内存中是连续存放的，当列表增加或删除元素时，列表对象会自动进行内存操作，确保元素在内存中是连续存储的。

7.2.1 列表的标准形式

所谓列表的标准形式，是指 Python 在输出列表时的形式。Python 输出列表时，总是在列表中用来分隔元素的每个半角“,”后各加一个空格，即使输入列表时没有空格。例如：

```
>>> a = [1,2,3]
>>> print(a)
[1,␣2,␣3]
>>> str(a)
'[1,␣2,␣3]'
```

这里为了强调 Python 输出列表时的标准形式会添加空格，所以特意凸显空格。后面不刻意强调空格的时候，列表的输出结果不再凸显空格。

当我们把列表转换成字符串时，Python 会按照列表的标准形式进行转换。如果我们不熟悉列表的标准形式，那么可能误以为把列表转换为字符串后不包含空格，根据这样的认识去写代码，很可能带来一些错误。

有些人写列表的时候不习惯在“,”后加空格，有些人习惯加空格，这都是可以的。甚至在列表的最后一个元素后加“,”，或者让列表的每个元素占一行，都是允许的。例如：

```
>>> a = [1,2,3,4,]
>>> a
[1, 2, 3, 4]
>>> b = [1,
      2,
      3,
      ]
>>> b
[1, 2, 3]
```

7.2.2 列表对象的创建和删除

1．列表对象的创建

直接创建列表对象有两种方式：一是将列表常量或表达式直接赋值给变量。例如：

```
a = [1, 2, 3]
b = []
c = [0] * 5
```

二是用 list 函数把其他对象强制转换为列表对象。例如：

```
a = list(range(1, 4))
b = list()
```

还有一种间接得到列表对象的方法，就是获取其他操作函数返回的列表对象。例如：

```
>>> a = "甲乙丙丁"
>>> b = sorted(a)
>>> b
['丁', '丙', '乙', '甲']
```

2．列表对象的删除

要想删除列表对象，可以使用 del 关键字。例如：

```
>>> a = [1, 2, 3]
>>> a
[1, 2, 3]
>>> del a
>>> a
Traceback (most recent call last):
  File "<pyshell#15>", line 1, in <module>
    a
NameError: name 'a' is not defined
```

del 关键字加上对象名构成的 del 语句可以删除对象，释放对象所占的内存。在小的程序中，我们定义的列表可以不用删除，程序结束后，Python 会自动删除这些对象。如果在程序运行的过程中需要删除占内存过大的对象来腾出内存空间，del 语句就非常有用了。

注意，del 语句不但可以删除列表对象，而且可以删除任何 Python 对象。后面要介绍的元组、集合和字典都可以用 del 语句来删除，不再一一说明。

7.2.3 列表元素的读取、修改和删除

1．列表元素的读取

首先，列表可以用正向索引下标或者逆向索引下标获取指定位置处的元素值。

```
a = [1, 2, 3]
print(a[1])
print(a[-1])
```

其次，可以用可迭代对象的遍历方法顺次读取列表各元素的值。

```
a = [10, 20, 30]
for e in a:
```

```
    print(e)
```

还可以借助内置函数 enumerate 同时获取每个元素的下标和值。

```
a = [10, 20, 30]
for item in enumerate(a):
    print(item)
```

上面的代码可以转化成如下更常用的形式。

```
a = [10, 20, 30]
for i, v in enumerate(a):
    print(i, v)
```

2．列表元素的修改

首先，列表可以用正向索引下标或者逆向索引下标来修改指定位置处的元素值。例如：

```
a = [1, 2, 3]
a[-1] = 100
print(a)
```

其次，可以在使用内置函数 enumerate 同时获取每个元素的下标和值时修改元素的值。例如：

```
a = list(range(5))
for i, v in enumerate(a):
    a[i] *= 10
print(a)
```

也可以在上面的代码中加入选择结构，有条件地修改元素的值。例如：

```
a = list(range(5))
for i, v in enumerate(a):
    if i%2 == 0:
        a[i] = v+100
print(a)
```

3．列表元素的删除

首先，可以用 del 命令来删除指定位置处的元素。例如：

```
a = [10, 20, 30, 40, 50]
del a[3]
print(a)
```

其次，可以用列表对象自身的方法来删除元素。与删除元素有关的方法有 3 个：remove、pop 和 clear，将在 7.2.4 节介绍。

7.2.4　列表对象常用的方法

列表对象的常用方法，大致可以归为如下 6 类。

- ❖ 添加元素：append、extend、insert。
- ❖ 删除元素：remove、pop、clear。
- ❖ 查找元素：index。
- ❖ 统计元素出现次数：count。

❖ 排序：reverse、sort。
❖ 浅拷贝：copy。

1．列表添加元素的方法

列表添加元素的方法有 3 个：append、extend、insert。其中，append 方法可向列表末尾添加一个元素，extend 方法可向列表末尾顺次添加另一个可迭代对象的所有元素，insert 方法可向列表指定位置插入一个元素，其他元素顺次后移一个位置。例如：

```
>>> a = [10, 20, 30]
>>> a.append("你好")
>>> a
[10, 20, 30, '你好']
>>> a.extend(["a", "b", "c"])
>>> a
[10, 20, 30, '你好', 'a', 'b', 'c']
>>> a.insert(2, "哈哈")
>>> a
[10, 20, '哈哈', 30, '你好', 'a', 'b', 'c']
```

2．列表删除元素的方法

列表删除元素，除了用 del 命令，还可以用列表对象自身的 3 个方法：remove、pop、clear。其中，remove 方法在列表中删除第 1 次出现的指定值（若列表中有多个相同的值，则本方法只删除第 1 个）；pop 方法删除指定下标的元素，同时返回该元素值，若不指定下标，则删除并返回最后一个元素；clear 方法删除全部元素，但不删除列表对象。例如：

```
>>> a = [10, 20, 30, 40, 50, 10]
>>> a.remove(10)                    # 删除第 1 个值为 10 的元素
>>> a
[20, 30, 40, 50, 10]
>>> a.pop()                         # 删除最后一个元素并返回该元素
10
>>> a
[20, 30, 40, 50]
>>> a.pop(1)                        # 删除下标为 1 的元素并返回该元素
30
>>> a
[20, 40, 50]
>>> a.clear()                       # 清空所有元素
>>> a
[]
```

3．列表查找元素的方法

列表对象的 index 方法返回指定的值在列表中第 1 次出现的位置（下标），若指定的值在列表中不存在，则抛出异常。例如：

```
>>> a = list("甲乙丙丁乙丙")
>>> a
['甲', '乙', '丙', '丁', '乙', '丙']
```

```
>>> a.index("乙")
1
```

4．列表统计元素出现次数的方法

列表对象的 count 方法返回指定的值在列表中出现的次数，若指定的值在列表中不存在，则返回 0。例如：

```
>>> a = list("甲乙丙丁乙丙")
>>> a
['甲', '乙', '丙', '丁', '乙', '丙']
>>> a.count("乙")
2
>>> a.count("戊")
0
```

5．列表的排序方法

列表对象有两种方法可以对元素进行排序：reverse、sort。其中，reverse 方法对列表中的元素顺序进行逆序排列；sort 方法对列表中的元素顺序进行升序或降序排列，默认是升序排列，可以为 sort 方法的 reverse 参数指定值 True 来进行降序排列。例如：

```
>>> a = [1, 23, 4, 2, 18]
>>> a.reverse()
>>> a
[18, 2, 4, 23, 1]
>>> a.sort()
>>> a
[1, 2, 4, 18, 23]
>>> a.sort(reverse=True)
>>> a
[23, 18, 4, 2, 1]
```

需要注意的是，只有当列表中的所有元素都是可以比较大小的时候，sort 方法才可以使用，否则会出错。例如：

```
>>> a = [10, 20, 30, "你好"]
>>> a.sort()
Traceback (most recent call last):
  File "<pyshell#10>", line 1, in <module>
    a.sort()
TypeError: '<' not supported between instances of 'str' and 'int'
```

报错是因为它的元素不都是可以比较大小的，整数与字符串没办法比较大小。

注意，sort 方法还可以指定排序原则，默认排序原则是按元素值的大小进行排序，如果想改变排序原则，就需要用参数 key 指定排序原则。例如：

```
>>> a = [1, 2, 5, 23, 30]
>>> a.sort(key=str)          # 按元素对应字符串的先后顺序对 a 的元素进行排序
>>> a
[1, 2, 23, 30, 5]
```

指定排序原则不仅可以用内置函数，还可以用自定义函数，甚至 lambda 表达式。例如：

```
>>> def f(x):
```

```
        return x%10

    >>> a = [1, 2, 5, 23, 30]
    >>> a.sort(key=f)
    >>> a
    [30, 1, 2, 23, 5]
    >>> a.sort(key=lambda x:x%8)
    >>> a
    [1, 2, 5, 30, 23]
```

这里 key=f 的意思是按列表 a 的每个元素用函数 f 作用后的返回值从小到大的顺序对 a 的元素进行排序，key=lambda x:x%8 的意思是按 a 中每个元素除以 8 的余数从小到大的顺序对 a 的元素进行排序。

对列表的元素进行排序是 Python 程序设计中经常遇到的操作。列表的 sort 方法常用的参数 key 和 reverse 配合起来可以完成复杂的排序操作。

需要注意的是，列表的 sort 方法没有返回值，不要试图用语句“b=a.sort()”来让变量 b 得到列表 a 的排序结果。如果需要这样的操作，可以用内置函数 sorted。b=sorted(a)让 b 得到 a 的排序结果，但不会影响列表 a 的元素顺序。sorted 函数也可以加上参数 key 和 reverse，这两个参数的使用方法与列表的 sort 方法一样，这里不再展开。

6．列表的浅拷贝

若列表的元素都是简单数据类型，则浅拷贝是将列表的内容复制一份，得到新的列表对象，新的列表对象与原来的列表对象不再有关系。

```
>>> a = [1, 2, 3]
>>> b = a.copy()
>>> id(a)
2523260798344
>>> id(b)
2523260798856
>>> b[0] = 100
>>> a
[1, 2, 3]
>>> b
[100, 2, 3]
```

可以看到，列表 a 的浅拷贝得到的新列表对象 b 与 a 没有关系，两者的 id 不一样，b 的元素改变并不会影响 a。我们在需要将列表内容复制一份进行操作但不希望影响原有列表时，浅拷贝就非常有用。

初学者有类似需求的时候，往往会直接用赋值语句“b=a”来操作，这样得到的列表 b 其实与列表 a 是同一个对象，所以 b 的元素内容改变会影响到 a。例如：

```
>>> a = [1, 2, 3]
>>> b = a
>>> b[0] = 100
>>> a
[100, 2, 3]
```

为什么叫浅拷贝呢？因为这个方法只能将列表中的简单类型数据重新复制得到新对象，

对于列表中的组合类型的元素，它未能进行内容复制，只是引用了它们的 id，所以未能完全断绝与原列表的联系。例如：

```
>>> a = [1, 2, [3, 4]]
>>> b = a.copy()
>>> b
[1, 2, [3, 4]]
>>> b[2][1] = 300
>>> a
[1, 2, [3, 300]]
>>> b
[1, 2, [3, 300]]
```

可以看出，虽然通过表达式 a.copy()把 a 进行浅拷贝得到了一个列表对象 b，但 b 中的元素[3, 4]依然与 a 中的元素[3, 4]存在关联。如何避免这种关联呢？就需要对列表进行深拷贝，具体参见 12.2 节。

列表的常用方法总结如表 7-1 所示（表中的 a 为列表对象）。

表 7-1　列表的常用方法

方法类别	方　法	说　明
添加元素	a.append(x)	将元素 x 添加至列表 a 尾部
	a.extend(b)	将可迭代对象 b 中所有元素顺次添加至列表 a 尾部
	a.insert(index, x)	在列表 a 指定位置 index 处添加元素 x
删除元素	a.remove(x)	在列表 a 中删除首次出现的指定元素 x
	a.pop(index=-1)	删除并返回列表 a 中下标为 index（默认值为-1）的元素
	a.clear()	删除列表 a 中所有元素，不删除列表对象
查找元素	a.index(x)	返回列表 a 中第 1 个值为 x 的元素的下标，若不存在值为 x 的元素，则抛出异常
统计元素个数	a.count(x)	返回指定元素 x 在列表 a 中的出现次数
排序	a.reverse()	对列表 a 所有元素进行逆序
	a.sort(key=None, reverse=False)	对列表 a 中的元素进行排序，key 用来指定排序依据，reverse 决定升序（False）还是降序（True）
浅拷贝	a.copy()	返回列表 a 的浅拷贝

7.2.5　用内置函数对列表进行操作

1. 数学类内置函数

用于列表操作的数学类内置函数有如下 3 个。

- max：在列表中元素可以比较大小的时候，用来求列表中的最大元素（升序排列排在最后的元素）。
- min：在列表中元素可以比较大小的时候，用来求列表中的最小元素（升序排列排在最前的元素）。
- sum：对数值型列表求和。

例如：

```
>>> max([(1, 2), (1, 2, 3), (5, 0)])      # 求排序时能排在最后面的元组
(5, 0)
>>> min(["Tom", "John", "Mary"])         # 求排序时能排在最前面的字符串
'John'
```

```
>>> sum([2, 3, 5, 7])                    # 求和
17
```

2. 排序类内置函数

用于列表操作的排序类内置函数有如下两个。

❖ reversed：将列表元素逆序，得到一个新对象，这个对象的元素不能直接查看。

❖ sorted：对列表进行排序，可以使用参数 key 和 reverse，返回一个列表对象。

例如：

```
>>> a = [10, 2, 33, 42, 5]
>>> b = reversed(a)
>>> b
<list_reversediterator object at 0x0000024B7E049E48>
>>> list(b)
[5, 42, 33, 2, 10]
>>> sorted(a)
[2, 5, 10, 33, 42]
>>> sorted(a, reverse=True)
[42, 33, 10, 5, 2]
```

关于 sorted 函数的参数 key 和 reverse 的详细用法，请参考 7.2.4 节列表对象的 sort 方法。

3. 序列操作类内置函数

用于列表操作的序列操作类内置函数常用的有 enumerate、filter、len、map 和 zip。

enumerate 函数用于获取列表元素在列表中的位置和对应的元素值，返回一个 enumerate 对象，该对象的元素不能直接查看。如果想查看，只能转成列表再查看。

a 是列表，enumerate(a)是一个 enumerate 对象，该对象的每个元素都是一个二元组，表示 a 中的元素下标和相应的元素值。例如：

```
>>> a = [10, 20, 30]
>>> b = enumerate(a)
>>> b
<enumerate object at 0x0000024B7E0D8F30>
>>> list(b)
[(0, 10), (1, 20), (2, 30)]
```

内置函数 filter 将一个单参数函数作用到一个列表上，返回该列表的元素中使得该函数返回值相当于 True 的那些元素组成的 filter 对象。filter 对象的元素不可以直接查看。若 filter 函数的第 1 个参数值为 None，则返回序列中等价于 True 的元素。一般常用 filter 函数来筛选列表的元素。例如：

```
> >>> a = list(range(5))
>>> list(filter(lambda x: x%2, a))
[1, 3]
>>> list(filter(None, a))
[1, 2, 3, 4]
```

内置函数 map 可以将一个函数依次作用到列表的每个元素上，并返回一个 map 对象作为结果。其中，每个元素是原序列中元素经过该函数处理后的结果，不对原列表对象进行任何修改。map 对象的元素不能直接查看。例如：

```
>>> a = ["1", "2", "3"]
>>> map(int, a)
<map object at 0x00000000030D9438>
>>> list(map(int, a))
[1, 2, 3]
>>> b = [10, 20, 30]
>>> list(map(str, b))
['10', '20', '30']
```

我们可以利用 map 函数拆数字。设 a=12345，则 str(a)是字符串"12345"，map(int, "12345")把字符串的每个字符转换成整数，得到一个 map 对象，再把 map 对象转换成列表即可。例如：

```
>>> a = 12345
>>> list(map(int, str(a)))
[1, 2, 3, 4, 5]
```

内置函数 zip 可以将一到多个列表的对应位置处的元素组合成元组，所有组合成的元组构成 zip 对象。zip 对象的元素不能直接查看。例如：

```
>>> a = ["a", "b", "c"]
>>> b = [1, 2, 3]
>>> zip(a, b)
<zip object at 0x0000000003100548>
>>> list(zip(a, b))
[('a', 1), ('b', 2), ('c', 3)]
```

若作为 zip 函数参数的几个列表的元素个数不一致，则以元素数目最少的一个列表为准，其他列表多余的元素被忽略。例如：

```
>>> list(zip(["a", "b"], [10, 20, 30]))
[('a', 10), ('b', 20)]
```

一个列表也能作为 zip 函数的参数。例如：

```
>>> list(zip([1, 2, 3]))
[(1,), (2,), (3,)]
```

7.2.6 用运算符对列表进行运算

1．拼接运算

连接运算符“+”和倍增运算符“*”都可用于列表拼接操作。连接运算符能把几个列表合并成一个新列表；倍增运算符相当于让若干相同的列表相加，得到新的列表对象。例如：

```
>>> a = [1, 2, 3]
>>> a*2
[1, 2, 3, 1, 2, 3]
>>> a + ["a", "b", "c"]
[1, 2, 3, 'a', 'b', 'c']
```

2．测试运算

成员测试运算符 in 和同一性测试运算符 is 可以对列表进行测试。in 运算符能测试一个对象是不是列表中的元素，is 运算符能测试列表对象与另一个对象是否为同一个对象。例如：

```
>>> a = [1, 2, 3]
```

```
>>> 1 in a
True
>>> 5 in a
False
>>> b = [1, 2, 3]
>>> a is b
False
>>> c = a
>>> a is c
True
```

3．比较运算

若两个列表相同位置处的元素都是可比较的，则两个列表可以进行比较运算。比较运算符有 6 个：大于（>）、大于等于（>=）、小于（<）、小于等于（<=）、等于（==）、不等于（!=）。比较的原则如下：第一，空列表等于空列表；第二，空列表小于非空列表；第三，若两个列表都非空，则比较第 1 个元素（下标为 0 的元素），若第 1 个元素能比较出大小关系，则两个列表的大小关系取决于它们第 1 个元素的大小关系，否则，将两个列表各自去掉第 1 个元素，剩下的列表再进行比较，原列表的大小关系取决于两个新列表的大小关系。例如：

```
>>> [1, 2, 3] < [1, 2, 3]
False
>>> [1, 2, 3] <= [1, 2, 3]
True
>>> [1, 2, 3] < [1, 2, 3, 4]
True
>>> [1, 2, 3] < [2]
True
>>> [1, 2, 3] == [1, 2, 3]
True
>>> [1, "e", False] < [1, "e", True]
True
```

注意，两个列表可以比较，不在于每个列表的每个元素数据类型都一样，而在于两个列表对应位置处的元素是可比较的。

4．复合赋值运算

关于列表拼接的复合赋值运算符“+=”和“*=”也能对列表进行操作。假设 a 和 b 都是列表，单单从运算对象的值来看，a+=b 与 a=a+b 效果是一样的，但在有些情况下，这两个语句还是有区别的。

如果 a 是一个列表对象且执行的是列表连接运算，那么，a=a+b 会改变 a 的 id，但 a+=b 不会改变 a 的 id。当列表 a 的元素非常多时，后者速度会比前者快很多。

【例 7-1】 测试列表连接运算 a=a+b 和 a+=b 的速度。

```
from time import time
N = 100000

for s in ["a=a+[i]", "a+=[i]"]:
    t1 = time()
    a=[]
```

```
    for i in range(N):
        exec(s)
    print(time()-t1)
```

上述代码的功能是比较 a=a+b 和 a+=b 这两类语句的执行速度，运行后我们会发现，后者的速度远远快于前者。关于 a=a+b 和 a+=b 的细微区别，初学者可以忽略，当有速度方面需求的时候，再回过头来详细了解即可。

7.2.7 列表推导式

列表推导式使用非常简洁的方式来快速生成列表对象，代码具有非常强的可读性和灵活性。代码格式如下。

```
[expression for expr1 in sequence1 if condition1
            for expr2 in sequence2 if condition2
            ...
            for exprN in sequenceN if conditionN]
```

其中，for 语句至少要有一个，if 语句可以没有。例如：

```
>>> a = list(range(10))
>>> b = [e*e for e in a]
>>> b
[0, 1, 4, 9, 16, 25, 36, 49, 64, 81]
>>> c = [e for e in a if e%2 == 0]
>>> c
[0, 2, 4, 6, 8]
```

前面介绍过用 map 函数对列表的元素进行变换，能用 map 函数进行变换的一般也能用列表推导式进行操作。例如：

```
>>> a = [1, 2, 3]
>>> b = list(map(str, a))
>>> b
['1', '2', '3']
>>> c = [str(e) for e in a]
>>> c
['1', '2', '3']
```

嵌套列表元素变换的另一个例子如下。

```
>>> a = [[1, 2, 3], [4, 5, 6], [7, 8]]
>>> b = [[2*e for e in x] for x in a]
>>> b
[[2, 4, 6], [8, 10, 12], [14, 16]]
```

我们还可以把两层嵌套列表的元素都拿出来，放到不嵌套的列表中，这就是嵌套列表扁平化。例如：

```
>>> a = [[1, 2, 3], [4, 5, 6], [7, 8]]
>>> b = [e for x in a for e in x]
>>> b
[1, 2, 3, 4, 5, 6, 7, 8]
```

注意，这里一定要把 for x in a 放在 for e in x 前面。

上述代码是将两层列表扁平化，如果是列表的嵌套层次不确定，那么上述代码不能工作。我们可以编写递归函数来实现这个目标。

【例 7-2】 扁平化任意嵌套列表。

```
def myspread(a):
    t=[]
    if a:
        e = a[0]
        if isinstance(e, list):
            t.extend(myspread(e))
        else:
            t.append(e)
        t.extend(myspread(a[1:]))
    return t

if __name__ == "__main__":
    x = [1, 2, [3, 4, [[5]]], 6]
    y = myspread(x)
    print(y)
```

其运行结果如下。

```
[1, 2, 3, 4, 5, 6]
```

列表推导式功能非常强大，简洁优美，熟练掌握列表推导式是写出 Pythonic 代码的基本要求之一。7.9 节将介绍列表推导式的更多例子。

再来看判断自幂数的例子。判断自幂数曾在 5.4.1 节的例 5-23 中用循环结构实现，6.5 节的例 6-22 中用 lambda 表达式实现，这里改用列表推导式来实现。

【例 7-3】 判断一个整数是否为自幂数（三）。

```
n = 153
k = len(str(n))
flag = sum([i**k for i in map(int, list(str(n)))]) == n
print(flag)
```

7.3 元组及其操作

7.3.1 元组的概念

元组是 Python 的内置对象，是有序、不可变的序列类对象[①]，元组的所有元素放在一对半角“()”内，用半角“,”将各元素隔开，各元素的数据类型可以相同，也可以不相同。

元组的元素可以用双向索引读取，这与列表一样，不同的是，元组中的元素不可以增加、删除或者修改。正因为元组中的元素不可以改变，元组不存在增、删元素时的内存整理问题。Python 对元组做了一些优化，所以元组的处理速度比列表快。

元组在 Python 中有很重要的作用：① enumerate 对象的元素就是二元组；② 字符串格式化的时候，“%”运算符后如果有多个参数，需要写成元组的形式；③ 一般对函数传递一些不

① 元组的不可变是有条件的，只有那些不包含可变序列的元组才是不可变的。

希望被更改的序列作为参数，往往用元组而不用列表；④ 若有多个返回值的函数，Python 会将多个返回值组合成元组返回；⑤ 用 Python 读取 Excel 文件或者读取数据库时，Excel 文件的一行或者数据库的一条记录往往读取的结果就是一个元组。

7.3.2 元组的标准形式

元组的标准形式是用来分隔元素的每个半角“,”后加一个空格，只有一个元素的元组会在元素后加一个半角“,”，其后没有空格。例如：

```
>>> a = (1, 2, 3)
>>> a
(1,␣2,␣3)
>>> b = (1, )
>>> b
(1,)
>>> c = (1)
>>> c
1
```

上面的代码表明，“(1,)”和“(1)”是两码事，前者是一个元组，后者只是一个整数。对于多个元素的元组，我们写元组常量时，“,”后面的空格可以有，也可以没有，但 Python 输出元组时，总会在每个逗号后输出一个空格。

7.3.3 元组对象的创建

直接创建元组对象有三种方式：一是将元组常量或表达式直接赋值给变量。例如：

```
>>> a = (1, 2, 3)
>>> b = ()
>>> c = (1, 2) + (3, 4)
```

二是用 tuple 函数把其他对象强制转换为元组对象。例如：

```
a = tuple(range(1, 4))
b = tuple()
```

三是用序列封包赋值，把多个表达式赋值给一个变量，就可得到一个元组对象。例如：

```
>>> a = 1,2,3
>>> a
(1, 2, 3)
```

还有一种间接得到元组对象的方法，就是获取其他操作函数返回的元组对象。例如：

```
>>> r = divmod(7, 4)
>>> r
(1, 3)
```

7.3.4 元组元素的读取

首先，元组可以用正向索引下标或者逆向索引下标获取指定位置处的元素值。例如：

```
>>> a = (1, 2, 3)
>>> print(a[-1])
3
```

其次，可以用 for-in 语句来顺次读取元组的各元素的值，还可以用 for-in enumerate( )语句来同时获取元组中每个元素的下标和值。读取方法与读取列表一样，这里不再举例。

7.3.5 元组对象常用的方法

元组不能增加、删除、修改元素，所以该对象的方法比较少，只有两个查找类的方法：index 和 count，前者用来查找元素，后者用来查找元素个数。这两个方法都与列表的同名方法功能类似。

元组对象的 index 方法返回指定的值在元组中第 1 次出现的位置（下标），若指定的值在列表中不存在，则抛出异常。例如：

```
>>> a = tuple("甲乙丙丁乙丙")
>>> a
('甲', '乙', '丙', '丁', '乙', '丙')
>>> a.index("乙")
1
```

元组对象的 count 方法返回指定的值在元组中出现的次数，若指定的值在列表中不存在，则返回 0。例如：

```
>>> a = tuple("甲乙丙丁乙丙")
>>> a
('甲', '乙', '丙', '丁', '乙', '丙')
>>> a.count("乙")
2
>>> a.count("戊")
0
```

7.3.6 用内置函数对元组进行操作

用于元组操作的内置函数如下。

- 数学类：max、min、sum。
- 排序类：reversed、sorted。
- 序列操作类：enumerate、filter、len、map、zip。

用这些函数操作元组的方法与操作列表类似，这里不再举例。

7.3.7 用运算符对元组进行运算

用于元组操作的运算符如下。

- 拼接运算：连接运算符+、倍增运算符*，这两个操作可得到新的元组。
- 测试运算：成员测试运算符 in 和同一性测试运算符 is。
- 比较运算：大于、大于等于、小于、小于等于、等于、不等于。
- 复合赋值运算：+=和*=。

用这些运算符对元组进行操作与对列表进行操作类似，这里不再举例。需要注意的是，用复合赋值运算符对元组操作后，元组的 id 改变，而对列表操作后，列表的 id 不变。

7.3.8 生成器推导式

6.6 节提到了创建生成器对象，除了生成器函数，还可以用生成器推导式。从形式上，生成器推导式与列表推导式非常接近，只是生成器推导式使用“()”，而列表推导式使用“[]”。

简单来说，把列表推导式的“[]”改成“()”，列表推导式就变成了生成器推导式，生成器推导式返回的结果不是列表，也不是元组，而是一个生成器对象。例如：

```
>>> b = (i*i for i in range(10))
>>> b
<generator object <genexpr> at 0x00000000030C8678>
```

关于生成器对象的元素遍历方法，6.6 节已经介绍，这里不再举例。再次强调，生成器对象中的元素只能访问一次。不管用哪种方法访问其元素，当生成器对象的所有元素访问完毕，生成器对象就不再有任何元素。例如：

```
>>> a = (i*i for i in range(5))
>>> a
<generator object <genexpr> at 0x000001B5CC403620>
>>> b = list(a)
>>> b
[0, 1, 4, 9, 16]
>>> c = list(a)
>>> c
[]
```

7.4 字典及其操作

字典是 Python 的内置对象，是无序、可变的序列类对象。字典的所有元素放在一对半角“{}”中，用半角“,”将元素分隔开字典的每个元素是键值对的形式，键与值之间用一个半角“:”隔开。例如：

```
{1:10, 2:20, 3:30}
```

字典的键必须由不可变对象（如整数、实数、复数、布尔值、None、字符串、不可变元组）充当，但不能由可变对象（如列表、集合、字典）充当，字典的值可以是任意对象。

注意，字典的键不可以重复。

7.4.1 字典的标准形式

Python 输出字典对象时，总是在字典中用来分隔元素的每个半角“,”后加一个空格，分隔键和值的每个半角“:”后加一个空格，即使输入字典时没有空格。转成字符串时，Python 会按照字典的标准形式去转换为字符串。例如：

```
>>> d = {"a":1,"b":2}
>>> str(d)
"{'a':␣1,␣'b':␣2}"
```

7.4.2 字典的创建

创建字典对象有如下四种方法。方法一：将字典常量直接赋值给变量。例如：

```
>>> a = {"a": 1, "b": 2}
>>> b = {}
```

方法二：用 dict 函数将 zip 对象转换为字典对象。例如：

```
>>> a = dict(zip([1, 2, 3], [4, 5, 6]))
>>> a
{1: 4, 2: 5, 3: 6}
```

用这种方法构造字典对象时，zip 函数的参数只能有两个可迭代对象，第 1 个可迭代对象中的元素作为键值对中的键，第 2 个可迭代对象中的元素作为键值对中的值。

若第 1 个可迭代对象中的元素有重复的，则字典中相应的键值对中的值是最后一次匹配到的值。例如：

```
>>> d = dict(zip([1, 2, 2], [4, 5, 6]))
>>> d
{1: 4, 2: 6}
```

方法三：用 dict 函数构造字典对象。例如：

```
>>> d = dict(name="张三", age=18)
>>> d
{'name': '张三', 'age': 18}
>>> d2 = dict()
>>> d2
{}
```

方法四：用表达式 dict.fromkeys()构造字典对象。例如：

```
>>> keylist = ["a", "b", "c"]
>>> d = dict.fromkeys(keylist)
>>> d
{'a': None, 'b': None, 'c': None}
```

用这种方法构造的字典对象，键值对中的值全部为 None。

7.4.3 字典元素的添加和修改

字典添加元素和修改元素，往往采取相同的方法，Python 会自动确定什么场合添加元素，什么场合修改元素。字典元素的添加和修改主要有以下三种方法。

方法一：以指定的键当下标为字典对象的元素赋值。该操作有两层含义。

① 若键存在，则表示修改该键对应的值。

② 若键不存在，则表示添加一个新的“键:值”对。

```
>>> a = {"a": 1, "b": 2}
>>> a
{'a': 1, 'b': 2}
>>> a["c"] = 3                    # 向字典中添加元素
>>> a
```

```
{'a': 1, 'b': 2, 'c': 3}
>>> a["c"] = 100              # 修改字典的元素
>>> a
{'a': 1, 'b': 2, 'c': 100}
```

方法二：用字典对象的 update 方法为字典对象添加和修改元素。设 a 和 b 是两个字典对象，则 a.update(b)有如下两层含义。

① 若 b 中的元素对应的键在 a 中不存在，则该元素直接添加到字典 a 中。

② 若 b 中的元素对应的键在 a 中存在，则以 b 中的元素值更新 a 中的元素值。

```
>>> a = {"a": 1, "b": 2}
>>> b = {"b": 100, "c": 3}
>>> a.update(b)
>>> a
{'a': 1, 'b': 100, 'c': 3}
```

方法三：用字典对象的 setdefault 方法为字典对象添加元素。字典对象的 setdefault 方法可以查询键对应的元素值，若键不存在，则将键添加到字典中，键对应的值为 None 或指定的值，间接效果相当于为字典添加元素。

```
>>> a = {"a": 1, "b": 2}
>>> a.setdefault("a")
1
>>> a.setdefault("c")
>>> a
{'a': 1, 'b': 2, 'c': None}
>>> a.setdefault("d", 100)
100
>>> a
{'a': 1, 'b': 2, 'c': None, 'd': 100}
```

7.4.4 字典元素的读取

1．用下标法获取指定键对应的值

以指定的键作为下标可直接获得键对应的元素值，若键不存在，则报错。例如：

```
>>> a = {"a": 1, "b": 2}
>>> a
{'a': 1, 'b': 2}
>>> a["a"]
1
```

2．用字典对象的 get 方法获取指定键对应的值

用字典的 get 方法获取指定键的值，即使键不存在也不会报错，我们还可以通过 get 方法的第 2 个参数设定键不存在时的默认返回值。例如：

```
>>> a = {"a": 1, "b": 2}
>>> a.get("b")
2
>>> a.get("c")
```

```
>>> a.get("c", 0)
0
```

我们在进行字频、词频统计时往往用到字典对象的 get 方法。

3．批量获取字典对象的键、值和键值对

字典对象的 keys 方法获取所有键，values 方法获取所有值，items 方法获取所有键值对，这三种方法得到的结果都是类似列表的可迭代对象。例如：

```
>>> a = {"a": 1, "b": 2, "c": 3}
>>> a.keys()
dict_keys(['a', 'b', 'c'])
>>> a.values()
dict_values([1, 2, 3])
>>> a.items()
dict_items([('a', 1), ('b', 2), ('c', 3)])
```

注意，字典对象的 items 方法得到的可迭代对象的每个元素都是一个二元组，二元组的第 1 个元素是字典的键，第 2 个元素是键对应的值。

4．遍历字典

设 a 是一个字典对象，遍历 a 的键和值有两种方法。

第一，遍历字典的键，通过键再获取对应的值。

```
>>> a = {"a": 1, "b": 2, "c": 3}
>>> for e in a:                           # for e in a相当于for e in a.keys()
      print(e, a[e])
```

第二，遍历字典的键值对。

```
>>> a = {"a": 1, "b": 2, "c": 3}
>>> for k, v in a.items():                # k得到的是字典a的键，v得到的是键对应的值
      print(k, v)
```

7.4.5 字典元素的删除

在字典对象的元素不为空时，删除字典元素可以用如下方法。

- del 命令：删除键 key 对应的元素，若 key 不是字典的键，则报错。
- pop 方法：删除并返回 key 对应的值，若 key 不是字典的键，则报错。
- popitem 方法：随机删除元素并返回被删除的元素对应的键和值。
- clear 方法：删除字典全部元素，剩下空字典。

例如：

```
>>> a = {"a": 0, "b": 1, "c": 2, "d": 3, "e": 4}
>>> a.popitem()                           # 随机删除一个元素，返回键值对构成的元组
('e', 4)
>>> a
{'a': 0, 'b': 1, 'c': 2, 'd': 3}
>>> a.pop("b")                            # 删除键为"b"的元素，返回键"b"对应的值
1
>>> a
```

```
{'a': 0, 'c': 2, 'd': 3}
>>> del a["d"]                                  # 删除键为"d"的元素，无返回值
>>> a
{'a': 0, 'c': 2}
>>> a.clear()                                   # 清空字典元素
>>> a
{}
```

7.4.6 字典对象常用的方法

字典对象的常用方法在前面介绍字典的各种操作时都涉及了，汇总如表 7-2 所示。

表 7-2 字典对象常用的方法

方法类别	方 法	说 明
获取元素	d.keys()	得到字典的所有键
	d.values()	得到字典的所有值
	d.items()	得到字典的所有键值对的组合
	d.get(key, value=None)	获取字典的键 key 对应的元素值。若 key 不存在，则返回 value。value 的默认值为 None
	d.setdefault(key, value=None)	获取字典的键 key 对应的元素值。若 key 不存在，则将 key:value 这个键值对添加到字典中；若不指定 value，则 value 的默认值为 None
删除元素	d.clear()	删除字典 d 中所有元素，保留字典对象
	d.pop(k, [v])	删除字典 d 中键为 k 的元素，返回 k 对应的元素值。若 k 不存在，则返回 v；若 v 未指定，则报错
	d.popitem()	随机删除字典中的一个元素，返回该元素的键值对二元组
创建字典	d.fromkeys(a, value=None)	以可迭代对象 a 的元素为键建立字典，键对应的值为 value。value 的默认值为 None
更新字典	d.update(d2)	根据字典 d2 更新字典 d 的元素
浅拷贝	d.copy()	返回字典 d 的浅拷贝

关于字典的浅拷贝，举一个应用的例子。设有一个字典，字典的键是字符串，值为整数，现要求删除字典中具有特定值的键值对。

【例 7-4】 删除字典中具有特定值的键值对。

```
a = {"a": 1, "b": 2, "c": 3, "d": 2}
for k, v in a.copy().items():                  # 不能把 a.copy().items()改成 a.items()
    if v == 2:
        del a[k]                               # 改为 a.pop(k)也可以
print(a)
```

7.4.7 用内置函数对字典进行操作

设 a 是一个字典对象，表达式 a.keys( )、a.values( )、a.items( )是由字典衍生出来的 3 个类似列表的可迭代对象，a.keys( )的元素是字典 a 中所有的键，a.values( )是字典 a 中所有的值，a.items( )的元素是字典 a 中的所有键值对组成的二元组。Python 的内置函数对 a.keys( )、a.values( )、a.items( )的操作相当于对列表进行操作，这里不再展开。

1. 数学类内置函数

用于字典操作的数学类内置函数有 3 个。

❖ max：当字典的键可比较大小时，返回字典中最大的键。
❖ min：当字典的键可比较大小时，返回字典中最小的键。
❖ sum：当字典的键全是数值类型时，对字典中的所有键求和。

设 a 是字典对象，则上述 3 个内置函数对 a 的操作相当于对 a.keys( )的操作。

```
>>> a = {"a": 200, "b": 300, "c": 100}
>>> max(a)
'c'
>>> min(a)
'a'
>>> b = {1: 200, 2: 300, 3: 100}
>>> sum(b)
6
```

2．排序类内置函数

当字典的键都是可比较的数据类型的时候，内置函数 sorted 可以对字典进行排序，排序时可使用 key 参数和 reverse 参数。本节下面的操作都默认字典的键是可比较的。

设 a 是一个字典对象，则 sorted(a)对字典 a 中的所有键进行排序，返回一个列表。该操作相当于 sorted(a.keys())。例如：

```
>>> a = {"a": 200, "b": 300, "c": 100}
>>> sorted(a, reverse=True)
['c', 'b', 'a']
```

若希望字典 a 中的键和值同时出现在排序结果中，需要用 sorted 函数对表达式 a.items()进行排序，而不能对 a 进行排序。例如：

```
>>> a = {"a": 200, "b": 300, "c": 100}
>>> sorted(a.items())
[('a', 200), ('b', 300), ('c', 100)]
>>> sorted(a.items(), reverse=True)
[('c', 100), ('b', 300), ('a', 200)]
```

上述代码是对可迭代对象 a.items()中的二元组进行排序，而二元组的排序结果是由字典中的键决定的。因为字典中的键互不相同，所以这些二元组的第 1 个元素不重复，又因为都是可比较的，所以二元组仅通过第 1 个元素就可以比较出大小。

如果想按照二元组的第 2 个元素来排序（也就是按照字典中键值对的值的大小）进行排序，就要求字典中的所有键值对的值都是可比较的，如都是数字，都是字符串，或者都是可比较的列表、元组，等等。就上面的例子来说，因为字典中键值对的值都是数字，所以可以根据二元组的第 2 个元素进行排序。

```
>>> a = {"a": 200, "b": 300, "c": 100}
>>> sorted(a.items(), key=lambda e:e[1])
[('c', 100), ('a', 200), ('b', 300)]
>>> sorted(a.items(), key=lambda e:e[1], reverse=True)
[('b', 300), ('a', 200), ('c', 100)]
>>> sorted(a.items(), key=lambda e:-e[1])
[('b', 300), ('a', 200), ('c', 100)]
```

在上面的代码中，参与排序的都是二元组，所以 lambda 表达式的参数 e 是二元组。在第一次排序中，我们排序的依据是二元组的第 2 个元素，所以 key 参数的值就是 lambda e:e[1]这个表达式。在第二次排序中，与参数 key 配合，reverse=True 表示按二元组的第 2 个参数的降序排列。在第三次排序中，去掉了参数 reverse=True，表示按升序排列，但排序原则是二元组第 2 个参数的相反数。按相反数的升序排列，也达到了按原数降序排列的效果。这段代码中的字典排序方法在统计频次时会多次用到。

3．序列操作类内置函数

序列操作类内置函数 enumerate、filter、len、map、zip 可以对字典 a 进行操作，相当于对可迭代对象 a.keys()进行操作，返回结果可参照对列表的操作来理解。其中最常用的是 len 函数。这里不再举例。

7.4.8 用运算符对字典进行运算

字典是无序序列，适用于列表和元组的拼接运算、比较大小、复合赋值运算都不适用于字典。适用于字典的运算符只有测试运算 in、is 和关系运算==、!=。例如：

```
>>> a = {"a": 1, "b": 2, "c": 3}
>>> "a" in a
True
>>> 1 in a
False
>>> b = {"a": 1, "b": 2, "c": 3}
>>> a == b
True
>>> a is b
False
>>> c = a
>>> a is c
True
```

7.5 集合及其操作

集合是 Python 的内置对象，是无序、可变的序列。集合使用一对“{}”作为界定符，这与字典类似，集合的元素之间使用“,”分隔，同一个集合内的元素不允许重复。

集合的元素必须是不可变对象，如整数、实数、复数、布尔值、None、字符串、不可变元组等。

7.5.1 集合的标准形式

Python 输出集合对象的值时，总是在集合中用来分隔元素的每个半角“,”后加一个空格，即使输入集合时没有空格。转成字符串的时候，Python 会按照集合的标准形式转换为字符串。例如：

```
> >>> a = {1,2,3}
>>> a
{1,␣2,␣3}
>>> str(a)
'{1,␣2,␣3}'
```

7.5.2 集合的创建

创建集合对象有两种方法。一是将集合常量直接赋值给变量。例如：

```
>>> s = {1, 2, "a", (3, 4)}
>>> t = {1, 2, 3}
```

二是使用内置函数 set 构造集合对象。例如：

```
>>> x = set([1, 2, 2, 3, 3, 3])
>>> x
{1, 2, 3}
>>> y = set()
>>> y
set()
```

注意，使用内置函数 set 将其他序列类对象转为集合后，原对象中值相同的元素只保留一个，因为集合是不能包含重复元素的。这使得集合成为序列类对象元素去重的不二选择。

另外，由于集合和字典的界定符都是“{}”，可能部分初学者会混淆“{}”的含义。“{}”表示空字典，不表示空集合。空集合用表达式 set()表示。

7.5.3 集合元素的添加

集合元素的添加有两种方法：一种方法是用集合对象的 add 方法添加单个元素，另一种方法是用集合对象的 update 方法从一个可迭代对象中批量添加元素。例如：

```
>>> a = {1, 2, 3}
>>> a.add(8)                        # 添加单个元素
>>> a
{8, 1, 2, 3}
>>> a.update({2, 4})                # 从另一个集合中批量添加元素，过滤掉重复元素
>>> a
{1, 2, 3, 4, 8}
>>> a.update(range(7))              # 从任何可迭代对象中批量添加元素
>>> a
{0, 1, 2, 3, 4, 5, 6, 8}
```

7.5.4 集合元素的删除

集合元素的删除可以通过集合对象的如下 4 种方法来实现。

❖ clear 方法：用于清空集合，删除其中所有元素，但不删除集合对象。

❖ discard 方法：用于删除集合中的指定元素，若元素不在集合中，则忽略该操作。

❖ pop 方法：用于随机删除并返回集合中的一个元素，若集合为空，则抛出异常。

❖ remove 方法：用于删除集合中的指定元素，若指定元素不存在，则抛出异常。

例如：

```
>>> a = {"张三", "李四", "王五", "赵六", "田七"}
>>> a.pop()                         # 随机删除一个元素并返回被删除的元素
'赵六'
```

```
>>> a.remove("李四")                   # 删除"李四"这个元素
>>> a
{'田七', '王五', '张三'}
>>> a.discard("钱二")                  # 删除"钱二"这个元素，元素不存在也不报错
>>> a
{'田七', '王五', '张三'}
>>> a.clear()                          # 清空集合中的所有元素
>>> a
set()
```

7.5.5 集合元素的读取

集合是无序序列，不能用下标法获取元素，只能用遍历法获取集合的所有元素。例如：

```
a = {"张三", "李四", "王五"}
for e in a:
    print(e)
```

注意，因为集合是无序的，所以上述代码每次运行的结果可能有所不同，有6种可能的运行结果。

7.5.6 集合对象常用的方法

集合对象的常用方法在前面介绍集合的各种操作时已涉及一些，也有一些尚未介绍，如表7-3所示（设s是集合对象，b是任意可迭代对象）。

表7-3 集合对象常用的方法

方法类别	方 法	说 明
添加元素	s.add()	向集合中添加单个元素
删除元素	s.pop()	从集合中随机删除一个元素并返回被删除的对象
	s.remove()	从集合中删除指定的元素，如不存在，则报错
	s.discard()	从集合中删除指定的元素，如不存在，则忽略该操作
	s.clear()	清空集合，删除集合的所有元素
集合运算	s.intersection(b)	求s和b的交集，返回新的集合对象
	s.union(b)	求s和b的并集，返回新的集合对象
	s.difference(b)	求s和b的差集，返回新的集合对象
	s.symmetric_difference(b)	求s和b的对称差集，返回新的集合对象
更新集合	s.intersection_update(b)	求s和b的交集，用结果更新s的值
	s.update(b)	求s和b的并集，用结果更新s的值
	s.difference_update(b)	求s和b的差集，用结果更新s的值
	s.symmetric_difference_update(b)	求s和b的对称差集，用结果更新s的值
集合判断	s.isdisjoint(b)	判断s是否与b不相交，是则返回True
	s.issubset(b)	判断s是否为b的子集，是则返回True
	s.issuperset(b)	判断s是否为b的超集，是则返回True
浅拷贝	s.copy()	返回集合s的浅拷贝

7.5.7 用内置函数对集合进行操作

用于集合操作的内置函数如下。

❖ 数学类：max、min、sum。
❖ 排序类：reversed、sorted。
❖ 序列操作类：enumerate、filter、len、map、zip。

用这些函数操作元组的方法与操作列表类似，这里不再举例。

7.5.8 用运算符对集合进行运算

1．集合交并差运算

Python 中有 4 个运算符用于集合的运算：交运算符&、并运算符|、差运算符-、对称差运算符^，3.3.2 节的表 3-6 中已经介绍，这里不再举例。需要注意的是，这 4 个集合运算符只能对两个集合进行运算，前面介绍过的集合对象的几种方法可以让集合与非集合的可迭代对象进行集合运算，功比集合运算符要强一些。例如：

```
>>> a = {1, 2, 3}
>>> a & {2, 3, 4}
{2, 3}
>>> a.intersection([2, 3, 4])
{2, 3}
```

2．测试运算

成员测试运算符 in 和同一性测试运算符 is 可以对集合进行测试。in 运算符能测试一个对象是不是集合中的元素，is 运算符能测试集合对象与另一个对象是否为同一个对象。例如：

```
>>> a = {1, 2, 3}
>>> 1 in a
True
>>> b = {1, 2, 3}
>>> a is b
False
```

3．比较运算

集合的比较运算符有如下 6 个。

❖ a>b：若集合 a 是集合 b 的真超集，则表达式为 True。
❖ a>=b：若集合 a 是集合 b 的超集，则表达式为 True。
❖ a<b：若集合 a 是集合 b 的真子集，则表达式为 True。
❖ a<=b：若集合 a 是集合 b 的子集，则表达式为 True。
❖ a==b：若集合 a 的值与集合 b 的值相等，则表达式为 True。
❖ a!=b：若集合 a 的值与集合 b 的值不相等，则表达式为 True。

7.6 切片

切片是一种 Python 表达式，可以非常灵活地截取列表、元组、字符串、range 对象中的任何部分，得到一个相同类型的新对象。对于列表对象来说，切片还可以用来增加、修改和删除元素。

切片操作的特点是它不会因为下标越界而抛出异常，只是简单地将序列截断或者返回一个空的对象，代码具有非常强的健壮性。

7.6.1 切片的格式

设 a 是关于列表、元组、字符串、range 对象这 4 种类型之一的一个表达式，对 a 做切片的格式为

```
a[整数1:整数2:整数3]
```

其中，“整数 1”表示截取的起点；“整数 2”表示截取的终止位置（但不包含整数 2 这个位置）；“整数 3”表示截取元素时从起点到终点的步长。所谓步长，就是取出的相邻元素的下标之差，步长不能为 0，步长的默认值为 1，步长取默认值 1 时可省略最后一个“:”和后面的步长值。

如果步长为正值，表示从前往后截取序列的元素，此时“整数 1”的默认值为 0，“整数 2”的默认值为序列长度；如果步长为负值，表示从后往前截取序列的元素，此时“整数 1”的默认值为-1，“整数 2”的默认值为-(序列长度+1)。

下面以列表切片为例解释切片表达式的含义。设列表对象 a = [10, 20, 30, 40, 50]，关于 a 的切片示例如表 7-4 所示。

表 7-4 切片示例

切片表达式	切片表达式的值	说 明
a[0:5:1]	[10, 20, 30, 40, 50]	步长为 1，从下标 0 往后截取到下标 5（不含 5）
a[0:100:1]	[10, 20, 30, 40, 50]	下标超出范围，往后截取完最右边一个元素
a[0:5:]	[10, 20, 30, 40, 50]	步长为 1，可省略步长值
a[0:5]	[10, 20, 30, 40, 50]	省略步长值时，可省略最后一个“:”
a[0:]	[10, 20, 30, 40, 50]	终止值等于默认值时，可省略终止值
a[:]	[10, 20, 30, 40, 50]	起点等于默认值时，可省略起点
a[3:]	[40, 50]	从下标 3 往后截取元素，取完所有元素
a[:3]	[10, 20, 30]	从下标 0 往后截取元素，终止于下标 3（不含 3）
a[3:4]	[40]	从下标 3 往后截取到下标 4（不含 4）
a[3:3]	[]	从下标 3 往后截取到下标 3（不含 3），取不到元素
a[3:1]	[]	从下标 3 往后截取到下标 1，取不到元素
a[:4:2]	[10, 30]	步长为 2，从下标 0 往后，终止于下标 4（不含 4）
a[-1:-6:-1]	[50, 40, 30, 20, 10]	步长为-1，从下标-1 往前，终止于-6（不含-6）
a[-1:-10:-1]	[50, 40, 30, 20, 10]	下标超出范围，往前截取完最左边一个元素
a[::-1]	[50, 40, 30, 20, 10]	步长为-1，从下标-1 往前，终止于-6（不含-6）效果相当于列表逆序
a[-2::-1]	[40, 30, 20, 10]	步长为-1，从下标-2 往前，终止于-6（不含-6）
a[:-4:-1]	[50, 40, 30]	步长为-1，从下标-1 往前，终止于-4（不含-4）
a[::2]	[10, 30, 50]	步长为 2，从下标 0 往后，终止于 5（不含 5）
a[::-2]	[50, 30, 10]	步长为-2，从下标-1 往前，终止于-6（不含-6）

要注意切片和下标法引用元素值的区别，下标的“[]”中只有一个数字，切片的“[]”中可以没有数字，但至少要有一个“:”。a[3]表示列表 a 中下标为 3 的那个元素，a[:3]表示取 a 的前 3 个元素组成的列表，a[3:]表示取 a 中从下标 3 开始的所有元素组成的列表。

7.6.2 用切片对列表的元素进行增删改

设 a 是一个列表，用切片对列表的元素进行增、删、改的格式如下：

```
关于列表 a 的切片表达式 = 列表
```

或

```
del 关于列表 a 的切片表达式
```

例如：

```
>>> aList = [1, 2, 3, 4, 5, 6, 7]
>>> aList[100:] = ["张三", "李四", "王五"]          # 尾部添加元素
>>> aList
[1, 2, 3, 4, 5, 6, 7, '张三', '李四', '王五']
>>> aList[::2] = list("abcde")                     # 替换下标是偶数的那些元素
>>> aList
['a', 2, 'b', 4, 'c', 6, 'd', '张三', 'e', '王五']
>>> aList[3:7] = []                                # 从列表中间删除一段连续的元素
>>> aList
['a', 2, 'b', '张三', 'e', '王五']
>>> del aList[::2]                                 # del 命令+切片可以删除不连续元素
>>> aList
[2, '张三', '王五']
```

关于用切片来对列表的元素进行增、删、改的说明如下。

① 使用切片修改列表元素值时：

❖ 如果左侧切片是连续的，那么等号两侧的列表长度可以不一样。

❖ 如果左侧切片是不连续的，那么右侧列表中元素个数必须与左侧相等。

② 使用切片删除列表元素时：

❖ 如果要删除的元素是连续的，可以直接将这一部分元素替换为空列表。

❖ 如果要删除的元素是不连续的，那么需要使用 del 命令配合切片来删除。

切片操作非常简洁，但功能强大，适当地使用切片是 Pythonic 代码的一个重要特征。

7.7 NumPy 和 Pandas 扩展库的简单操作

Numpy 扩展库和 Pandas 扩展库定义的数据类型虽然不是序列类型，但它们的操作与序列类型有关，科学计算中常用这两个扩展库。

7.7.1 NumPy 扩展库

许多程序设计语言都有数组类型，但 Python 没有数组类型，列表勉强可以当数组来使用，但列表充当数组并不是很方便。

NumPy 是一个功能强大的 Python 扩展库，专门用来对数组执行数值计算。NumPy 这个库名称来源于 Numerical 和 Python 的结合。NumPy 定义了 Array 和 Matrix 这两种类型的对象，前者为数组，后者为矩阵。

NumPy 扩展库可以直接在命令行窗口中运行如下命令进行安装：

```
pip install numpy
```

1．Array 对象

NumPy 中的 Array 相当于其他程序设计语言中的数值型数组，一维数组和多维数组都能表示。NumPy 存储的数据与 Python 中的数值型列表或数值型嵌套列表类似，但处理数据更方便。

先构造一个简单的一维数组，可以从列表或可迭代对象进行构造。

```
>>> import numpy as np
>>> a = np.array([10, 20, 30, 40, 50])                  # 从列表构造数组
>>> a
array([10, 20, 30, 40, 50])
```

上面得到的数组 a 可以转换为列表 b：

```
>>> b = list(a)
>>> b
[10, 20, 30, 40, 50]
```

现在让数组 a 的各元素都加 1，列表 b 的元素也都加上 1：

```
>>> aa = a + 1
>>> aa
array([11, 21, 31, 41, 51])
>>> bb = list(map(lambda x: x+1, b))
>>> bb
[11, 21, 31, 41, 51]
```

再让两个等长数组的对应元素进行算术运算，也让两个等长列表的对应元素进行算术运算。以相加为例：

```
>>> x = a + aa
>>> x
array([21, 41, 61, 81, 101])
>>> y = list(map(lambda m, n: m+n, b, bb))
>>> y
[21, 41, 61, 81, 101]
```

也可以把数组跟与之等长的列表相加减：

```
>>> x - y
array([0, 0, 0, 0, 0])
```

现在筛选出大于 50 的元素：

```
>>> x > 50
array([False, False,  True,  True,  True])
>>> x[x>50]
array([61,  81, 101])
```

我们发现，数组的确比列表更适合进行数值计算。

再看二维数组的例子，二维数组习惯上被称为矩阵。例如：

```
>>> import numpy as np
>>> a = np.array([[10, 20], [30, 40]])
>>> a
array([[10, 20],
```

```
       [30, 40]])
```

二维数组 a 很像嵌套列表，但它的运算比嵌套列表简单得多。例如：

```
>>> a.min()                          # 所有元素求最小值
10
>>> a.max(axis=0)                    # 各列求最大值
array([30, 40])
>>> a.sum(axis=1)                    # 各行求和
array([30, 70])
>>> a.mean()                         # 全部元素求均值
25.0
>>> a.mean(axis=0)                   # 各列求均值
array([20., 30.])
>>> a + 2                            # 各元素分别加上 2
array([[12, 22],
       [32, 42]])
>>> a.transpose()                    # 行列互换，也就是得到转置矩阵
array([[10, 30],
       [20, 40]])
>>> a.T                              # 也是得到转置矩阵
array([[10, 30],
       [20, 40]])
```

二维数组可以从一维数组得到。例如：

```
>>> b = np.arange(4)                 # 创建一维数组，元素为 0~3
>>> b
array([0, 1, 2, 3])
>>> c = b.reshape(2, 2)              # 变成两行两列的二维数组
>>> c
array([[0, 1],
       [2, 3]])
```

两个二维数组可以进行对应元素加减乘除操作，也可以进行矩阵乘法。例如：

```
>>> a + c                            # 各元素对应相加
array([[10, 21],
       [32, 43]])
>>> a * c                            # 各元素对应相乘
array([[0,  20],
       [60, 120]])
>>> a @ c                            # 矩阵乘法
array([[40,  70],
       [80, 150]])
```

注意，二维数组是由一维数组组成的数组，数组与列表一样都可以做切片，二维数组也可以做切片。切片的格式如下：

```
数组名[行切片, 列切片]
```

行切片筛选行，列切片筛选列，行切片和列切片的规定同列表的切片。例如：

```
>>> import numpy as np
>>> a = np.array(range(12)).reshape(3, 4)
>>> a
array([[ 0,  1,  2,  3],
```

```
       [ 4,  5,  6,  7],
       [ 8,  9, 10, 11]])
>>> a[:2, 1:3]                       # 获取第 0～1 行和第 1～2 列的元素组成的二维数组
array([[1, 2],
       [5, 6]])
>>> a[:,1]                           # 获取第 1 列的所有元素，返回一维数组
array([1, 5, 9])
>>> a[2, :]                          # 获取第 2 行的所有元素，返回一维数组
array([8,  9, 10, 11])
```

一维数组和二维数组都是多维数组的特例，用 Array 对象可以得到二维以上的数组，但常用的就是一维数组和二维数组。Array 对象还有好多属性和方法值得我们去探索。

2．Matrix 对象

NumPy 中的 Array 可以是多维的，Matrix 相当于二维 Array，它是专门为矩阵操作而设计的数据类型。在矩阵运算方面，Matrix 比二维 Array 功能更强。二维 Array 的属性和方法 Matrix 也有，但 Matrix 引入了新的运算，而且 Matrix 的个别运算与二维 Array 的运算结果不太一样。例如：

```
>>> import numpy as np
>>> a = np.array([[10, 20], [30, 40]])
>>> a
array([[10, 20],
       [30, 40]])
>>> b = np.array([[1, 2], [3, 4]])
>>> b
array([[1, 2],
       [3, 4]])
>>> a * b          # 对应位置元素相乘
array([[10,  40],
       [90, 160]])
>>> a[:, 0]        # 获取首列
array([10, 30])
```

```
>>> import numpy as np
>>> a = np.mat([[10, 20], [30, 40]])
>>> a
matrix([[10, 20],
        [30, 40]])
>>> b = np.mat([[1, 2], [3, 4]])
>>> b
matrix([[1, 2],
        [3, 4]])
>>> a * b     # 矩阵乘法
matrix([[70, 100],
        [150, 220]])
>>> a[:, 0]    # 获取首列
matrix([[10],
        [30]])
```

关于 NumPy 中的 Matrix，这里不过多介绍，准备从事科学运算的读者可以进一步深入研究 Matrix 的属性和方法。董付国在公众号“Python 小屋”中有一篇介绍 Numpy 的文章[①]写得非常详细，值得我们学习时参考。

7.7.2 Pandas 扩展库

Pandas 是专门用来进行数据分析的一个 Python 扩展库，提供了 Series 和 DataFrame 这两种类型的对象。其中，Series 是带标签的一维数组，DataFrame 是带标签的二维数组，常用来处理 Excel 工作表这样的二维表格。

Pandas 扩展库可以直接在命令行窗口中运行如下命令进行安装：

```
pip install pandas
```

① 董付国．学习 Python+numpy 数组运算和矩阵运算看这 254 页 PPT 就够了．Python 小屋，2021.

1. Series 对象

Pandas 扩展库的 Series 对象与 NumPy 扩展库的 Array 对象处理的都是一维数组，但 Array 的一维数组元素是使用从 0 开始的数字来索引的，Series 的一维数组元素可以用任意指定的标签来索引。

构造 Series 对象时，如果不指定标签，默认的标签是从 0 开始的整数，类似列表中元素的下标。例如：

```
>>> import pandas as pd
>>> a = pd.Series(range(10, 60, 10))            # 不指定标签，默认的标签为数字
>>> a
0    10
1    20
2    30
3    40
4    50
dtype: int64
```

这里的 int64 表示 64 个二进制位的对象所能表示的整数。我们还可以在构造 Series 对象的同时指定元素的标签。例如：

```
>>> b = pd.Series(range(10, 60, 10), index=list("甲乙丙丁戊"))
>>> b
甲    10
乙    20
丙    30
丁    40
戊    50
dtype: int64
```

还可以从字典来构造 Series 对象。例如：

```
>>> dic = dict(zip("甲乙丙丁戊", range(10, 60, 10)))
>>> dic
{'甲': 10, '乙': 20, '丙': 30, '丁': 40, '戊': 50}
>>> c = pd.Series(dic)
>>> c
甲    10
乙    20
丙    30
丁    40
戊    50
dtype: int64
```

下面介绍获取 Series 对象中的数据的方法（在前面操作的基础上继续操作）。

```
>>> c["甲"]                            # 通过标签获取元素
10
>>> c[["甲", "丙"]]                    # 通过标签获取不连续的元素
甲    10
丙    30
dtype: int64
>>> c["甲": "丙"]                      # 通过标签做切片获取连续的元素
```

```
甲    10
乙    20
丙    30
dtype: int64
>>> c[c<30]                               # 通过条件筛选出符合条件的元素
甲    10
乙    20
dtype: int64
```

Series 对象用运算符进行运算的结果是它的所有元素分别参与运算。例如：

```
>>> c + 5
甲    15
乙    25
丙    35
丁    45
戊    55
dtype: int64
```

2. DataFrame 对象

Pandas 扩展库的 DataFrame 对象与 NumPy 扩展库的二维 Array 对象类似，处理的都是二维数组，但二维 Array 的行索引和列索引都是从 0 开始的数字，DataFrame 的行索引和列索引都可以使用任意指定的标签。

DataFrame 对象可以从二维 Array 对象来构造，也可以通过读取 Excel 文件的工作表或者 PDF 文件的表格来得到（配套电子出版物的 8.4.2 节有一个用 DataFrame 对象辅助读取 PDF 文件表格内容的用法示例）。这里先举一个通过二维 Array 对象来构造 DataFrame 对象的例子。

```
>>> import numpy as np
>>> a = np.array(range(12)).reshape(3, 4)
>>> a
array([[0,  1,  2,  3],
       [4,  5,  6,  7],
       [8,  9, 10, 11]])
>>> import pandas as pd
>>> b = pd.DataFrame(a)                   # 不指定行索引标签和列索引标签，默认的索引为整数
>>> b
   0  1   2   3
0  0  1   2   3
1  4  5   6   7
2  8  9  10  11
>>> c = pd.DataFrame(a, index=list("甲乙丙"), columns=list("ABCD"))
>>> c
   A  B   C   D
甲  0  1   2   3
乙  4  5   6   7
丙  8  9  10  11
```

我们可以用标签索引、切片来获取 DataFrame 对象中的数据（在前面操作的基础上继续操作）。例如：

```
>>> len(c)                                      # 获取数据的行数
3
>>> c.columns.size                              # 获取数据的列数
4
>>> c[:2]                                       # 获取前两行数据
   A  B  C  D
甲  0  1  2  3
乙  4  5  6  7
>>> c["A"]                                      # 获取A列数据，得到一个Series对象
甲    0
乙    4
丙    8
Name: A, dtype: int32
>>> c[["A","D"]]                                # 获取A、D两列数据
   A   D
甲  0   3
乙  4   7
丙  8  11
>>> c.loc["甲":"乙", "A":"C"]                   # 注意切片包含行和列的起止点
   A  B  C
甲  0  1  2
乙  4  5  6
>>> c.loc["甲", "C"]                            # 获取指定行和列的元素值
2
```

还可以根据条件筛选元素。例如：

```
>>> c[c>6]                                      # 查看大于6的元素，不符合条件的元素设置为缺失值NaN
     A    B     C     D
甲  NaN  NaN   NaN   NaN
乙  NaN  NaN   NaN   7.0
丙  8.0  9.0  10.0  11.0
>>> c[c.D>6]        # 选择D列元素大于6的所有行
   A  B   C   D
乙  4  5   6   7
丙  8  9  10  11
```

也可以对各行数据进行排序。例如：

```
>>> c.sort_values(by="D", ascending=False)      # D列的降序顺序排列各行
   A  B   C   D
丙  8  9  10  11
乙  4  5   6   7
甲  0  1   2   3
```

关于Pandas扩展库，本节只是介绍了基础知识，对数据分析感兴趣的读者可以查阅有关资料，深入研究该扩展库。

7.8 序列类对象的通用操作总结

本章介绍了列表、元组、字典和集合这四类序列类对象。这些序列类对象的通用操作如下。

第一，可以用len函数求元素个数。

第二，可以用运算符 in 测试元素是否在序列中。

第三，可以用 for-in 结构遍历其中的元素。

第四，可以用 enumerate、filter、map、zip 函数对序列进行变换。

第五，（如果元素可比较）可以用 sorted 函数排序、用 max、min 函数求最大最小值。

第六，（如果序列的元素是整数或浮点数）可以用 sum 函数求和。

第七，（如果是有序序列）可以进行双向索引、切片、序列相加、倍增、逆序等操作。

第八，（如果是可变序列）可以进行浅拷贝操作。

7.9 综合举例

7.9.1 判断列表中有无重复元素

为简单起见，假设列表的元素都是整数且都是随机生成的。程序先输出列表，再判断其中有无重复元素。若列表中有重复元素，则输出 True，否则输出 False。这里给出几种解法。

【例 7-5】 判断列表中有无重复元素（一）。

```
from random import randint
a = [randint(0, 30) for i in range(0, 10)]
print(a)
b = []
for e in a:
    if e not in b:
        b.append(e)
    else:
        print(True)
        break
else:
    print(False)
```

上述代码的思路为：设一个空列表 b，用循环结构逐个考察 a 中的元素，若不在 b 中，则添加到 b 中，否则说明更早时候有相同的元素加入了，此时可判定有重复元素，就用 break 语句结束循环；若循环自然结束，则说明没有重复元素。

【例 7-6】 判断列表中有无重复元素（二）。

```
from random import randint
a = [randint(0, 50) for i in range(0, 10)]
print(a)
d = dict.fromkeys(a)
print(len(d)!=len(a))
```

本例利用了字典对象的 fromkeys 方法，根据列表 a 的元素构建字典，字典的键是列表 a 的元素，构建字典时会自动忽略 a 中的重复元素。字典构建后，只需要比较字典和列表的元素个数是否相同，就可以知道列表中有没有重复元素了。

【例 7-7】 判断列表中有无重复元素（三）。

```
from random import randint
a = [randint(0, 50) for i in range(0, 10)]
print(a)
```

```
s = set(a)
print(len(s)!=len(a))
```

本例利用了内置函数 set 来根据列表 a 的元素构建集合，构建集合时会自动忽略 a 中的重复元素。集合构建后，只需要比较集合和列表的元素个数是否相同，就知道列表中有没有重复元素了。

注意，例 7-5 中给出的第一种判定方法虽然代码冗长，但它是万能的，适用于任何列表重复元素的判定。而例 7-6 和例 7-7 中给出的方法虽然简单，但只适用于部分列表，对于元素中包含可变对象的列表，它们无能为力。我们在判断时要根据实际情况选用合适的判定算法。

7.9.2 百分制转五分制

5.3.3 节的例 5-11 给出了一种用多分支选择结构将百分制转五分制的方法，这里可以用有序序列实现百分制转五分制的操作，代码大大简化。

【例 7-8】 百分制转五分制（二）。

```
score = int(input())
if score>100 or score<0:
    r = "ERROR"
else:
    s = "EEEEEEDCBAA"
    r = s[score//10]
print(r)
```

本例的思路：一个合法的百分制分数为 0～100（含 0 和 100），除以 10 取整后，就只能是 0～10 这 11 个整数之一。有序序列对象可以将整数对应的分数等级存到序列中作为元素，刚好可以用这个整数作为下标来从序列中获取分数对应的等级。列表、元组、字符串都可实现这个任务，字符串最简单。虽然目前尚未正式介绍字符串，但下标取值法是序列类对象的通用方法，所以本例用了字符串来实现百分制转五分制。

7.9.3 中文星期名称转英文星期名称

5.3.3 节的例 5-12 给出了一种用多分支选择结构将中文星期名称转英文星期名称的方法，这里可以用字典实现此操作，代码大大简化。

【例 7-9】 中文星期名称转英文星期名称（二）。

```
d = {"星期一":"Monday", "星期二":"Tuesday", "星期三":"Wednesday",
     "星期四":"Thursday", "星期五":"Friday", "星期六":"Saturday",
     "星期日":"Sunday"}
cname = input()
ename = "ERROR" if cname not in d else d[cname]
print(ename)
```

上面的代码中构造了一个字典，把对应的中英文星期名称作为键值对，中文星期名称作为键，通过一步查字典，就可以根据中文星期名称查到英文星期名称。由于不确定键盘输入的字符串是否为中文星期名称，因此要额外判断。这里又使用了一个技巧，本来要写 4 行的循环结构改成了 1 行的条件表达式，代码更加简洁。

其实，上面的条件表达式还可以写得更简短一点，方法是利用字典对象的 get 方法。

【例 7-10】 中文星期名称转英文星期名称（三）。

```
d = {"星期一":"Monday", "星期二":"Tuesday", "星期三":"Wednesday",
     "星期四":"Thursday", "星期五":"Friday", "星期六":"Saturday",
     "星期日":"Sunday"}
print(d.get(input(), "ERROR"))
```

上面的代码还用了 5.2.2 节介绍的顺序结构拼接的思想，把输入语句、赋值语句、输出语句拼接在一起，更为简洁。

7.9.4 判断某年某月有几天

5.3.4 节的例 5-18 和例 5-19 给出了用选择结构嵌套判断某年某月有几天的方法，例 5-20 给出了用条件表达式判断某年某月有几天的方法，这里可以用列表解决同样的问题，代码会大大简化。

【例 7-11】 判断某年某月有几天（四）。

```
y, m = map(int, input().split())
if y <= 0 or not 1 <= m <= 12:
    d = -1
else:
    a = [0, 31, 28, 31, 30, 31, 30, 31, 31, 30, 31, 30, 31]
    a[2] += bool(y%400 == 0 or y%100 != 0 and y%4 == 0)
    d = a[m]
print(d)
```

还可以用字典来实现，同样很简洁。

【例 7-12】 判断某年某月有几天（五）。

```
y, m = map(int, input().split())
m = 0 if y <= 0 else m
dic = dict(zip(range(13), [-1, 31, 28, 31, 30, 31, 30, 31, 31, 30, 31, 30, 31]))
dic[2] += bool(y%400 == 0 or y%100 != 0 and y%4 == 0)
print(dic.get(m,-1))
```

在上述代码中，每行代码一个功能。第 1 行输入年份和月份；第 2 行处理不合法年份，如果输入的年份不是正整数，直接将月份设置为 0；第 3 行设置一个字典，用月份数 0～12 为键，各月的天数为值（含一个假想的第 0 月，天数为-1，第 2 月天数默认为 28）；第 4 行根据年份是否为闰年决定是否修改 2 月份的天数；第 5 行查字典输出月份对应的天数。

7.9.5 求两个可迭代对象的笛卡尔积

在数学中，两个集合 X 和 Y 的笛卡尔积为 $X \times Y = \{(a,b) \mid a \in X, \ b \in Y\}$。在使用 Python 解决问题的过程中，有时需要求两个集合的笛卡尔积。不过我们可以把两个集合的笛卡尔积扩充到两个可迭代对象的笛卡尔积。

求两个可迭代对象的笛卡尔积，可以用双重循环来完成。

【例 7-13】 求两个可迭代对象的笛卡尔积（一）。

```
persons = {"张三", "李四"}
sports = {"足球", "排球"}
r = set()
for x in persons:
    for y in sports:
        r.add((x, y))
print(r)
```

上述代码的运行结果如下（因为结果是集合，所以元组之间是无序的）。

```
{('张三', '足球'), ('张三', '排球'), ('李四', '排球'), ('李四', '足球')}
```

我们用列表推导式来代替上面的双重循环，以此简化上面的代码。

【例 7-14】 求两个可迭代对象的笛卡尔积（二）。

```
persons = {"张三", "李四"}
sports = {"足球", "排球"}
r = set([(x, y) for x in persons for y in sports])
print(r)
```

如果想求 3 个可迭代对象的笛卡尔积，三重循环或者包含 3 个 for 结构的列表推导式都能完成。如果是 4 个、5 个或更多呢？代码写起来可能就比较麻烦。幸运的是，Python 的标准库 itertools 提供了求笛卡尔积的函数，见 12.6.3 节。

7.9.6 查找列表中最小元素的所有位置

如果列表的元素是可比较的，可以查找列表中最小（大）元素的所有位置。最简单的方法是用循环结构实现。

【例 7-15】 查找列表中最小元素的所有位置（一）。

```
a = [12, 78, 45, 9, 84, 9, 36]
mi = min(a)
r = []
for i, v in enumerate(a):
    if mi == v:
        r.append(i)
print(r)
```

如果使用列表推导式的话，我们会发现代码更简洁。

【例 7-16】 查找列表中最小元素的所有位置（二）。

```
a = [12, 78, 45, 9, 84, 9, 36]
mi = min(a)
r = [i for i, v in enumerate(a) if v==mi]
print(r)
```

对于查找列表中最大元素的所有位置，我们也可以如法炮制。

7.9.7 查找 *N* 以内的所有素数

设 N 是一个大于 2 的整数，求 N 以内的所有素数（含 N），可以借助判定单个整数是否为素数的方法结合循环来完成，也可以用其他方法来完成。

1．逐个判断每个整数是否为素数

【例 7-17】 查找 *N* 以内的所有素数（一）。

```
N = 100
r = [2]
for n in range(3, N+1, 2):
    k = int(n**0.5) + 1
    for i in range(3, k, 2):
        if n%i == 0:
            break
    else:
        r.append(n)
print(r)
```

当然，我们可以借助自定义的素数判定函数 isprime 来完成。该函数是在 6.1 节的例 6-1 中定义的，根据 6.7 节的说明，本书默认自定义函数库的位置是 D:\mypy\myfunc.py，我们把自定义函数 isprime 放入其中。仿照例 6-29 给出的调用自定义函数的方法，现在来改写本例。

【例 7-18】 查找 *N* 以内的所有素数（二）。

```
import sys
sys.path.append(r"D:\mypy")
from myfunc import isprime
N = 100
r = []
for i in range(N+1):
    if isprime(i):
        r.append(i)
print(r)
```

上述代码能完成预定的功能，但不够简洁，本着精益求精的精神，我们用列表推导式继续简化代码。

【例 7-19】 查找 *N* 以内的所有素数（三）。

```
import sys
sys.path.append(r"D:\mypy")
from myfunc import isprime
N = 100
r = [i for i in range(N+1) if isprime(i)]
print(r)
```

这里虽然用了列表推导式，但还是使用了自定义函数 isprime，还有一种纯粹使用列表推导式的方法。

2．纯列表推导式求素数

【例 7-20】 查找 *N* 以内的所有素数（四）。

```
N = 100
r = [i for i in range(2, N+1) if 0 not in [i%d for d in range(2, int(i**0.5)+1)]]
print(r)
```

上面的代码，除了给 *N* 赋值和输出的语句，求 *N* 以内的素数居然只用了一行代码，构思之巧妙，令人叹为观止。这段代码是从董付国老师的 Python 讲义中学到的。

3．筛法求素数

筛法求素数的原理是这样的：把某范围内的正整数全部放入一个集合；1 不是素数，首先把它扔掉；从剩下的数中选择最小的数，它一定是素数，记录它，然后去掉它的倍数；如此反复，直到集合为空，被记录下来的所有数就是要求的结果。这种方法类似筛子筛东西一样，逐步把一些东西筛出去，故名“筛法”。

【例 7-21】 查找 *N* 以内的所有素数（五）。

```
N = 100
r, tmp = [], list(range(2, N+1))
while tmp:
    t = tmp.pop(0)
    r.append(t)
    tmp = [i for i in tmp if i%t]
print(r)
```

上述代码设置了两个列表：r 是记录器，其中存放已经筛出来的所有素数；tmp 是筛子，存放尚未被筛出来的所有正整数，筛子最开始装的是 2～*N* 的所有正整数。当筛子不为空时，列表 tmp 的第一个元素 t 一定是最小值且一定是素数，把 t 加入列表 r，同时在 tmp 中去掉 t 的倍数，列表推导式[i for i in tmp if i%t]求的是筛子中所有不是 t 的倍数的正整数，用列表推导式得到的新列表为变量 tmp 重新赋值。最后，当 tmp 为空的时候，r 就是最终要求的结果。

7.9.8 年份生肖（一）

十二生肖又叫十二属相，是与中国传统农历年有关的十二种动物，这十二种动物按顺序依次为：鼠、牛、虎、兔、龙、蛇、马、羊、猴、鸡、狗、猪。每个农历年份对应一种生肖，周而复始，循环进行。已知农历 2020 年的生肖是鼠。要求从键盘输入一个不等于 0 的整数年份（负数表示公元前的年份），请输出该年份对应的生肖。

分析：鼠为十二生肖之首，将十二生肖做成列表，鼠的下标为 0。

```
a = ["鼠", "牛", "虎", "兔", "龙", "蛇", "马", "羊", "猴", "鸡", "狗", "猪"]
```

2020 年的生肖刚好是鼠，将 index 设置为 0，也就是 2020 年对应的生肖在列表 a 中的下标。如果输入的年份 n 大于等于 2020 年，将 index 逐步往后移动（循环移动，认为猪的后面是鼠），移动次数为 n 和 2020 年份差的绝对值，最终 index 的值就是年份 n 对应的生肖在列表 a 中的下标。如果输入的年份 n 小于 2020，就将 index 往前移动（也是循环移动，鼠的前面是猪）就行。注意，如果 n 为负数，就对应公元前年份，由于公元前 1 年跟公元 1 年之间没有公元 0 年，因此年份差的绝对值需要减去 1 才是实际年份差。

有了上面的分析，我们不难用循环结构写出一个初步的程序代码。

【例 7-22】 年份生肖（一）。

```
n = int(input())
assert n != 0
a = ["鼠", "牛", "虎", "兔", "龙", "蛇", "马", "羊", "猴", "鸡", "狗", "猪"]
if n<2020:
    step = -1
    times = 2020-n
    if n < 0:
```

```
        times -= 1
else:
    step = 1
    times = n-2020
index = 0
for i in range(times):
    index = (index+step) % 12
print(a[index])
```

其实，这段代码可以改进一下。step 的值和 n 在 2020 之前还是之后有关，循环次数 times 除了与年份差的绝对值有关，还与年份是否在公元前有关。这两个变量的赋值可以大大简化，都可以用一个语句完成。

【例 7-23】 年份生肖（二）。

```
n = int(input())
assert n != 0
a = ["鼠", "牛", "虎", "兔", "龙", "蛇", "马", "羊", "猴", "鸡", "狗", "猪"]
times = abs(n-2020) - int(n < 0)
step = -1 if n < 2020 else 1
index = 0
for i in range(times):
    index = (index+step) % 12
print(a[index])
```

本例与例 7-22 一样，都是采用循环移动的思路，每循环移动 12 次，就会回到相同的生肖位置，这启发我们可以摒弃循环移位法，改用整除取余法直接定位到年份对应的生肖。

【例 7-24】 年份生肖（三）。

```
n = int(input())
assert n != 0
a = ["鼠", "牛", "虎", "兔", "龙", "蛇", "马", "羊", "猴", "鸡", "狗", "猪"]
index = (n-2020) % 12 if n>0 else (n-2020+1) % 12
print(a[index])
```

这段代码非常简洁，由于 Python 在整除取余时，整数除以正整数取余总是得到正整数，因此求年份差也不需再取绝对值，只是在年份 n 小于 0 的时候，修正了年份差。在上述代码中，为变量 index 赋值的语句可以再写简短一点，变成

```
index = (n-2020+int(n<0)) % 12
```

整个程序的功能不会有任何不同。

7.9.9 农村小孩的乳名（一）

农村为啥给小孩子取名叫“狗蛋”“狗剩”之类的名字呢？据说给小孩取个“乳名”不生病好养活，一生顺利。

网传有一本神奇的书规定了起名规则，这本书给出了小孩出生的农历月份和日期对应的汉字，合起来就是小孩的“乳名”。

月份：1 长　2 栓　3 狗　4 来　5 大　6 守　7 傻　8 福　9 龟 10 二 11 胖 12 臭。
日期：1 芳　2 妮　3 剩　4 娣　5 球　6 坑　7 根　8 岁　9 娃 10 毛 11 歪 12 姑
13 英 14 妹 15 肥 16 霞 17 狗 18 虎 19 花 20 凤 21 腚 22 村 23 蛋 24 妞
25 木 26 翠 27 爱 28 财 29 头 30 胖 31 发。

现在根据这个月份名字和日期名字对照表，只要知道一个小孩出生的月份和日期，就可以知道这个人在农村的乳名。

仔细想来，这个起名规定有点不合常理，因为自古以来农村一般都按农历算日期，而农历月份是不可能有 31 天的。现在抛开它的不合理之处，也不考虑某月是 28 天还是 31 天，只把它当作一道纯粹的题目来做即可。

【例 7-25】 求一个小孩的农村乳名（一）。

从键盘输入一个小孩出生的月份和日期，输出这个人在农村的乳名。

```
mm, dd = map(int,input().split())
assert 1<=mm<=12 and 1<=dd<=31
m = ['', '长', '栓', '狗', '来', '大', '守', '傻', '福', '龟', '二', '胖', '臭']
d = ['', '芳', '妮', '剩', '娣', '球', '坑', '根', '岁', '娃', '毛', '歪', '姑', '英', '妹', \
    '肥', '霞', '狗', '虎', '花', '凤', '腚', '村', '蛋', '妞', '木', '翠', '爱', '财', '头', \
    '胖', '发']
print(m[mm] + d[dd])
```

7.9.10 天干地支顺序配对（一）

中国古代从汉朝开始就在历法上采用干支纪年法，干支是天干和地支的总称。天干有十个：甲、乙、丙、丁、戊、己、庚、辛、壬、癸，称为十天干；地支有十二个：子、丑、寅、卯、辰、巳、午、未、申、酉、戌、亥，称为十二地支。十天干和十二地支从甲子开始按顺序循环配对：甲子、乙丑、丙寅……癸亥，天干的十个汉字用完之后就再从甲开始，地支的十二个汉字用完以后就再从子开始，配对 60 次之后又可以回到甲子。请从甲子开始按顺序输出干支的 60 个配对形式。

首先能够想到的是将天干和地支各自放入一个列表，将列表看成循环列表（列表最后一个元素后面是第一个元素），从甲和子配对开始各自往后循环移动一个位置，得到一个新的配对，然后各自循环移动一次，再次配对，直到配对 60 次为止。

【例 7-26】 天干地支顺序配对（一）。

```
tg = ["甲", "乙", "丙", "丁", "戊", "己", "庚", "辛", "壬", "癸"]
dz = ["子", "丑", "寅", "卯", "辰", "巳", "午", "未", "申", "酉", "戌", "亥"]
tgindex = dzindex = 0
for i in range(60):
    print(tg[tgindex] + dz[dzindex])
    tgindex, dzindex = (tgindex+1) % 10, (dzindex+1) % 12
```

将列表看成循环列表的诀窍是在列表中逐个访问元素的时候，下一个元素的下标用当前元素下标加上 1 之和再除以列表长度取余数来确定。理解了这个思路，上述代码不难看懂。

这个代码是可以精简的。因为干支配对结果共 60 个，天干列表 tg 的元素用完了 6 轮，地址列表 dz 的元素用完了 5 轮，如果它们都变成长度为 60 的列表，就可以直接将两个列表对应位置处的汉字连接起来得到干支配对。

【例 7-27】 天干地支顺序配对（二）。

```
tg = ["甲", "乙", "丙", "丁", "戊", "己", "庚", "辛", "壬", "癸"]
dz = ["子", "丑", "寅", "卯", "辰", "巳", "午", "未", "申", "酉", "戌", "亥"]
r = map(lambda e: "".join(e), zip(tg*6, dz*5))
for item in r:
    print(item)
```

学习字符串后，这段代码还可以再进一步简化。

7.9.11 判断黑洞数（一）

所谓黑洞数，是指这样的整数：由这个数的各位数字拆开重组得到的最大数减去最小数仍然得到这个数自身。例如 495 是黑洞数，因为 954−459=495，6174 是黑洞数，因为 7641−1467= 6174。现在要求用键盘输入一个正整数，判断其是否为黑洞数。如果该数是黑洞数，就输出 True，否则输出 False。

【例 7-28】 判断黑洞数（一）。

```
# 输入
a = int(input())
assert a > 0

# 把 a 的各位数字拆分到列表并排序
alist, tmp = [], a
while tmp:
    alist.append(tmp%10)
    tmp //= 10
alist.sort()

# 获取最大数和最小数
alen = len(alist)
amin = amax = 0
for i in range(alen-1, -1, -1):
    amax = amax*10 + alist[i]
for i in range(alen):
    amin = amin*10 + alist[i]

# 判断黑洞数并输出结果
print(amax-amin==a)
```

上述代码明显分为四部分：第一部分是输入正整数 a，第二部分是把 a 的各位数字拆分到列表 alist 并排序，第三部分是获取 alist 中的数字能组成的最大值和最小值，第四部分是判定 a 是否为黑洞数并输出结果。这段代码虽然功能正确，但它不是一个 Pythonic 的代码，更像是一个用 C 语言程序设计思想实现的 Python 程序。代码中的第二部分拆分数字和第三部分获取最大数和最小数都可以再简化，写得更 Pythonic。

先看第二部分的简化：a 是一个正整数，str(a)是一个字符串，map(int, str(a))是把字符串 str(a)的每个元素变成一个整数，最终得到一个 map 对象，list(map(int, str(a)))是把 map 对象变成列表。具体思路在 7.2.5 节介绍用 map 函数操作列表时提到过。

再看第三部分的简化：经过第二步，alist 已经存储了 a 的各位数字并按升序排列，设 alist 的值是[2, 3, 6, 7, 9]，则列表长度为 5，如何从 alist 中得到最大整数 97632 和最小整数 23679 呢？

根据图 7-1，我们不难写出最大数 amax 和最小数 amin 的 Python 表达式。

```
amin = sum([v*10**(alen-i-1) for i, v in enumerate(alist)])
amax = sum([v*10**i for i, v in enumerate(alist)])
```

alist	[	2,		3,		6,		7,		9	]
下标 i		0		1		2		3		4	
最大数的表示	97632 =	2×10^0	+	3×10^1	+	6×10^2	+	7×10^3	+	9×10^4	
最大数各位权重	指数形式	10^0		10^1		10^2		10^3		10^4	
	总结规律	10^i		10^i		10^i		10^i		10^i	
最小数的表示	23679 =	2×10^4	+	3×10^3	+	6×10^2	+	7×10^1	+	9×10^0	
最小数各位权重	指数形式	10^4		10^3		10^2		10^1		10^0	
	总结规律	$10^{alen-i-1}$		$10^{alen-i-1}$		$10^{alen-i-1}$		$10^{alen-i-1}$		$10^{alen-i-1}$	

图 7-1　数字列表各位的权重示意图

这也是第三部分的简化代码。

据此，不难写出简化后的代码。

【例 7-29】 判断黑洞数（二）。

```
# 输入
a = int(input())
assert a>0

# 把 a 的各位数字拆分到列表并排序
alist = list(map(int, str(a)))
alist.sort()

# 获取最大数和最小数
alen = len(alist)
amax = sum([v*10**i for i, v in enumerate(alist)])
amin = sum([v*10**(alen-i-1) for i, v in enumerate(alist)])

# 判断黑洞数并输出结果
print(amax-amin==a)
```

这段代码其实还可以精简，见后面第 8.5.5 节。

7.9.12　哥德巴赫猜想（二）

前面在例 5-57 和例 6-1 中给出了验证哥德巴赫猜想的两种方法，这里借助例 7-20 的巧妙思路，再用列表推导式给出一个更简洁的思路。

【例 7-30】 验证哥德巴赫猜想（三）。

```
n = int(input())
assert n > 2 and n%2 == 0
A = [i for i in range(2, n+1) if 0 not in[i%p for p in range(2, int(i**0.5)+1)]]
for a in A:
    if n-a >= a and n-a in A:
        print(f"{n}={a}+{n-a}")
```

上述代码先求出 n 以内的所有素数，得到升序排列的素数列表 A，再从 A 中遍历元素，对于 A 中的每个元素 a，如果 n-a>=a 且 n-a 也在 A 中，就输出相应信息。

上述代码已经非常精简了，但尚未精简到极致。极致的代码还可以再减少两行，精简方法将在第 8 章进行介绍，利用字符串对象的 join 方法来完成，详见例 8-17。

7.9.13 信息加密（二）

5.6.10 节的例 5-58 给出了信息加密第一个版本的代码，当时也指出，代码不够简洁，这里使用字典来改写。

【例 7-31】 信息加密（二）。

```
s = input()
d = {}
for c in (65, 97):
    for i in range(26):
        d[chr(i+c)] = chr((i+4)%26 + c)
print("".join([d.get(c, c) for c in s]))
```

上述代码用双重循环建立了一个字典，其中存储了每个英文字母及其转换后的字母构成的键值对，然后逐个获取字符串中的字符，查字典进行转换。查字典的时候，对于不是字母的字符不予转换。上述代码巧妙运用了字典、列表推导式和 Python 语句的拼接，无论是代码行数还是执行的时间效率，都比例 5-58 好很多。

本例的代码引用自 Python 自带的一个代码文件，与 5.6.5 节提到的 Python 之禅有关。我们在 IDLE 的交互式窗口中运行命令“import this”就会看到 Python 之禅的内容。这里的 this 是一个 Python 文件 this.py，在 Python 安装目录的 Lib 子目录下。用 Python 代码编辑器打开该文件，看不到 Python 之禅的内容，看到的是一个加密字符串，字符串下就是类似本例的代码，运行代码才能看到 Python 之禅。与本例不同的是，this.py 是把字母转换为后面第 13 个字母，本例是后面第 4 个字母。从精益求精的角度，这段代码还可以简化，建立字典用了 4 行代码，实际上只需 2 行就够了。

【例 7-32】 信息加密（三）。

```
s = input()
x = "abcdefghijklmnopqrstuvwxyzABCDEFGHIJKLMNOPQRSTUVWXYZ"
d = dict(zip(x, x[4:26]+x[:4]+x[30:52]+x[26:30]))
print("".join([d.get(c, c) for c in s]))
```

上述代码巧妙使用了序列类对象的切片技术、从 zip 对象构建字典的技术、字典对象的 get 方法、列表推导式、Python 语句的拼接，基本上已经不能再简化了。

但我们可以用一个新的思路来改写，就是使用字符串的 maketrans 方法和 translate 方法。实现代码将在 8.5.7 节给出。

思考题

1．判定日期是一年的第几天（三）。

从键盘输入用空格隔开的三个整数，分别表示年、月、日，假设输入的是一个合法的日期。请写一个 Python 程序使用简便方法来计算该日期是该年的第几天，并将计算结果输出。不允许用标准库或者扩展库。

【提示】第 5 章和第 6 章都有一道思考题来求某个日期是一年的第几天，本题要求使用简便方法，可以利用本章 7.9.4 节判断一个月份有几天的简便方法来求解。

2．列表元素去重。

请编写 Python 程序，把列表 a = [3, 6, 2, 5, 2, 7, 6, 8]中的元素去重，值相同的元素只保留第一个，除了被删除的元素，其他元素的顺序保持不变。

3．判断整数列表元素是否由单一元素组成。

列表 a 中是一些整数，请编写 Python 程序，判断列表元素的值是否全都相同，若元素值都相同，则输出 True，否则输出 False。

4．以值查键。

字典 d 中的键值对是人名和年龄的组合，人名为键，年龄为值。d = {"小明": 18, "小刚": 19, "小强": 18}。请编写 Python 程序，接收从键盘输入的一个年龄值，查找字典中对应该年龄值的人名并输出，若有多个人名，则每个人名占一行；若没有找到符合要求的人名，则输出字符串"没找到"。

5．生日相同（一）。

列表 a = [20000223, 20011216, 20180707, 20011216, 20200202]中存储的整数全是 8 位数，表示的是几名同学的生日。请编写 Python 程序，判断这些同学中有没有人在同一天过生日，若有，则输出 True，否则输出 False。

6．生日相同（二）。

字典 d = {"张三": 20000223, "李四": 20011216, "王五": 20180707, "赵六": 20011216, "刘七": 20011216}中存放的是几名同学的姓名和生日，字典的键表示同学姓名，字典的值为同学的生日。请编写 Python 程序，判断这些同学中有没有人在同一天过生日，若有，则输出哪一天谁和谁一起过生日，否则输出 None。

7．信息解密。

5.1.4 节中给出了信息加密的一种方法：每个英文字母变成它后面第 4 个字母，并在 5.6.10 节和 7.9.13 节给出了该加密方法对应的程序代码。现有一段文字是按照该加密方法加密后的结果，请编写 Python 程序，将这段加密文字解密，还原成正常的文字。

8．1000 美元分配。

小明把 1000 美元零花钱按如下方法装入 10 个信封。

1 号信封装	1 美元
2 号新封装	2 美元
3 号新封装	4 美元
……	
9 号新封装	256 美元
10 号新封装	489 美元

如果取走 1～1000 美元以内的任何整数美元（含 1 美元和 1000 美元），只需要直接拿走若干信封就行，根本不用费劲数钱。

请编写 Python 函数 dollar(n)，返回钱数 n 对应的信封数目最少的取信封方案，要求返回所有要取走的信封编号组成的列表，列表元素从小到大排列。

9．杨辉三角形。

我国宋朝著名数学家杨辉在《详解九章算法》中给出了一张数字排列图，形状像是一个顶点在上的等腰三角形，前几行如下所示。

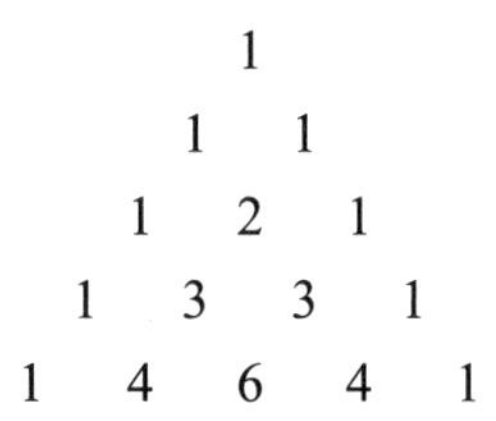

这便是著名的杨辉三角形，也被称为帕斯卡三角形。它的规律是左右两边两条斜线上的数字全是 1，其他位置上的数等于它头顶上左右两边的数相加的和。该三角形各行数字恰好是二项展开式的系数。

请编写 Python 程序，接收从键盘输入的整数 *n*，输出杨辉三角形的第 *n* 行数字，输出时各个数字之间用空格隔开。

10．年份生肖。

根据 7.9.8 节，已知农历 2021 年的生肖是牛。请编写 Python 程序，从键盘输入一个正整数年份，输出该年份对应的生肖。

11．“3+3”新高考选考科目问题（二）。

从 2017 年开始，上海采用“3+3”新高考制度，第一个“3”俗称“大三门”，表示语文、数学、外语三个科目，这是必考科目；第二个“3”俗称“小三门”，是指从历史、地理、政治、物理、化学、生物这 6 个科目中任选三门报考。

小明是按照新高考制度参加高考的考生，请编写 Python 程序，帮小明输出所有可能的选考方案。

12．“3+1+2”新高考选考科目问题。

2020 年，河北等省份实行“3+1+2”新高考制度。其中，“3”是指语文、数学、外语这 3 门，为必考科目；“1”是指传统文科的历史或传统理科的物理二选一，作为考试科目；“2”是指从地理、政治、化学、生物这 4 门中任意选择 2 门，作为选考科目。

小强是按照“3+1+2”新高考制度参加高考的考生，请编写 Python 程序，帮小强计算他一共有多少种可能的选考方案，并列举所有选考方案。

第 8 章　字符串

在 Python 中，字符串属于有序、不可变序列类对象，除了遵守有序序列类对象的通用操作，还定义了很多方法来进行各种操作。

8.1　字符串的表示

8.1.1　字符串界定符

字符串使用半角的“'”“"”“'''”或“"""”作为界定符，并且不同的界定符之间可以互相嵌套。例如：

```
'你好'
"Hello"
"""abcde"""
"He said, 'Good Morning.'"
```

若某种界定符内部包含自身作为字符串内容，则需要再加“\”。例如：

```
'He said, \'Good Morning.\''
```

这里的“'”是字符串界定符，但它又是字符串内容的一部分，为了避免 Python 解释器误认为 Good 之前的“'”是字符串界定符，就用“\'”表示这里的“'”是一个普通字符。为了避免这种加斜线的麻烦，一般是换一种不同的字符串界定符。

用三引号充当字符串界定符有一个好处，就是包含多段文本的字符串，换行符可以直接按 Enter 键来输入，例如：

```
>>> s = """春眠不觉晓，
处处闻啼鸟。
夜来风雨声，
花落知多少。"""
>>> s
'春眠不觉晓，\n处处闻啼鸟。\n夜来风雨声，\n花落知多少。'
```

多行文本中的换行在字符串中表示的就是一个字符“\n”，“\n”与上面的“\'”一样，都是转义字符。

8.1.2 转义字符

在 Python 字符串中，有时在“\”后跟某些特定字符来表示特定含义，这样的字符被称为转义字符。

Python 字符串中的转义字符如表 8-1 所示（表中转义字符两边未加字符串界定符）。

表 8-1 Python 字符串中的转义字符

转义字符	含　义	转义字符	含　义
\	在行末表示续行符（一行写不下换行）	\\	一个反斜线\
\a	响铃符	\'	半角单引号'
\b	退格符，把光标移动到前一列位置	\"	半角双引号"
\f	换页符	\ooo	3 位八进制字符对应的字符
\n	换行符	\xhh	2 位十六进制字符对应的字符
\r	回车符	\uhhhh	4 位十六进制字符表示的 Unicode 字符
\t	水平制表符	\Uhhhhhhhh	8 位十六进制字符表示的 Unicode 字符
\v	垂直制表符	/	

关于转义字符，需要说明的是，尽管在字符串中写成多个字符，但实际上是一个字符。例如：

```
>>> s = "\n"
>>> len(s)
1
```

一个字符既可以用它的原始形式表示，也可以用转义字符来表示，如字符'H'。

```
>>> print('H')
H
>>> print('\u0048')
H
>>> print('\110')
H
>>> print('\x48')
H
```

其中，'\u0048'表示 Unicode 代码为十六进制 0048 的字符，刚好是'H'，'\110'表示 Unicode 代码为八进制 110 的字符，也是'H'，'\x48'表示 Unicode 代码为十六进制数 48 的字符，还是'H'。

注意，'\xhh'格式的转义字符中的 x 不能写成大写字母 X，否则不能构成转义字符。例如，'\X48'表示的是 4 个字符构成的字符串，而不是表示一个字符。

```
>>> print('\X48')
\X48
>>> len('\X48')
4
```

原因是'\'后跟大写字母 X 不能构成转义字符，Python 认为不是转义字符，'\'就表示普通字符“\”，'X'表示大写字母 X，'4'和'8'分别表示数字字符 4 和 8。所以，'\X48'表示 4 个字符构成的字符串。

字符串中包含的汉字既可以直接写出来，也可以通过'\uhhhh'格式的转义字符来表示。

```
>>> print('\u80E1')
胡
>>> print('\U80E1')
SyntaxError: (unicode error) 'unicodeescape' codec can't decode bytes in position 0-5: truncated \UXXXXXXXX escape
>>> print('\U000080E1')
胡
>>> print("我是\u80E1")
我是胡
```

注意，字符串中的'\'后跟'U'，则'U'后一定要跟 8 个十六进制字符，否则会出错，因为这是用 8 个十六进制数表示一个字符。

另外，虽然转义字符'\a'表示响铃，但在 IDLE 中执行命令“print('\a')”时，它并不响铃，而是输出一个奇怪的符号。只有在命令行窗口中运行包含“print('\a')”语句的 Python 文件时才会听到响铃声。

8.1.3 原始字符串

由于转义字符的存在，我们写字符串时要很小心，以免把字符串表示成错误的形式。

比如，操作文件时需要用字符串表示文件名。现在有一个硬盘上的文件 C:\Users\dyjxx\Desktop\ test.txt，如果用字符串表示这个文件，往往会写成"C:\Users\dyjxx\Desktop\test.txt"。这实际上会报错，因为字符串中'\U'后需要跟 8 个十六进制字符。为了不出错，就需要额外添加“\”，如"C:\\Users\\dyjxx\\Desktop\\test.txt"形式。这实际上是非常麻烦的事情。

为了解决这种麻烦，Python 引入了原始字符串。所谓原始字符串，就是紧接在字符串左界定符的左边写上'R'或者'r'。原始字符串禁止其中的“\”与后面的任何字符构成转义字符，“\”在原始字符串中只是一个普通字符。有了原始字符串，我们就可以轻松地写出上面提到的文件名。

```
r"C:\Users\dyjxx\Desktop\test.txt"
R"C:\Users\dyjxx\Desktop\test.txt"
```

原始字符串为表示文件名提供了很大方便。一般情况下，凡是涉及文件和目录的字符串，最好写成原始字符串，否则，即便不报错，也可能会有其他问题。例如，在D:盘根目录下的 test 目录有一个文件 test.txt，该文件的全路径名是 D:\test\test.txt。其中，“\”表示目录分隔符，test 表示目录，test.txt 表示文件。在 Python 中如果用字符串表示该文件，不用原始字符串，直接写成"d:\test\test.txt"，这是一个合法的字符串，但不是一个合法的文件名。因为字符串中的“\”不表示目录分隔符，而是与后面的't'构成转义字符制表符，而制表符出现在文件名中是不允许的。如果用原始字符串，就不存在这样的问题，如 r"d:\test\test.txt"。

8.1.4 字符串和字符的区分

字符是字符串的基本构成单位，字符串是由字符构成的。很多程序设计语言是严格区分字符和字符串的，如 C 语言表示字符用半角“'”来界定，表示字符串用“"”来界定，如'A'表示字符，"A"表示字符串。

但在 Python 语言中是不区分字符和字符串的，字符和字符串用同样的界定符来界定，只有在进行某些专门针对字符的操作时才会刻意区分字符和字符串。例如：

```
>>> type("A")
<class 'str'>
>>> type('AB')
<class 'str'>
>>> ord("A")
65
>>> ord("AB")
Traceback (most recent call last):
  File "<pyshell#62>", line 1, in <module>
    ord("AB")
TypeError: ord() expected a character, but string of length 2 found
```

内置函数 ord 需要一个字符作为参数，虽然"A"是字符串，但因为该字符串只包含一个字符，ord("A")还是把"A"当作字符。'AB'也是字符串，但 ord('AB')会报错，因为 ord 函数需要一个长度为 1 的字符串作为参数，这样可以把它当作字符。

8.1.5 字符串的标准形式

无论字符串用什么界定符来表示，Python 总喜欢优先用“'”作为字符串的界定符。只有在不得已的时候，Python 才会用“"”来界定字符串。包含字符串的列表转为字符串时要注意这一点。例如：

```
>>> a = "abcde"
>>> a
'abcde'
>>> s = ["123", "I'm OK"]
>>> s
['123', "I'm OK"]
>>> print(str(s))
['123', "I'm OK"]
```

8.1.6 长字符串的表示方法

没有换行符的长字符串，可以使用续行符，续行符两边的字符串各自都有完整的界定符，但 Python 会认为它们是同一个字符串。例如：

```
>>> s = "春眠不觉晓，处处闻啼鸟。" \
        "夜来风雨声，花落知多少。"
>>> s
'春眠不觉晓，处处闻啼鸟。夜来风雨声，花落知多少。'
```

有换行符的长字符串可以用三引号来界定，其中的换行符不用写成“\n”，直接按 Enter 键即可。切记，按 Enter 键后，如非必要，不要按空格键，因为空格也是字符串的一部分。例如：

```
>>> s2 = """春眠不觉晓，处处闻啼鸟。
夜来风雨声，花落知多少。"""
>>> s2
'春眠不觉晓，处处闻啼鸟。\n夜来风雨声，花落知多少。'
>>> s3 = """春眠不觉晓，处处闻啼鸟。
```

```
        夜来风雨声，花落知多少。"""
>>> s3
'春眠不觉晓，处处闻啼鸟。\n           夜来风雨声，花落知多少。'
```

如果字符串过长，或者行数过多，可能影响整个程序代码的可阅读性，这时可以把字符串写入文件，使用的时候从文件中读取。文件读写将在第 10 章介绍。

8.1.7 三引号注释

因为用三引号界定的字符串，在其中书写换行符“\n”可以直接按 Enter 键，所以很多学习者用它来当注释符号使用，尤其是在程序中需要写多行注释的时候。例如：

```
"""
本程序的作者是张三
程序编写日期：2020 年 8 月 25 日
最后修改日期：2020 年 8 月 31 日
"""
print("hello")
```

注意，三引号注释不是严格意义上的注释，本质上是一个不赋值给任何变量的字符串表达式，其中的注释文本需要受转义字符的约束。如果三引号注释中需要写文件名，凑巧文件名中有“\U”，这样的注释必然会出错。比如，在三引号注释中写如下文件名。

```
C:\Users\dyjxx\Desktop\test.txt
```

出错的原因解释请参见 8.1.3 节。

8.2 字符串的操作

在 Python 中，字符串属于对象，是序列类对象，是有序序列类对象，是元素可比较的序列类对象。字符串可以执行序列类对象的一些通用操作，还可以进行独有的操作。

8.2.1 Python 关于对象的通用操作

Python 关于对象的通用操作如下。

① 用 del 命令删除字符串对象。

② 用 id 函数求任何字符串对象的 ID。

③ 用 is 运算符判断两个变量是否关联同一个字符串对象。

8.2.2 关于序列类对象的通用操作

Python 关于序列类对象的通用操作如下。

① 用 for-in 结构遍历字符串的元素（字符）。例如：

```
a = "abc"
for ch in a:
    print(ch)
```

② 用 len 函数求字符串中的元素个数，字符串的元素个数也称为字符串长度。例如：

```
>>> len("人生苦短，我用 Python。")
```

```
14
```

③ 用 in 运算符测试元素是否在字符串中。注意，一般的序列类对象的 in 运算符只能测试单个元素是否在序列中，但字符串对象的 in 运算符功能更强，不但能测试单个字符是否在字符串中，而且能测试一个字符串是否在另一个字符串中。例如：

```
>>> a = "abcde"
>>> 'd' in a
True
>>> "cde" in a
True
```

④ 用 enumerate、list、map、zip 等函数对字符串的元素进行变换。例如：

```
>>> a = "abcde"
>>> list(enumerate(a))
[(0, 'a'), (1, 'b'), (2, 'c'), (3, 'd'), (4, 'e')]
>>> list(a)
['a', 'b', 'c', 'd', 'e']
>>> list(map(lambda ch:ch.upper(), a))
['A', 'B', 'C', 'D', 'E']
>>> list(zip(a, [10, 20, 30]))
[('a', 10), ('b', 20), ('c', 30)]
```

⑤ 用 filter 函数对字符串中的元素进行筛选。例如：

```
>>> a = "abcde"
>>> list(filter(lambda ch: ch<'d', a))
['a', 'b', 'c']
```

8.2.3 关于有序序列类对象的通用操作

Python 关于有序序列类对象的通用操作如下。

① 可以双向索引获取元素。例如：

```
>>> a = "abcde"
>>> a[2]
'c'
>>> a[-1]
'e'
```

② 可以逆序操作。例如：

```
>>> a = "abcde"
>>> list(reversed(a))
['e', 'd', 'c', 'b', 'a']
```

③ 可以做切片。例如：

```
>>> a = "abcde"
>>> a[:2]
'ab'
```

因为字符串是不可变的有序序列类对象，切片操作只能用切片获取子串，不能修改字符串内容。下面用一个十进制转二进制的例子来看切片操作的运用。

【例 8-1】 十进制转二进制（四）：切片法。

```
n = int(input("请输入一个非负整数: "))
print(bin(n)[2:])
```

④ 可以进行拼接运算，包括连接和倍增。例如：

```
>>> a = "abcde"
>>> a + "ABCDE"
'abcdeABCDE'
>>> a * 3
'abcdeabcdeabcde'
```

8.2.4 关于元素可比较的有序序列类对象的通用操作

对于元素可比较的序列类对象，可以用内置函数 sorted 对元素进行排序，用 max 和 min 函数求最大和最小值，对字符串也可以进行这些操作。

```
>>> a = "Hello"
>>> sorted(a)
['H', 'e', 'l', 'l', 'o']
>>> max(a)
'o'
>>> min(a)
'H'
```

由于字符串同时是有序的序列类对象，因此可以比较字符串的大小，比较原则见 3.3.2 节。

```
>>> "abc" < "abcd"
True
>>> "abc" < "AB"
False
```

8.2.5 针对字符串对象的其他操作

除了前面提到的针对对象、序列类对象、有序序列类对象、可比较的有序序列类对象的通用操作，Python 中还可以针对字符串对象实施其他操作，常用的如下。

① 字符串格式化操作。在 Python 中，可以用格式化运算符对字符串进行格式化操作，4.2.2 节介绍了 4 种格式化方法，其中 format 格式化方法使用了字符串对象的 format 方法，后面介绍字符串方法时还会提到它。

② 求值。在 Python 中可以用内置函数 eval 对一个像 Python 表达式的字符串求值，3.4.1 节曾给出过使用示例。

③ 执行代码。内置函数 exec 可以用来运行一段 Python 代码，3.4.1 节曾给出过简单的用法，7.2.6 节的例 7-1 给出了一个详细的用法实例。

④ 运行系统命令。我们可以用字符串存储一个系统命令，然后调用 os 标准库的 system 或 popen 函数来运行该命令。11.2.2 节执行系统命令部分将给出详细的使用示例。

8.3 字符串方法

除了使用 Python 命令、运算符、内置函数和其他方法来操作字符串，Python 的字符串对象自身也提供了很多方法来对字符串进行各种操作。本书把常用的字符串方法总结为 5 大类 12 小类，如表 8-2 所示。

表 8-2　Python 中常用的字符串方法

大　类	小　类	函　　数
格式化排版类	格式化	format
	排版	center、ljust、rjust、zfill
查找判断类	类型判断	isspace、isalpha、isupper、islower、isalnum、isdigit、isdecimal、isnumeric、isidentifier
	查找	find、rfind、index、rindex
	统计	count
	首尾匹配	startswith、endswith
分割合并类	分割	split、rsplit、partition、rpartition
	合并	join
字符串变换类	大小写转换	lower、upper、title、capitalize、swapcase
	削边	strip、lstrip、rstrip
	替换	replace、maketrans、translate
编码解码类	编码解码	encode

8.3.1　格式化类的方法

字符串格式化有 4 种方法，在 4.2.2 节介绍过，其中的 format 格式化方法就是使用了字符串对象的 format 方法。关于 format 格式化方法的详细介绍，见 4.2.2 节。这里再补充几例：

```
>>> "姓名：{name}，年龄：{age}".format(name="张三", age=25)
'姓名：张三，年龄：25'
>>> person = ["张三", 25]
>>> "姓名：{0[0]}，年龄：{0[1]}".format(person)
'姓名：张三，年龄：18'
```

8.3.2　排版类的方法

排版类的字符串方法有 center、ljust、rjust、zfill，主要作用是在结果字符串总宽度大于数据字符串宽度的情况下，如何安排数据字符串在结果字符串中的左、中、右定位和填充符号。如果数据字符串总宽度大于等于结果字符串总宽度，那么排版操作无效。

① center(总宽度, 填充字符)：让数据字符串在结果字符串中居中显示。

② ljust(总宽度, 填充字符)：让数据字符串在结果字符串中居左显示。

③ rjust(总宽度, 填充字符)：让数据字符串在结果字符串中居右显示。

④ zfill(总宽度)：让数据字符串在结果字符串中居右显示，左边以字符 0 填充。

例如：

```
>>> "aaa".center(10, "#")
'###aaa####'
>>> "aaa".center(9, "=")
'===aaa==='
>>> "aaa".ljust(9, "=")
'aaa======'
```

```
>>> "aaa".rjust(9, "*")
'******aaa'
>>> "aaa".zfill(9)
'000000aaa'
```

下面看排版方法的一个简单应用。5.5 节的例 5-38 给出了输出等腰三角形星号图案的代码，这里改用字符串方法 center 来实现。

【例 8-2】 输出等腰三角形星号图案（二）。

```
n = 5
for i in range(n):
    print(("*"*(2*i+1)).center(2*n-1, "␣"))
```

第 5 章思考题中题 9 的星号菱形图案也可以考虑用字符串方法 center 来实现。

8.3.3 类型判断类的方法

字符串的类型判断类的方法主要有 isalnum、isalpha、islower、isupper、isdecimal、isdigit、isnumeric、isidentifier、isspace，主要作用是判断一个字符串是否包含某些特定类型的字符。

1. isalnum 方法

isalnum 方法判断字符串是否全由大小写英文字母或数字构成。

```
>>> "1Aa".isalnum()
True
>>> "3+x".isalnum()
False
```

2. isalpha 方法

isalpha 方法判断字符串是否全由大小写英文字母构成。

```
>>> "1Aa".isalpha()
False
>>> "abAB".isalpha()
True
```

3. islower 和 isupper 方法

islower 方法判断字符串中的英文字母是否全是小写形式。isupper 方法判断字符串中的英文字母是否全是大写形式。

```
>>> "abc".islower()
True
>>> "3abc".islower()
True
>>> "我爱 Python".isupper()
False
>>> "我爱 PYTHON".isupper()
True
```

4. isdecimal、isdigit 和 isnumeric 方法

isdecimal、isdigit 和 isnumeric 方法都是判断字符串是否全由数字字符构成。其中，isdecimal 和 isdigit 方法的功能完全相同，对于半角数字串和全角数字串都返回 True。isnumeric 方法的

功能最强，除了判断半角数字串和全角数字串，也判断罗马数字串和各种汉字数字串，都返回True。对于非数字串，三个方法都返回False。

```
>>> "123".isdecimal()
True
>>> "１２３".isdigit()
True
>>> "ⅠⅡⅢ".isdigit()
False
>>> "ⅠⅡⅢ".isnumeric()
True
>>> "一二三".isnumeric()
True
```

5．isidentifier 方法

isidentifier 方法是判断字符串是否合法的 Python 标识符，是则返回 True，否则返回 Falsle。合法的 Python 标识符以英文字母、汉字或下划线开头，后跟零到多个英文字母、汉字、数字或下划线。Python 的关键字是合法的 Python 标识符。例如：

```
>>> "_a2".isidentifier()
True
>>> "if".isidentifier()
True
>>> "2a".isidentifier()
False
```

一般情况下，并不是所有合法的 Python 标识符都可以充当变量名、函数名或类名。

6．isspace 方法

isspace方法判断字符串是否为空白字符串。所谓空白字符串，是全由空白字符组成的字符串，若是空白字符串，则返回 True，否则返回 Falsle。常用的空白字符有：制表符'\t'、换行符'\n'、垂直制表符'\v'、换页符'\f'、回车符'\r'、半角空格'␣'、全角空格'□'。例如：

```
>>> "\t␣\t\t␣\n".isspace()
True
```

注意，空白字符串与空字符串不一样，空白字符串至少包含一个空白字符；空字符串又称为空串，不包含任何字符，是长度为 0 的字符串。

8.3.4 查找类的方法

查找类的字符串方法有 find、rfind、index 和 rindex。

① find：查找一个字符串在当前字符串指定范围内（默认是整个字符串）首次出现的位置，若不存在，则返回-1。

② rfind：查找一个字符串在当前字符串指定范围内（默认是整个字符串）最后一次出现的位置，若不存在，则返回-1。

③ index：查找一个字符串在当前字符串指定范围内（默认是整个字符串）首次出现的位置，若不存在，则抛出异常。

④ rindex：查找一个字符串在当前字符串指定范围内（默认是整个字符串）最后一次出现的位置，若不存在，则抛出异常。

例如：

```
>>> s = "张三丰神俊朗，可扮演张三丰。"
>>> s.find("张三")
0
>>> s.rindex("张三")
10
>>> s.find("张无忌")                    # 若是 s.index("张无忌")，则会出错
-1
```

8.3.5 统计类的方法

统计类的字符串方法是 count，其功能是统计另一个字符串在当前字符串中出现的次数，若没有出现，则返回 0。例如：

```
>>> s = "张三丰神俊朗，可扮演张三丰。"
>>> s.count("张")
2
```

8.3.6 首尾匹配类的方法

首尾匹配类的字符串方法有 startswith 和 endswith，前者用来判断字符串是否以指定字符串开始，后者用来判断字符串是否以指定字符串结束。例如：

```
>>> s = "张三丰神俊朗，可扮演张三丰。"
>>> s.startswith("张三丰")
True
>>> s.endswith("张三丰")
False
```

一般，从文件名列表中查找指定扩展名的文件会经常用到 endswith 方法。例如：

```
>>> a = ["1.txt", "2.doc", "3.txt", "456.pdf"]
>>> r = [e for e in a if e.endswith(".txt")]
>>> r
['1.txt', '3.txt']
```

8.3.7 分割类的方法

字符串分割类的方法有 split、rsplit、partition 和 rpartition。split 和 rsplit 方法的功能类似，partition 和 rpartition 方法的功能类似。

1. split 和 rsplit 方法

split方法的功能以指定的字符串作为分割符，把当前字符串按指定的分割次数（默认是全部分割）从左至右分割成多个字符串，返回包含分割结果的一个列表。用来分割的字符串不出现在最终的结果中。若分割字符串不在当前字符串中出现，则返回的列表包含当前字符串作为

唯一元素。rsplit 方法的功能与 split 类似，只不过分割方向是从右至左。例如：

```
>>> s = "1+2+3"
>>> s.split("2+")
['1+', '3']
>>> s.split("+")
['1', '2', '3']
>>> s.split("+", 1)
['1', '2+3']
>>> s.rsplit("+", 1)
['1+2', '3']
```

注意：若不指定分割次数，则 split 与 rsplit 方法的功能一样；若指定分割次数，则两者结果可能不一样。

另外，若不指定任何分割符，则 split 和 rsplit 方法默认将所有空白字符都作为分割符，而且是一串连续的空白字符视为一个分割符；若指定空格作为分割符，则每个空格都作为分割符，分割结果可能包含空字符串。

```
>>> s = "abc\tde␣␣fg"
>>> s.split()
['abc', 'de', 'fg']
>>> s.split("␣")
['abc\tde', '', 'fg']
```

一般用不带参数的 split 方法把一个句子变成单词列表。例如：

```
>>> s= "The␣quick␣brown␣␣fox␣␣␣␣jumps␣over␣a␣lazy␣dog."
>>> s.split()
['The', 'quick', 'brown', 'fox', 'jumps', 'over', 'a', 'lazy', 'dog.']
>>> s = "张三␣吃␣␣␣了␣一个␣␣红␣苹果␣。"
>>> s.split()
['张三', '吃', '了', '一个', '红', '苹果', '。']
```

2．partition 和 rpartition 方法

partition 方法的功能是以指定的字符串作为分割符，从左至右查找分割字符串的第一次出现，并把当前字符串分成三部分得到一个元组：

```
(分割字符串左边, 分割字符串, 分割字符串右边)
```

若分割字符串不在当前字符串中，则返回原字符串和两个空字符串组成的元组。rpartition 方法的功能与 partition 类似，只不过查找分割字符串的方向是从右至左。例如：

```
>>> s = "1+2+3"
>>> s.partition("+")
('1', '+', '2+3')
>>> s.partition("1+")
('', '1+', '2+3')
>>> s.partition("++")
('1+2+3', '', '')
>>> s.rpartition("+")
('1+2', '+', '3')
```

8.3.8 合并类的方法

字符串合并类的方法是join，其功能是把一个字符串列表中的各字符串顺次用指定的符号连接起来。例如：

```
>>> a = ["This", "is", "a", "book"]
>>> "␣".join(a)
'This␣is␣a␣book'
>>> "".join(a)
'Thisisabook'
```

join 方法不只对列表有效，对元素是字符串的可迭代对象也有效。例如：

```
>>> s = [12, 345, 6, 78]
>>> "␣".join(map(str, s))
'12␣345␣6␣78'
>>> "\n".join(map(str, s))
'12\n345\n6\n78'
```

join 方法非常有用，本书中有不少例子使用了该函数。

8.3.9 大小写转换类的方法

lower、upper、title、capitalize、swapcase 方法与大小写转换有关。

① lower：把字符串中的英文字母全变成小写。

② upper：把字符串中的英文字母全变成大写。

③ title：把字符串中每个连续英文字母串的第一个字母变成大写，其余字母变成小写。

④ capitalize：如果字符串第一个字符是英文字母则变成大写，其他英文字母变小写。

⑤ swapcase：把字符串中的英文字母进行大小写互换。

以上方法均返回一个新的字符串对象。例如：

```
>>> s = "he went to the GREAT WALL yesterday."
>>> s.lower()
'he went to the great wall yesterday.'
>>> s.upper()
'HE WENT TO THE GREAT WALL YESTERDAY.'
>>> s.title()
'He Went To The Great Wall Yesterday.'
>>> s.capitalize()
'He went to the great wall yesterday.'
>>> s.swapcase()
'HE WENT TO THE great wall YESTERDAY.'
```

其中，lower和upper方法在忽略大小写比较字符串是否相同时比较有用。比如，"abc.docx"、"ABC.docx"、"ABC.DOCX"这 3 个字符串互不相等，但它们表示的是相同的文件名。将它们都转换成小写字符串或者大写字符串，再比较字符串，就都相等了。

我们在目录下搜索文件的时候，经常会碰到各种文件名大小写混乱的情况，统一转成小写或大写，就容易比较文件名是否相同了。

8.3.10 削边类的方法

字符串削边类的方法有 strip、lstrip 和 rstrip。

① strip：削掉字符串首尾的一个或多个指定字符。

② lstrip：削掉字符串首部的一个或多个指定字符。

③ rstrip：削掉字符串尾部的一个或多个指定字符。

以上操作均返回一个新的字符串对象。例如：

```
>>> s = "张三丰神俊朗，可扮演张三丰。"
>>> s.strip("张三丰")
'神俊朗，可扮演张三丰。'
>>> s.strip("张三丰。")
'神俊朗，可扮演'
>>> s.lstrip("张三丰。")
'神俊朗，可扮演张三丰。'
>>> s.rstrip("张三丰。")
'张三丰神俊朗，可扮演'
```

注意，这三个方法的削边是逐层削减，能削就削，直到不能再削减为止。三个方法的参数都是一个字符串，字符串中的任何一个字符如果在边上，都在削减之列。

如果削边时不指定任何字符，就默认削减字符串两头的空白字符串。空白字符串在 8.3.3 节介绍过，凡是能让 isspace 方法返回 True 的字符串都是空白字符串。例如：

```
>>> t = "␣␣\tab␣cd␣b␣"
>>> t.strip()
'ab␣cd␣b'
```

8.3.11 替换类的方法

字符串替换类的方法有 replace、maketrans 和 translate。其中，replace 方法是单串替换，maketrans 和 translate 方法配合完成多字符替换。

1．单串替换方法 replace

单串替换是指在替换操作中一次只能替换一种字符串，replace 方法的功能是把当前字符串中的旧字符串替换为新字符串，其格式为

```
字符串对象.replace(旧字符串, 新字符串, 替换次数)
```

其中，“替换次数”可以出现，也可以不出现。若没有指定替换次数，则默认将字符串对象中所有旧字符串替换掉，否则从字符串对象的左边开始替换旧字符串，最多替换指定的次数。例如：

```
>>> s = "aabaac"
>>> s.replace("aa", "*")
'*b*c'
>>> s.replace("aa", "*", 1)
'*baac'
```

2．多字符替换方法 maketrans 和 translate

多字符替换是指在一次替换操作中可以同时对多个字符进行替换，这需要 maketrans 和 translate 两个方法配合工作。

maketrans 方法的功能是建立字符映射表，映射表决定了把什么样的字符替换为什么样的字符，返回一个字典对象，字典中的每个键值对代表了替换操作中的一组旧字符和新字符。不过这个字典对象中的键值对不是用字符表示的，而是用字符的 Unicode 代码表示的。例如：

```
>>> t = str.maketrans("ab", "AB")
>>> t
{97: 65, 98: 66}
```

注意，maketrans 方法是字符串对象的方法，使用时可以写成 str.maketrans，也可以写成任意一个字符串对象的 maketrans 方法，如"a".maketrans。

上面代码建立的映射表 t 把字符'a'映射到'A'，把字符'b'映射到'B'，下一步就能利用 translate 方法根据已经建立的映射表进行多字符替换。translate 方法以 maketrans 方法返回的映射表作为参数。例如：

```
>>> s = "abcabc"
>>> s.translate(t)
'ABcABc'
```

注意，translate 方法是同时进行多字符替换，并不是先替换完映射表中的一组字符再替换另一组字符。

已知有字符串 s = "abbccc"，如何才能做到把 s 中的字符'a'全部变成'b'，'b'全部变成'c'，'c'全部变成'a'，最终得到"bccaaa"？

用 replace 方法很难达到目的。例如：

```
>>> s = "abbccc"
>>> s = s.replace("a", "b")
>>> s = s.replace("b", "c")
>>> s = s.replace("c", "a")
>>> s
'aaaaaa'
```

要想达到目的，需要对 3 个字符同时替换才行，这就需要 maketrans 和 translate 方法。例如：

```
>>> s = "abbccc"
>>> m = str.maketrans("abc", "bca")
>>> t = s.translate(m)
>>> t
'bccaaa'
```

maketrans 还有另一种用法，用一个字典作为参数，字典的键是单个字符，字典的值不局限于单个字符，也可以是字符串。例如：

```
>>> s = "abc"
>>> d = {'a':"小明", 'b':"爱吃", 'c':"苹果"}
>>> t = str.maketrans(d)
>>> s.translate(t)
'小明爱吃苹果'
```

8.3.12 编码解码类方法

字符串 encode 方法的功能是把字符串按照某种编码格式进行编码，返回字节串；与此对应，字节串的 decode 方法的功能是把字节串按照某种编码格式进行解码，返回字符串。str.encode 和 bytes.decode 方法构成的操作是一对互逆的操作。例如：

```
>>> s = "胡凤国"
>>> t1 = s.encode("gbk")
>>> t1
b'\xba\xfa\xb7\xef\xb9\xfa'
>>> t1.decode("gbk")
'胡凤国'
>>> t2 = s.encode("utf-8")
>>> t2
b'\xe8\x83\xa1\xe5\x87\xa4\xe5\x9b\xbd'
>>> t2.decode("utf-8")
'胡凤国'
```

上述代码中，对象 t1 是字符串 s 用 GBK 编码得到的字节串，把字节串通过解码还原为字符串，解码时需要的编码格式必须与编码时使用的编码格式一致，所以仍然需要用 GBK 解码才能变回字符串 s。对象 t2 是字符串 s 用 UTF-8 编码得到的字节串，字节串 t2 用 UTF-8 解码，又得到字符串 s。

一般在网络应用中，字符串编码和字节串解码用得比较多，很多网页用 UTF-8 进行编码。另外，在 Windows 7 及之前的简体中文操作系统中，用 Windows 自带的记事本软件保存文本文件时，默认编码是 GBK 编码。

8.4 字词统计和中文分词

在日常工作和学习中，有时候我们需要统计一篇中文文章中用了多少个不同的汉字或词语，每个汉字或词语在文章中出现了多少次，可能还需要统计西文的字母或单词在文本中出现的次数。

文本文件被 Python 读取到内存后，就变成了字符串。对于汉字或英文字母的统计，这项工作比较简单，遍历字符串即可访问所有字符。

对于西文文本，统计词语次数也比较简单，字符串方法 split 就可以把句子变成一个由句子中单词组成的列表，然后对列表中的元素进行统计即可。对于汉语文本，统计词语就没那么简单了，因为汉语句子中词与词之间没有空格，哪些字在一起组成词语不易判断。所以，汉语句子要统计词语就需要先在句子中的适当位置插入空格，以便得到句子中的一个个词语，这个过程叫作分词。

8.4.1 字符统计

1．统计字符串中的无重复字符

统计一个字符串中有多少个不同的字符可以使用 set 函数，再调用 sorted 函数可以进行排序。

【例 8-3】 统计字符串中的所有无重复字符。

```
>>> s = "How␣are␣you?"
>>> r = sorted(set(s))
>>> r
```

```
['␣', '?', 'H', 'a', 'e', 'o', 'r', 'u', 'w', 'y']
```

【例 8-4】 统计字符串中的所有无重复非空白字符。

```
>>> s = "How␣are␣you?"
>>> r = sorted([c for c in set(s) if not c.isspace()])
>>> r
['?', 'H', 'a', 'e', 'o', 'r', 'u', 'w', 'y']
```

2．统计字符串中每个字符出现的频次

统计一个字符串中每个字符出现的频数可以采用字典来进行，字符作为键，字符的频次作为键对应的值。

【例 8-5】 统计字符串中的所有字符的频次（不排序）。

```
s = "How␣are␣you?"
d = {}
for c in s:
    d[c] = d.get(c, 0) + 1
print(d)
```

上述代码的运行结果如下。

```
{'H': 1, 'o': 2, 'w': 1, '␣': 2, 'a': 1, 'r': 1, 'e': 1, 'y': 1, 'u': 1, '?': 1}
```

一般对于频次统计结果，我们希望按频次从高到低的顺序排列各字符，如果频次一样，再按字符从小到大的顺序排列各字符。

【例 8-6】 统计字符串中的所有字符的频次（排序）。

```
s = "How␣are␣you?"
d = {}
for c in s:
    d[c] = d.get(c, 0) + 1
r = sorted(d.items(), key=lambda e:(-e[1], e[0]))
print(r)
```

上述代码的运行结果如下。

```
[('␣', 2), ('o', 2), ('?', 1), ('H', 1), ('a', 1), ('e', 1), ('r', 1), ('u', 1), ('w', 1),
('y', 1)]
```

这里解释一下上述代码中排序语句的由来。d 是一个字典，字符为键，字符的频次为值。d.items()得到的是一个类似列表的可迭代对象，该对象的每个元素都是一个二元组，由字符和频次组成。本例中，d.items()的值为

```
dict_items([('H', 1), ('o', 2), ('w', 1), ('␣', 2), ('a', 1), ('r', 1), ('e', 1), ('y', 1),
('u', 1), ('?', 1)])
```

sorted(d.items())是对 d.items()中的元素进行升序排列，结果得到一个列表。因为 d.items()中的二元组都是由字符和频次构成的，所以相互之间可比较，排序结果是字符较小的二元组排在前面，字符较大的二元组排在后面。本例中，sorted(d.items())的值为

```
[('␣', 2), ('?', 1), ('H', 1), ('a', 1), ('e', 1), ('o', 2), ('r', 1), ('u', 1), ('w', 1),
('y', 1)]
```

由于我们希望的排序结果是让频次较大的二元组排在前面，因此要给 sorted(d.items())增加一个 key 参数，用来指定排序基准。默认的排序基准是 d.items()中的二元组，我们希望的排序基准是二元组的后一项，所以需要把排序基准从二元组变成二元组的后一项，这个变换可以用

lambda 表达式来完成，即

```
lambda e:e[1]
```

所以，排序语句可以写成

```
r = sorted(d.items(), key=lambda e:e[1])
```

运行结果如下。

```
[('H', 1), ('w', 1), ('a', 1), ('r', 1), ('e', 1), ('y', 1), ('u', 1), ('?', 1), ('o', 2),
('␣', 2)]
```

该结果是按频次升序排列的，为了得到降序结果，需要增加参数 reverse=True：

```
r = sorted(d.items(), key=lambda e:e[1], reverse=True)
```

运行结果如下。

```
[('o', 2), ('␣', 2), ('H', 1), ('w', 1), ('a', 1), ('r', 1), ('e', 1), ('y', 1), ('u', 1),
('?', 1)]
```

这个结果虽然是按照字符频次降序排列的，但对于频次相同的字符，排列顺序是乱的。我们希望在频次相同的情况下，再对字符进行排序（习惯上是按字符升序排列）。

由于 reverse 只能指定升序或者降序排列，那么，如何做到先按频次降序排列再按字符升序排列呢？这需要一个技巧：按频次的降序对二元组进行排列相当于按频次相反数的升序对二元组进行排列。把频次的相反数和字符重新组合成新的元组，按新的元组的升序排列，就可以达到我们的排序目的。所以，排序的 key 参数应写成

```
key = lambda e:(-e[1], e[0])
```

于是，排序语句为

```
r = sorted(d.items(), key = lambda e:(-e[1], e[0]))
```

可以得到我们所期望的结果。

仿照例 8-6 的方法也可以统计中文句子中的字符频次。例如，“好好学习天天向上”这个句子的字频统计结果如下。

```
[('天', 2), ('好', 2), ('上', 1), ('习', 1), ('向', 1), ('学', 1)]
```

注意，尽管字频统计结果先按频次降序排列再按字符升序排列，但排序结果中频次相同的字符并不是按汉语拼音顺序排列的，因为汉字的 Unicode 代码的大小与汉字拼音的先后顺序是无关的。

除了用字典统计，我们还可以使用 Collections 标准库的 Counter 对象来统计，具体可以参考 12.1 节。

8.4.2 词语统计

英文句子是由单词和标点符号组成的，单词是由字母组成的，单词之间是由空格隔开的。汉语句子是由汉字和标点符号组成的，词是隐藏在句子中的，一个具体的句子分为多少个词，不同的人有不同的理解，为了避免理解差异，这里假设汉语句子已经用空格把各词隔开。

本节介绍词语统计的一种方法，为了叙述方便，我们把英文单词和汉语词统称为词语。英文字母及相应的标点符号称为半角字符，汉字和相应的标点符号称为全角字符。

无论是英文句子还是中文句子，对于 Python 来说都是字符串；在字符串中，无论是半角字符还是全角字符，都是字符。在字符串中，一些不规则分布的空白字符把字符序列分隔为一

个个的词语。

1．统计句子中的无重复词语

【例 8-7】 统计英文句子中的所有无重复单词——含标点。

```
>>> s = "This␣is␣his␣book, ␣and␣his␣book␣is␣red."
>>> t = sorted(set(s.split()))
>>> t
['This', 'and', 'book', 'book,', 'his', 'is', 'red.']
```

我们知道，英文句子的标点符号往往紧跟在单词的后面。在上面的统计中，这种情况会把标点符号和前面的单词一起视为一个词语来统计。

如果不想要标点符号，可以先把句子中的非字母字符全变成半角空格，再用上面的办法统计。

【例 8-8】 统计英文句子中的所有无重复单词——不含标点（一）。

```
s = "This␣is␣his␣book, ␣and␣his␣book␣is␣red."
s2 = "".join(map(lambda c:c if c.isalpha() else "␣", s))
print(s2)
t = sorted(set(s2.split()))
print(t)
```

其运行结果如下。

```
['This', 'and', 'book', 'his', 'is', 'red']
```

后面介绍到正则表达式时，还有另外两种不含标点统计无重复单词的思路，请参见 9.4 节。

在统计单词的时候，把非字母字符统统变成空格来处理的办法有时会带来问题。比如，美国电话电报公司（American Telephone & Telegraph Company）的英文简称是 AT&T，英文句子中包含这个简称，则应该作为一个单词来对待，但处理结果会把"AT&T"处理成"AT␣T"，这将导致单词统计的结果不太准确。与此类似，有些英文单词的缩写会在后面带一个半角“.”，它是单词的一部分，而不是句末标点符号。上面的处理办法也会造成单词数据统计有偏差。

在这种情况下，过多考虑英文单词的构成，会把简单的单词统计任务复杂化。为简单起见，本书统一约定：不管是英文句子还是中文句子，都把句子中用空白符隔开的连续非空字符串（包括紧跟在词语后面的标点符号）视为词语，这样在统计词语的时候就不会带来任何统计偏差。

2．统计句子中的词语频次

将句子中的词语变成词语列表，然后仿照 8.4.1 节统计字符频次的方法来统计词语频次即可。

【例 8-9】 统计英语句子中的词语频次。

```
s = "This␣is␣his␣book, ␣and␣his␣book␣is␣red."
d = {}
for c in s.split():
    d[c] = d.get(c, 0) + 1
r = sorted(d.items(), key=lambda e:(-e[1], e[0]))
print(r)
```

其执行结果如下。

```
[('his', 2), ('is', 2), ('This', 1), ('and', 1), ('book', 1), ('book,', 1), ('red.', 1)]
```

【例 8-10】 统计汉语句子中的词语频次。

```
s = """轻轻␣的␣我 ␣走␣了␣，␣
正如␣我␣轻轻␣的␣来␣；␣
我␣轻轻␣的␣招手␣，␣
作␣别␣西天␣的␣云彩␣。␣"""
d = {}
for c in s.split():
    d[c] = d.get(c, 0) + 1
r = sorted(d.items(), key=lambda e:(-e[1], e[0]))
print(r)
```

其执行结果如下。

```
[('的', 4), ('我', 3), ('轻轻', 3), ('，', 2), ('。', 1), ('了', 1), ('云彩', 1), ('作', 1),
('别', 1), ('招手', 1), ('来', 1), ('正如', 1), ('西天', 1), ('走', 1), ('；', 1)]
```

本例已经手工在汉字中间插入了空格分了词，所以统计词频轻而易举。如果中文文本字数很多，手工分词显然不现实。有没有办法实现自动分词呢？答案是肯定的。

8.4.3 中文自动分词和词性标注

中文自动分词是自然语言处理（Natural Language Proceccing，NLP）的一项基础工作，目前已经有了很多研究成果，而且有很多用来自动分词的软件工具。虽然这些分词工具的分词结果不是百分之百准确，但有些工具的分词准确率还是非常高的。在 Python 中有很多扩展库可以用于自动分词，现以 jieba 为例进行说明。

jieba 扩展库的安装非常简单，在确保计算机联网的前提下，在 Windows 的命令行窗口中运行如下命令，等待安装成功即可。

```
pip install jieba
```

如果只需要分词，使用 jieba.lcut 函数即可。

【例 8-11】 用 jieba 扩展库进行中文句子自动分词。

```
>>> from jieba import lcut
>>> s = "广州市长隆马戏欢迎你！"
>>> r = lcut(s)
Building prefix dict from the default dictionary ...
Loading model from cache C:\Users\Administrator\AppData\Local\Temp\jieba.cache
Loading model cost 0.638 seconds.
Prefix dict has been built successfully.
>>> r
['广州', '市长', '隆', '马戏', '欢迎', '你', '！']
>>> t = "␣".join(r)
>>> t
'广州␣市长␣隆␣马戏␣欢迎␣你␣！'
```

本例中，调用 lcut 函数后出现了 5 行信息，这是初始化 jieba 分词模型的提示信息。该信息只有在导入 jieba 后第一次调用 jieba 分词的时候才会显示，以后再调用就不会显示。

lcut 函数的参数是待分词的文本，是一个字符串对象，返回结果是一个字符串列表，列表的每个元素就是自动分出来的词。

对于本例来说，这个分词结果显然是错误的。“广州市”是一个城市名，“长隆马戏”是一个专有名词，正确的结果应该是：

```
['广州市', '长隆马戏', '欢迎', '你', '！']
```

但是 jieba 分词软件不知道“长隆马戏”是一个词，所以出错了。如果把这个词添加到它的词典中，它就能正确切分这个句子。例如：

```
>>> from jieba import lcut, add_word
>>> s = "广州市长隆马戏欢迎你！"
>>> lcut(s)
Building prefix dict from the default dictionary ...
Loading model from cache C:\Users\Administrator\AppData\Local\Temp\jieba.cache
Loading model cost 0.609 seconds.
Prefix dict has been built successfully.
['广州', '市长', '隆', '马戏', '欢迎', '你', '！']
>>> add_word("长隆马戏")
>>> lcut(s)
['广州市', '长隆马戏', '欢迎', '你', '！']
```

上面测试用的句子算得上是一个有代表性的句子，很多分词工具在全自动情况下切分这个句子都会得到错误的结果。由于分词软件的自动分词结果不完全正确，我们使用分词软件后，一般要对分词结果进行校对，才能放心使用。

有时只分词是不够的，我们还需要为每个词标注词性类别。比如，“打工人”是 2020 年《咬文嚼字》发布的十大流行语之一，这是一个名词，但在另一些句子中，它可能是两个词：“打”是动词，“工人”是名词。例如，“严禁建筑工地的包工头打工人”。为词语标注词性类别就是将一个表示词性类别的字符串指派给该词语，俗称词性标注。在一般情况下，词性标注和分词这两项工作是一起进行的。

jieba 扩展库的 jieba.posseg.lcut 函数可以用来进行词性标注。

【例 8-12】 用 jieba 扩展库进行中文句子自动分词和词性标注。

```
>>> from jieba.posseg import lcut as segtag
>>> s = "广州市长隆马戏欢迎你！"
>>> wordtags = segtag(s)
>>> wordtags
[pair('广州', 'ns'), pair('市长', 'n'), pair('隆', 'nr'), pair('马戏', 'n'), pair('欢迎', 'v'),
pair('你', 'r'), pair('！', 'x')]
>>> r = "␣␣".join([f"{w}/{t}" for w,t in wordtags])
>>> r
'广州/ns␣␣市长/n␣␣隆/nr␣␣马戏/n␣␣欢迎/v␣␣你/r␣␣！/x'
```

如果分词错误或者词性标注错误，将对后续的操作带来不便。所以，词性标注后得到的结果也需要校对后才能使用。

8.5 综合举例

8.5.1 屏蔽敏感词

一些网站的后台程序会检测用户发言中是否含有不宜发布的敏感词，如涉及色情、暴力或其他不宜发布的词汇。如果检测到有敏感词，一些网站会选择拒绝用户发帖，另一些网站可能选择屏蔽用户发言中的敏感词，将敏感词用特定的符号代替。

用 Python 的字符串替换功能配合列表可以轻松实现敏感词屏蔽功能。下面假设变量 s 中存放已经获取到的用户发言文本（这里用直接赋值代替）。

```
s = "色情和暴力是敏感词，盗版和水货是敏感词，TMD 也是敏感词。"
m = ["色情", "暴力", "盗版", "水货", "TMD"]
for w in m:
    s = s.replace(w, "*"*len(w))
print(s)
```

上述代码中，m是敏感词列表。只要敏感词列表中的词语足够多，且与时俱进、不断更新，就能及时屏蔽用户发言中的绝大多数敏感词，有利于净化网络语言环境。

8.5.2 年份生肖（二）

在 7.9.8 节中给出了求年份对应生肖的几个思路，例 7-24 已经是非常精简的代码，但使用的是列表，列表的每个元素都加字符串界定符，写起列表来不太方便。由于列表的每个元素都是单个字符，因此可以把这些元素组成字符串，写起来更加简洁。

【例 8-13】 年份生肖（四）。

```
n = int(input())
assert n != 0
a = "鼠牛虎兔龙蛇马羊猴鸡狗猪"
index = (n-2020+int(n<0)) % 12
print(a[index])
```

相对于例 7-24，本例在算法思路上没有改进，都是利用了有序序列类对象可以通过下标直接访问序列元素这个特点，但书写形式从字符串列表改成了字符串，代码更简短。

8.5.3 农村小孩的乳名（二）

7.9.9 节举了一个求小孩乳名的例子，是用列表实现的，这里可以用字符串实现，代码更简单。

【例 8-14】 求一个小孩的乳名（二）。

```
mm, dd = map(int, input().split())
assert 1 <= mm <= 12 and 1 <= dd <= 31
sm = "长栓狗来大守傻福龟二胖臭"
sd = "芳妮剩娣球坑根岁娃毛歪姑英妹肥霞狗虎花凤腚村蛋妞木翠爱财头胖发"
print(sm[mm-1] + sd[dd-1])
```

8.5.4 天干地支顺序配对（二）

7.9.10 节给出了天干地支配对的思路和两个代码，例 7-27 的代码已经很简化，这里可以用字符串取代字符串列表，还可以用字符串方法 join 来简化输出。

【例 8-15】 天干地支顺序配对（三）。

```
tg, dz = "甲乙丙丁戊己庚辛壬癸", "子丑寅卯辰巳午未申酉戌亥"
```

```
r = "\n".join(map(lambda e: "".join(e), zip(tg*6, dz*5)))
print(r)
```

8.5.5 判断黑洞数（二）

7.9.11 节举了一个判断黑洞数的例子，用了两种方法。虽然例 7-29 比例 7-28 简化了不少，但代码仍然不够精简，这里利用字符串方法 join 继续简化黑洞数代码。

【例 8-16】 判断黑洞数（三）。

```
a = int(input())
assert a > 0
amax = int("".join(sorted(str(a), reverse=True)))
amin = int("".join(sorted(str(a))))
print(amax-amin == a)
```

上述代码中，a 是一个整数，如 297；str(a)是字符串"297"；sorted(str(a))得到列表['2', '7', '9']；"".join(sorted(str(a)))得到字符"279"；int("".join(sorted(str(a))))得到整数 279，这是 a 中各位数字重排后的最小值。

最大值求得的过程与最小值差不多，只不过排序时指定了参数 reverse=True，就可以按从大到小的顺序来排列列表元素。

上述代码比例 7-29 精简了不少，巧妙运用了字符串对象的 join 方法，配合内置函数 int 和 sorted，将代码精简到了 5 行。其实还可以再精简 2 行代码，但是 print 语句过长，代码的可读性就不够好，这里不再简化。

8.5.6 哥德巴赫猜想（三）

7.9.12 节给出的例 7-30 已经是验证哥德巴赫猜想的简洁代码了，这里可以利用字符串方法 join 配合列表推导式将例 7-30 的代码再度简化。

【例 8-17】 验证哥德巴赫猜想（四）。

```
n = int(input())
assert n > 2 and n%2 == 0
A = [i for i in range(2, n+1) if 0 not in[i%p for p in range(2, int(i**0.5)+1)]]
print("\n".join([f"{n}={a}+{n-a}" for a in A if n-a>=a and n-a in A]))
```

上述代码已经简无可简，一共 4 行代码，核心代码才 2 行。要想写出这样优美的代码，需要掌握列表推导式出神入化的应用，需要熟练掌握字符串方法 join 的用法，需要熟练掌握顺序结构中的 Python 语句拼接技巧。

8.5.7 信息加密（三）

7.9.13 节的例 7-32 给出了一个非常简洁的信息加密代码，当时也指出，可以用一个新的思路来写一个同样简洁的代码，就是使用 maketrans 和 translate 函数。新建一个映射表，让字符串中的每个字母各自映射到目标字符，直接批量变换。

【例 8-18】 信息加密（四）。

```
s = input()
```

```
    x = "abcdefghijklmnopqrstuvwxyzABCDEFGHIJKLMNOPQRSTUVWXYZ"
    m = str.maketrans(x, x[4:26]+x[:4]+x[30:52]+x[26:30])
    print(s.translate(m))
```

8.5.8 公民身份号码

我国每个人都有一个居民身份证，简称“身份证”，身份证上有一串长达 18 位的号码，通常被称为“身份证号”或“身份证号码”。其实，这是不太严谨的说法，正式的说法应该是“公民身份号码”（我们的身份证上，一面写着“居民身份证”，另一面写着“公民身份号码”）。不过由于“身份证号”和“身份证号码”这样的说法简单且不会引起误解，反而比正式的说法更为流行。有时，语言中的一些词汇就是在将错就错的状态下发展的。

国家标准 GB 11643—1999《公民身份号码》[①]中规定中国公民身份号码由 18 位字符构成，由 17 位数字本体码和 1 位校验码组成。公民身份号码从左至右的排列顺序是：6 位地址码，8 位生日码，3 位顺序码和 1 位校验码。

1．地址码

地址码表示编码对象常住户口所在地区的省、市、县三级行政区划代码，例如，110105 表示北京市朝阳区，220202 表示吉林省吉林市昌邑区。具体各个行政区划代码对应的具体地区可以在国家民政部网站上查到[②]。

2．出生日期码

出生日期码表示编码对象出生的年、月、日，分别用 4 位、2 位、2 位数字表示（月和日不足 2 位就在前面加 0），年月日之间不用分隔符。

3．顺序码

顺序码表示在同一地址码所标识的区域范围内，对同年同月同日出生的人编定的顺序号，顺序码的奇数分配给男性，偶数分配给女性。

4．校验码

校验码附着在本体码的后面，用来验证本体码在录入或转录过程中的正确性。校验码的取值是如下 11 个字符之一：0、1、2、3、4、5、6、7、8、9、X[③]。

校验码可以从本体码通过数学公式计算得到。为了方便计算，我们为公民身份号码的每一位号码的位置进行编号，规定从右到左分别是第 0 位、第 1 位……第 17 位，各位置上的字符值[④]分别记为 a_0、a_1、a_2、…、a_{17}[⑤]。

---

① 国家质量技术监督局．GB 11643—1999　公民身份号码．1999．

② 查询的是最新的行政区编码，由于国家对部分行政区域进行过调整，一些旧区域不复存在或归属地有变化，个别公民身份号码的前 6 位对应的区域可能查询不到。

③ 这里的 X 是大写罗马数字字符，表示十进制数 10，标准 GB 11643—1999 中只说用罗马数字字符 X，并没有说是大写的 X 还是小写的 x，本书理解为大写。

④ 数字字符的字符值是其字面值，范围是 0～9，罗马数字字符 X 的字符值为 10。

⑤ GB 11643—1999 把位置编号从 1 开始算，从 a_1 算到 a_{18}，但在 Python 中，习惯从 0 开始对位置进行编号，所以本书进行了改动，位置编号从 0 开始，这种改变不会影响运算结果。

按照这种编号规定，公民身份号码的各位号码字符值从左到右依次为

$$a_{17}\ a_{16}\ a_{15}\ a_{14}\ a_{13}\ a_{12}\ a_{11}\ a_{10}\ a_9\ a_8\ a_7\ a_6\ a_5\ a_4\ a_3\ a_2\ a_1\ a_0$$

现在再规定公民身份号码的各位号码的权重，设公民身份号码的第 i 位号码 a_i 对应的权重为 w_i，则 w_i 的计算公式为

$$w_i = 2^i \bmod 11$$

这里 $2^i \bmod 11$ 表示 2^i 除以 11 取余数，用 Python 表达式表示就是 2**i%11。根据计算公式可求得公民身份号码的各位号码的权重，如表 8-3 所示。

表 8-3　公民身份号码各位字符的权重

位置 i	17	16	15	14	13	12	11	10	9	8	7	6	5	4	3	2	1	0
字符值 a_i	a_{17}	a_{16}	a_{15}	a_{14}	a_{13}	a_{12}	a_{11}	a_{10}	a_9	a_8	a_7	a_6	a_5	a_4	a_3	a_2	a_1	a_0
权重 w_i	7	9	10	5	8	4	2	1	6	3	7	9	10	5	8	4	2	1

有了权重后，我们就可以校验一个公民身份号码是否符合编码规则，条件如下。

$$\sum_{i=0}^{17} a_i \times w_i \bmod 11 = 1$$

如果一个公民身份号码的 18 位字符值加权求和的结果除以 11 的余数不是 1，就说明这个公民身份号码是伪造的。

我们可以对上面的公式进行变形处理，从而可以根据 17 位本体码来求得校验码，这里直接给出结论。

先对本体码的字符值进行加权求和，求和公式为：

$$S = \sum_{i=1}^{17} a_i \times w_i$$

再将求和结果求以 11 为模的余数（即除以 11 求余数），即

$$Y = S \bmod 11$$

最后据 Y 的值得到对应的校验码为

$$r = (12 - Y) \bmod 11$$

如果 r 的值为 10，就令 r 的值为罗马数字字符X。

根据上面的公式，可得到模结果 Y 与校验码 r 之间的对应关系，即

模结果 Y：0　1　2　3　4　5　6　7　8　9　10

校验码 r：1　0　X　9　8　7　6　5　4　3　2

GB 11643—1999 的一个例子：公民身份号码是 11010519491231002X，可知该公民身份号码的编码对象是北京市朝阳区的一位女性公民，她出生于 1949 年 12 月 31 日，公民身份号码的顺序码是 002，校验码是罗马数字字符X。我们来考察这个检验码字符的求得过程。

首先，计算该公民身份号码本体码各位的字符值和权重。因为是计算校验码，所以校验码这一位不列出，具体计算结果如表 8-4 所示。

表 8-4　公民身份号码 17 位本体码各位字符加权求和表示例

位置 i	17	16	15	14	13	12	11	10	9	8	7	6	5	4	3	2	1
字符值 a_i	1	1	0	1	0	5	1	9	4	9	1	2	3	1	0	0	2
权重 w_i	7	9	10	5	8	4	2	1	6	3	7	9	10	5	8	4	2

本体码加权求和结果为

$$S=\sum_{i=1}^{17}a_i\times w_i=167$$

然后，将求和结果除以 11 为模的余数（即除以 11 求余数），即

$$Y=S \bmod 11=167 \bmod 11=2$$

最后，根据 Y 的值，得到对应的校验码为

$$r=(12-Y) \bmod 11=10$$

由于 r 的值为 10，因此校验码写为罗马数字字符Ⅹ。

另外，虽然国家标准规定最后一位校验码为 10 的时候写成罗马数字字符Ⅹ，但罗马数字是双字节字符，输入不方便，有的时候为了方便，很多网站填写身份信息的时候要求在公民身份号码最后一位不是数字的情况下用大写英文字母 X 或小写英文字母 x 来代替。比如，12306 网站购买火车票注册的时候，在输入证件号码时填写英文字母 X 或小写英文字母 x 都允许，真正的罗马数字字符Ⅹ却不行。

现在来检验这个公民身份号码是否符合编码规则。首先，把 18 位号码的全部位置的字符值和权重列出来，如表 8-5 所示（其中 a_0 为 10，因为校验码为罗马数字字符Ⅹ）。

表 8-5　18 位公民身份号码各位字符加权求和表示例

位置 i	17	16	15	14	13	12	11	10	9	8	7	6	5	4	3	2	1	0
字符值 a_i	1	1	0	1	0	5	1	9	4	9	1	2	3	1	0	0	2	10
权重 w_i	7	9	10	5	8	4	2	1	6	3	7	9	10	5	8	4	2	1

全部 18 位加权求和为

$$S=\sum_{i=0}^{17}a_i\times w_i=177$$

然后，将求和结果求以 11 为模的余数，即

$$Y=S \bmod 11=177 \bmod 11=1$$

发现结果与 1 相等，因此该公民身份号码是符合编码规则的号码。

现在写一个验证公民身份号码是否符合编码规则的程序：输入一个包含 18 个字符的字符串，要求判断是否符合编码规则的公民身份号码（为了输入方便，允许在号码最后一位是罗马数字字符Ⅹ的时候用英文字母 X 或 x 来代替）。

【例 8-19】 验证字符串是否符合编码规则的公民身份号码。

```
# 判定一个字符串是否为合法日期
def isvaliddate(ymd):
    y, m, d = map(int, (ymd[:4], ymd[4:6], ymd[6:]))
    mlist = [0,31,28,31,30,31,30,31,31,30,31,30,31]
    mlist[2] += int(y%400 == 0 or y%4 == 0 and y%100 != 0)
    return y>0 and 1<=m<=12 and 1<=d<=mlist[m]

# 判断一个字符串是否符合编码规则的公民身份编号
s = input().strip()
flag = False
try:
    a = list(map(int,s[:17])) + ([10] if s[17] in "xXⅩ" else [int(s[17])])
```

```
    if len(s) == 18 and isvaliddate(s[6:14]):
        flag = (sum(e*2**(17-i) for i,e in enumerate(a)) % 11) == 1
except:
    pass
print(("" if flag else "不") + "符合编码规则")
```

验证一个字符串是否符合编码规则的公民身份号码，要考虑如下几点。

① 字符串是 18 位。

② 前 17 位全部由数字组成，最后一位是数字或大写英文字母 X。

③ 第 7～14 位这 8 位字符串应该是一个合法的日期。

④ 这 18 位号码符合公民身份号码的验证规则：加权和除以 11 余数应该等于 1。

在本例中，除了条件②隐含在 try-except 结构中，其他 3 个条件都明显地写在了程序代码中，其中判断字符串是否为合法日期的操作还写成了函数 isvaliddate。

8.5.9 十进制转任意进制

4.3.1 节、5.6.1 节、6.8.4 节给出了十进制转二进制的多种方法，其中内置函数、移位操作和数据格式化操作就提供了 5 种方法，递归法本质上是除余法，只不过用不同的形式来实现。

如果是将十进制转为任意进制，很多方法就失效了，只能用除余法来做。要将十进制转 N 进制，现在分别用非递归方法和递归方法来实现，都写成函数，返回二进制字符串。这里，$2 \leqslant N \leqslant 36$，因为我们刚好可以用 0～9 和 a～z 这 36 个不同的字符，如果凑齐更多的不同字符，那么 N 的范围设置大一点也无妨。

【例 8-20】 十进制转 N 进制（一）：非递归法。

```
from string import digits, ascii_lowercase
chars = digits + ascii_lowercase
def dec2N_nr(n, N):
    assert(2 <= N <= 36 and n >= 0)
    r = chars[n] if n == 0 else ""
    while n>0:
        r += chars[n%N]
        n //= N
    return r[::-1]

n = int(input("请输入一个非负整数："))
print(dec2N_nr(n, 3))
```

【例 8-21】 十进制转 N 进制（二）：递归法。

```
from string import digits, ascii_lowercase
chars = digits + ascii_lowercase
def dec2N_r(n, N):
    assert(2 <= N <= 36 and n >= 0)
    return chars[n] if n < N else dec2N_r(n//N, N) + chars[n%N]

n = int(input("请输入一个非负整数："))
print(dec2N_r(n, 3))
```

思 考 题

1．从公民身份号码中提取生日（一）。

已知我国的公民身份号码是 18 位编码，其中按自左而右顺序第 7～14 位这 8 位数字表示生日。请编写 Python 程序，从键盘输入身份证号，从中获取生日并以特定的格式输出。输出格式：×年×月×日，其中×用具体的数字代替，且数字不能以 0 开头。例如，2021 年 1 月 1 日不能输出为 2021 年 01 月 01 日。

为了简单起见，假设输入的字符串符合公民身份号码的编码规则。

2．从公民身份号码中提取性别。

我国的公民身份号码是 18 位编码，其中按自左而右顺序第 15～17 位这 3 位数字表示顺序码，顺序码为奇数表示男性公民，为偶数表示女性公民。请编写 Python 程序，从键盘输入身份证号，从中获取性别信息并输出，若是男性公民，则输出"男"字符串，否则输出"女"。

为了简单起见，假设输入的字符串符合公民身份号码的编码规则。

3．靓号宝宝。

2020 年 1 月 7 日，《人民日报》微博发布一个消息说，即将到来的 2020 年 2 月 2 日是罕见的对称日，而这天在吉林省吉林市昌邑区出生的宝宝将获得一个别致的"20 后宝宝身份证靓号"：

22020220200202XXXX

目前到底有没有幸运宝宝获得全由 2 和 0 组成且前 14 位符合人民日报给定数字的靓号身份证，我们不得而知。或许这些靓号会永远地封存在历史的记忆当中，又或许在将来的某一天，会有一个人对另一个人说："原来你就是当年的靓号宝宝呀！"

请编写 Python 程序，输出所有可能的 20 后宝宝身份证靓号（全由 2 和 0 组成且前 14 位符合人民日报给定数字的符合公民身份号码编码规则的可能公民身份号码）。

提示：可以用一个整数变量来枚举 3 位顺序码，与《人民日报》提及的 14 位前缀码一起拼接成 17 位主体码，如果主体码全是由 0 和 2 构成的，再计算验证码，如果也是由 0 或者 2 构成的，就把主体码和验证码拼接后加入靓号列表。

也可以先枚举所有由 0 和 2 构成的顺序码和验证码，再与《人民日报》提及的 14 位前缀码一起拼接成 18 位字符串，然后验证该字符串是否符合公民身份号码的编码规则。这种枚举可以用多重循环来实现，也可以用 itertools 标准库的 product 对象来实现（具体枚举方法见 12.6.3 节的例 12-15）。

4．消除字符串中的空白字符。

从键盘输入一个字符串，将字符串中的所有空白字符删除，输出最终的结果。

5．判断子串。

判断一个字符串在不在另一个字符串中，共有哪几种方法？

6．判断回文字符串。

回文字符串是指字符串中的各字符逆转顺序后，得到的新字符串与原字符串相同，如"eye"、"abba"、"上海自来水来自海上"。从键盘输入一个字符串，请输出该字符串是否为回文字符串，是则输出 True，否则输出 False。

7．求字符串的所有子串（一）。

从键盘输入一个字符串，请输出该字符串的所有非空子串，每行输出一个子串。子串输出的顺序规定如下：首先按子串在母串中的位置从小到大的顺序排列，若位置相同，再按子串从小到大的顺序排列。例如，对于字符串"abcd"，它的所有非空子串输出的顺序应该是"a"、"ab"、"abc"、"abcd"、"b"、"bc"、"bcd"、"c"、"cd"、"d"。

8．求字符串的所有子串（二）。

从键盘输入一个字符串，请输出该字符串的所有非空子串，每行输出一个子串。子串输出的顺序规定如下：首先按子串长度从小到大的顺序排列，若长度相同，再按子串在母串中出现的先后顺序排列。例如，对于字符串"abcd"，它的所有非空子串输出的顺序应该是"a"、"b"、"c"、"d"、"ab"、"bc"、"cd"、"abc"、"bcd"、"abcd"。

9．求字符串中的最长回文子串。

从键盘输入一个字符串，请输出该字符串包含的最长回文子串，若有多个最长回文子串，则每行输出一个，输出顺序按回文子串在母串中出现的先后顺序排列。例如，"abacdadae"包含3 个最长回文子串，按顺序依次是"aba"、"dad"、"ada"。

10．干支纪年。

中国古代从汉朝开始就在历法上采用干支纪年法。年份对应的干支就从 60 个干支配对中按顺序循环对应。比如，2020 年是农历庚子年，2021 年是农历辛丑年，……。要求从键盘输入一个正整数年份，请输出该年份对应的干支。

11．页码数字。

一本书有 789 页，每一页都有页码，页码编号依次是 1、2、3、…、788、789。请编写 Python 程序，计算所有页码数字中包含了多少个 3，并将计算结果输出。

12．半角符号变全角。

有一个数学等式 1*2+3+4*567*8/9=2021，现在希望把其中的半角形式的运算符号+、-、*、/、=变成全角形式的运算符号＋－×÷＝，最终等式变成 1×2＋3＋4×567×8÷9＝2021。请编写 Python 程序，完成这种变换。

第 9 章　正则表达式

9.1　什么是正则表达式

正则表达式（Regular Expression）又称为规则表达式，是用某种具有特定含义的字符表达式去描述一类具有共同结构特征的字符串。正则表达式由一组特定的符号构成，它有自己的语法。

用正则表达式进行字符串处理，可以快速、准确地完成复杂的字符串查找和替换等处理要求。正则表达式在文本处理、网页爬虫之类的场合中有重要的应用。

正则表达式需要依附于某个文本编辑软件或者程序设计语言来使用。

1．在文本编辑软件中使用正则表达式

目前，大多数文本编辑软件都支持正则表达式，不习惯编程者可以用文本编辑软件来学习和使用正则表达式。其优点是直观易用，缺点是需要一步步手动单击鼠标来操作。笔者经常用 EmEditor 软件来使用正则表达式。

现在举一个例子。要求把下面一段文字中的数字两边加上一对“【】”。

原文本：

中国传媒大学是教育部直属的“一流学科建设高校”，“211 工程”重点建设大学，“985 优势学科创新平台”重点建设高校。学校始建于 1954 年，2004 年 8 月由北京广播学院更名为中国传媒大学。

学校坐落于北京古运河畔，地处首都功能核心区和北京城市副中心之间，交通便利，区位优势明显。校园环境优美，占地面积 46.37 万平方米，总建筑面积 63.88 万平方米。

目标文本：

中国传媒大学是教育部直属的“一流学科建设高校”，“【211】工程”重点建设大学，“【985】优势学科创新平台”重点建设高校。学校始建于【1954】年，【2004】年【8】月由北京广播学院更名为中国传媒大学。

学校坐落于北京古运河畔，地处首都功能核心区和北京城市副中心之间，交通便利，区位优势明显。校园环境优美，占地面积【46.37】万平方米，总建筑面积【63.88】万平方米。

在 EmEditor 软件中使用正则表达式替换功能达到上述目的的操作如下：安装 EmEditor 软

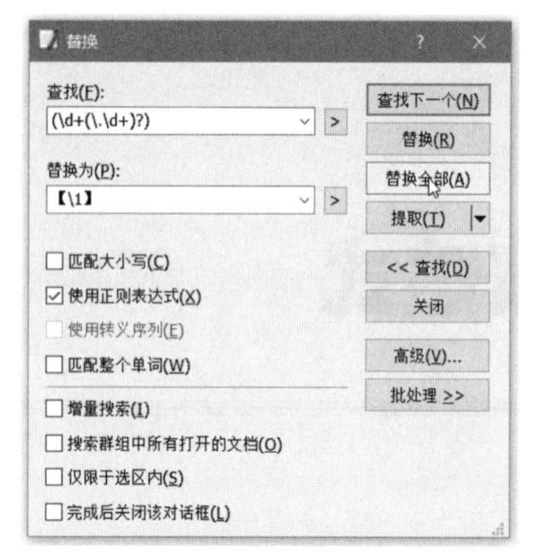

图 9-1　在 EmEditor 中使用正则表达式示例

件并运行它，新建一个文本文件，将上面的两段原文复制粘贴到文本编辑窗口中，然后选择“搜索”菜单的“替换”子菜单，会弹出一个标题为“替换”的窗口；在“查找”文本框中输入字符串“(\d+(\.\d+)?)”（注意不要输入这一对双引号），在“替换为”文本框中输入字符串“【\1】”（注意不要输入这一对双引号），然后勾选“使用正则表达式”选项，单击“替换全部”按钮，即可看到文本编辑窗口中的原文本变成了目标文本。整个替换界面如图 9-1 所示（EmEditor 的版本号是 17.6.0，其他版本的界面可能稍有出入）。

如果用 EmEditor 运行正则表达式查找功能，可以选择“搜索”菜单的“查找”子菜单来操作，这里不再详述。

初学正则表达式，可以在 EmEditor 中练习，等掌握了正则表达式的基础语法再到 Python 中去使用，效果会比直接在 Python 练习好一些。

2．在程序设计语言中使用正则表达式

现在很多程序设计语言支持正则表达式。习惯自己写程序处理数据的读者建议在程序中使用正则表达式。其优点是可以通过程序执行而全自动进行正则表达式操作，缺点是不太直观。Python 内置对象 re 就是用来进行正则表达式操作的。

这里先给出在 Python 中使用正则表达式的代码实例，完成与前面手工操作相同的功能。

【例 9-1】 在 Python 中，使用正则表达式完成与使用 EmEditor 同样的功能。

```
import re
s = "中国传媒大学是教育部直属的“一流学科建设高校”，“211 工程”重点建设大学，“985 优势学科创新平台”重点建设高校，前身是创建于 1954 年的中央广播事业局技术人员训练班。1959 年 4 月，经国务院批准，学校升格为北京广播学院。2004 年 8 月，北京广播学院更名为中国传媒大学。学校位于中国北京城东古运河畔，校园占地面积 46.37 万平方米，总建筑面积 63.88 万平方米。"
oldpt = r"(\d+(\.\d+)?)"
newpt = r"【\1】"
t = re.sub(oldpt, newpt, s)
print(t)
```

上述代码的第 1 行是导入标准库 re。re 是一个模块，其中有一些进行正则表达式操作的函数。第 2 行准备一个字符串 s，s 的内容与前面给出的原文本相同。第 3 行代码给出了要查找的正则表达式，其内容对应图 9-1 中的“查找”文本框中的内容。第 4 行代码给出了用来替换的正则表达式，其内容对应图 9-1 中的“替换为”文本框中的内容。第 5 行进行正则表达式替换。第 6 行输出替换的结果。

要了解上面例子中的两个正则表达式的含义，需要首先了解正则表达式的语法，将在 9.2 节介绍。

9.2　正则表达式的语法

EmEditor 中的正则表达式与 Python 中的正则表达式在语法上是基本一样的。无论是使用 EmEditor 还是用 Python 来处理文本，都需要先熟悉正则表达式的语法。

注意，EmEditor 只是基于 Windows 操作系统的一个文本编辑软件，Mac 系统和 Linux 系统下各自有适合自己系统的文本编辑软件，使用这两种操作系统的 Python 学习者可以另外找一个支持正则表达式的文本编辑器来练习即可。现在把关注点放到 Python 正则表达式的语法上，个别与 EmEditor 正则表达式语法不一样的地方会单独指出。

限于篇幅，本书只介绍简单的正则表达式语法，详细的正则表达式语法请参考《精通正则表达式（第 3 版）》①。

在下面的介绍中，本书会经常用到如下概念。

- ❖ 原始串：用来在其中进行正则表达式查找或替换操作的字符串。
- ❖ 模式串：被查找的字符串，可能包含正则表达式。
- ❖ 匹配串：用模式串到原始串中去查找，匹配到的字符串。
- ❖ 目标串：在正则表达式替换中，用来替换模式串的字符串。
- ❖ 结果串：用正则表达式替换功能把模式串替换为目标串之后得到的字符串。

在 Python 中，上述各种串都应表示成字符串的形式才能使用，但在介绍正则表达式语法的时候，为了简洁，不在正则表达式两边加字符串界定符。

9.2.1 万能符

在使用正则表达式进行字符串查找或替换时，在模式串中用一个半角“.”来代替任何一个非换行符的字符，这个半角“.”称为万能符。例如：

```
模式串：beg.n
可能的匹配串（各匹配串用顿号隔开，下同）：begin、began、begun、begmn
```

如果想在原始串中查询单词 begin 的用法，希望用上述模式串把 begin、began、begun 全找出来，事实上能找出这 3 个单词，也会把类似 begmn 这样的预期之外的符号串找出。如何精确地找出且只找出这 3 个单词呢？这需要用正则表达式的选字符来解决问题，将在 9.2.4 节进行介绍。

9.2.2 转义符

在字符串中有转义字符（参见 8.1.2 节），在正则表达式中也有转义字符，正则表达式中的转义字符也是在“\”后跟一些特定符号来表示特定的含义。正则表达式中的转义字符与字符串中的转义字符类似，但不完全一致。为了与前后几节的标题风格一致，本书把正则表达式中的转义字符称为转义符。Python 正则表达式中的转义符如表 9-1 所示。

表 9-1　Python 正则表达式中的转义符

转义符	含　义
\n	换行符
\t	水平制表符
\r	回车符
\f	换页符
\v	垂直制表符
\xhh	\x 后跟 2 位十六进制字符，表示一个 ASCII 字符（0～255）
\uhhhh	\u 后跟 4 位十六进制字符，表示一个 Unicode 字符（0～65535）

① [美]Jeffrey .E.F. Friedl．精通正则表达式（第 3 版）．余晟，译．电子工业出版社，2012．

从表 8-1 和表 9-1 可以看到，Python 正则表达式中的转义符是 Python 字符串中的转义符的一个子集。不过，个别字符串转义符在正则表达式中的含义发生了变化，如“\b”在字符串中表示退格，在正则表达式中表示单词边界，详见 9.2.9 节。

注意，在 EmEditor 的正则表达式中，表示一个 Unicode 字符用“\x{hhhh}”，其中“hhhh”表示 4 位十六进制字符。这与 Python 的正则表达式不一样。

9.2.3 元字符

在正则表达式的模式串中，半角“.”表示任意一个字符，如果用“.”表示一个普通的小数点字符，该怎么表示呢？正则表达式中规定，可以在“\”后加一个“.”来表示普通的小数点，即“\.”。

像“.”这样在正则表达式模式串中有特殊含义的字符称为元字符。元字符在正则表达式的模式串中作为普通字符使用的时候，要在元字符前加上“\”，表示此时的元字符作为普通字符来使用。除了“.”，正则表达式还有其他元字符，如表 9-2 所示（表中这些元字符都是半角字符）。

表 9-2　Python 正则表达式中的元字符

元字符	在模式串中的形式	元字符	在模式串中的形式	元字符	在模式串中的形式
.	\.	\	\\	+	\+
*	*	?	\?	$	\$
^	\^	(	\(	)	\(
[	\[	]	\]	{	\{
}	\}	-①	\-	/	

这里有必要解释，在正则表达式的模式串中，需要用“\\”表示一个普通“\”，而在 Python 字符串中，一个“\”就需要写成“\\”形式。所以，为了在正则表达式中表示“\”，需要在字符串界定符内写 4 个“\”。例如：

```
>>> s = r"这个文件的全路径名是D:\test\test.txt"
>>> print(s)
这个文件的全路径名是D:\test\test.txt
>>> import re
>>> re.sub("\\\\", "/", s)
'这个文件的全路径名是D:/test/test.txt'
```

上例中，如果把 4 个“\”写成 2 个“\”，运行命令 re.sub("\\", "/", s)，这时会报错。

凡是正则表达式中有“\”的地方，我们既要考虑正则表达式中的转义字符，又要考虑字符串中的转义字符，这很容易把人绕晕。这时候，原始字符串的伟大作用就体现出来了。

```
>>> s = r"这个文件的全路径名是D:\test\test.txt"
>>> import re
>>> re.sub(r"\\", "/", s)
'这个文件的全路径名是D:/test/test.txt'
```

上例中，模式串 r"\\"是原始字符串，其中的“\\”不转义，表示两个普通的反斜线字符，两个普通的“\”在正则表达式中就表示了一个普通的反斜线字符“\”。

---

① 减号在正则表达式中被称为连字符，它在模式串中并不总是必须要写成“\-”，详见 9.2.5 节。

关于原始字符串的重要性，8.1.3 节进行了介绍，当时的例子是在字符串中表示文件路径名，为了禁止字符串中的“\”转义，我们用了原始字符串。事实上，在写正则表达式的模式串和目标串的时候，我们也需要禁止字符串中的“\”转义。有了原始字符串，在写正则表达式的模式串时，就可以不用考虑字符串中的转义字符，只考虑正则表达式语法中的转义字符和元字符如何书写即可。

鉴于原始字符串在表示文件路径名和正则表达式中的重要作用，本书后面凡是在字符串中涉及文件路径名和正则表达式模式串和目标串时，总是把相关字符串写成原始字符串的形式，尽管有时没有这个必要，但这样做是为了养成良好的习惯，不至因为“\”转义导致出错。

9.2.4 选字符

选字符的格式是在一对半角“[]”中写上需要查找的字符，表示匹配其中的任何一个字符。实际用正则表达式查找模式串时，在原始串中只要找到“[]”中的任何一个字符，都算查找成功。例如：

模式串	可能的匹配串
[0123456789]	10 个十进制数字字符之一
[abcdefghijklmnopqrstuvwxyz]	26 个小写英文字母之一
[ABCDEFGHIJKLMNOPQRSTUVWXYZ]	26 个大写英文字母之一
[0123456789abcdefABCDEF]	22 个十六进制数字字符之一
beg[iau]n	begin、began、begun
a[123]\.txt	a1.txt、a2.txt、a3.txt

在上述模式串中，“[]”表示其中的字符任选其一，所以把“[]”称为选字符。既然在正则表达式中要查找的字符可以几选一，那么，字符串可不可以几选一呢？答案是肯定的，这需要用到选串符，将在 9.2.8 节介绍。

9.2.5 连字符

如果选字符中写的字符太多，写起来可能会不太方便，为此正则表达式引入了连字符。连字符是一个半角“-”，只能用在“[]”中，连字符左边的字符需要小于等于连字符右边的字符，表示从左边字符的 Unicode 代码到右边字符的 Unicode 代码中间所有的 Unicode 代码对应的字符都在任选之列。

模式串	可能的匹配串
[0-9]	相当于[0123456789]
[a-z]	相当于[abcdefghijklmnopqrstuvwxyz]
[0-9a-fA-F]	相当于[0123456789abcdefABCDEF]
[8-F]	相当于[89:;<=>?@ABCDEF]
[\x00-\xff]	任何一个 ASCII 字符，其代码在 0～255 范围内

[\u4e00-\u9fa5]	Unicode 代码在 0x4e00 和 0x9fa5 之间的任何一个汉字[1]
[a\-z]	a、-和 z 这 3 个字符中任一字符[2]
[az-]	a、-和 z 这 3 个字符中任一字符[3]
[0-9a-zA-Z]	任何一个数字字符或者英文字母
[z-a]	不是合法的正则表达式，因为 z 大 a 小

9.2.6 脱字符

有了选字符和连字符后，我们可以方便地在模式串中指定匹配哪几个字符，那么，能否指定哪几个字符不予匹配呢？答案是肯定的，这需要用到脱字符。

脱字符是专门放到选字符内部第一个位置的字符“^”，它表示除了“[]”中指定的几个字符不予匹配，可以匹配其他任意一个字符，包括换行符都能匹配。

模式串	可能的匹配串
[^0-9]	匹配任何一个不是数字的字符
[^a-z]	匹配任何一个不是小写英文字母的字符
[^a-zA-Z]	匹配任何一个不是大小写英文字母的字符
[^1-9abc]	匹配 123456789abc 之外的任何一个字符
[1-9^abc]	匹配 123456789^abc 这几个字符中的一个[4]

9.2.7 简写符

在正则表达式的模式串中匹配任何一个十进制数字字符，可以用[0123456789]来表示，引入连字符后，可以用[0-9]来表示。[0-9]还不是最简洁的表示，这个模式串还可以写成“\d”，它的含义与[0123456789]和[0-9]完全一样，只不过书写形式更为简单。像“\d”这样的简写符还有几个，它们在形式上都是在“\”后跟一个特定的字符，主要用来描述十进制数字字符、单词字符和空白字符。所有的简写符有 6 个：

简写符	含义
\d	相当于[0123456789]和[0-9]
\D	相当于[^0123456789]、[^0-9]和[^\d]
\s	匹配任何一个空白字符（见 8.3.3 节）， 主要包括'\t'、'\n'、'\v'、'\f'、'\r'、'␣'、'□'[5]

① 这是网上流传的一个匹配单个汉字的正则表达式，虽然不能匹配所有汉字，但能匹配绝大多数常用汉字。

② 减号在选字符内部优先被解读成连字符，如果能被解释成连字符但又想让它作为普通字符使用，就需要写成元字符的形式“\-”。

③ 如果减号在选字符内部不能被解读成连字符，就被解释为普通字符，此时不需写成元字符的形式。减号后面没有字符，所以减号被解读为普通字符。

④ 这里的“^”不是脱字符，因为它不是选字符内部的第一个字符。

⑤ Python 正则表达式中的“\s”匹配换行符，但 EmEditor 的正则表达式中的“\s”不匹配换行符。

```
\S                    匹配任何一个非空白字符
\w                    匹配任何一个单词字符，包括字母、数字、下画线、汉字
\W                    匹配任何一个非单词字符
```

9.2.8 选串符

选字符可以在几个指定的字符之中任选其一进行匹配，如果想在几个指定的字符串中任选其一进行匹配，就需要用到选串符“|”。在正则表达式的模式串中，可以用“|”连接多个字符串，表示这多个字符串任选其一，只要原始串中出现这几个字符串中的一个，就算匹配成功。

```
模式串                含义
----------------------------------------------------
abc|123|甲乙丙        匹配字符串 abc、123、甲乙丙三者之一
color|colour          匹配 color 或者 colour
color|ur              匹配 color 或者 ur
```

注意，选串符的优先级比较低，比单词中字母与字母之间的空隙还要低，所以模式串“color|ur”不能表示 r 或者 ur 二选一的结果跟在字符串 colo 后这个意思，只表示字符串“color”和字符串“ur”二选一。如果想表示前者，需要写成“colo(r|ur)”，这里用到了分组符，分组符将在 9.2.10 节进行介绍。

9.2.9 定位符

正则表达式模式串中的定位符不匹配原始串中的任何字符，只在原始串中匹配位置。定位符有如下 4 种。

```
定位符                含义
------------------------------------------------------------
^                     匹配行首，也就是字符串的开头位置
$                     匹配行尾，也就是字符串结束位置
\b                    匹配单词边界
\B                    匹配非单词边界
```

设原始串为“This␣is␣his␣book.”，要在原始串中查找单词“is”，直接用模式串 is 去匹配，会得到 3 处匹配，显然，只有一处匹配是我们所希望的，另外两处匹配因为 is 是其他单词的一部分，所以我们不希望匹配到它们。为此，可以用模式串“\bis\b”，这样就能正确匹配到单词 is。例如：

```
>>> import re
>>> s = "This␣is␣his␣book."
>>> re.sub(r"\bis\b", r"哈哈", s)
'This 哈哈 his book.'
```

又如，在网络语言中，词语“所以”直接用在一句话开头的现象逐渐增多，如果想研究词语“所以”出现在行首的情况，在正则表达式查找时把模式串写成"^所以"，就可以避免匹配到词语“所以”前面有其他文字的情况。

9.2.10 分组符

正则表达式中的分组符是半角“()”，其功能是把分组符起止标志之间的字符串分为一组，组内的字符串作为一个整体对待。

模式串	含义
colo(r|ur)	等同于 color|colour，有没有分组符意思大不一样
col(o|ou)r	等同于 color|colour

如果将选串符放到分组符中，效果相当于强行改变了选串符的优先级。我们可以联想数学中或者 Python 中的算术表达式，可以用括号来改变运算符的优先级。

9.2.11 数量符

在正则表达式的模式串中可以用数量符来表示匹配某个字符或者某个分组的若干次重复，数量符必须放在单个字符或一个分组的后面。数量符有如下 4 种。

❖ +：前面的字符或分组重复一到多次

❖ *：前面的字符或分组重复零到多次

❖ ?：前面的字符或分组重复零到一次

❖ {m,n}：前面的字符或分组重复至少 m 次至多 n 次，m 必须小于等于 n

例如：

模式串	含义
A+	字符 A 重复一到多次构成的字符串
A*	字符 A 重复零到多次构成的字符
A?	字符 A 出现零次或一次，如“colou?r”
A{m,n}	字符 A 出现 m 到 n 次构成的字符串
A{m,}	字符 A 至少出现 m 次构成的字符串
A{k,k}	字符 A 恰好出现 k 次构成的字符串，可简写为 A{k}
(恭喜)+	字符串"恭喜"至少出现一次构成的字符串
恭喜+	可能的匹配串：恭喜、恭喜喜、恭喜喜喜……
a(bc)+d	可能的匹配串：abcd、abcbcd、abcbcbcd……
abc+d	可能的匹配串：abcd、abccd、abcccd……
a(b|c)+d	可能的匹配串：abd、acd、abbbd、abbcd……
因为.+所以	可能的匹配串：因为起晚了，所以、因为生病了，所以、……

9.2.12 非贪婪匹配标识符

正则表达式在进行模式串匹配的时候，默认按贪婪匹配模式执行，也就是说，它尽可能多地匹配原始串中的字符。如果要求尽可能少地匹配原始串中的字符，就需要在正则表达式的模式串中数量符的后加“?”符号，表示在原始串中按非贪婪匹配模式查找模式串。

下面的例子可以看出贪婪匹配模式和非贪婪匹配模式的区别。

原始串：　　老师："请用天真造句。"小明："今天真热。"

操作目标：　找出所有位于双引号内的对话文本。

模式串：　　".+"

```
>>> import re
>>> s = '老师: "请用天真造句。"小明: "今天真热。"'
>>> pt = r'".+"'
>>> re.findall(pt, s)
['"请用天真造句。"小明: "今天真热。"']
```

这里只找到一句话，显然不符合我们的要求，原因在于正则表达式默认执行贪婪匹配，如果将模式串指定为非贪婪匹配，就可以找到全部两个句子。例如：

```
>>> import re
>>> s = '老师: "请用天真造句。"小明: "今天真热。"'
>>> pt = r'".+?"'
>>> re.findall(pt, s)
['"请用天真造句。"', '"今天真热。"']
```

9.2.13 子表达式

分组符在分组的同时，组内的字符串若得到匹配，则该组对应的匹配串会作为子表达式存储起来备用。若有多个分组，则以分组开始的先后来确定子表达式的编号。

1. 子表达式的必要性

举一个查找例子来说明子表达式的必要性。

原始串：　　白白胖胖的小明高高兴兴地上学去了。

操作目标：　查找所有 AABB 形式的词语。

显然，原始串中的字符串"白白胖胖"和"高高兴兴"符合要求，怎么找出这样的结构呢？分析发现：第 2 个字符与第 1 个字符相同，第 4 个字符与第 3 个字符相同。但问题是，第 1 个字符和第 3 个字符是不确定的，需要临时匹配，这时子表达式就起作用了。

模式串：　　(.)\1(.)\2

匹配串：　　白白胖胖、高高兴兴

模式串匹配原始串中的字符串"白白胖胖"的时候，万能匹配符“.”匹配到字符'白'，因为万能匹配符在分组内，是第 1 个分组，所以它的匹配串'白'是第 1 个子表达式，模式串中的“\1”表示它需要匹配第 1 个子表达式，刚好原始串中也是'白'，于是“(.)\1”就匹配了字符串"白白"。同理，模式串中的“(.)\2”匹配到了原始串中的字符串"胖胖"，于是“(.)\1(.)\2”就匹配到了"白白胖胖"。匹配到第 1 个结果后，原始串还没匹配完，继续匹配，下一次“(.)\1(.)\2”匹配到了"高高兴兴"。

“\1”和“\2”是对子表达式的引用，不仅可以出现在模式串中，也可以出现在目标串中。例如：

原始串：　　白白胖胖的小明高高兴兴地上学去了。

模式串：　　(.)\1(.)\2

目标串：　　\1\2

结果串：　　白胖的小明高兴地上学去了。

原始串：　　老师："请用天真造句。"小明："今天真热。"

模式串：　　"(.+?)"

目标串：　　“\1”

结果串：　　老师：“请用天真造句。”小明：“今天真热。”

注意，子表达式的顺序是按照相应分组开始标志的位置确定的。例如：

原始串：　　白白胖胖的小明高高兴兴地上学去了。

模式串：　　((.)\2(.)\3)

目标串：　　\2\3

结果串：　　白胖的小明高兴地上学去了。

例中，模式串不能写为“((.)\1(.)\2)”，因为模式串中的第 1 个“(.)”是第 2 个分组，第 2 个“(.)”是第 3 个分组。第 1 个分组开始早但结束晚，第 1 个分组的匹配串是子表达式 1，它的匹配串是完整的 AABB 结构的词语。

2．禁止捕获子表达式

如果模式串中有分组，在模式串匹配成功的情况下，默认每个分组的匹配串都会被存储为一个子表达式。有时我们不得不用一对“()”将某些内容进行分组处理，但又不希望这个分组的匹配串被存储为子表达式，就可以使用禁止捕获标志。禁止捕获子表达式的方法是在分组的开始标志“(”后跟“?:”字符。例如：

原始串：　　小明今年 23 岁，身高 1.85 米。

模式串：　　\d+(\.\d+)?

匹配串：　　23、1.85

若模式串匹配到整数 23，则子表达式 1 会存储空字符串。若模式串匹配到带小数 1.85，则子表达式 1 会存储“.85”这个符号串。显然，我们关心的是整数 23 或者带小数 1.85 这样的数字整体，根本不关心子表达式是什么值。也就是说，我们只希望“(\.\d+)”起到一个分组的作用，而不希望它的匹配串存储为子表达式。这时就可以禁止该分组成为子表达式。

原始串：　　小明今年 23 岁，身高 1.85 米。

模式串：　　\d+(?:\.\d+)?

匹配串：　　23、1.85

虽然这个模式串的匹配结果与上面的模式串一样，但匹配成功后不产生任何子表达式。在 Python 中进行正则表达式替换的时候，还会提到这一点。

9.2.14　预查

有时我们希望要查询的模式串出现在特定的上下文中才算匹配成功，又不希望特定的上下文成为匹配串的一部分，这时就需要借助正则表达式的预查功能。

预查是指在模式串后面或前面出现特定标志才能匹配成功，但在匹配成功后，特定标志不出现在匹配串中。有些资料中出现“环视”或者“零宽断言”这样的术语，与预查是一个意思。

1．正向预查

正向预查是在指明模式串后面出现或不出现特定标志，特定标志需要放在分组中，且用“? =”或者“?!”来引导。例如：

```
模式串                    含义
-----------------------------------------------------------------
\d+(?=年)                 匹配一串数字，这串数字后必须紧接"年"这个字符串
\d+(?!年)                 匹配一串数字，这串数字后不能紧接"年"这个字符串
```

2．反向预查

反向预查是在指明模式串前面出现或不出现特定标志，特定标志需要放在分组中，且用“?<=”或者“?<!”来引导。例如，最近用“神兽”表示孩子，如果想在原始串中查询这个用法，直接查字符串"神兽"，可能查到"上古神兽"，这与小孩子没什么关系，所以我们希望查询前面不是“上古”俩字的“神兽”，这就用到反向预查。

```
模式串                    含义
-----------------------------------------------------------------
(?<=上古)神兽             匹配字符串"上古神兽"中的"神兽"
(?<!上古)神兽             匹配前不是"上古"俩字的字符串"神兽"
```

9.2.15 命名子表达式

默认情况下，模式串中的分组的匹配串会存储为按顺序编号的子表达式。Python 的正则表达式中允许为子表达式命名，格式如下。

命名格式：(?P<exprname>模式串)　为模式串匹配到的子表达式命名为 exprname
引用格式：(?P=exprname)　引用之前命名过的子表达式 exprname

命名子表达式适用于 Python 的正则表达式，但不适用于 EmEditor 中的正则表达式。命名子表达式的好处是可以直接从匹配结果中得到字典，后面会在 9.3.2 节提到。

9.3 在 Python 中使用正则表达式

介绍完正则表达式的语法后，大家可以找一些文本在 EmEditor 中进行正则表达式查找和替换练习，等感觉掌握得差不多了，就可以在 Python 中使用正则表达式了，有把握的话，无视 EmEditor，直接在 Python 中上手练习也可以。

在 Python 中使用正则表达式，首先要导入标准库 re，然后才能使用其中的正则表达式函数。正则表达式函数的主要功能是查找、匹配、分割与替换，8.3 节介绍的字符串方法中也有一些能实现类似的功能。为了方便掌握正则表达式，这里对一些字符串方法和正则表达式函数简单地进行对比，如表 9-3 所示。

表 9-3　字符串方法和正则表达式函数的功能对比

操作	字符串方法	正则表达式函数
查找	find, rfind, index, rindex	findall
匹配	startswith, endswith	match, search
分割	split	split
替换	replace	sub

下面分别介绍正则表达式的这些功能函数，并介绍其他辅助函数。

9.3.1 re.findall 函数

1. re.findall 函数功能

re 模块的 findall 函数的功能是从原始串中查找模式串的所有匹配串，返回一个字符串列表，若没有任何匹配，则返回空列表。

2. re.findall 函数格式

findall 函数的格式如下：

```
findall(pattern, string, flags=0)
```

其中，pattern 是模式串，string 是原始串，flags 可以设定正则表达式查找时的一些参数，如忽略字符串中英文字母的大小写，还有其他一些参数。前 2 个参数必选，第 3 个参数可选。

3. re.findall 使用示例

下面的例子是要查找句子中所有的单词 is。

```
>>> import re
>>> s = "This␣is␣his␣book, ␣and␣this␣book␣is␣red."
>>> re.findall("is", s)
['is', 'is', 'is', 'is', 'is']
```

明明句子中有两个 is 单词，结果却找到了 5 个 is。现在我们在模式串中加上单词边界，继续查找。

```
>>> re.findall("\bis\b", s)
[]
```

这次居然找不到 is 了。原因在于，上述模式串中的“\b”是字符串中的转义字符，不是正则表达式中的转义字符。为此需要将“\”写两次。当然，把模式串写成原始字符串是最方便的。现在写成原始字符串继续查找。

```
>>> re.findall(r"\bis\b", s)
['is', 'is']
```

查找成功。

4. re.findall 返回结果详解

例如，查找原始串中的所有数字串，先看一种简单的情况。

```
>>> import re
>>> s = "小明今年 23 岁，身高 185 厘米。"
>>> re.findall(r"\d+", s)
['23', '185']
```

这里的查找非常正确。但是，如果数字串中包含小数点，结果就不对了。

```
>>> import re
>>> s = "小明今年 23 岁，身高 1.85 米。"
>>> re.findall(r"\d+", s)
['23', '1', '85']
```

我们发现，“1.85”被拆开了，但它是一个完整的数字串，理应作为一个整体被查找到。尝试修改模式串。

```
>>> import re
>>> s = "小明今年 23 岁，身高 1.85 米。"
>>> re.findall(r"\d+\.\d+", s)
['1.85']
```

现在“1.85”作为一个整体被找到了，但“23”又丢了。应该把模式串修改成什么呢？把普通字符“.”后面加一个数量符行不行呢？

```
>>> import re
>>> s = "小明今年 23 岁，身高 1.85 米。"
>>> re.findall(r"\d+\.?\d+", s)
['23', '1.85']
```

对于这个例子是行了，但其他原始串中可能存在一位整数的情况，就又不对了。

```
>>> import re
>>> s = "小明今年 9 岁，身高 1.85 米。"
>>> re.findall(r"\d+\.?\d+", s)
['1.85']
```

我们猜想，小数点及后面的数字串如果作为一个整体设置成可有可无，也许能同时查找整数和小数了。按照这个猜想继续测试。

```
>>> import re
>>> s = "小明今年 23 岁，身高 1.85 米。"
>>> re.findall(r"\d+(\.\d+)?", s)
['', '.85']
```

这次更糟糕了，不但“23”没找到，而且“1.85”丢了整数部分。这个正则表达式在 EmEditor 中能查找到“23”和“1.85”这两个数字串。在 Python 中为何不行呢？

我们遇到了 findall 函数的一个大坑，初学者基本上都会中招。关于这个坑，这里不详细展开，感兴趣的读者可以参考“语和言”公众号的一篇文章《Python 的正则表达式搜索如何获取多行搜索结果》。这里直接给出 findall 函数在查找成功的前提下返回结果的规律总结。

① 若查找的模式串中没有子表达式，则返回整个模式串的所有匹配串组成的列表。

② 若查找的模式串中有子表达式，则只返回子表达式的匹配串，具体规律如下。

- 若模式串中只有一个子表达式，则返回该子表达式所有匹配串组成的列表。
- 若模式串中有多个子表达式，则模式串每一次匹配成功会得到多个子表达式的匹配串，这些匹配串组成元组，每次匹配成功都会得到一个元组，最终会返回多个元组组成的列表。

在上面的例子中，模式串只包含一个子表达式，所以只返回子表达式的匹配串，并没有返回整个模式串的匹配串。

如果我们在模式串中禁止分组的匹配串存储为子表达式，整个模式串不就没有子表达式了吗？按这个思路继续测试。

```
>>> import re
>>> s = "小明今年 23 岁，身高 1.85 米。"
>>> re.findall(r"\d+(?:\.\d+)?", s)
['23', '1.85']
```

本来在模式串中，“(\.\d+)”的匹配串要存储为子表达式，但“(?:\.\d+)”禁止这个分组的匹配串存储为子表达式，所以，模式串“\d+(?:\.\d+)?”就不再包含子表达式，从而 findall 函数可以返回模式串的所有匹配串。

一路分析一路修改，我们终于得到了 9.2.13 节提到的模式串。如果说当时不知道这个模式串是如何写出来的，这里经过逐步分析后，应该就能明白了。写正则表达式的模式串的过程就是一个试错的过程。

上面的这个例子也说明了，禁止捕获子表达式在有些情况下是非常有用的。

在正则表达式查找时，非贪婪匹配有时也是需要的，下面的例子比较简单，代码不再解释。

```
>>> import re
>>> s = '''老师说："请用天真造一个句子。"小明说："今天真热。"'''
>>> re.findall(r'".+"', s)
['"请用天真造一个句子。"小明说："今天真热。"']
>>> re.findall(r'".+?"', s)
['"请用天真造一个句子。"', '"今天真热。"']
```

5．re.findall 的 flags 参数

参数 flags 可以设定正则表达式查找和替换时的查找模式串的一些模式，常用的有 3 种模式：忽略大小写模式，真万能模式，多行模式。

（1）忽略大小写模式

默认情况下，Python 的正则表达式操作是区分英文字母大小写的。有时需要忽略大小写，对字符进行查找。如果采取忽略字母大小写模式，就需要将 flags 的参数值设置为 re.I 或者 re.IGNORECASE 两者之一（这两个参数值的含义完全一致）。

```
>>> import re
>>> s = "a\nAA\nAaA"
>>> re.findall(r"A+", s)
['AA', 'A', 'A']
>>> re.findall(r"A+", s, flags=re.I)
['a', 'AA', 'AaA']
>>> re.findall(r"(?i)A+", s)
['a', 'AA', 'AaA']
```

最后一个查找操作将“(?i)”标志直接写到了模式串开头，可以直接指定忽略大小写模式而不用设定参数 flags=re.I。不过这种写法比较小众，简单了解即可。

（2）真万能模式

默认情况下，Python 的正则表达式操作不允许万能匹配符匹配换行符，所以实际上是伪万能的，不过可以通过设置 flags 参数来改变这种情况，使得万能匹配符能匹配换行符。方法是将 flags 的参数值设置为 re.S 或 re.DOTALL 两者之一（这两个参数值的含义完全一致）。

```
>>> import re
>>> s = "a\nAA\nAaA"
>>> re.findall(r".+", s)
['a', 'AA', 'AaA']
>>> re.findall(r".+", s, flags=re.S)
['a\nAA\nAaA']
```

（3）多行模式

默认情况下，Python 的正则表达式是单行模式，也就是一个字符串只有一个行首和一个行尾，哪怕其中包含换行符也是这样。我们可以将单行模式更改为多行模式，在多行模式下，换行符后的位置被认为是行首，换行符前的位置被认为是行尾。设置多行模式的方法是将 flags

的参数值设置为re.M与re.MULTILINE两者之一（这两个参数值的含义完全一致）。

```
>>> import re
>>> s = "a\nAA\nAaA"
>>> re.findall(r"^.+$", s)
[]
>>> re.findall(r"^.+$", s, flags=re.M)
['a', 'AA', 'AaA']
```

flags参数还有其他类型的参数值，这3种模式的参数值是最为常用的。如果有必要，多种模式的参数值可以叠加起来使用，如flags= re.I+re.M，这里不再举例。

后面将要引入的其他正则表达式函数也有flags参数，都可以使用这里介绍的3种模式进行正则表达式操作。

9.3.2 re.match函数

1．re.match函数介绍

re模块的match函数功能是判断原始串开头部分的子串是否跟模式串相匹配，若匹配，则结果返回一个match对象，否则返回None。match函数的格式为

```
match(pattern, string, flags=0)
```

其中，pattern是模式串，string是原始串，flags可以设定正则表达式查找时的一些参数。前两个参数必选，第3个参数可选。例如：

```
>>> import re
>>> s = "12345张三"
>>> m1 = re.match(r"\D+", s)
>>> print(m1)
None
>>> m2 = re.match(r"\d+", s)
>>> print(m2)
<_sre.SRE_Match object; span=(0, 5), match='12345'>
```

在上述代码中，原始串是"12345张三"。模式串r"\D+"没能成功匹配原始串的开头部分，所以match函数返回None；模式串r"\d+"成功匹配到原始串开头的子串"12345"，匹配的结果返回一个match对象。

在匹配成功时，match函数可能匹配整个原始串，也可能只匹配原始串前部的某个子串。如果要求一定要匹配整个原始串，可以在模式串中加上定位符。例如：

```
>>> import re
>>> print(re.match(r"^\d+$", "12345张三"))
None
```

2．match对象方法介绍

下面介绍match对象的方法。

```
>>> import re
>>> pt = r"(\d+)(\D+)"
>>> m = re.match(pt, "12345张三")
```

上述代码能够匹配成功，下面介绍 match 对象的方法时列举的例子都是在这段代码运行结果的基础上运行的，如表 9-4 所示。

表 9-4 match 对象的方法

方 法	功 能	举 例
groups()	返回由所有子表达式匹配到的内容组成的元组	>>> m.groups() ('12345', '张三')

group(i)	返回第 i 个子表达式匹配到的内容
	i 为 0 表示返回整个模式串匹配到的整体结果
	i 为 0 时可省略不写
		>>> m.group(1)
		'12345'
		>>> m.group(2)
		'张三'
		>>> m.group(0)
		'12345 张三'
		>>> m.group()
		'12345 张三'

span(i)	返回 group(i)在原始串中的起始位置和结束位置的下一个位置组成的元组
	i 为 0 时可省略不写
		>>> m.span(1)
		(0, 5)
		>>> m.span(2)
		(5, 7)
		>>> m.span(0)
		(0, 7)
		>>> m.span()
		(0, 7)

start(i)	返回 group(i)的起始位置
	i 为 0 时可省略不写
		>>> m.start(1)
		0
		>>> m.start(2)
		5
		>>> m.start(0)
		0
		>>> m.start()
		0

end(i)	返回 group(i)的结束位置的下一个位置
	i 为 0 时可省略不写
		>>> m.end(1)
		5
		>>> m.end(2)
		7
		>>> m.end(0)
		7
		>>> m.end()
		7

groupdict()	返回所有命名子表达式匹配到的内容所构成的字典	

用命名子表达式去匹配正则表达式，如果匹配成功，m.groupdict()将得到一个字典。

```
>>> import re
>>> s = "12345 张三"
>>> pt = r"(?P<学号>\d+)(?P<姓名>\D+)"
>>> m = re.match(pt, s)
>>> m.groupdict()
{'学号': '12345', '姓名': '张三'}
```

后面将介绍的正则表达式函数 search 如果执行成功，其返回值也是一个 match 对象。

9.3.3 re.search 函数

re 模块的 search 函数功能是在原始串中查找跟模式串相匹配的文本，若查找成功，则结果返回一个 match 对象，否则返回 None。search 函数的格式如下：

```
search(pattern, string, flags=0)
```

其中，pattern 是模式串，string 是原始串，flags 可以设定正则表达式查找时的一些参数。前 2 个参数必选，第 3 个参数可选。

search 函数与 match 函数比较像，在函数执行成功后，它们都返回 match 对象，不同的是：match 函数只能从原始串的开头来匹配模式串，search 函数可以从原始串的任意位置来匹配模式串。例如：

```
>>> import re
>>> s = "三国人物多是单名双字：诸葛亮字孔明，关羽字云长，张飞字翼德。"
>>> pt = r"(\w*)(\w)字(\w+)"
>>> m = re.match(pt, s)
>>> print(m)
None
>>> m = re.search(pt, s)
>>> m
<_sre.SRE_Match object; span=(11, 17), match='诸葛亮字孔明'>
>>> m.groups()
('诸葛', '亮', '孔明')
```

9.3.4 re.split 函数

re 模块的 split 函数以指定模式串的匹配串为分割符将文本分割为多个字符串，返回一个字符串列表。若模式串无任何匹配串，则返回的字符串列表包含原始串作为唯一元素。

split 函数的格式如下。

```
split(pattern, string, maxsplit=0, flags=0)
```

其中，pattern 是模式串，string 是原始串，maxsplit 是最大分割次数，flags 可以设定正则表达式查找时的一些参数。前两个参数必须要有，后两个参数可以没有。例如：

```
>>> import re
>>> s = "This␣is␣his␣book."
>>> re.split(r"aaa", s)            # 用 aaa 去分割字符串 s，不成功
['This is his book.']
>>> re.split(r"\s+", s)            # 这里的\s 中的 s 是小写字母
['This', 'is', 'his', 'book.']
>>> re.split(r"\W+", s)            # 这里的 W 是大写字母
['This', 'is', 'his', 'book', '']
>>> re.split(r"\s+", s, maxsplit=2)
['This', 'is', 'his book.']
```

在功能上，re.split 与 str.split 很相似，都是把一个字符串分割成字符串列表。不过前者是按模式串的匹配串对字符串进行分割，因此用来分割的字符串是不确定的，而后者是按照确定的字符串对另一个字符串进行分割。有的时候，两者能达到相同的操作目的。

```
>>> import re
>>> s = "This␣is␣his␣book."
>>> re.split(r"\s+", s)            # 这里的\s 中的 s 是小写字母
['This', 'is', 'his', 'book.']
```

```
>>> s.split()
['This', 'is', 'his', 'book.']
```

9.3.5 re.sub 和 re.subn 函数

1．re.sub 函数介绍

re 模块的 sub 函数把原始串中与模式串相对应的那些匹配串替换为目标串，结果返回一个字符串对象，返回的字符串称为结果串。若模式串在原始串中无任何匹配串，则返回原始串。

sub 函数的格式如下。

```
sub(pattern, repl, string, count=0, flags=0)
```

其中，pattern 是模式串，repl 是目标串，string 是原始串，count 是替换次数，flags 可以设定正则表达式替换时的一些参数。前 3 个参数必选，后两个参数可选。例如：

```
>>> import re
>>> s = "This␣is␣his␣book."
>>> re.sub(r"is", r"**", s)
'Th**␣**␣h**␣book.'
>>> re.sub(r"is", r"**", s, count=2)
'Th**␣**␣his␣book.'
>>> re.sub(r"\bis\b", r"**", s)
'This␣**␣his␣book.'
```

2．re.subn 函数介绍

re.subn 函数与 re.sub 函数类似，替换功能相同，不同之处在于返回值：re.sub 的返回值是一个字符串对象，re.subn 的返回值是一个由字符串对象和替换次数构成的元组对象。

```
>>> import re
>>> s = "This␣is␣his␣book."
>>> re.sub(r"is", r"**", s)
'Th**␣**␣h**␣book.'
>>> re.subn(r"is", r"**", s)
('Th**␣**␣h**␣book.', 3)
```

9.3.6 re.escape 函数

re.escape 函数的作用是对字符串中除字母、数字和下画线之外的所有字符前统一加上“\”。例如：

```
>>> import re
>>> pt = "_abc123 甲乙丙?,."
>>> re.escape(pt)
'_abc123\\甲\\乙\\丙\\?\\,\\.'
```

正则表达式的模式串中，如果出现元字符作为普通字符使用的情况，需要在前面加“\”，当模式串中需要写太多的“\”时，可能不方便。借助 re.escape 函数的帮助，我们就不必在正则表达式的模式串中写太多的“\”。

虽然 re.escape 不问青红皂白给很多非元字符也加了“\”，但这并不妨碍模式串的正确性。在一些场合，re.escape 带来了很大的方便。比如，删除英文文本中的所有标点符号，将每个标点符号都替换为空格。我们也不知道文本中到底会有哪些标点符号，只能把所有可能的标点符号都写入模式串，采用 re.escape 即可，见 9.4 节的例 9-2 和例 9-3。

9.3.7 re.compile 函数

re.compile 函数的作用是编译正则表达式模式串，返回一个 pattern 对象。

```
pt = re.compile(pattern, flags=0)
```

其中，pattern 是模式串，flags 可以设定正则表达式查找时的一些参数，pattern 参数必须要有，flags 参数可以没有。

编译完毕，可以通过 pattern 对象来调用 re 模块的 findall、match、search、split、sub、subn 等函数。由于模式串和正则参数在编译的时候已经提供，因此在调用正则表达式函数时不能再写模式串和 flags 参数。re 模块的 6 个函数通过 pattern 对象调用的格式如表 9-5 所示（假设表中的 s 是原始串，p 是模式串，repl 是目标串，pt 是编译后的 pattern 对象，other 表示其他可选参数）。

表 9-5 通过 pattern 对象调用 re 函数的使用格式

re 函数	通过 re 对象调用	通过 pattern 对象调用
findall	re.findall(p, s, flags=0)	pt.findall(s, other)
match	re.match(p, s, flags=0)	pt.match(s, other)
search	re.search(p, s, flags=0)	pt.search(s, other)
split	re.split(p, s, maxsplit=0, flags=0)	pt.split(s, maxsplit=0, other)
sub	re.sub(p, repl, s, count=0, flags=0)	pt.sub(repl, s, count=0)
subn	re.subn(p, repl, s, count=0, flags=0)	pt.subn(repl, s, count=0)

re 函数的两种调用方法的对比例子如下。

```
>>> import re
>>> s = "a␣bb␣ccc␣dddd"
>>> re.findall(r"\w+", s)
['a', 'bb', 'ccc', 'dddd']
>>> pt = re.compile(r"\w+")
>>> pt.findall(s)
['a', 'bb', 'ccc', 'dddd']
```

其他 5 个函数的两种调用方法对比与此类似，这里不再赘述。初学者先掌握通过 re 对象来调用 re 函数即可，再回头看通过 pattern 对象调用 re 函数的方法。

对于 findall、match、search 这 3 个 re 函数来说，通过 pattern 对象调用它们比通过 re 对象调用它们能获得更强的功能，因为通过 pattern 对象调用可以指定模式串在原始串中匹配的起止位置，而通过 re 对象调用不能。

```
pt.findall(string=None, pos=0, endpos=9223372036854775807)
pt.match(string=None, pos=0, endpos=9223372036854775807)
pt.search(string=None, pos=0, endpos=9223372036854775807)
```

例如：

```
>>> import re
>>> s = "a bb ccc dddd"
>>> pt = re.compile(r"\w+")
>>> pt.findall(s, pos=3, endpos=8)
['b', 'cc']
```

9.4 综合举例

1．删除英文文本中的所有标点符号

要求删除英文文本中的所有标点符号，将每个标点符号都替换为空格。

【例 9-2】 删除英文文本中的所有标点符号。

```
import re
from string import punctuation
s = r"How are you? I'm fine. Thank you!"
pt = f"[{re.escape(punctuation)}]"
t = re.sub(pt, r" ", s)
print(t)
```

2．统计英文句子中的所有无重复单词——不含标点

8.4.2 节的例 8-8 中给出了统计英文句子中的所有无重复单词（不含标点）的方法，是用字符串操作函数实现的，这里再用正则表达式函数来实现该功能。

一个自然的想法是：首先仿照例 9-2 把英文句子中的每一个非字母字符替换为一个半角空格，然后用 8.4.2 节的例 8-7 的字符串分割方法来得到结果。

【例 9-3】 统计英文句子中的所有无重复单词——不含标点（二）。

```
import re
from string import punctuation
s = r"This is his book, and his book is red."
chars = re.escape(punctuation+"0123456789")
pt = f"[{chars}]"
s2 = re.sub(pt, r" ", s)
t = sorted(set(s2.split()))
print(t)
```

上述代码使用了 re 模块的 escape 函数和 sub 函数，把标点符号和数字进行转义，据此构造选字符模式串，再进行正则表达式替换，把句子中的标点符号和数字替换为半角空格，最后用字符串的 split 方法得到单词列表，用集合过滤掉重复单词，再对剩下的单词进行排序。

再看一种简单的办法。

【例 9-4】 统计英文句子中的所有无重复单词——不含标点（三）。

```
import re
s = "This is his book, and his book is red."
m = re.findall(r"[a-zA-Z]+", s)
t = sorted(set(m))
print(t)
```

上述代码使用了 re 模块的 findall 函数，直接从句子中查找所有的连续字母序列。

3．删除字符串两边的空白符和内部多余的空白符

在一些场合，我们需要将字符串两边的空白符删掉，并且将字符串内部的连续空白符压缩为一个空格，re 模块的 sub 函数可以完成这个任务。

```
>>> import re
>>> s = "␣␣张三␣李四␣␣王五␣␣␣赵六␣"
>>> re.sub(r"\s+", r"␣", s.strip())
'张三␣李四␣王五␣赵六'
```

re 模块的 split 函数也可以完成这个任务。

```
>>> import re
>>> s = "␣␣张三␣李四␣␣王五␣␣␣赵六␣"
>>> "␣".join(re.split(r"\s+", s.strip()))
'张三␣李四␣王五␣赵六'
```

就这个功能来说，我们可以不用正则表达式函数，只用字符串操作函数来完成。

```
>>> s = "␣␣张三␣李四␣␣王五␣␣␣赵六␣"
>>> "␣".join(s.split())
'张三␣李四␣王五␣赵六'
```

4．去掉英文句子中的重复单词

```
>>> import re
>>> s = "It's␣a␣very␣good␣good␣idea."
>>> t = re.sub(r"(\w+)\s+\1", r"\1", s)
>>> t
"It's␣a␣very␣good␣idea."
```

注意，目标串也得写成原始字符串的形式，否则就得把“\1”中的反斜线写两次，如果不这样，结果就会大不一样。

5．交换多行文本前后两列的顺序

假设一个文本文件中有如下形式的数据：

```
姓名␣学号
张三␣12345
李四␣12346
```

我们想把每一行的前后两列数据交换位置，使之变成了如下形式。

```
学号␣姓名
12345␣张三
12346␣李四
```

假定需要变换的数据保存在一个字符串 s 中，数据变换所需操作如下。

【例 9-5】 交换多行文本前后两列的顺序。

```
import re
s = """姓名␣学号
张三␣12345
李四␣12346"""
print(re.sub(r"(\S+)\s+(\S+)", r"\2␣\1", s))
```

6．逆转句子中单词的先后顺序

【例 9-6】 逆转句子中单词的先后顺序（一）。

```
import re
def f(s):
    t = re.split('\s+', s.strip())
    t.reverse()
    return '␣'.join(t)

if __name__ == "__main__":
    s = "This␣is␣a␣book."
    print(f(s))
```

我们也可以不使用正则表达式函数，只用字符串方法来实现。

【例 9-7】 逆转句子中单词的先后顺序（二）。

```
def f2(s):
    t = reversed(s.split())
    return '␣'.join(t)

if __name__ == "__main__":
    s = "This␣is␣a␣book."
    print(f2(s))
```

7．查找中文文本中的所有重叠词

在汉语中，像“亮晶晶”“红红火火”这样的词被称为重叠词。“亮晶晶”属于 ABB 形式的重叠词，“红红火火”属于 AABB 形式的重叠词。当然，汉语中还有其他形式的重叠词，这只是重叠词中的两类。下面以查找文本中 AABB 形式的重叠词为例介绍重叠词的提取方法。

首先考虑用 re.search 函数。

【例 9-8】 查找文本中 AABB 形式的重叠词（一）。

```
import re
s = r"让我把这纷扰看个清清楚楚明明白白真真切切"
pt = re.compile(r"(.)\1(.)\2")
index = 0
r = []
while True:
    m = pt.search(s, index)
    if m:
        r.append(m.group())
        index = m.end()
    else:
        break
print(r)
```

上面的代码在原始串中指定查找位置，反复查找模式串，每找到一个，就把匹配串保存到列表中，最终输出列表。上例中的代码稍复杂，下面用 re.findall 函数，更简洁。

【例 9-9】 查找文本中 AABB 形式的重叠词（二）。

```
import re
s = r"让我把这纷扰看个清清楚楚明明白白真真切切"
pt = r"((.)\2(.)\3)"    # 注意，模式串写成 r"((.)\1(.)\2)" 是不行的
m = re.findall(pt, s)
```

```
    r = [i[0] for i in m]
    print(r)
```

思 考 题

1．从公民身份号码中提取生日（二）。

已知我国的公民身份号码是 18 位编码，其中第 7～14 位这 8 位数字表示生日。请编写 Python 程序，从键盘输入合法的身份证号，从中获取生日并以特定的格式输出。输出格式为"×年×月×日"，其中×用具体的数字代替，且数字不能以 0 开头。例如，2021 年 1 月 1 日不能输出为 2021 年 01 月 01 日。要求用正则表达式操作实现。

2．判断广义回文字符串。

传说拿破仑被流放到厄尔巴岛时说过一句经典的话"Able was I ere I saw Elba."。这句话直译就是"在我看到厄尔巴岛之前，我曾所向无敌。"之所以说它经典是因为这句话的正过来倒过来读完全一样（当然需要忽略英文字母的大小写和句末标点）。还有一个类似的经典句子据说是亚当见到夏娃说的第一句话"Madam, I'm Adam."，这个句子在忽略大小写、标点符号和空格的前提下，顺读倒读都一样。这种在忽略英文字母大小写、标点符号和空格的前提下逆转后等于自身的字符串称为广义回文字符串。汉语中也有类似的广义回文字符串，传说乾隆皇帝微服私访到一家名叫天然居的客栈，出了一个上联："客上天然居，居然天上客。"纪晓岚对出了下联："人过大佛寺，寺佛大过人。"当然，汉语中也有借助谐音的广义回文，如"画上荷花和尚画"，这个判断起来就比较复杂，我们不予考虑。请编写 Python 程序，从键盘输入一个字符串，输出该字符串是否为广义回文字符串，是则输出 True，否则输出 False。

提示：用正则表达式从字符串中提取下画线之外的所有单词字符，再逆序后进行比对。

3．去掉分词文本中的词性标记。

有时候我们需要将文本进行分词和词性标注，例如：

　　原始文本：今天是个好日子。

　　分词文本：今天/t␣␣是/v␣␣个/q␣␣好日子/n␣␣。/w

假定某任务需要将分词文本中的斜线、词性标记和空白符去掉，以便还原成分词之前的原始文本。例如：

　　希望结果：今天是个好日子。

请编写 Python 程序，使用正则表达式函数实现上述任务。

4．去掉分词文本中的词语。

有时我们需要统计分词文本中的词性标记的频次，为此需要把分词结果中的词语和斜线去掉，只留下词性标记和空白符。

　　分词文本：今天/t␣␣是/v␣␣个/q␣␣好日子/n␣␣。/w

　　希望结果：t␣␣v␣␣q␣␣n␣␣w

请编写 Python 程序使用正则表达式函数实现上述任务。

5．将文本形式的联系人信息转换为字典。

假设文本中有如下形式的联系人信息（冒号可能是全半角混用的，5 行信息出现的先后顺序是任意的，且冒号左侧的联系人项目名可能会填错，如把学院写成单位之类的错误）：

学号：12345

姓名：张三

学院:人文学院

专业：汉语言

手机:12345678900

我们希望把这样的联系人信息转换成 Python 字典：

{'学号': '12345', '姓名': '张三', '学院': '人文学院', '专业': '汉语言', '手机': '12345678900'}

假设上述联系人信息已经保存在字符串中，请编写 Python 程序，使用正则表达式函数实现上述任务。注意，提取联系人信息时只提取学号、姓名、学院、专业、手机这 5 项信息，联系人项目写错的行不予提取。

第 10 章　文件读写

10.1　文件简介

本书说的文件特指计算机文件。在计算机系统中，文件是信息存储的基本单元，所有数据和信息都以文件的形式存储在计算机的磁盘中。

计算机文件对于我们的日常生活是非常重要的。我们上网浏览的网页、旅游拍的照片、做的 PPT、写的 Python 程序都是文件……对于 Python 学习者来说，会读写文件是一项基本的技能。

1．文件的分类

文件可以分为两类：文本文件和二进制文件。

文本文件存储的是 str 类型的字符串，其内容能够被直接阅读，能够被记事本或其他文本编辑器正常显示和编辑。我们在纸质媒介上看到的文字和数字及其他符号，都可以电子化之后存储为文本文件。

二进制文件存储的是 byte 类型的字节串，其内容不能被直接阅读，照片、音/视频、软件、数据库、各类 Office 文件等都属于二进制文件。如果用记事本或其他文本编辑器打开二进制文件，将显示乱码。一般情况下，不同格式的二进制文件都有专门的软件进行读取、显示、修改或执行。比如，PPT 文件需要用 Microsoft PowerPoint 或 WPS Office 软件来显示和编辑。

2．文件名及有关概念

文件的存储位置称为目录或文件夹。同一个目录下可以有很多文件，也可以有其他目录（目录下的目录称为子目录）。每个文件和目录都有名字，称为文件名和目录名，同一个目录下的文件名、目录名互不相同。文件名一般包括主文件名和扩展名这两部分，扩展名又叫后缀名，主文件名和扩展名之间用一个半角“.”隔开（半角句点本身属于扩展名的一部分）。Windows 允许文件没有扩展名，但主文件名必须有。

在 Python 中，要操作文件必须知道文件所在的目录和文件名。如果被操作的文件与操作该文件的 Python 程序在同一个目录下，多数时候可以省略目录直接使用文件名；如果被操作的文件与操作该文件的 Python 程序不在同一个目录下，应同时提供目录和文件名。

关于文件名和目录有关的一些概念及细节，请参考 11.1 节，本章专注于文件的读写。

3．Python 读写文件的步骤

在 Python 中，无论是读写文本文件，还是读写二进制文件，都可以分为 3 个步骤：① 打开文件并创建文件对象；② 通过文件对象读取数据或写入数据；③ 通过文件对象关闭文件。

Python 的内置函数 open 是用来读写文件的，前面介绍内置函数时在 3.4.1 节曾简单提到过。

10.2 内置函数 open

10.2.1 open 函数的参数介绍

open 函数的格式如下：

```
open(file, mode="r", buffering=-1, encoding=None, errors=None,\
     newline=None, closefd=True, opener=None)
```

file 参数指定了被打开的文件名称。

mode 参数指定了打开文件的方式：文本方式还是二进制方式，读方式还是写方式。

buffering 参数指定了读写文件的缓存模式，初学者可以忽略这个参数。

encoding 参数只适用于读写文本文件，参数值为 None 或字符串，指明用特定的编码来打开文本文件，如"ascii"、"gb2312"、"gbk"、"utf-8"、"cp936"、"gb18030"等。

errors 参数只适用于读写文本文件，参数值为 None 或字符串时，指明了编码出错时的处理方式：参数值为"strict"时，编码出错会抛出异常；参数值为"ignore"时，会忽略错误。注意，忽略编码错误可能导致数据丢失；该参数还有一些其他参数值。

newline 参数只适用于读写文本文件，参数值为 None 或字符串，指明了在输入输出数据时换行符的处理方式，newline 和后面的两个参数 closefd、opener 初学者可以忽略。

open 函数在打开文件后返回一个文件对象。

10.2.2 open 函数的 mode 参数详解

open 函数的 mode 参数包含 3 部分：读写方式、文件类型和附加标志，每个参数值的含义如表 10-1 所示。

表 10-1　内置函数 open 的 mode 参数说明

参数值		说　明
读写方式	r	以读方式打开文件，要求文件事先存在，如果文件不存在则抛出异常，这是默认方式，参数值 r 可省略
	w	以写方式打开文件，如果文件已存在，则打开文件时会清空原有内容
	x	以写方式打开文件，如果文件已存在，则抛出异常
	a	以追加方式打开文件，如果文件已存在，不清空原有内容，新写入的内容会放到原有内容后面
文件类型	t	以文本方式打开文件，这是默认方式，有读写方式时参数值 t 可省略
	b	以二进制方式打开文件
附加标志	+	打开文件之后允许读和写，该标志可有可无，非必须

用 open 函数打开文件的时候，4 种读写方式 r、w、x、a 必须且只能选择一个，2 种文件

类型 b 和 t 必须且只能选择一个，附加标志“+”是可选的，这样共有 4×2×2=16 种打开文件的方式。例如：

mode="rt"表示以读方式打开文本文件，若文件不存在则报错。

mode="rb"表示以读方式打开二进制文件，若文件不存在则报错。

mode="wt"表示以写方式打开文本文件，若文件存在则清空原有内容。

mode="at"表示以写方式打开文本文件，若文件存在，新写入内容会追加到原内容后。

mode="rt+"表示以读方式打开文本文件，若文件不存在，则报错，正确打开后，允许读和写。

mode="xt+"表示以写方式打开文本文件，若文件存在，则报错，正确打开后，允许读和写。

注意，读写方式的默认值为 r，文件类型的默认值为 t，默认值可以省略不写。例如，下面几个不同的写法表示同一个意思，都表示以读方式打开文本文件 test.txt。

```
open("test.txt", mode="rt")
open("test.txt", mode="r")
```

注意：mode 参数的值不能省略 r 只写 t，写成 mode="t"是不允许的。

mode 参数是 open 函数的第 2 个参数，所以可以把上面两个语句中的 mode 参数本身省去而只写参数值，也不改变语句的意思。

```
open("test.txt", "rt")
open("test.txt", "r")
```

当 r 也省略时，就可以不指定 mode 参数，语句意思依然与上面相同。

```
open("test.txt")
```

10.2.3 文件对象的方法

用 open 函数成功打开文件后，会返回一个文件对象，我们通过调用文件对象的各种方法对文件进行读写。文件对象的常用方法如表 10-2 所示。

表 10-2 文件对象的常用方法

方 法	说 明
close()	把缓冲区的内容写入文件，同时关闭文件，并释放文件对象
flush()	把缓冲区的内容写入文件，但不关闭文件
read(size=-1)	从文本文件中读取 size 个字符并把读取内容返回；或从二进制文件中读取 size 字节并把读取内容返回 若 size 为负数或者省略 size 参数，则表示读取所有内容
readline()	从文本文件中读取一行内容作为结果返回
readlines()	把文本文件中的每行文本作为一个字符串存入列表中，返回列表对象
seek(offset, whence=0)	把文件指针移动到新的位置，offset 表示相对于 whence 的偏移量，单位是字节。 whence=0，表示从文件开头作为移动的基准位置 Whence=1，表示从当前位置作为移动的基准位置，不适用于文本文件 Whence=2，表示从文件末尾作为移动的基准位置，此时 offset 应设为负值，不适用于文本文件
tell()	返回文件读写指针的当前位置
write(s)	把字符串 s 写入文本文件，不会在写入后自动添加换行符
writelines(s)	把字符串列表 s 中的每个元素顺次写入文本文件，不会在写入字符串列表的每个元素后自动添加换行符

初学者可暂时不关注 flush、seek 和 tell 这 3 个方法，其他方法在文件读写时较常用到。

10.3 文本文件的读写

在 Python 中，用 open 函数打开文本文件有 3 个比较重要的参数：文件名、打开方式和编码。为了专注于读写方法，本节内容将采取默认编码来打开文本文件，本书配套电子出版物 2.4 节将介绍不同编码的文本文件的读写方法。

10.3.1 从文本文件读取数据

一个文本文件的内容由一到多个文本行组成，通常每行文本以换行符、回车符或回车换行符结尾。关于换行符、回车符和回车换行符的区别和联系，见配套电子出版物 1.1.2 节。在 Windows 中创建的文本文件，文本行末是回车换行符'\r\n'，用 Python 读取到内存后，回车换行符会自动变成换行符'\n'。

读取文本文件内容大致有以下 5 种方式。

【例 10-1】 读取方式 1：一次读取文本文件的全部内容到字符串。

```
fpr = open("我的文件.txt", "rt")            # 打开文件
txt = fpr.read()                            # 读取文件全部内容
fpr.close()                                 # 关闭文件对象
print(txt)                                  # 输出读取到的内容
```

【例 10-2】 读取方式 2：一次读取文本文件的全部内容到字符串列表。

```
fpr = open("我的文件.txt", "rt")            # 打开文件
txtlist = fpr.readlines()                   # 读取文件全部内容
fpr.close()                                 # 关闭文件对象
print(txtlist)                              # 输出读取到的内容
```

方式 2 的读取结果特点如下。

① 文本文件有多少行，字符串列表就有多少个元素。

② 字符串列表的每个元素末尾都有换行符“\n”(最后一个元素末尾可能没有)。

③ 空行也会被读出来变成字符串列表的一个元素，该元素只包含字符“\n”。

【例 10-3】 读取方式 3：用 readline 方法逐行读取文本文件内容。

```
fpr = open("我的文件.txt", "rt")            # 打开文件
txt = ""                                    # 逐行读取文件全部内容
line = fpr.readline()
while line:
    txt += line
    line = fpr.readline()
print(txt)                                  # 输出读取到的内容
fpr.close()                                 # 关闭文件对象
```

上述代码可以用海象运算符来简化，简化方法见 3.3.2 节。

【例 10-4】 读取方式 4：通过遍历文件对象来逐行读取文本文件内容。

```
fpr = open("我的文件.txt", "rt")            # 打开文件
txt = ""                                    # 文件对象是一个可迭代对象，它的元素是文本行
for line in fpr:
    txt += line
print(txt)                                  # 输出读取到的内容
fpr.close()                                 # 关闭文件对象
```

【例 10-5】 读取方式 5：一行代码读取文本文件内容到字符串。

```
txt = open("我的文件.txt").read()
print(txt)
```

这里的代码省略了关闭文件的步骤。虽然读取文件时不关闭文件不会损失数据，但这不是一个好习惯。不过这里的读取代码确实很简洁。

这 5 种读取方法的优缺点对比如下。

方式 1 和方式 2 的特点是一次读取全部内容，读取速度快，但读取大文件可能内存不够。

方式 3 和方式 4 的特点是逐行读取文件内容，读取速度慢，但适合读取大文件。

方式 5 代码简洁，不够规范，读取速度快，但读取大文件可能内存不够。

10.3.2 将数据写入文本文件

1．用文件对象的 write 方法将字符串写入文本文件

【例 10-6】 用文件对象的 write 方法将字符串写入文本文件。

```
s = "春眠不觉晓，\n处处闻啼鸟。"
fpw = open(r"我的文件2.txt", "wt")              # 打开
fpw.write(s)                                    # 写入
fpw.close()                                     # 关闭
```

注意，文件对象的 write 方法只能写入字符串。

2．用文件对象的 writelines 方法将字符串列表写入文本文件

【例 10-7】 用文件对象的 writelines 方法将字符串列表写入文本文件。

```
slist = ["春眠不觉晓，", "处处闻啼鸟。"]
fpw = open(r"我的文件2.txt", "wt")              # 打开
slist = [e+"\n" for e in slist]                 # 加换行符
fpw.writelines(slist)                           # 写入
fpw.close()                                     # 关闭
```

文件对象的 writelines 方法只能写入字符串列表。需要说明的是，由于 writelines 方法不会为列表元素添加换行符，如果希望列表的每个元素在文件中各自占一行，就需要在写入前自行加上换行符。

字符串列表其实也可以用 write 方法写入文本文件，只需在写入前用字符串对象的 join 方法把字符串列表的各元素连接成一个字符串即可。

【例 10-8】 用文件对象的 write 方法将字符串列表写入文本文件。

```
slist = ["春眠不觉晓，", "处处闻啼鸟。"]
fpw = open(r"我的文件2.txt", "wt")              # 打开
fpw.write("\n".join(slist))                     # 加换行符且写入
fpw.close()                                     # 关闭
```

3．用 print 函数将数据写入文本文件

4.2.1 节介绍 print 函数的参数时曾提到，可以利用 print 函数的 file 参数将数据写入文件，方法就是将以写入方式打开的文件对象当作 file 参数的值。下面以写入文本文件为例来介绍这种写入文件的方法。

【例 10-9】 用 print 函数将数据写入文本文件。

```
alist = [123, "abc", [None, True]]
fpw = open(r"我的文件 2.txt", "wt")
for e in alist:
    print(e, file=fpw)
fpw.close()
```

用 print 函数写入数据到文件不局限于写入字符串和字符串列表，什么类型的数据都可以写入，有时比较方便。

需要强调的是，向文本文件中写入数据后，一定要及时关闭文件对象，否则可能丢失数据。

10.3.3 用上下文管理语句 with 来管理文本文件读写

我们读写文本文件时，往往会忘了关闭文件对象，读文件时忘了关闭问题还不大，但写文件时忘了关闭可能导致数据丢失。

with 语句可以避免忘记关闭文件对象可能带来的数据丢失问题，被称为上下文管理语句，可以自动管理程序的资源。如果把读写文件的语句放入 with 语句的语句块，一旦程序跳出 with 块，总能保证文件被正确关闭。

下面用两个例子来介绍如何用 with 语句来管理文本文件的读写。首先看读取文件的例子，前面例 10-1 的代码用 with 语句可以改写如下。

【例 10-10】 用 with 语句来管理文本文件的读取。

```
with open("我的文件.txt", "rt") as fpr:
    txt = fpr.read()
print(txt)
```

再看将数据写入文件的例子，例 10-6 的代码用 with 语句可以改写如下。

【例 10-11】 用 with 语句来管理文本文件的写入。

```
s = "春眠不觉晓，\n 处处闻啼鸟。"
with open(r"我的文件 2.txt", "wt") as fpw:
    fpw.write(s)
```

with 语句是一个复合语句，所在的行创建一个文件对象，下面的语句块相对 with 要缩进，可以包含一到多个文件读写语句。with 语句可以管理文件读写，我们就不必再考虑关闭文件对象这个操作。

10.4 JSON 文件的读写

JSON（JavaScript Object Notation）是 JavaScript 对象表示法，它是一种流行的数据交换格式。最初，JSON 是从 JavaScript 的数据类型中提取出来的子集，所以名字中带有 JavaScript 的印记。JSON 采用一种完全独立于编程语言的文本格式来表示和存储数据，所以 JSON 文件本质上是一种文本格式。

JSON 文件的数据都是字符串，有两种数据形式：键值对形式和数组形式。其中，键值对形式类似 Python 的字典，数组形式类似 Python 的列表。最外层是“[]”括起来的数组形式，数组内部包含一到多个用“{}”括起来的键值对形式。例如：

```
'[{"a":1, "b":2, "c":3}]'
```

读写 JSON 文件与读写文本文件没有什么不同，关键是在写之前和读之后用 json 标准库在 Python 的字典或列表同 JSON 字符串之间进行转换。

例如，有如下 4 个人的年龄数据保存在 Python 列表 person 中。

```
person = [("李逍遥", 19), ("赵灵儿", 16), ("林月如", 18), ("阿奴", 14)]
```

为了能用 JSON 格式存储，我们先用如下语句转换格式。

```
a = [dict(zip(["name", "age"], e)) for e in person]
```

转换的结果得到一个列表，列表的每个元素都是一个字典，每个字典都包含"name"和"age"这两个键组成的键值对。

```
[{'name': '李逍遥', 'age': 19}, {'name': '赵灵儿', 'age': 16}, {'name': '林月如', 'age': 18},
{'name': '阿奴', 'age': 14}]
```

我们可以用 json 标准库的 dumps 函数把上述数据转换为 JSON 格式的字符串。

```
>>> import json
>>> s = json.dumps(a)
>>> s
'[{"name": "\\u674e\\u900d\\u9065", "age": 19}, {"name": "\\u8d75\\u7075\\u513f", "age": 16},
{"name": "\\u6797\\u6708\\u5982", "age": 18}, {"name": "\\u963f\\u5974", "age": 14}]'
```

在 JSON 格式的字符串 s 中，汉字被转化成了相应的 Unicode 转义字符形式。

接下来，我们可以像普通的字符串写入文本文件那样把 s 写入 JSON 文件 a.json。

```
>>> with open("a.json", "wt") as fpw:
        fpw.write(s)
```

上述代码会生成一个 JSON 文件 a.json，内容如图 10-1 所示。

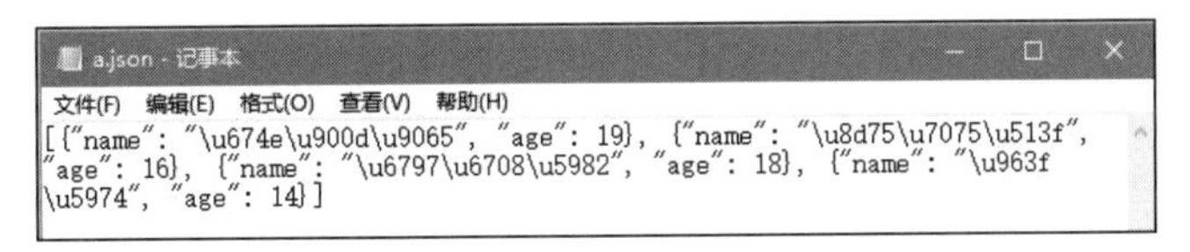

图 10-1　JSON 文件内容示例

若想读取图 10-1 中的 JSON 文件，则先用读取文本文件的方法读取到字符串，再用 json 标准库的 loads 函数将其转换成 Python 的数据类型。

```
>>> import json
>>> with open("a.json", "rt") as fpr:
        txt = fpr.read()
>>> txt
'[{"name": "\\u674e\\u900d\\u9065", "age": 19}, {"name": "\\u8d75\\u7075\\u513f", "age": 16},
{"name": "\\u6797\\u6708\\u5982", "age": 18}, {"name": "\\u963f\\u5974", "age": 14}]'
>>> b = json.loads(txt)
>>> b
[{'name': '李逍遥', 'age': 19}, {'name': '赵灵儿', 'age': 16}, {'name': '林月如', 'age': 18},
{'name': '阿奴', 'age': 14}]
```

10.5　CSV 文件的读写

CSV（Comma Separated Values，逗号分隔值）是一种流行的数据交换格式，Excel 表格和数据库导入或导出数据经常采用该格式。CSV 文件本质上是一种文本格式。一般情况下，CSV 文件包含的多行数据列数相同，各行数据的每列数据之间用半角“,”来分隔。

下面简单介绍 CSV 文件的读写。假设有如下 4 个人的年龄数据保存在 Python 列表 person 中。

```
person = [("李逍遥", 19), ("赵灵儿", 16), ("林月如", 18), ("阿奴", 14)]
```

我们可以用 csv 标准库的 writer 类把年龄数据写入 CSV 文件。

【例 10-12】 向 CSV 文件中写入数据（一）。

```
import csv
person = [("李逍遥", 19), ("赵灵儿", 16), ("林月如", 18), ("阿奴", 14)]
with open("a.csv", "wt", newline="") as fpw:
    writer = csv.writer(fpw)
    writer.writerows(person)
```

注意，打开 CSV 文件向其中写入数据时，需要给 open 函数加上参数 newline=""，否则 CSV 文件中会有多余空行①。

本例使用了 csv 标准库的 writer 类的 writerows 方法，可以一次写入多条数据记录。如果每次写入单条数据记录，可以用 writer 类的 writerow 方法。

【例 10-13】 向 CSV 文件中写入数据（二）。

```
import csv
person = [("李逍遥", 19), ("赵灵儿", 16), ("林月如", 18), ("阿奴", 14)]
with open("a.csv", "wt", newline="") as fpw:
    writer = csv.writer(fpw)
    for rec in person:
        writer.writerow(rec)
```

本例与例 10-12 生成的 CSV 文件内容一样，如图 10-2 所示。

a.csv - 记事本
文件(F) 编辑(E) 格式(O) 查看(V) 帮助(H)
李逍遥, 19
赵灵儿, 16
林月如, 18
阿奴, 14

图 10-2 CSV 文件内容示例（1）

一般情况下，CSV 文件中各行数据中的各部分之间用半角“,”分隔，若是某些字符串中有半角“,”，则生成的 CSV 文件会把带半角逗号的字符串用双引号给界定起来。比如把例 10-12 和例 10-13 中的"李逍遥"改成"逍遥,李"，则生成的 CSV 文件内容如图 10-3 所示。

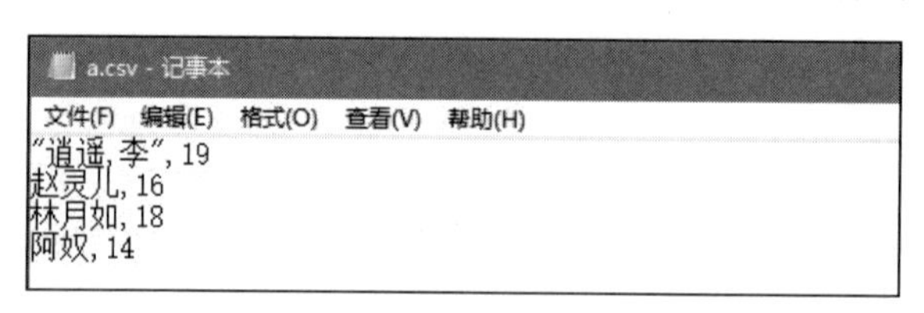

图 10-3 CSV 文件内容示例（2）

事实上，我们也可以不选择用半角“,”作为分割符，而改用其他字符，只需在初始化 csv

① 陆晓蕾，倪斌．Python 3：语料库技术与应用．厦门大学出版社，2021.

标准库的 writer 类的时候加 delimiter 参数即可。生成的 CSV 文件中，各行内容的各部分数据之间会用指定的分隔符来分隔。

【例 10-14】 向 CSV 文件中写入数据（三）。

```
import csv
person = [("逍遥,李", 19), ("赵灵儿", 16), ("林月如", 18), ("阿奴", 14)]
with open("a.csv", "wt", newline="") as fpw:
    writer = csv.writer(fpw, delimiter='/')
    writer.writerows(person)
```

本例生成的 CSV 文件内容如图 10-4 所示。

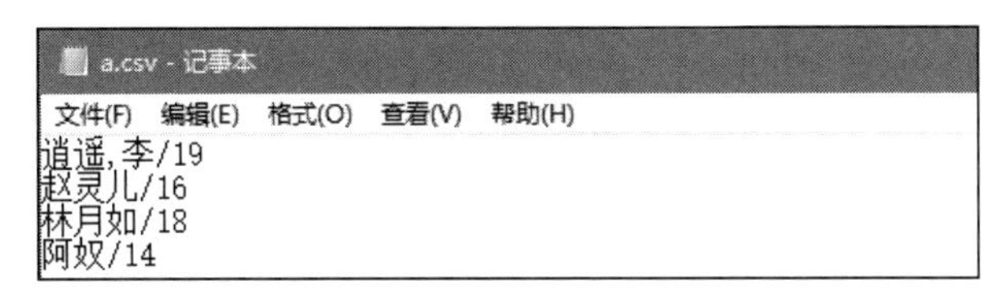

图 10-4 CSV 文件内容示例（3）

由于数据分隔符变成了“/”，字符串"逍遥,李"中的“,”不再与数据分隔符一样，它两边的双引号消失了。现在我们知道双引号的作用了，加“"”是为了避免 CSV 中的字符串数据中包含的字符被误解成数据分隔符而采取的措施，若不存在误解的可能，则双引号不用出现。

现在来读取图 10-4 给出的 CSV 文件，这需要用到 csv 标准库的 reader 类。

【例 10-15】 从 CSV 文件中读取数据（一）。

```
import csv
with open("a.csv") as fpr:
    reader = csv.reader(fpr, delimiter="/")
    for rec in reader:
        print(rec)
```

由于 csv 标准库的 reader 类也没有 readlines 方法和 readline 方法，我们只能逐行遍历。如果 CSV 文件中各列的数据分隔符是“,”，初始化 reader 对象时就不用加 delimiter 参数。本例的执行结果如下。

```
['逍遥,李', '19']
['赵灵儿', '16']
['林月如', '18']
['阿奴', '14']
```

读取的数据全是字符串，如果需要把年龄转成整数，就需要自行转换。

【例 10-16】 从 CSV 文件中读取数据（二）。

```
import csv
data = []
with open("a.csv") as fpr:
    reader = csv.reader(fpr, delimiter="/")
    data = [rec for rec in reader]
r = list(map(lambda e:(e[0], int(e[1])), data))
print(r)
```

其执行结果如下。

```
[('逍遥,李', 19), ('赵灵儿', 16), ('林月如', 18), ('阿奴', 14)]
```

10.6 二进制文件的读写

图片、音/视频、Word 文件等都是二进制文件，这些文件往往都有特定的软件来操作它们。如果要把自己的数据保存为二进制文件，就需要掌握用 Python 读写二进制文件的方法。使用二进制文件可以在一定程度上保护我们的数据。

在 Python 中读写二进制文件，open 函数的 mode 参数一定要包含"b"值，文件对象 read 方法读取文件得到的是字节串，write 方法也要写入字节串。为此，我们需要在字节串与其他类型的数据之间进行转换，Python 提供的 struct 标准库可以完成转换工作。

struct 标准库有两个主要的方法：pack 和 unpack，前者把其他数据类型转换为字节串类型，后者把字节串类型转换为其他数据类型。

【例 10-17】 用 struct 标准库读写二进制文件。

```
from struct import pack, unpack

# 将数据写入二进制文件
person = [("李逍遥", 19), ("赵灵儿", 16), ("林月如", 18), ("阿奴", 14)]
with open('pal.bin', 'wb') as fpw:
    for name, age in person:                      # 逐条写入记录
        b = pack("9s1b", name.encode(), age)      # 每条记录格式：9s1b
        fpw.write(b)

# 读取二进制文件，需要知道写入二进制文件时的记录格式，字符串的编码
recordlen = 10                                    # 每条记录占 10 字节
with open('pal.bin', 'rb')as fpr:
    b = fpr.read(recordlen)                       # 读取第一条记录
    while b:                                      # 逐条读取记录
        bname, age = unpack("9s1b", b)            # 按照格式 9s1b 解码一条记录
        name = bname.rstrip(b'\x00').decode()
        print(name, age)
        b = fpr.read(recordlen)
```

上例中，列表 a 有 4 条记录，写入二进制文件时，每条记录用 pack 函数转换为字节串后，占 10 字节，数据格式是 9s1b，文本编码为默认的 UTF-8。读取二进制文件时，按 10 字节一条记录，循环读取记录；读取每条记录得到的字节串用 unpack 函数按照 9s1b 的格式去解读，最终还原成姓名和年龄数据。

9s1b 格式表示，字节串的前 9 字节表示一个字符串对应的字节串，第 10 字节表示一个单字节整数。struct 标准库还有没有其他的格式呢，这些格式都是怎么规定的？这涉及 pack 和 unpack 函数的格式符等相关知识，限于篇幅，本书不作介绍。

思 考 题

1．将数字列表写入文本文件并读取出来（一）。

列表 a 中存放着 100 以内的所有素数，请将这些素数按顺序写入文本文件 data.txt（每个数字占一行），并将数据读取出来显示到屏幕上（显示时每两个数字之间用半角空格隔开）。

2．将数字列表写入文本文件并读取出来（二）。

列表 a 中存放着 100 以内的所有素数，请将这些素数按顺序写入文本文件 data.txt（每两个数字之间用半角空格隔开），并将数据读取出来显示到屏幕上（显示时每两个数字之间用半角空格隔开）。

3．将数字列表写入二进制文件并读取出来。

列表 a 中存放着 100 以内的所有素数，请将这些素数按顺序写入二进制文件 data.bin，然后将这些数据读取出来显示到屏幕上（显示数字时每两个数字之间用半角空格隔开）。

4．学生成绩排序（一）。

文本文件 test.txt 中存放着一些学生的成绩，这些成绩都是整数，每个一行，请将它们降序排列后，写入另一个文件 result.txt，每个成绩占一行。

5．学生成绩排序（二）。

文本文件 test.txt 中存放着一些学生的学号、姓名和成绩，学号姓名和成绩之间用制表符分隔，每个学生的成绩信息占一行，数据示例如图 10-5 所示。

1→	张三→	89↲
2→	李四→	65↲
3→	王五→	93↲
4→	赵六→	96↲

图 10-5　习题 5 图

请将学生的成绩信息按成绩降序排列后写入另一个文件 result.txt，保存格式同原成绩文件格式。若成绩相同，则输出的先后顺序按学号升序排列。

6．在文本文件中查找指定字符串。

设文本文件 test.txt 的编码是 UTF-8，请把该文件中所有包含"打工人"字符串的行提取出来，存入另一个文本文件 out.txt，文件编码采用 GB18030 编码。

7．按文件的修改时间对文件名进行排序。

目录 test 下有若干文件，请按文件的修改时间对目录下的文件名进行排序，最新修改的文件排前面。

第 11 章　目录与文件操作

在 Python 中，文件读写之外的文件和目录操作是靠 os、os.path、shutil 等标准库来完成的。本章先介绍各标准库的常用属性和方法，然后给出常用操作的代码实现，最后给出一些综合应用实例。

11.1　文件和目录

11.1.1　驱动器

在文件目录操作中，有时会遇到驱动器这个概念。在操作系统中，驱动器是磁盘驱动器的简称。磁盘驱动器是用磁盘来保存数据信息的存储装置，磁盘驱动器读取磁盘中的数据，传递给计算机的处理器，并且接收处理器传输的数据，存储在磁盘上。现在的数据存储介质，除了磁盘，还有光盘、闪存盘等，常用的 U 盘就是闪存盘的一种。读写光盘数据的装置称为光盘驱动器，简称光驱。一块物理硬盘可能被分成几个逻辑区域，分别用 C、D、E 等名称命名，通常称为 C 盘、D 盘、E 盘……也称为驱动器 C、驱动器 D、驱动器 E……一个光盘驱动器也会被操作系统分配一个盘符。闪存盘有时也会像硬盘一样分成多个逻辑区域，每个逻辑区域都对应一个盘符。

在目录和文件操作中，每个盘符对应的逻辑存储区域被称为一个驱动器。

11.1.2　目录、文件夹、路径

驱动器中可以存放各种文件，为了便于归类存放具有相关性的若干文件，还可以把这些文件放入一个目录，目录下还可以有子目录。每个目录或子目录下可以有零到多个文件。

在 Windows 中，每个盘符后的“:\”表示某驱动器的根目录。例如，“C:\”或者“c:\”表示驱动器 C 的根目录。

表示根目录下的子目录或者更深层次的子目录时，各级目录之间用“\”分开，如 C:\Windows\system32 或者 C:\Windows\system32\。

要描述一个文件的位置需要从盘符开始，逐级写出它所在的各级目录，最后写上它自己的文件名，在盘符（需加“:”）与目录之间、各级目录之间及目录与文件名之间用“\”隔开。例如，Windows 的记事本软件在 Windows 7 和 Windows 10 操作系统中的位置为“C:\Windows\

system32\notepad.exe”。

在 Python 的字符串中，“\”是转义字符，它作为目录分隔符时是普通字符，需要写成“\\”，为了避免写“\\”斜线带来的麻烦，通常用原始字符串来表示目录。这样，Windows 记事本的位置就可以表示为 r"C:\Windows\system32\notepad.exe"，它所在的目录就可以表示为 r"C:\Windows\system32"或者 r"C:\Windows\system32\\"。

特别强调，如果字符串的最后一个字符是“\”，即便是在原始字符串中，最后的“\”也必须写成“\\”。例如，C 盘根目录，不管用不用原始字符串表示，其中的“\”都得写两次。

```
"c:\\"
r"c:\\"
```

目录也被称为文件夹，本书一律称为目录。在文件和目录操作中有很多处理方法对目录和文件是一样的，被处理的对象在不区分文件和目录的时候，统一称为路径，有时候更方便处理。

注意，Windows 操作系统不区分路径名的大小写，认为“d:\a.txt”与“D:\A.TXT”是同一个文件。

11.1.3 目录名和文件名的命名规范

有些字符在操作系统命令中有特殊含义，不能用作目录名和文件名。经测试，在 Windows 操作系统中，Unicode 代码小于 128 的所有可显示字符中，如下 9 个字符是禁用字符。

```
" * / : < > ? \ |
```

除了上述 9 个禁用字符，所有可显示的半角字符（含空格）和汉字都可以充当目录名和文件名中的字符。

在早期的 DOS 操作系统下，主文件名最多 8 个字符，扩展名最多 3 个字符，但后来取消了这种限制，后来的 Windows 操作系统也不存在这种限制，但一个文件名连同目录在内总长度是有限制的，Windows 7 是 259 个字符。

一般情况下，不包含路径的文件名分为主文件名和扩展名两部分。主文件名和扩展名中间用“.”隔开，少数文件只有主文件名没有扩展名。

文件的扩展名一般表示文件的类型，如.txt 表示文本文件，.doc 和.docx 表示 Word 文件等。不过这样的扩展名写法只是一种习惯，并不是必须遵守的，完全可以把一个文本文件的扩展名改成“.doc”，这是完全合法的，但很少这么做。

另外，由于文件名和目录名的命名规则完全一样，因此一个目录名也可以包含“.”，看起来像是一个由主文件名和扩展名组成的文件名。还有些文件不带扩展名，看起来像是一个目录名。这都是合法的，尽管很少这么使用。

需要强调的是，在同一个目录下不允许有相同名称的多个子目录，不允许有相同名称的多个文件，也不允许文件和子目录同名。

11.1.4 当前目录

在操作系统中有“当前目录”这个说法，在 2.2.3 节中简单提到过。当前目录为写操作系统命令带来了方便，如果把操作系统的当前目录设置到某个目录，再操作该目录下的文件的时候，就不需要指定文件所在的目录。

如果我们创建一个文件，不指定文件所在的目录，操作系统会在当前驱动器的当前目录下创建该文件。

在 Python 程序中，可以获取和设置当前目录，具体方法见 11.2.2 节的获取和设置当前目录那部分的内容。

11.1.5 环境变量

有了当前目录后，寻找当前目录下的文件就不需指定位置。有时，不在当前目录下的一些文件被频繁用到，每次指定文件的位置也非常不方便。比如安装了某软件后，需要频繁启动该软件，每次都指定它所在的路径或者把它所在的路径设置成当前目录很不方便。在 Windows 操作系统中，可以设定环境变量 Path 来告诉操作系统，搜索一个应用程序（扩展名为“.exe”）的时候，如果在当前目录下找不到，还可以去哪些目录下查找。

当我们把一个应用程序所在的路径加入环境变量 Path 后，在命令行窗口中运行该应用程序就简单多了，直接输入它的名字即可。

在 Windows 7 和 Windows 10 操作系统中，环境变量分为系统变量和用户变量。系统变量对所有使用计算机的用户有效，用户变量只针对当前用户有效。对于环境变量 Path 来说，它对应的系统变量叫 Path，用户变量叫 PATH，这两个环境变量的功能是一样的。

比如，Windows 的记事本软件所在的目录 C:\Windows\system32 已经被 Windows 7 放入系统变量 Path，所以，用记事本软件打开文件 D:\test\a.txt 时，可以直接使用如下命令：

```
notepad.exe  D:\test\a.txt
```

哪怕 notepad.exe 不在当前目录下，操作系统还是能够找到它，会启动它并打开指定的文本文件，其中的原因就是环境变量 Path 在起作用。

同样，把 python.exe 加入环境变量 Path 的目的就是在使用 python.exe 运行 Python 代码时，不需要指定 python.exe 所在的目录。

关于环境变量的设置方法，请参考附录 A。

11.1.6 绝对路径和相对路径

在操作系统中，指定一个文件可以用绝对路径来表示，也可以用相对路径来表示。绝对路径是从驱动器盘符或者“\”开始一直到最后一级目录名或者文件名的完整表示。例如：

```
C:\Windows\system32\notepad.exe
D:\test\a.txt
\test\a.txt
```

若省略驱动器盘符，则操作系统找文件时自动补全为当前驱动器的盘符。

相对目录是相对于当前目录而言的一种便捷表示方法，不以驱动器盘符或“\”开头。假设当前目录是 D 盘根目录，用记事本软件打开 D:\test\a.txt，就可以用如下命令：

```
D:\>notepad.exe test\a.txt
```

在上述命令中，test\a.txt 的意思是在当前目录（即 D:\）下有个子目录叫 test，这个子目录下有一个文件叫 a.txt，希望操作系统打开这个文件。

在相对目录中，“.”表示当前目录，“..”表示当前目录的父目录。例如，假设当前目录是 D:\test\sub，可以用如下命令来打开 D:\test\a.txt：

```
D:\test\sub>notepad.exe ..\a.txt
```

在上述命令中，“..\a.txt”表示在当前目录（即 D:\test\sub）的父目录（即 D:\test）中有个文件叫 a.txt，我们希望打开这个文件。

相对目录可以更方便地表示文件的位置。

11.1.7 可执行程序和应用程序

早期的 DOS 系统可执行程序有 3 种：它们的扩展名、优先级和命令类型如表 11-1 所示。

表 11-1 DOS 操作系统中的 3 种可执行程序

优先级	可执行程序类型	命令类型	文件扩展名
1	COM	内部命令	*.com
2	EXE	外部命令	*.exe
3	BAT	批处理命令	*.bat

每种可执行程序其实都是一个保存在磁盘上的文件。在 Windows 操作系统中，常见的可执行程序以 EXE 居多，常被称为应用程序。要想执行某一个应用程序，需要指定它的位置，如果该应用程序所在的目录已经被加入环境变量 Path，就可以直接指定它的名字来运行它。运行应用程序时，可以只写主文件名而不写扩展名。比如，用记事本程序打开 D:\test\a.txt，就可以用如下命令：

```
D:\test>notepad a.txt
```

如果运行命令时发生冲突，如 a.com、a.exe 和 a.bat 同时存在于同一个目录，运行命令 a 的时候，到底运行谁呢？

操作系统会按优先级先后顺序查找文件，即按照 COM、EXE、BAT 的优先顺序查找，一旦查找到某类型的文件，就不再查找其他类型的文件，都找不到就会报错。比如，用记事本程序打开 D:\test\a.txt，不小心输入了如下命令：

```
D:\test>noteped a.txt
```

这里的 noteped 是 notepad 的误拼，操作系统认为 noteped 是一个应用程序，在当前目录下和环境变量 Path 指定的目录下查找 noteped.com，没找到，再找 noteped.exe，也没找到，最后找 noteped.bat，还是没找到。操作系统就会报告错误：

'noteped' 不是内部或外部命令，也不是可运行的程序或批处理文件。

在命令行窗口中，一旦发生类似上面的提示，就说明我们试图运行一个并不存在的应用程序。

11.1.8 默认应用程序

在 Windows 操作系统中，打开某类文件往往需要特定的应用程序，如文本文件用记事本打开，图片文件用 Windows 照片查看器打开。

判断一个文件是哪一种类型，Windows 采取了最简单的做法，根据文件的扩展名来判断。比如，扩展名是“.txt”的文件归入文本文件，扩展名是“.jpg”的文件归入图片文件，扩展名是“.doc”和“.docx”的文件归入 Word 文件等。

Windows 系统一般会自动为它所认识的每类文件关联一个默认的应用程序来打开该类文件。比如，在 Windows 中双击一个扩展名是“.txt”的文本文件，会自动调用记事本软件来打开这个文本文件，双击一个扩展名是“.htm”的 HTML 文件，会自动调用浏览器来打开这个 HTML 文件。

在 Windows 中，不同扩展名的文件图标不一样，相同扩展名的文件图标一样，图标一样的文件，双击后都会用同一个应用程序打开。这就是 Windows 操作系统会根据文件的扩展名自动对文件进行分类并且自动为每类文件关联应用程序的结果。

在 Windows 中，每类文件关联的默认应用程序是可以修改的。比如，希望文本文件默认用 EmEditor 软件打开，安装 EmEditor 后，在任何一个文本文件的图标上单击鼠标右键，选择快捷菜单“打开方式”的子菜单“选择默认应用程序”，然后选择应用程序 EmEditor，并且勾选“始终用选择的程序打开这种文件”，以后双击文本文件，就会用 EmEditor 而不是记事本来打开该文件。

有了这些基础知识后，我们就可以在 Python 中调用有关的标准库或扩展库来进行目录和文件相关的一些操作。

11.2 文件目录操作的有关标准库介绍

Python 用于文件目录操作的标准库有不少，常用的有 5 个：os.path、os、shutil、glob、stat。其实，os 是一个模块，os.path 是 os 的子模块，但它经常用，本书把它提到与 os 并列的地位，统称为标准库，本书主要介绍前 3 个。

11.2.1 os.path 标准库介绍

1. os.path 标准库的常用函数

使用 os.path 标准库可以操作文件名与目录名的分割与合并，判断文件和目录是否存在，在绝对路径和相对路径之间转换，还可以获取文件的时间属性，该标准库的常用函数按字典顺序排列如表 11-2 所示。

表 11-2 os.path 标准库的常用函数

函 数	功 能 说 明
abspath	返回给定路径的绝对路径
basename	返回给定路径的最后一个目录分隔符之后的部分，通常用来从文件的全路径名中剥离目录部分提取文件名
commonpath	返回给定的多个路径的最长公共路径
commonprefix	返回给定的多个路径的最长公共前缀①
dirname	返回给定路径的目录部分，如果返回的不是驱动器的根目录，则结尾没有目录分隔符
exists	判断文件或目录是否存在
getatime	返回文件的最后访问时间
getctime	返回文件的创建时间
getmtime	返回文件的最后修改时间
getsize	返回文件的大小

① 实际上这个函数与目录和文件一点关系都没有，其功能仅仅是求若干字符串的最长公共前缀。

续表

函数	功能说明
isabs	判断一个路径是否为绝对路径
isdir	判断一个路径是否为目录
isfile	判断一个路径是否为文件
join	连接两个或多个路径成分
realpath	返回给定路径的绝对路径，在 Windows 下，功能与 abspath 几乎完全相同
relpath	返回给定路径的相对路径，不能跨越驱动器，若文件所在驱动器跟当前目录所在驱动器不一致，则报错
samefile	测试两个路径是否引用同一个文件，若文件不存在，则报错
split	以路径中的最后一个“\”为分隔符把路径分隔成两部分，返回元组，一般用来把文件的全路径名分成目录和文件名两部分
splitdrive	从路径中分隔驱动器的名称，返回元组，分离出的驱动器盘符带“:”，另一部分以目录分隔符开头
splitext	从路径中分隔文件的扩展名，返回元组，分离出来的扩展名带点“.”

2. os.path 标准库应用示例

（1）获取当前 Python 程序文件所在目录的绝对路径名。

Python 有一个内置变量__file__，可以获取当前 Python 代码文件的名称。在 IDLE 的交互式窗口中，__file__没有定义。但在 Python 代码运行的时候，__file__的值就是当前 Python 代码文件的名称，不过有的时候能获取全路径名，有的时候却只能得到不带路径的文件名。用 os.path 标准库的 abspath 函数配合内置变量__file__是获取当前 Python 代码文件的全路径名的完美方法。配合 os.path 标准库的 dirname 函数即可得到 Python 程序文件所在目录的绝对路径名。

【例 11-1】 获取当前 Python 程序文件所在目录的绝对路径名。

```
from os.path import abspath, dirname
scriptpath = dirname(abspath(__file__))
print(scriptpath)
```

（2）判断文件或目录是否存在。

一个路径可能表示一个已经存在的文件名，也可能表示一个已经存在的目录名，也可能不表示任何已经存在的文件或目录。

关于路径存在性判断，os.path 标准库提供了 4 个函数：exists、isabs、isfile 和 isdir。它们各自的功能在表 11-2 中已经说明，这里举例说明它们的用法。

```
>>> from os.path import basename, dirname, exists, isabs, isdir, isfile
>>> p = r"C:\Users\dyjxx\Desktop\tmp\test.txt"
>>> exists(p)
True
>>> isfile(p)
True
>>> isdir(p)
False
>>> isdir(dirname(p))
True
>>> isabs(basename(p))
False
```

（3）拼接路径。

os.path 标准库的 join 函数可以把两个或两个以上的路径用路径分隔符合并成一个长的路

径。如果第 1 个参数是绝对路径，就可以拼接成文件的全路径名。

【例 11-2】 拼接全路径名。

```
from os.path import join
p, sub, fn = r"d:\test", "a", "test.txt"
fullname = join(p, sub, fn)
print(fullname)
```

（4）分割路径。

标准库 os.path 提供了 3 个分割路径的函数：split、splitdrive 和 splitext，这 3 个方法拆分路径的时候不管路径是否真实存在，只管按照固定的形式拆分字符串，拆分的结果都是二元组。假定有一个路径

```
p = r"C:\Users\dyjxx\Desktop\test.txt"
```

那么三者的拆分效果如下。

```
>>> from os.path import split, splitdrive, splitext
>>> p = r"C:\Users\dyjxx\Desktop\test.txt"
>>> split(p)
('C:\\Users\\dyjxx\\Desktop', 'test.txt')
>>> splitdrive(p)
('C:', '\\Users\\dyjxx\\Desktop\\test.txt')
>>> splitext(p)
('C:\\Users\\dyjxx\\Desktop\\test', '.txt')
```

根据上面的结果，我们可以用表达式 splitext(p)[-1]来获取文件的扩展名。

（5）获取路径的一部分。

有时我们只希望获取路径的一部分但不希望分割路径，os.path 标准库有两个函数 basename 和 dirname 可以做这项工作。前者的功能是获取路径中的最后一级路径的名称，后者的功能是获取去掉最后一级路径之后得到的路径。对于一个全路径文件名来说，前者获取的是文件所在的目录，后者获取文件名。

```
>>> from os.path import basename, dirname
>>> p = r"C:\Users\dyjxx\Desktop\test.txt"
>>> basename(p)
'test.txt'
>>> dirname(p)
'C:\\Users\\dyjxx\\Desktop'
```

（6）获取文件的时间属性。

文件的时间属性有 3 个：创建时间、修改时间和访问时间。创建时间是文件第一次出现的时间，修改时间是最后一次更改其内容的时间，访问时间理论上应该是最后一次打开文件查看其内容的时间。

os.path 标准库提供了 3 个函数来获取这 3 个时间属性：getctime、getmtime 和 getatime。现在我们在计算机桌面上新建一个文本文件 C:\Users\dyjxx\Desktop\test.txt，来获取该文件的 3 个时间属性。

```
>>> from os.path import getatime, getctime, getmtime
>>> fn = r"C:\Users\dyjxx\Desktop\test.txt"
>>> getctime(fn)
1575687353.7245278
```

```
>>> getmtime(fn)
1575687353.7245278
>>> getatime(fn)
1575687353.7245278
```

这 3 个函数的返回值都是浮点数，表示从 1970 年 1 月 1 日到那个时间点为止经过的秒数，这样的浮点数被称为时间戳。显然，时间戳数值小的对应的时间点在前。

时间戳形式的秒数对用户来说不太容易理解，我们总希望用“年”“月”“日”时“分”“秒”的形式来感受时间。如何从时间戳得到“年”“月”“日”时“分”“秒”字符串呢？本书将在第 12.11 节进行介绍。

（7）获取文件的大小

文件的大小是指文件内容在磁盘上存储时所占的字节数，文件大小可以用 os.path 标准库的 getsize 函数来获取，得到一个整数，表示文件内容所占的字节数。

```
>>> from os.path import getsize
>>> fn = r"C:\Users\dyjxx\Desktop\test.txt"
>>> getsize(fn)
3
```

需要注意的是，在 Python 中，由一个换行符“\n”构成的字符串"\n"的长度为 1，在 Windows 操作系统中把它写入文本文件，再获取该文本文件的大小，发现居然是 2 字节。这是为什么呢？

当把内存中的换行符'\n'写入文本文件时，Windows 操作系统会自动把内存中的换行符'\n'保存为回车符'\r'+换行符'\n'这两个字符；当用 Python 代码打开文本文件，将内容读取到内存的时候，操作系统会自动把文件中的回车符+换行符转换为内存中的换行符'\n'。这就解释了写入 1 字节的换行符'\n'得到 2 字节的文本文件这种现象。

使用其他操作系统的读者可能会问这个问题：在 Linux 系统和 Mac 系统下写入文本文件也是这样的吗？答案是否定的，参见配套电子出版物 1.1.2 节。

11.2.2 os 标准库介绍

使用 os 标准库可以让 Python 使用操作系统提供的各种服务，下面介绍 os 标准库与文件及目录操作相关的常量和函数。

1. os 标准库与文件及目录有关的常用模块变量

os 标准库与文件及目录有关的常用模块变量有 3 个，它们的名称和功能说明如表 11-3 所示。

表 11-3 os 标准库与文件及目录有关的常用模块变量

变 量	功能说明
curdir	该模块变量的值是一个表示当前目录的字符串
name	该模块变量的值是一个表示当前操作系统类型的字符串
sep	该模块变量的值是一个表示目录分隔符的字符

（1）os.curdir

模块变量 os.curdir 的值表示当前目录的字符串。

```
>>> import os
```

```
>>> os.curdir
'.'
```

配合 os.path 标准库的 abspath 函数可以得到当前目录的绝对路径。

```
>>> import os
>>> os.path.abspath(os.curdir)
'C:\\Python365'
```

用 os 标准库的 getcwd 函数也能达到相同的目的，而且更简单。

（2）os.name

模块变量 os.name 的值表示操作系统的类型。

```
>>> import os
>>> os.name
'nt'
```

这里的'nt'表示操作系统是Windows，如果是其他操作系统，也会有相应的返回值。如果想获取更详细的操作系统信息，可以用 platform 标准库的相应函数。

```
>>> import platform
>>> platform.system()                    # 获取操作系统名称
'Windows'
>>> platform.version()                   # 获取操作系统版本
'10.0.18362'
>>> platform.architecture()              # 获取操作系统的位数信息
('64bit', 'WindowsPE')
```

（3）os.sep

模块变量 os.sep 的值表示目录分隔符，不同的操作系统目录分隔符不同。在 Windows 中，文件的目录分隔符是'\\'，在 Linux 中是'/'，如果在程序中使用 os.sep，就可以不必考虑操作系统的差异，Python会根据操作系统平台自动采用相应的目录分隔符。

```
>>> import os
>>> print(os.sep)
\
```

2．os 标准库的常用函数

os 标准库与文件及目录操作相关的函数有很多，它们的名称和功能说明如表 11-4 所示。

3．os 标准库应用示例

（1）启动应用程序

os 标准库的 startfile 函数可以启动指定的应用程序，或者使用默认应用程序打开指定的文件。例如：

```
>>> os.startfile("notepad")
```

会打开 Windows 的记事本软件。

```
>>> os.startfile(r"D:\test\a.txt")
```

如果文件 D:\test\a.txt 存在，会启动打开文本文件的默认应用程序来打开这个文件。有可能是记事本软件，也有可能是其他文本编辑软件，这与计算机的设置有关。

表 11-4　os 标准库与文件及目录操作相关的常用函数

方　法	功能说明
access	判断当前用户对文件有没有读、写、执行等权限
chdir	设置当前目录
chmod	改变文件或目录的权限，常用来设置或取消文件的只读属性
close	关闭文件描述符，用法详见第 12.10 节
getcwd	获取当前目录
listdir	返回指定目录中的文件和目录列表
mkdir	创建一层子目录，要求被创建的子目录的父目录必须存在
makedirs	创建多层子目录
popen	调用系统命令，可从它的返回值获得系统命令的输出内容
rmdir	删除空目录，若被删除的目录下有文件或子目录则抛出异常
removedirs	删除多层空目录，若被删除的目录下有文件或子目录则抛出异常
remove	删除文件，若文件具有只读等一些特殊属性，则抛出异常
rename	重命名文件，不能重命名文件所在的上级目录，当目标文件名存在时，重命名失败
renames	重命名文件，可以重命名文件所在的上级目录，相当于移动文件，但不能跨驱动器
replace	重命名文件，功能与 rename 一样，不同的是当目标文件名存在时，直接覆盖
startfile	启动指定的应用程序或使用默认应用程序打开指定的文件
system	调用系统命令，返回系统命令的执行状态码
walk	查找给定目录及每个子目录下的所有文件和子目录

（2）运行系统命令

在 Windows 的命令行窗口中，可以手动运行系统命令，删除文件、文件改名、启动应用程序等很多任务都可以用系统命令完成。比如，用 Windows 的记事本打开 D:\test.txt 文件，就可以运行如下命令。

```
notepad.exe d:\test.txt
```

如果是在 Python 程序中运行系统命令，需要用到 os 标准库的 system 函数或 popen 函数：

```
import os
cmd = r"notepad.exe D:\test.txt"
os.system(cmd)              # os.popen(cmd) 也行
```

虽然 system 函数和 popen 函数都能运行系统命令，但两者有区别。前者的返回值是系统命令的执行状态码，后者可以从返回值中得到系统命令的输出结果。

又如，用命令行方式运行 Python 程序 D:\test.py，就是运行如下系统命令。

```
python D:\test.py
```

假设 D:\test.py 只有一个输出语句：

```
print("欢迎报考中国传媒大学！")
```

现在用运行系统命令的方法来运行程序 Dd:\test.py，我们会看到两种运行方式的区别。

```
>>> from os import popen, system
>>> s = r"python D:\test.py"
>>> r = system(s)                   # 返回值是一个数字
>>> r
0
>>> r2 = popen(s)                   # 返回值是一个文件对象
>>> r2.read()
'欢迎报考中国传媒大学！\n'
```

（3）获取和设置当前目录

默认情况下，用 os 标准库的 getcwd 函数在 IDLE 的交互式窗口中获取当前目录，返回值是 Python 的安装目录。

```
>>> import os
>>> os.getcwd()
'C:\\Python\\Python365'
```

如果是运行 Python 程序文件，那么获取到的是当前目录 Python 程序文件所在的目录。

创建文件时，若不指明文件所在的目录，默认是在当前目录下创建文件；读取文件也一样，若不指定目录，Python 总会在当前目录下查找要读取的文件，找不到则会抛出异常。

为了能正确地定位文件的位置并进行读写操作，有如下两种可行的方法。

方法一，重新设置当前目录，把需要读写文件的目录设定为当前目录，设定之后，读写文件就不需再指定目录。

设定当前目录用 os 标准库中的 chdir 函数。

```
>>> import os
>>> os.getcwd()
'C:\\Python365'
>>> p = r"C:\Users\Administrator\Desktop"
>>> os.chdir(p)
>>> os.getcwd()
'C:\\Users\\Administrator\\Desktop'
```

有时，程序可能在不同时间段需要设置不同的当前目录，如果在某些代码中擅自更改当前目录，会对其他代码产生影响。

考虑比较周全的编程者会先保存本段代码运行之前的当前目录，然后设定新的当前目录进行文件读写操作，最后将当前目录还原为本段代码运行之前的那个目录。所以，我们阅读一些 Python 代码，可能会看到类似如下的片段。

【例 11-3】 保存、改变和恢复当前目录代码示例。

```
import os
old_currpath = os.getcwd()                    # 保存原来设定的当前目录
p = r"C:\Users\Administrator\Desktop"         # 设定新的当前目录
os.chdir(p)
with open("test.txt", "wt") as fpw:           # 读写文件操作
    fpw.write("你好。")
os.chdir(old_currpath)                        # 恢复保存的当前目录
```

这种设置当前目录的做法考虑得比较周全。不过，有时操作一些 Office 文件是不能使用当前目录的，因为需要指定文件的全路径名。

方法二，读写文件的时候总是用文件的全路径名去指定文件，全路径名包含文件所在的绝对路径和文件名本身，这种方法可以无视当前目录的位置。

如果想在一个固定目录中读写文件，就可以用 os.path 标准库的 join 函数把这个目录同文件名拼接起来构成绝对路径名，再来读写文件即可。拼接方法请参考 11.2.1 节的例 11-2。

很多时候固定一个绝对路径不方便，因为要操作的文件多半会放在 Python 程序文件所在的目录或者其子目录下，而 Python 程序文件所在的目录是不确定的。我们需要先获取 Python 代码文件所在目录的绝对路径名，再与文件名拼接成文件的绝对路径名。获取这个绝对路径名

的方法请参考 11.2.1 节的例 11-1。

（4）创建目录

创建目录要用到 os 标准库的 mkdir 函数和 makedirs 函数。假设 Windows 7 操作系统的桌面对应的目录是 C:\Users\dyjxx\Desktop，现要求在桌面上创建一个子目录 test，在 test 中再创建一个子目录 subtest。方法有两种：一是用 mkdir 函数逐级创建子目录，二是用 makedirs 函数一下子创建多层目录。

```
>>> import os
>>> os.mkdir(r"C:\Users\dyjxx\Desktop\test")
>>> os.mkdir(r"C:\Users\dyjxx\Desktop\test\subtest")
```

删掉刚刚创建的目录，再测试如下代码：

```
>>> os.makedirs(r"C:\Users\dyjxx\Desktop\test\subtest")
```

os.makedirs 函数可以一下子创建多层目录，这为我们带来了方便。

注意，在一个目录已经存在的情况下，无论是 mkdir 函数还是 makedirs 函数都不能再次创建同名的目录，否则代码会抛出异常。当然，新建目录的目录名从绝对路径的角度来看也不能和已有的文件名相同。同理，新建文件的文件名不能和已有的文件或目录同名。

一般情况下，我们创建目录之前应该先判断同名的目录或文件是否存在，存在的话就不能重复创建，不存在才需要创建目录。判断一个路径名是否存在，需要用到 os.path 标准库的 exists 函数，具体用法示例见 11.2.1 节的相关内容。

（5）删除目录

os 标准库提供了两个删除目录的函数：rmdir 和 removedirs。rmdir 函数用来删除一层空目录，要求被删除的目录下面不能有文件和子目录。removedirs 函数是 rmdir 的加强版，它的作用是删除多层空目录：指定的空目录被成功删除，如果它的父目录变成空目录，也会把它的父目录删除，成功删除父目录后，再看父目录的父目录是否为空……这是一个递归的删除过程。

注意，removedirs 在递归删除多层空目录的上级空目录的过程中，要求上级空目录不被使用才能删除成功。在 Windows 下打开该目录或者在命令行窗口中设置该目录为当前目录均算使用该目录。

另外，如果删除的目录不存在或者试图用 rmdir 函数去删除一个已经存在的文件，都会引发异常。为此，在删除一个路径前，我们需要判断该路径是否为一个存在的目录，如果是，才能删除它。判断一个路径名是否为存在的目录，需要用到 os.path 标准库的 isdir 函数，具体用法示例见 11.2.1 节的相关内容。

一个目录自身连同它的所有子目录及这些目录下的所有文件组成一个目录树。由于不能删除目录树，os 标准库的 rmdir 和 removedirs 函数使用起来很不方便。如何才能删除整个目录树呢？有两个解决方法。第一种方法是自己编写程序把目录树中的所有文件和子目录都删除，然后再删除目录树的根目录自身，显然，这是一个递归的过程，需要用到 os 标准库的 rmdir、remove 和 listdir 函数，其中 remove 函数用来删除一个文件，listdir 函数用来查找一个目录下的所有文件和子目录。第二种方法是使用 shutil 标准库的 rmtree 函数，这将在 11.2.3 节进行介绍。

（6）删除文件

删除文件很简单，直接用 os 标准库的 remove 函数就行：

```
>>> from os import remove
```

```
>>> fn = r"C:\Users\dyjxx\Desktop\a.txt"
>>> remove(fn)
```

注意，删除文件可能会失败。原因之一是有些文件在被其他应用程序打开的时候不能被删除，如 Word 文件。如果一个文件删除失败，我们要看一下该文件是否正在被某些应用程序打开，如果打开，关闭文件再重试。

删除失败的另一个原因是文件具有只读属性，具有只读属性的文件不能被删除。如果遇到这种情况，我们只需要在删除文件之前取消它的只读属性即可。

（7）取消和添加文件的只读属性

一个文件是否具有只读属性跟用户对该文件是否拥有写权限有关。在 Windows 中，如果对文件加了只读属性，用户对文件就失去了写权限，取消只读属性，就拥有了写权限。获取用户对文件是否拥有写权限，需要用 os 标准库的 access 函数：

```
os.access(fn, os.W_OK)
```

这里的 os.W_OK 是 Python 预先定义的常量数据。如果返回值为 True，说明用户对文件具有写权限，如果返回值为 False，说明用户对该文件没有写权限。

如果一个文件具有只读属性，我们在程序中又需要将数据写入这个文件，就要取消其只读属性才能写入。有时为了防止误操作把文件覆盖，也会有意为文件添加只读属性。取消只读属性就是设置写权限，设置只读属性就是撤销写权限。这可以用 os 标准库的 chmod 函数来实现，还需要用到 stat 标准库的两个常量数据 stat.S_IWRITE 和 stat.S_IREAD。

假设有文件 C:\Users\dyjxx\Desktop\tmp\test.txt，我们手动为其添加了只读属性。下面是获取写权限信息、设置写权限、撤销写权限的操作示例。

```
>>> import os
>>> import stat
>>> fn = r"C:\Users\dyjxx\Desktop\tmp\test.txt"
>>> os.access(fn, os.W_OK)          # 第 1 次判断是否有写权限
False
>>> os.chmod(fn, stat.S_IWRITE)     # 取消只读属性，获得写权限
>>> os.access(fn, os.W_OK)          # 第 2 次判断有没有写权限
True
>>> os.chmod(fn, stat.S_IREAD)      # 设置只读属性，撤销写权限
>>> os.access(fn, os.W_OK)          # 第 3 次判断有没有写权限
False
```

（8）在目录中查找文件

在目录中查找文件，需要用到 os 标准库的 listdir 函数和 walk 函数。前者简单易用，适合不需要查找子目录的情况，后者功能强大，适合连带子目录一同查找。

我们先来考察用 listdir 函数查找文件的情况。

```
>>> from os import listdir
>>> p = r"D:\test\a"
>>> listdir(p)
['a.doc', 'b', 'c.docx', 'c.txt', 'D.DOC', 'readme']
```

这个查找结果既有文件又有目录，若只想查找文件，可以用列表推导式加个 if 语句判断。

```
>>> from os import listdir
>>> from os.path import isfile, join
>>> p = r"D:\test\a"
```

```
>>> [f for f in listdir(p) if isfile(join(p, f))]
['a.doc', 'c.txt', 'D.DOC', 'readme']
```

若想查找特定扩展名的文件，还需要引入 os.path 标准库的 splitext 函数来配合。

```
>>> from os import listdir
>>> from os.path import isfile, join, splitext
>>> p = r"D:\test\a"
>>> [f for f in listdir(p)
    if isfile(join(p, f)) and splitext(f)[-1].lower()==".txt"]
['c.txt']
```

有些文件具有多个扩展名，如 Word 文件，*.doc 和*.docx 都是这类文件的扩展名。要想一次找出具有多个扩展名的一类文件，可以用运算符 in 来帮忙。

```
>>> from os import listdir
>>> from os.path import isfile, join, splitext
>>> p = r"D:\test\a"
>>> [f for f in listdir(p)
    if isfile(join(p, f)) and splitext(f)[1].lower() in [".doc", ".docx"]]
['a.doc', 'D.DOC']
```

若想得到文件的全路径名，稍加修改上面代码即可。注意，listdir 函数返回的列表中，文件名和目录名都不带任何路径。

```
>>> from os import listdir
>>> from os.path import isfile, join, splitext
>>> p = r"D:\test\a"
>>> [join(p, f) for f in listdir(p)
    if isfile(join(p, f)) and splitext(f)[1].lower() in [".doc", ".docx"]]
['D:\\test\\a\\a.doc', 'D:\\test\\a\\D.DOC']
```

至此，上述代码已经能完美查找某目录下所有指定扩展名的文件。我们把上述代码改造成一个函数，让目录 p 和文件扩展名列表以参数的形式传递给函数。

【例 11-4】 查找指定目录下指定扩展名的所有文件——listdir 实现。

```
from os.path import abspath, join, isdir, isfile, splitext
from os import listdir


def find_files_listdir(p, filetypelist = []):
    if not isdir(p):
        return []
    p = abspath(p)
    filetypelist = list(map(lambda x:x.lower(), filetypelist))
    filelist = [join(p,f) for f in listdir(p) \
                if isfile(join(p,f)) and
                  (not filetypelist or
                   splitext(f)[-1].lower() in filetypelist)]
    return filelist

if __name__ == "__main__":
    p = r"D:\test\a"
```

```
        ftype = [".txt", ".doc"]
        files = find_files_listdir(p, ftype)
        print("\n".join(files))
```

在上述代码中，先判断 p 是否为一个存在的目录，不是，就直接返回空列表；是，就把目录 p 变成绝对路径，然后把文件扩展名列表中各元素中的英文字母转换成小写，用列表推导式得到文件列表。

例 11-4 中的函数可根据传递的扩展名列表参数的不同，查询到 3 种类型的文件：所有文件、所有无扩展名的文件、所有指定扩展名的文件。

- ❖ filetypelist = []时，查询所有文件。
- ❖ filetypelist = [""]时，查询所有无扩展名的文件。
- ❖ filetypelist = [".txt", ".doc", ".docx"]时，查询所有指定扩展名的文件。

对于函数 find_files_listdir，我们可以保存到自定义函数库 myfunc.py 中，以后可以用导入扩展库的方法来使用它。

```
import sys
sys.path.append(r"D:\mypy")
from myfunc import find_files_listdir

files = find_files_listdir(r"D:\test\a", [])
print("\n".join(files))
```

自定义 find_files_listdir 函数查询文件只能查询一层目录，不能查询子目录下的文件。如果想同时查询子目录下的文件，可以自己编写一个递归函数：遍历 os.listdir 的查询结果，是文件就加入到结果列表，是目录就递归查询，这个任务留作本章的思考题。

其实 os 标准库提供了一个功能强大的 walk 函数，可以很方便地遍历目录和子目录下的所有文件。walk 函数需要一个目录名作为参数，返回一个生成器，生成器的每个元素都是如下形式的三元组：

```
(目录, 子目录列表, 文件列表)
```

只需遍历生成器的每一个三元组，将目录与文件列表中的每个文件进行拼接，就可得到所有的文件列表。

```
>>> from os import walk
>>> p = r"D:\test"
>>> files = [join(d, f) for (d, s, fs) in walk(p) for f in fs]
>>> files
['d:\\test\\a.txt', 'D:\\test\\c.txt', 'D:\\test\\b\\b.txt']
```

上述代码是查找所有的文件。若想查找指定扩展名的文件，可以仿照 listdir 的处理方式对代码进行扩充，这里不再给出扩充的过程，直接给出一个完整的函数。

【例 11-5】 查找指定目录及子目录下指定扩展名的所有文件——walk 实现。

```
from os import walk
from os.path import abspath, isdir, join, splitext

def find_files_walk(p, filetypelist = []):
    if not isdir(p):
        return []
    filetypelist = list(map(lambda x:x.lower(), filetypelist))
    filelist = [join(d, f)
```

```
                for (d, s, fs) in walk(p)
                for f in fs
                if filetypelist == [] or splitext(f.lower())[-1] in filetypelist]
    return filelist

if __name__ == "__main__":
    p = r"d:\test"
    ftype = [".txt"]
    files = find_files_walk(p, ftype)
    print("\n".join(files))
```

我们也把 find_files_walk 放入自定义函数库 myfunc.py 中，以方便需要时随时调用。下面是调用的例子。

【例 11-6】 查找指定目录及子目录下指定扩展名的所有文件——walk 实现（二）。

```
import sys
sys.path.append(r"D:\mypy")
from myfunc import find_files_walk
files = find_files_walk("test", [".jpg"])
print(files)
```

上述代码的某一次运行结果如下。

```
    ['test\\幻灯片1.JPG', 'test\\幻灯片10.JPG', 'test\\幻灯片2.JPG', 'test\\幻灯片3.JPG', 'test\\幻灯片4.JPG', 'test\\幻灯片5.JPG', 'test\\幻灯片6.JPG', 'test\\幻灯片7.JPG', 'test\\幻灯片8.JPG', 'test\\幻灯片9.JPG']
```

test 目录下有 10 个图片文件，在函数 find_files_walk 的读取结果中，幻灯片 10 居然排列在幻灯片 1 和幻灯片 2 之间。这是因为 Python 对文件名排序的结果并不是根据文件名中的数字大小排序的，而是按字符串排序原则进行排序的。

一般情况下，程序自动生成的一系列文件往往具有从 1 开始顺序编号的特点，这样的系列文件从目录中读取文件名列表之后，文件名的排序往往不是自然有序的。显然，我们更希望文件名是自然有序的。比如我们合并文件时，肯定希望幻灯片 10 排在幻灯片 9 的后面，而不是排在幻灯片 1 和幻灯片 2 的中间。

为此，我们引入扩展库 natsort 来解决这一类的文件名排序问题。natsort 扩展库的安装和使用都比较简单，直接在命令行窗口中运行命令 pip install natsort 即可完成安装。我们使用的是该库中的 natsorted 函数。

【例 11-7】 用 natsort 扩展库对包含数字的文件名进行自然排序。

```
import sys
sys.path.append(r"D:\mypy")
from natsort import natsorted
from myfunc import find_files_walk
files = natsorted(find_files_walk("test", [".jpg"]))
print(files)
```

用本例代码去读取与例 11-6 相同的目录，得到的结果如下。

```
    ['test\\幻灯片1.JPG', 'test\\幻灯片2.JPG', 'test\\幻灯片3.JPG', 'test\\幻灯片4.JPG', 'test\\幻灯片5.JPG', 'test\\幻灯片6.JPG', 'test\\幻灯片7.JPG', 'test\\幻灯片8.JPG', 'test\\幻灯片9.JPG', 'test\\幻灯片10.JPG']
```

我们发现，经过 natsort 扩展库的 natsorted 函数排序后，文件名已经是自然有序。在很多批量读取文件的场合往往需要文件名自然有序，就可以借助扩展库 natsort 来达成目标。本书后面会多次用到该扩展库。

11.2.3 shutil 标准库的常用函数介绍

shutil 标准库提供的文件与目录复制、移动、删除功能非常强大，常用函数如表 11-5 所示。

表 11-5 shutil 标准库的常用函数

函　数	功能说明
copyfile	复制文件，使用格式：shutil.copyfile(fnin, fnout) 说明：fnout 必须是文件名，且必须具有可写属性，若已经存在，将被覆盖
copy	复制文件，使用格式：shutil.copyfile(fnin, dst) 说明：dst 可以是一个文件名，也可以是一个目录名，若 dst 是目录，文件会被复制到该目录下，文件名与 fnin 同名
copy2	复制文件 说明：功能与 copy 类似，同时复制文件的权限和访问时间、修改时间等属性
copytree	复制目录树到另一个目录，使用格式：shutil.copytree(pin, pout) 说明：pout 不能提前存在，复制时会自动创建，若提前存在，则报错
rmtree	删除多层目录及其中的文件
move	移动文件或目录，使用格式：shutil.move(src, dst) 说明：src 和 dst 可以是文件名，也可以是目录名，若 dst 是目录，则会将 src 移动到该目录下

复制目录树、移动目录树、删除目录树的例子如下。

```
>>> from shutil import copytree, rmtree, move
>>> copytree(r"D:\test", r"D:\test2")        # 复制目录树，目标目录不能事先存在
'D:\\test2'
>>> move(r"D:\test2", r"D:\test3")           # 移动目录树到新位置
'D:\\test3'
>>> rmtree(r"D:\test")
>>> rmtree(r"D:\test3")
```

删除目录树的时候，如果目录及子目录下有任何一个文件被其他应用程序使用或者具有只读属性，那么代码运行时会报错。判断文件是否被其他应用程序使用对初学者来说不太容易，但解除文件的只读属性还是比较容易的。我们可以在删除目录树之前对目录及子目录下的所有文件统统实施一遍解除只读属性的操作。下面是增强版的删除目录树函数。

【例 11-8】 增强版的删除目录树函数。

```
from os import chmod
from os.path import isdir
import stat
from shutil import rmtree
import sys
sys.path.append(r"D:\mypy")
from myfunc import find_files_walk

# 删除目录树增强版，先取消目录中文件的只读属性再删除
def my_rmtree(p):
    if not isdir(p):
        return None
```

```
        # 删除只读属性
        files = find_files_walk(p, [])
        for f in files:
            chmod(f, stat.S_IWRITE)

        # 删除目录树
        try:
            rmtree(p)
        except:
            return False
        return True

    if __name__ == "__main__":
        p = r"d:\test"
        flag = my_rmtree(p)
        print(flag)
```

我们把函数 my_rmtree 放入自定义函数库 myfunc.py，以后需要删除目录树时就可以用这个函数来代替 shutil.rmtree 函数。注意，数据无价，删除目录树需慎之又慎。

11.3 文件目录操作需要考虑的因素

在文件和目录操作中，往往对文件和目录的存在性及写权限有一定的要求。比如：① 读取文件时，要求文件事先存在；② 读取目录搜索时，要求目录事先存在；③ 创建文件时，要求文件所在的目录存在，且用户对该文件具有写权限。

另外，有些特殊的事项也需要注意。比如创建文件时，如果具有相同路径名的文件已经存在，就需要询问用户是否继续操作，免得把重要的文件覆盖掉，从而造成数据损失。

向目录中创建文件存在着这样的问题，如果我们需要在某个目录下创建很多文件，若目录不存在，可以自己创建；若目录已经存在，该目录下可能存在一些文件，再创建文件，会不会覆盖同名文件？一般，我们要在程序中询问用户如下问题。

某某目录已经存在了，如果继续操作可能覆盖同名文件，要不要继续？

如果写程序给别人用，把选择权交给用户是一个比较明智的做法。另外，程序代码还要尽量考虑周全各种可能的情况。其实要想考虑周全也是非常困难的事情。下面以创建文本文件为例来说明。

【例 11-9】 考虑周全的创建文本文件代码示例。

```
import stat
from os.path import dirname, exists, isdir, isfile
from os import chmod, makedirs, remove

def my_creat_txt_file_demo(fnout):
    # 处理 fnout 是目录的情况
    if isdir(fnout):
        print(f"{fnout}\n 是目录，无法再创建同名文件。")
        return

    # 处理 fnout 的同名文件已经存在的情况
    if isfile(fnout):
        answer = input(f"{fnout}\n 已经存在，是否覆盖（输入 Y 或 N）: ").upper()
```

```
            if answer != 'Y':
                return
            else:
                # 如果用户确认继续操作，先把文件删除，确保以后能创建文件
                try:
                    chmod(fnout, stat.S_IWRITE)
                    remove(fnout)
                except:
                    print(f"{fnout}\n 无法被覆盖。")
                    return
        else:
            # 确保 fnout 所在的目录存在
            p = dirname(fnout)
            if isfile(p):
                print(f"{fnout}\n 所在的目录已经有同名文件存在。")
                return
            elif not exists(p):
                try:
                    makedirs(p)
                except:
                    print(f"{fnout}\n 所在的目录无法创建。")
                    return

        # 把数据写入文件
        with open(fnout, "wt") as fpw:
            fpw.write("人生苦短，我用 Python。")

if __name__ == "__main__":
    fn = r"d:\test\test.txt"
    my_creat_txt_file_demo(fn)
```

上述代码尽量考虑到各种可行性，已经很完善了，但还不是最完善的代码，因为没有考虑到文件名 fnout 中可能有禁用字符导致创建文件出错的情况。

本来两行代码就能完成的工作，本例居然用了 40 多行代码，原本我们学 Python 是为了简洁，可是代码居然如此冗长，是可忍孰不可忍！

如果是写程序给自己用，笔者有如下建议：把 Python 程序放入一个手工创建的目录中，该目录除了放要读取的文件或目录，不存放其他任何文件，以后程序代码中所有写目录、写文件的操作都在这个目录中进行，这样既不用担心数据丢失问题，又不会发生创建不了目录或覆盖不了文件的情况。

以后本书关于文件与目录操作的程序代码示例都不考虑太多例外，专注于正常情况下必须做的事情。

11.4 文件目录操作

总结起来，文件与目录操作大致有 8 种类型，下面以文本文件为操作对象来分别举例说明。为简单起见，读取文本文件时均假设其编码是默认编码。

11.4.1 无读取写入文件

不读取文件或目录，直接根据需要产生数据写入文件。不考虑处理各种例外情况，我们只需考虑一件事情：如果文件所在的目录不存在，需要提前创建该目录。

下面以向文本文件写入字符串为例来介绍这种文件目录操作。

【例 11-10】 文件目录操作示例（一）：无读取写入文件。

```
from os.path import dirname, exists
from os import makedirs

def my_none2file(fnout):
    # 确保 fnout 所在的目录存在
    p = dirname(fnout)
    if not exists(p):
        makedirs(p)

    # 先通过运算得到数据，这里简单给出一个字符串
    s = "人生苦短，我用 Python。"

    # 创建文本文件并将数据写入其中
    with open(fnout, "wt") as fpw:
        fpw.write(s)

if __name__ == "__main__":
    fn = r"d:\test\test.txt"
    my_none2file(fn)
```

所有无读取写入文件的操作都可以仿照这个例子进行：获取数据、准备目录、创建文件并写入数据。如果确定生成的文件就在 Python 程序所在的目录下，准备目录这一步也可以省略。

11.4.2 读取文件无写入

只需从文件中读取数据，不需将程序运行结果写入文件。这种情况只需考虑源文件是否存在即可。如果文件不存在，给出提示信息并退出操作；如果文件存在，正常读取后操作即可。

下面以统计字符串在文本中出现的次数为例来介绍这种文件目录操作。

【例 11-11】 文件目录操作示例（二）：读取文件无写入。

```
from os.path import isfile

def my_file2none(fnin):
    # 判断文件是否存在
    if not isfile(fnin):
        print(f"文件\n{fnin}\n 不存在。")
        return

    # 读取文件内容，这里以读取字符串为例
    with open(fnin) as fpr:
        txt = fpr.read()

    # 读取后对字符串进行操作
    key = "逆行者"
    number = txt.count(key)
```

```
        print(f"关键词“{key}”在文件中出现{number}次。")

if __name__ == "__main__":
    fn = "test.txt"
    my_file2none(fn)
```

11.4.3 无读取写入目录

不需从文件或目录中读取数据，直接根据需要产生多个文件写入一个目录。这种情况只需考虑确保目录存在即可。

下面以生成 10 个简单的文件为例来介绍这种文件目录操作。

【例 11-12】 文件目录操作示例（三）：无读取写入目录。

```
from os import makedirs
from os.path import exists, join

def my_none2path(pathout):
    # 确保目录存在
    if not exists(pathout):
        makedirs(pathout)

    # 根据需要在目录下创建若干文件并写入相应的内容
    for i in range(10):
        fn = join(pathout, f"tmp_{i}.txt")
        with open(fn, "wt") as fpw:
            fpw.write(str(i))

if __name__ == "__main__":
    p = r"test"
    my_none2path(p)
```

11.4.4 读取目录无写入

只需从目录中读取若干文件中的数据，不需将程序运行结果写入文件。这种情况要先判断目录是否存在，若存在，则直接调用自定义函数库中的 find_files_walk 获取所有文件，然后逐个读取文件进行相应操作即可。

下面以统计字符串在目录下的所有文本文件中出现的次数为例来介绍这种文件目录操作。

【例 11-13】 文件目录操作示例（四）：读取目录无写入。

```
from os.path import isdir
import sys
sys.path.append(r"d:\mypy")
from myfunc import find_files_walk

def my_path2none(pathin):
    # 判断目录是否存在
    if not isdir(pathin):
        print(f"目录\n{pathin}\n不存在。")
        return
```

```
    # 查找目录下所有指定类型的文件，这里以文本文件为例
    files = find_files_walk(pathin, [".txt"])

    # 读取每一个文件，并进行相应操作，这里以统计字符串出现的次数为例
    key = "神兽"
    number = 0
    for fn in files:
        with open(fn) as fpr:
            txt = fpr.read()
            number += txt.count(key)
    print(f"关键词“{key}”在目录下的所有文件中出现{number}次。")

if __name__ == "__main__":
    p = r"test"
    my_path2none(p)
```

11.4.5 读取文件写入文件

如果一个任务既需要从文件中读取数据，又需要将程序运行结果写入文件，我们写代码时就得考虑既检测源文件的存在性，又确保目标文件所在的目录存在。

下面以提取单个关键词所在的文本行为例来介绍这种文件目录操作。

【例 11-14】 文件目录操作示例（五）：读取文件写入文件。

```
from os import makedirs
from os.path import dirname, exists, isfile

def my_file2file(fnin, fnout):
    # 判断文件是否存在
    if not isfile(fnin):
        print(f"文件\n{fnin}\n 不存在。")
        return

    # 确保 fnout 所在的目录存在
    p = dirname(fnout)
    if p and not exists(p):
        makedirs(p)

    # 读取源文件内容，将包含关键词的所有行存入目标文件
    key = "抗疫"
    with open(fnin, "rt") as fpr, open(fnout, "wt") as fpw:
        for line in fpr:
            if key in line:
                fpw.write(line)

if __name__ == "__main__":
    fnin, fnout = "test.txt", "result.txt"
    my_file2file(fnin, fnout)
```

11.4.6 读取文件写入目录

如果一个任务既需要从文件中读取数据，又需要将程序运行结果写入目录下的若干文件，我们写代码时就得同时考虑确保源文件和目标目录存在。

下面以提取多个关键词所在的文本行为例来介绍这种文件目录操作。

【例 11-15】 文件目录操作示例（六）：读取文件写入目录。

```
from os import makedirs
from os.path import exists, isfile, join

def my_file2path(fnin, pathout):
    # 判断文件是否存在
    if not isfile(fnin):
        print(f"文件\n{fnin}\n 不存在。")
        return

    # 确保目录存在
    if not exists(pathout):
        makedirs(pathout)

    # 读取源文件内容，将包含关键词的所有行存入以该关键词命名的目标文件中
    keylist = ["逆行者", "神兽", "抗疫", "打工人", "内卷"]
    for key in keylist:
        fnout = join(pathout, f"{key}.txt")
        with open(fnin, "rt") as fpr, open(fnout, "wt") as fpw:
            for line in fpr:
                if key in line:
                    fpw.write(line)

if __name__ == "__main__":
    fnin, pathout = "test.txt", "out"
    my_file2path(fnin, pathout)
```

11.4.7 读取目录写入文件

如果一个任务既需要从目录下的若干文件中读取数据，又需要将程序运行结果写入一个文件，我们写代码时就得同时考虑确保源目录存在和目标文件可写。

下面以提取目录下所有文件中包含指定关键词的文本行为例来介绍这种文件目录操作。

【例 11-16】 文件目录操作示例（七）：读取目录写入文件。

```
from os import makedirs
from os.path import dirname, exists, isdir
import sys
sys.path.append(r"d:\mypy")
from myfunc import find_files_walk

def my_path2file(pathin, fnout):
    # 判断目录是否存在
    if not isdir(pathin):
```

```
        print(f"目录\n{pathin}\n 不存在。")
        return

    # 确保 fnout 所在的目录存在
    p = dirname(fnout)
    if p and not exists(p):
        makedirs(p)

    # 查找目录下所有指定类型的文件，这里以文本文件为例
    files = find_files_walk(pathin, [".txt"])

    # 读取每一个文件，把包含关键词的文本行存入目标文件
    key = "带货"
    with open(fnout, "wt") as fpw:
        for fn in files:
            with open(fn) as fpr:
                for line in fpr:
                    if key in line:
                        fpw.write(line)

if __name__ == "__main__":
    pathin, fnout = r"in", r"aa\result.txt"
    my_path2file(pathin, fnout)
```

11.4.8 读取目录写入目录

我们经常碰到这样的任务：从目录下的若干文件中读取数据，又需要将读取到的每个文件加工后按原来的目录结构保存到目标目录。这样我们写代码时就得同时考虑判断源目录存在并确保目标目录存在，还得想办法保持目标目录与源目录的目录结构相同。

下面以提取目录下所有文件中包含指定关键词的文本行为例来介绍这种文件目录操作。

【例 11-17】 文件目录操作示例（八）：读取目录写入目录。

```
from os.path import abspath, dirname, exists, isdir, join, split, splitext
from os import makedirs, sep
import sys
sys.path.append(r"d:\mypy")
from myfunc import find_files_walk

# 单个文件对单个文件的操作，文件与目录的存在性均不用再判断
def my_f2f(fnin, fnout):
    key = "干饭"
    r = []
    with open(fnin) as fpr:
        for line in fpr:
            if key in line:
                r.append(line)
    if r:
        with open(fnout, "wt") as fpw:
            fpw.writelines(r)
```

```
# 目录对目录操作，保持操作结果的相对路径不变
def my_path2path(pathin, filetypelist, pathout, func=None, fnoutext=None):
    # 检查用户有没有设置自己的文件处理函数
    if func == None:
        print("您需要定义自己的文件处理函数，并将此函数名作为第 4 参数来调用函数 my_path2path。")
        return

    # 判断目录是否存在
    if not isdir(pathin):
        print(f"目录\n{pathin}\n 不存在。")
        return
    pathin = abspath(pathin)

    # 确保目录存在
    pathout = abspath(pathout)
    if not exists(pathout):
        makedirs(pathout)

    # 查找源目录下所有指定类型的文件
    files = find_files_walk(pathin, filetypelist)
    if not files:
        print("源目录\n%s\n 下面没有找到符合要求的文件。" % pathin)
        return

    # 循环处理每一个文件
    for fn in files:
        # 得到目标文件名
        newfn = join(pathout, fn[len(pathin):].lstrip(sep))

        # 根据需要决定是否更改目标文件扩展名
        if fnoutext:
            newfn = splitext(newfn)[0] + "."*int("." not in fnoutext) + fnoutext.strip()

        # 确保目标文件所在的目录存在且文件可写
        newpath = dirname(newfn)
        if not exists(newpath):
            makedirs(newpath)

        # 调用自定义函数处理源文件并把结果保存到目标文件
        func(fn, newfn)

if __name__ == "__main__":
    pathin  = r"in"                   # 绝对路径相对路径都行
    intypes = [".txt"]
    pathout = r"out"                  # 绝对路径相对路径都行
```

```
    func    = my_f2f               # 不同任务需要不同的处理函数，把函数名赋值给 func
    outext  = "_process.txt"       # outext = None 表示文件处理之后扩展名不变
    my_path2path(pathin, intypes, pathout, func, outext)
```

这种目录对目录的处理是很常见的，为了方便后续编写代码，本书把它做成了一个模板函数 my_path2path，使用了自定义函数库 myfunc.py 中的 find_files_walk 函数。函数 my_path2path 有 5 个参数如下。

❖ pathin：源目录名。

❖ filetypelist：源目录下搜索文件的类型。

❖ pathout：目标目录名。

❖ func：处理单个文件的函数，不同的任务需要不同的处理函数。

❖ fnoutext：目标目录下生成文件的扩展名，默认值为 None 表示扩展名不变。

这个模板让我们把目录对目录的操作转变成文件对文件的操作，只需考虑文件变换，不需考虑路径的存在性和扩展名变化等问题。

我们把 my_path2path 放入自定义函数库，以后再遇到类似的问题就可以调用该模板函数，只需把精力放在处理单个文件上面就行。

借用自定义函数库，本例可简化如下。

【例 11-18】 文件目录操作示例（八）：读取目录写入目录 2。

```
import sys
sys.path.append(r"D:\mypy")
from myfunc import find_files_walk, my_path2path

# 编写自己的处理函数
def my_f2f(fnin, fnout):
    key = "干饭"
    r = []
    with open(fnin) as fpr:
        for line in fpr:
            if key in line:
                r.append(line)
    if r:
        with open(fnout, "wt") as fpw:
            fpw.writelines(r)

# 调用目录对目录模板函数
pathin  = r"in"
intypes = [".txt"]
pathout = r"out"
func    = my_f2f
outext  = None
my_path2path(pathin, intypes, pathout, func, outext)
```

本节总结了文件和目录操作的 8 种类型，以后遇到相同类型的操作任务，可以在本书给定的代码基础上进一步修改，这样可以大大提高 Python 程序代码编写效率。

思 考 题

1．不借助 shutil 标准库删除目录树。

请编写一个 Python 程序，删除以指定目录为根的目录树，不许用扩展库，允许用 shutil 之外的标准库，如果文件有只读属性，需要去掉只读属性之后再进行删除；如果目录树不存在，输出字符串"ERROR"；如果成功删除目录树，输出字符串"OK"；如果删除过程中出错，输出导致删除出错的文件名。

提示：可以考虑编写递归函数，用 os.listdir 获取目录树根目录中的文件名和子目录名，先确保删除所有文件，再递归删除每个子目录树，最后删除目录树的本目录自身。

2．查询目录树下指定类型的文件。

请使用 os.listdir 编写一个递归函数查询目录树中所有指定类型的文件，返回查询到的所有文件构成的列表。

3．统计文件的数目及大小。

查找目录 D:\test 及其子目录下的所有 Word 文件，输出文件个数及总的文件大小。

4．查找并复制文件（一）。

查找目录 D:\test 及其子目录下的所有 Word 文件，另存入目录 E:\test，保持文件的目录结构不变。

5．查找并复制文件（二）。

查找目录 D:\test 及其子目录下的所有 Word 文件，将所有查找到的文件都制到目录 E:\test，操作后目录 E:\test 不能有子目录。如果有多个文件的名称相同，就进入该目录 E:\test 的文件覆盖先进入该目录的文件。

6．查找并复制文件（三）。

查找目录 D:\test 及其子目录下的所有 Word 文件，将所有查找到的文件复制到目录 E:\test，操作后目录 E:\test 不能有子目录。如果有多个文件的名称相同，那么后进入该目录 E:\test 的文件需要添加数字序号，以避免覆盖文件。例如，在目录 D:\test 及其子目录下找到 3 个名叫 a.txt 的文件，则复制到目录 E:\test 后，在不发生文件名冲突的情况下，它们将按照如下顺序来命名：a.txt，a_1.txt，a_2.txt。

第 12 章　常用的 Python 标准库

前面专门介绍了 os、os.path、shutil 等标准库，也用到过 collections、copy、sys、time 等标准库的一些函数或对象，现在把这些散见于前面各章节但未曾详细介绍的函数或对象进行汇总，一些常用但未被前面章节提及的标准库的部分函数或对象也顺便列出。

本章各节的顺序基本上以标准库或扩展库的名字字母序排列。作为唯一的例外，本书把 datetime 放到了 time 标准库后进行介绍，因为两者都与日期和时间相关，先介绍 time 标准库有助于学习 datetime 标准库。

12.1　collections 标准库

本节将介绍 collections 标准库的 Counter 对象，用于统计字符或者词语的频次。Counter 对象以一个可迭代的序列类对象作为参数，统计这个序列类对象的每个元素出现的次数。如果是统计字符频次，就直接传递字符串作为参数就行，如果想统计字符串中包含的单词的频次，就得提前把字符串拆成字符串列表，再传递给 Counter 对象作为参数。

这里以统计字符频次为例介绍 Counter 对象的用法。

【例 12-1】 用 collections 标准库的 Counter 对象统计字符频次（一）。

```
from collections import Counter
s = "How␣are␣you?"
ct = Counter(s)
print(ct)
```

上述代码的运行结果如下。

```
Counter({'o': 2, '␣': 2, 'H': 1, 'w': 1, 'a': 1, 'r': 1, 'e': 1, 'y': 1, 'u': 1, '?': 1})
```

这里得到的对象 ct 是一个类似字典的 Counter 对象，我们可以像访问字典的键那样去访问对象 ct 的键，并通过键作为下标来访问键对应的值。

```
for c in ct:
    print(c, ct[c])
```

Counter 对象也有 items 方法，其结果与字典对象的 items 方法得到的结果类似，像一个列表对象但不是列表对象。

```
>>> ct.items()
dict_items([('H', 1), ('o', 2), ('w', 1), ('␣', 2), ('a', 1), ('r', 1), ('e', 1), ('y', 1),
('u', 1), ('?', 1)])
```

如果有必要，我们可以这样访问这个类列表对象：

```
for e in ct.items():
    print(e)
```

例 12-1 的代码执行后，再执行上述代码，就会看到屏幕上输出若干行二元组，这些元组之间是无序的。如果需要排序，可以改成如下代码。

【例 12-2】 用 collections 标准库的 Counter 对象统计字符频次（二）。

```
from collections import Counter
s = "How␣are␣you?"
ct = Counter(s)
print(ct.most_common())
```

Counter 对象的 most_common 方法可以返回频次最高的前若干元素，方法是为其指定一个正整数参数 n。如果不指定 n，就按频次从高到低的顺序返回所有元素。

运行结果如下：

```
[('o', 2), ('␣', 2), ('H', 1), ('w', 1), ('a', 1), ('r', 1), ('e', 1), ('y', 1), ('u', 1), ('?', 1)]
```

这个结果是按照频次从高到低排序的，美中不足的是，频次相同的字符却没有按照字符的大小排序。如果我们需要这个功能，可以参照 8.4.1 节用字典对象统计字符频次的排序方法对 Counter 对象的元素进行排序。

【例 12-3】 用 collections 标准库的 Counter 对象统计字符频次（三）。

```
from collections import Counter
s = "How␣are␣you?"
ct = Counter(s)
r = sorted(ct.items(), key=lambda e:(-e[1], e[0]))
print(r)
```

运行结果如下：

```
[('␣', 2), ('o', 2), ('?', 1), ('H', 1), ('a', 1), ('e', 1), ('r', 1), ('u', 1), ('w', 1), ('y', 1)]
```

这个结果与例 8-6 的结果是一样的。

最后需要说明的是，Counter 对象可以像整数一样进行加法运算，方便对多个字符串分别进行字符频次统计，然后把统计结果汇总。字典对象就无法做到这一点。

【例 12-4】 用 collections 标准库的 Counter 对象合并频次统计结果。

```
from collections import Counter
s1 = "aaabbc"
ct1 = Counter(s1)
print(ct1)
s2 = "bcd"
ct2 = Counter(s2)
print(ct2)
ct = ct1 + ct2
print(ct)
```

运行结果如下：

```
Counter({'a': 3, 'b': 2, 'c': 1})
Counter({'b': 1, 'c': 1, 'd': 1})
Counter({'a': 3, 'b': 3, 'c': 2, 'd': 1})
```

12.2 copy 标准库

本节介绍 copy 标准库的 deepcopy 函数，该函数用来对列表进行深拷贝。深拷贝是与浅拷贝相对应的一个概念。

关于浅拷贝存在的问题，前面在第 7.2.4 节介绍过。列表对象进行浅拷贝的时候，只是把其中简单数据类型的元素重新在内存中拷贝了副本，但对于列表等比较复杂的元素没有进行完全拷贝，仍是引用原来的对象。这就是浅拷贝为何被称为浅拷贝的原因，它解决不了深层次的复杂对象的拷贝问题。

copy 标准库的 deepcopy 函数解决了列表、字典、集合等组合类对象的浅拷贝方法存在的问题。

【例 12-5】 深拷贝列表示例。

```
>>> from copy import deepcopy
>>> a = [1, 2, [3, 4]]
>>> b = deepcopy(a)
>>> b
[1, 2, [3, 4]]
>>> b[2][1] = 300
>>> b
[1, 2, [3, 300]]
>>> a
[1, 2, [3, 4]]
```

12.3 decimal 标准库

Python 在执行浮点数运算的时候，有时很简单的加减运算结果却出来很多位数字。例如：

```
>>> 0.4+0.3
0.7
>>> 0.4-0.3
0.10000000000000003
```

日常生活中允许这种小误差存在，但也存在不允许误差的场合，如金融领域。使用 decimal 标准库的 Decimal 类可以在一定程度上避免运算误差。

```
>>> from decimal import Decimal
>>> x = Decimal("0.4")
>>> y = Decimal("0.3")
>>> x-y
Decimal('0.1')
```

我们用可转换为浮点数的字符串对 Decimal 进行初始化，得到高精度的浮点数对象，这种对象支持常用的数学运算，还可以控制小数的位数。

```
>>> 355/113
3.1415929203539825
>>> from decimal import Decimal, getcontext
>>> getcontext().prec = 30
>>> x, y = Decimal("355"), Decimal("113")
```

```
>>> x/y
Decimal('3.1415929203539823008849557522l')
```

【例 12-6】 求圆周率（五）：韦达公式改进版。

```
from decimal import Decimal, getcontext
getcontext().prec = 50                          # 设定小数位数为 50
for n in range(1, 10):
    n = 10*n
    pi = Decimal("2")
    t = Decimal("0")
    for i in range(n):
        t = (Decimal("2")+t).sqrt()
        pi *= Decimal("2")/t
    print(f"n={n:2d}, π={pi}")
```

运行结果如下：

```
n=10, π=3.1415914215111999739979717637408339557475626500859 0
n=20, π=3.1415926535886182366142085907724078849809629024672 0
n=30, π=3.1415926535897932373420742986972462357901345802523 0
n=40, π=3.1415926535897932384626423146215471592362237674489 0
n=50, π=3.1415926535897932384626433832784837325517712966676 0
n=60, π=3.1415926535897932384626433832795028832252306506379 0
n=70, π=3.1415926535897932384626433832795028841971684724656 0
n=80, π=3.1415926535897932384626433832795028841971693993788 0
n=90, π=3.1415926535897932384626433832795028841971693993797 0
```

通过将上述结果和圆周率前 100 位小数比对，我们发现，当 n=90 的时候，小数点后前 47 位数字都已经是准确的了。这说明用韦达公式来求圆周率是可行的，5.6.11 节的例 5-60 的结果在 n=40 之后不再变动，果然是由于浮点数精度误差引起的。

关于浮点数的各种运算用 Decimal 类的方法都可以实现，用到时可以去查阅有关资料，这里不再介绍。

12.4　fractions 标准库

标准库 fractions 中的 Fraction 类支持分数运算，如果我们在计算中需要保持除法运算的分子和分母值，而不希望得到浮点数，就可以使用 Fraction 类。这里简单介绍。

```
>>> from fractions import Fraction              # 导入分数类
>>> a = Fraction(10, 8)                         # 将类实例化为分数对象
>>> a                                           # 查看分数对象的值，发现会自动约分
Fraction(5, 4)
>>> a + Fraction(3, 4)                          # 分数加法
Fraction(2, 1)
>>> print(a + Fraction(3, 4))                   # 输出分数值，若值为整数，则输出整数形式
2
>>> 2 - a                                       # 分数可以与整数进行算术运算
Fraction(3, 4)
```

12.5 functools 标准库

标准库 functools 中有一个函数 reduce 功能很强，而且易于使用。reduce 函数的格式如下：

```
reduce(f, a)
```

其中，a 是一个序列类的对象；f 是一个双参数函数，可以以序列 a 的任意两个相邻元素作为参数进行计算，且 f 的返回值也能够作为自身的一个参数参与计算。

reduce 函数的功能为：从左到右对序列 a 的所有元素渐进式应用函数 f，最终把序列的所有元素计算成一个值。例如：

```
from functools import reduce
>>> from functools import reduce
>>> a = [1, 2, 3, 4, 5]
>>> f = lambda x, y: x+y
>>> reduce(f, a)
15
```

在上面的例子中，f 是一个函数，其功能是返回两个数相加的和。reduce 函数让函数 f 作用于列表 a，它的计算过程如下。

① 列表 a 前两个元素是 1 和 2，计算 f(1,2)得到 3。

② 列表 a 的下一个元素是 3，上一步的计算结果是 3，计算 f(3,3)得到 6。

③ 列表 a 的下一个元素是 4，上一步的计算结果是 6，计算 f(4,6)得到 10。

④ 列表 a 的下一个元素是 5，上一步的计算结果是 10，计算 f(5,10)得到 15。

最后 a 中的所有元素都参与计算完毕，所以计算结果 15 就是 reduce(f, a)的返回值。

这个计算的本质是把列表 a 中的所有元素相加，但函数 f 只能两个两个地加，因此，要用 f 完成这个任务，只能是第一步先从 a 中拿出前两个元素相加，后面每一步从 a 中拿出一个元素，与上一步的计算结果再相加……直到完成所有元素的相加工作。

现在我们明白了 reduce 函数的工作原理，发现使用该函数写代码可以在一行内既定义函数又替代循环，的确是一种简洁方便的表达。

再来看几个例子。

首先，看一个求列表中独一无二数整的例子。在一个列表中有 $2N+1$ 个整数，其中只有一个整数出现 1 次，其余 N 个整数都刚好出现两次。如何快速找到这个独一无二的整数呢？使用异或运算，问题的解决方案出人意料地简单，只需要把这 $2N+1$ 个整数异或起来，结果就是要找的独一无二的整数。

【例 12-7】 寻找列表中独一无二的整数。

```
a = [10, 5, 2, 3, 5, 10, 3]
from functools import reduce
r = reduce(lambda x, y: x^y, a)
print(r)
```

【例 12-8】 用 functools 标准库的 reduce 函数求列表内集合的并集。

```
from functools import reduce
a = [{1, 2}, {2, 3}, {1, 5}]
r = reduce(lambda e1, e2: e1|e2, a)
print(r)
```

在列表 a 中，每个元素都是集合，目的是求所有集合的并集。如果不用 reduce 函数，就得写一个循环。现在使用 reduce 函数只用一行语句就能轻松完成任务。

【例 12-9】 用 functools 标准库的 reduce 函数求多个字符串的最长公共前缀。

```
from functools import reduce
def get_common_prefix(s, t):
    r = [e[0] == e[1] for e in zip(s, t)] + [False]
    return s[:r.index(False)]
if __name__ == "__main__":
    a = ["abcm", "abcgh", "abce", "abr"]
    r = reduce(get_common_prefix, a)
    print(r)
```

这里自定义函数 get_common_prefix 的功能是求两个字符串的最长公共前缀。

事实上，os.path 标准库中已经有了现成的函数，即 commonprefix 函数，它比 functools 标准库的 reduce 函数更简单。

【例 12-10】 用 os.path 标准库的 commonprefix 函数求多个字符串的最长公共前缀。

```
from os.path import commonprefix
a = ["abcm", "abcgh", "abce", "abr"]
r = commonprefix(a)
print(r)
```

12.6 itertools 标准库

12.6.1 combinations 对象

itertools 标准库的 combinations 对象可以返回在若干元素中任选指定数目元素的全部组合，我们在枚举元素组合的时候用得到它。例如：

```
from itertools import combinations
namelist = ["张三", "李四", "王五", "赵六"]
for e in combinations(namelist, 2):
    print(e)
```

运行结果如下：

```
('张三', '李四')
('张三', '王五')
('张三', '赵六')
('李四', '王五')
('李四', '赵六')
('王五', '赵六')
```

第 7 章思考题中有一道求“3+3”新高考选考科目的问题，用itertools标准库的 combinations 对象可以非常容易解决该问题。

【例 12-11】 用 itertools 标准库中的对象解决“3+3”新高考选考科目的问题。

```
from itertools import combinations
x = ("语文", "数学", "外语")
y = ("历史", "地理", "政治", "物理", "化学", "生物")
```

```
r = [x+e for e in combinations(y, 3)]
print(f"共有{len(r)}种选考方案：")
print("\n".join([", ".join(e) for e in r]))
```

12.6.2 permutations 对象

itertools 标准库的 permutations 对象可以返回若干元素的全排列或选排列，我们在枚举元素排列顺序的时候用得到它。例如：

```
from itertools import permutations
namelist = ["张三", "李四", "王五"]
for e in permutations(namelist):
    print(e)
```

运行结果如下：

```
('张三', '李四', '王五')
('张三', '王五', '李四')
('李四', '张三', '王五')
('李四', '王五', '张三')
('王五', '张三', '李四')
('王五', '李四', '张三')
```

选排列的例子如下：

```
from itertools import permutations
namelist = ["张三", "李四", "王五"]
for e in permutations(namelist, 2):
    print(e)
```

运行结果如下：

```
('张三', '李四')
('张三', '王五')
('李四', '张三')
('李四', '王五')
('王五', '张三')
('王五', '李四')
```

12.6.3 product 对象

itertools 标准库的 product 函数可以求两个序列对象的笛卡尔积，生成一个具有惰性求值特点的可迭代对象。7.9.5 节给出了求两个可迭代对象的笛卡尔积的代码，这里用 product 函数来解决该问题。

【例 12-12】 求两个可迭代对象的笛卡尔积（三）。

```
from itertools import product
persons = {"张三", "李四"}
sports = {"足球", "排球"}
r = set(product(persons, sports))
print(r)
```

运行结果如下：

```
{('张三', '足球'), ('李四', '排球'), ('张三', '排球'), ('李四', '足球')}
```

就求两个可迭代对象的笛卡尔积而言，本例的代码并不比例 7-14 简单多少，但 itertools 标准库的 product 函数可以求任意个可迭代对象的笛卡尔积，因此比多重循环和列表推导式都简单。

【例 12-13】 求多个可迭代对象的笛卡尔积。

```
from itertools import product
x = {"1 年级", "2 年级", "3 年级", "4 年级", "5 年级", "6 年级"}
y = {"语文", "数学", "英语"}
z = {"张三", "李四"}
r = set(product(x, y, z))
print(r)
```

如果想对结果排序，可把 set(product(x, y, z))改成 sorted(product(x, y, z))，结果是列表不再是集合，列表的各元素是排好序的。

第 7 章思考题 11 给出了一道求“3+1+2”新高考制度选考科目的问题，用 itertools 标准库的 product 对象配合 combinations 对象可以非常容易解决该问题。

【例 12-14】 用 itertools 标准库中的相关对象解决“3+1+2”新高考选考科目问题。

```
from itertools import combinations as comb, product
x = ["语文", "数学", "外语"]
y = ["历史", "物理"]
z = ["地理", "政治", "化学", "生物"]
xx, yy, zz = comb(x, 3), comb(y, 1), comb(z, 2)
r = [e1+e2+e3 for e1, e2, e3 in product(xx, yy, zz)]
print(f"共有{len(r)}种选考方案: ")
print("\n".join([", ".join(e) for e in r]))
```

如果计算一个可迭代对象 a 和自身的笛卡尔积，如 product(a, a)就可以简写成 product(a, repeat =2)，同理，product(a, a, a)可以写成 product(a, repeat=3)。

现在我们利用 product 函数的这种形式来求解等式 123456789=100 的成立问题。该问题在 6.8.4 节的例 6-40 给出过一个递归解法，这里使用三进制方法来求解。关于这个问题的三进制方法，董付国、胡凤国曾在公众号“Python 小屋”中利用自定义函数构造三进制计数器求解①。其实我们可以使用 itertools 标准库中的 product 函数对这个代码进一步简化。

【例 12-15】 等式 123456789=100 成立问题求解（二）。

```
from itertools import product

def make100_3_jinzhi(nlist, n):
    r = []
    slist = list(" ".join(map(str, nlist)))
    for opplist in product(('', '+', '-'), repeat=8):
        slist[1::2] = opplist
        expr = ''.join(slist)
        if eval(expr) == n:
            r.append(f"{expr} = {n}")
```

① 董付国，胡凤国. Python 使用超高效算法查找所有类似 123-45-67+89=100 的组合. Python 小屋，2021-6-18.

```
    return r

if __name__ == "__main__":
    n = 100
    r = sorted(make100_3_jinzhi(list(range(1, 10)), n))
    print("\n".join(r))
```

12.7 math 标准库

Python 的内置函数中数学函数不是很多，大部分数学函数都放入了标准库 math。本书前面曾提到过 math 标准库的一些函数，这里简单介绍 math 标准库。

math 标准库中有函数，也有常数，函数可以分成很多类，如三角函数类、取整类、指数类、对数类、计算类，等等，如表 12-1 所示。

表 12-1 math 标准库的常数类和函数类举例

常数或函数		说　明
常数类	pi	圆周率 π，其值为 3.141592653589793
	e	自然常数 e，其值为 2.718281828459045
三角函数类	sin(x)	求 x 的正弦值，x 为弧度，sin(pi/2) --> 1.0
	cos(x)	求 x 的余弦值，x 为弧度，cos(pi) --> -1.0
取整类	ceil(x)	对 x 上取整，如 ceil(-5.6) --> -5
	floor(x)	对 x 下取整，如 floor(-5.6) --> -6
	trunc(x)	对 x 截断取整。x 为非负数相当于 floor(x)，x 为负数相当于 ceil(x)
指数类	exp(x)	求 e 的 x 次幂，exp(2) -->7.38905609893065
	pow(x,y)	求 x 的 y 次幂，pow(2,5) -->32.0
对数类	log(x[,k])	求 x 的以 k 为底的对数，如不指定底数 k，则底数为自然常数 e log(64,8) --> 2.0，log(64) --> 4.1588830833596715
	log2(x)	求以 2 为底 x 的对数，log2(100) --> 6.643856189774724
	log10(x)	求以 10 为底 x 的对数，log10(100) --> 2.0
计算类	factorial(n)	求 n 的阶乘，factorial(5) -->120
	gcd(m,n)	求 m 和 n 的最大公约数，gcd(12,8) --> 4
	sqrt(x)	求 x 的算术平方根，sqrt(9) -->3.0

12.8 random 标准库

在编写 Python 程序时可能用到随机数，Python 的随机数操作需要加载内置的 random 标准库来实现。random 标准库是一个模块，其中常用的函数有 7 个，如表 12-2 所示。

表 12-2 random 标准库的常用函数

函　数	功　能
choice(sequence)	从有序序列中随机挑选一个元素
randint(min, max)	随机生成一个介于区间[min, max]内的整数，要求参数 min<=max
random()	随机生成一个位于区间(0, 1)内的浮点数
randrange([start],stop[, step])	从有规律递增（减）的整数序列中随机挑选一个元素
sample(sequence, n)	从序列中随机挑选指定个数的元素，返回列表
shuffle(listname)	将列表中的元素顺序随机打乱
uniform(a, b)	随机生成一个介于 a 和 b 之间的浮点数，含 a 和 b

现简单介绍如下。

12.8.1 choice 函数

random 标准库 choice 函数的功能是从有序序列（range 对象、列表、元组、字符串）中随机挑选一个元素。例如：

```
>>> from random import choice
>>> choice(range(10))
3
>>> choice(["张三", "李四", "王五"])
'李四'
```

在用 Python 写一些小游戏的时候，随机控制人物上下左右移动就可以用 choice 函数来随机生成移动方向。例如：

```
move = choice("上", "下", "左", "右")
move = choice(1, -1)
```

一般情况下，在随机二选一的时候，我们还有其他方案。例如：

```
move = -1 if randint(0, 99)<50 else 1
move = -1 if randint(0, 99)%2 else 1
```

显然，这两种方法都不如 move = choice(1, -1)简单。

12.8.2 randint 函数

random 标准库的 randint 函数的功能是随机生成一个介于某两个整数 min 和 max 范围内的整数，生成结果包含 min 和 max。例如：

```
>>> from random import randint
>>> randint(10, 20)
12
>>> randint(10, 10)
10
```

randint 函数要求第 1 个参数小于等于第 2 个参数，否则会抛出异常。

12.8.3 random 函数

random 标准库的 random 函数功能是随机生成一个介于 0～1 的浮点数，生成结果包含 0 不包含 1，理论上可以生成下限 0.0，但实践中很难生成该值。例如：

```
>>> from random import random
>>> random()
0.9612854019802229
```

12.8.4 randrange 函数

random标准库的randrange 函数功能是从按一定规律递增或递减的整数序列中随机挑选一

个整数。例如：

```
>>> from random import randrange
>>> randrange(5)
4
>>> randrange(5, 10)
8
>>> randrange(5, 50, 5)
35
```

从效果上，randrange 函数的功能相当于先得到一个 range 对象 range([start], stop[, step])，再用 random 标准库的 choice 函数从这个 range 对象的元素中随机挑选一个值。

12.8.5 sample 函数

random 标准库的 sample 函数功能是从序列（range 对象、列表、集合、元组、字符串）中随机挑选指定个数的元素，挑选的元素个数最少为 0，最大不能超过有序序列的长度。例如：

```
>>> from random import sample
>>> sample(range(10), 5)
[2, 4, 3, 6, 1]
>>> sample("红绿蓝", 2)
['红', '蓝']
```

如果挑选的元素个数等于有序序列的长度，那么效果相当于把有序序列中的元素顺序打乱，返回一个新的对象。例如：

```
>>> from random import sample
>>> a = list(range(10))
>>> a
[0, 1, 2, 3, 4, 5, 6, 7, 8, 9]
>>> r = sample(a, len(a))
>>> r
[0, 5, 4, 7, 9, 1, 8, 2, 3, 6]
>>> a
[0, 1, 2, 3, 4, 5, 6, 7, 8, 9]
```

这里起到了将列表 a 中元素乱序的效果，同时没有改变列表 a 的值。

12.8.6 shuffle 函数

random 标准库的 shuffle 函数的功能是将列表中的元素顺序随机打乱。例如：

```
>>> from random import shuffle
>>> a = list(range(10))
>>> r = shuffle(a)
>>> a
[7, 0, 3, 4, 1, 8, 5, 2, 6, 9]
>>> print(r)
None
>>> b = ["张三", "李四", "王五", "赵六"]
>>> shuffle(b)
```

```
>>> b
['赵六', '李四', '张三', '王五']
```

注意事项如下：

① shuffle 函数的参数必须是列表，其他序列不行。

② shuffle 函数的返回值为 None，不能把它的返回值误认为是乱序后的列表。

③ 操作后列表 a 的值会发生变化，其中的元素顺序随机打乱。

12.8.7 uniform 函数

random 标准库的 uniform 函数功能是随机生成一个介于某两个数 a 和 b 之间的浮点数，生成结果包含 a 也包含 b。例如：

```
>>> from random import uniform
>>> a, b = 10, 20
>>> uniform(a, b)
14.528812534450543
>>> uniform(b, a)
12.357770010585012
>>> uniform(a, a)
10.0
```

说明：uniform(a, b)需要两个参数，一个是上限，一个是下限，调用时没必要非得让参数 a 的值小于等于参数 b 的值。该函数的随机生成结果理论上可以到达上下限，但实践中很难达到这两个值。

下面举一个随机生成人民币金额的例子：生成指定区间[a, b]内的金额（以人民币元为单位），精确到 0.01 元。像这种小数位数确定的随机数，我们可以用 uniform 函数结合内置函数 round 来完成。

```
>>> from random import uniform
>>> lista = sorted([round(uniform(10, 20), 2) for i in range(5)])
>>> lista
[10.45, 15.45, 18.2, 19.26, 19.41]
```

顺便说一下，round 函数的舍入规则比较复杂，对精度要求不高的场合，可以用上面的随机生成办法。如果对精度要求高，我们还可以把这些固定小数位的随机浮点数用生成随机整数再除以 100 的方式来生成。例如：

```
>>> from random import randint
>>> lista = sorted([round(randint(1000, 2000)/100, 2) for i in range(5)])
>>> lista
[14.72, 15.64, 15.74, 17.84, 18.27]
```

如果写一个模拟微信发红包的程序，就得要求随机生成的所有金额之和等于固定的值，这算是精度要求比较高的场合，我们就可以先生成随机整数再变成浮点数。

12.8.8 应用示例

1. 随机生成一个整数

如果想获取指定范围[min, max]内的一个随机整数，包含下限 min 和上限 max，常见的有

3 种方法：randint，randrange，choice。

例如，生成一个 0～9 的随机整数（含 0 和 9），如下 3 种方法可任选一种：randint(0, 9)，randrange(10)，choice(range(10))。

又如，生成一个 min 到 max 之间的随机整数（含 min 和 max），同样，可以用如下三种方法之一：randint(min, max)，randrange(min, max+1)，choice(range(min, max+1))。

2．随机生成多个整数

如果想生成指定范围[min, max]内的多个随机整数，分为两种情况：一是允许重复，二是不允许重复。

对于允许重复的情况，用上述三种方法之一配合列表推导式就可以完成任务。例如：

```
>>> from random import randint
>>> [randint(10, 20) for i in range(8)]
[11, 17, 19, 19, 20, 10, 15, 20]
```

但凡用列表推导式来随机完成多个数据，都无法避免重复。如果不想随机生成重复的数据，只能用 sample 函数。例如：

```
>>> from random import sample
>>> sample(range(10, 21), 8)
[20, 17, 19, 14, 10, 11, 13, 16]
```

注意，sample 函数要求随机挑选的无重复元素个数小于等于有序序列中的元素个数。如果相等，那么问题变成了获取有序序列全部元素的一个随机排列。

```
>>> from random import sample
>>> sample(range(10, 20), 10)
[10, 17, 18, 11, 14, 15, 13, 16, 19, 12]
```

这个效果相当于是列表的全部元素乱序，shuffle 函数也能起到类似的作用。例如：

```
>>> from random import shuffle
>>> a = list(range(10, 20))
>>> a
[10, 11, 12, 13, 14, 15, 16, 17, 18, 19]
>>> shuffle(a)
>>> a
[10, 11, 18, 17, 16, 13, 19, 15, 14, 12]
```

对于列表的元素乱序问题，我们要注意 sample 函数和 shuffle 函数的区别。前者把乱序结果作为一个新的列表对象返回，不破坏原列表的数据，而后者对原列表的数据造成破坏，乱序结果存放在原列表中，它的返回值为 None。

12.9 sys 标准库

12.9.1 获取 Python 解释器的位置

每个人安装 Python 的目录都不尽相同，如果需要获取 Python 解释器的位置，就需要用到 sys 标准库的 executable 属性。

【例 12-16】 获取 Python 解释器的全路径名。

```
import sys
pyexe = sys.executable
print(pyexe)
```

上述代码在命令行窗口中与在 IDLE 中运行得到的结果是不一样的，前者得到的是 python.exe 的全路径名，后者得到的是 pythonw.exe 的全路径名。不过，python.exe 所在的目录与 pythonw.exe 所在的目录是相同的。

12.9.2 添加扩展库搜索目录

我们导入标准库、扩展库和自定义库的时候，一般用“import 库名”这种格式，当 Python 解释器需要导入库的时候，它会在系统目录下去找这些库，如果找不到，就会报错。

Python 系统目录可以用 sys 标准库的 path 属性来查看，如图 12-1 所示。

```
Python 3.6.5 Shell
File Edit Shell Debug Options Window Help
Python 3.6.5 (v3.6.5:f59c0932b4, Mar 28 2018, 17:00:18)
[MSC v.1900 64 bit (AMD64)] on win32
Type "copyright", "credits" or "license()" for more inf
ormation.
>>> import sys
>>> sys.path
['', 'C:\\Python365\\Lib\\idlelib', 'C:\\Python365\\pyt
hon36.zip', 'C:\\Python365\\DLLs', 'C:\\Python365\\lib'
, 'C:\\Python365', 'C:\\Python365\\lib\\site-packages',
'C:\\Python365\\lib\\site-packages\\win32', 'C:\\Python
365\\lib\\site-packages\\win32\\lib', 'C:\\Python365\\l
ib\\site-packages\\Pythonwin']
>>> |
```

图 12-1 查看 Python 的系统目录

正常情况下，我们自定义的库可能不会恰好放在 Python 的系统目录下。为了能够顺利导入自定义库，可以使用 sys.path.append 方法来添加自定义库所在的目录。例如：

```
import sys
sys.path.append(r"d:\mypy")
from myfunc import find_files_walk
```

12.9.3 终止运行 Python 程序

当 Python 程序运行出错的时候，自然会停止运行，如果用 try-except 结构来捕捉错误，在给出出错信息后，通常也是终止运行 Python 程序。这时往往需要使用 sys 标准库中的 exit 函数。一般情况下，从键盘输入数据时，需要防止输入的数据类型与需要的数据类型不一致带来运行错误。下面是从键盘输入整数求算术平方根的例子，如果输入的是负整数，就求其绝对值的算术平方根。

【例 12-17】 用 sys 标准库的 exit 函数终止运行 Python 程序（一）。

```
from math import sqrt
import sys
try:
    n = int(input())
except:
    print("输入的不是整数，程序将终止运行。")
    sys.exit()
if n<0:
    r = sqrt(abs(n))
    print(r)
else:
    print(sqrt(n))
```

有时 sys 标准库的 exit 函数不太好用，如试图用 try-except-else-finally 结构来改写上面代码的时候。

【例 12-18】 用 sys 标准库的 exit 函数终止运行 Python 程序（二）。

```
from math import sqrt
import sys
try:
    n = int(input())
except:
    print("输入的不是整数，程序将终止运行。")
    sys.exit()
else:
    if n < 0:
        n = abs(n)
finally:
    print(sqrt(n))
```

上述代码在运行时，如果用户输入的不是整数，会在输出错误信息后报错，指出变量 n 没有定义。其原因是代码中的 try-except 结构有 finally 语句，Python 捕捉到输入错误后，虽然触发了 sys.exit()语句的执行，但在终止 Python 程序运行前，还是会执行 finally 子句后面的语句块，执行的时候，因为变量 n 不存在，所以会报错。

解决方法是使用 os 标准库的_exit 函数来代替 sys 标准库的 exit 函数，因为前者不做任何善后工作，直接退出 Python，而后者需要完善工作后再退出。

【例 12-19】 用 os 的_exit 函数终止运行 Python 程序。

```
from math import sqrt
import os
try:
    n = int(input())
except:
    print("输入的不是整数，程序将终止运行。")
    os._exit(0)
else:
    if n < 0:
        n = abs(n)
finally:
    print(sqrt(n))
```

12.9.4 获取命令行参数

在 IDLE 中，我们必须手动单击菜单才能运行 Python 程序，要想自动化运行 Python 程序，就需要采用命令行运行方式。在采用命令行方式运行 Python 程序时，可以用 sys 标准库的 argv 参数来获取从命令行传递给 Python 程序的参数。

【例 12-20】 用 sys 的 argv 属性获取命令行参数（一）。

```
import sys
print(sys.argv)
```

sys.argv 获取到一个列表，列表的第 1 个元素是当前 Python 文件的名字。如果上述代码用 IDLE 运行，那么输出的列表只有一个元素，即当前 Python 文件的全路径名。如果用命令行运行，那么输出的列表中除了表示当前 Python 文件名的第 1 个元素，还有命令行传递过来的参数。上述代码的某次运行结果如图 12-2 所示。

图 12-2　用 sys 的 argv 属性获取命令行参数

用本例的方法获取参数，一般是获取 Python 文件名之外的其他参数，即获取 sys.argv[1:]，如写一个从键盘获取姓名和年龄的 Python 程序。

【例 12-21】 用 sys 的 argv 属性获取命令行参数（二）。

```
import sys
try:
    name, sage = sys.argv[1:]
    age = int(sage)
    print("姓名：%s" % name)
    print("年龄：%d" % age)
except:
    print("输入参数不符合要求。")
    print("用法：")
    print("python %s 姓名 年龄" % sys.argv[0])
```

本例运行时，如果用户输入的参数不是两个，或者输入的年龄不是整数，就会提示出错信息，并给出从命令行运行程序的用法提示。如果用户输入的参数正常，就输出获取到的姓名和年龄。

上述代码对参数的顺序要求比较严格，如果不想那么严格，可以采取类似 Python 函数调用时指定参数名的方法。这个功能需要标准库 getopt 与 sys 配合来完成。

【例 12-22】 用 sys 的 argv 属性获取命令行参数（三）。

```
import sys, getopt

# 获取参数，为防止获取不到参数，预先为 name 和 age 赋值为 None
name = age = None
opts, arglist = getopt.getopt(sys.argv[1:], "hn:a:")
for op, value in opts:                          # 遍历 opts 循环获取每个参数
    if op == "-n":
        name = value
    elif op == "-a":
        if value:
            try:
                age = int(value)
            except:
                pass
    elif op == "-h":
```

```
        print("使用方法：")
        print("%s -n 姓名 -a 年龄" % sys.argv[0])
        print("%s -h" % sys.argv[0])
        sys.exit()

# 输出获取的参数
if name is None or age is None:
    print("输入参数不符合要求。")
else:
    print("姓名：%s" % name)
    print("年龄：%d" % age)
```

在本例中，opts 和 arglist 分别获取指定的参数和未指定的剩余参数。函数 getopt.getopt 的第 2 个参数用来指定要获取的参数名称，如参数串"hn:a:"指定了 3 个参数 h、n 和 a。

注意，h 后面不带半角冒号，n 和 a 后面带半角冒号，这里解释一下。当一个参数是独立参数（不带附加参数）时，在分析串中直接写入参数字符；当参数后需要带附加参数时，在分析串中写入参数字符时后面加半角冒号。所以"hn:a:"表示 h 是一个独立参数，n 和 a 需要带附加参数。这里的 3 个参数都只能是单个字符，习惯上被称为短参数。

在命令行中运行本例时，每个参数都需要用连字符来引领一个参数，非独立参数后还要带附加参数，但姓名和年龄参数可以颠倒顺序。某次运行的情况如图 12-3 所示。

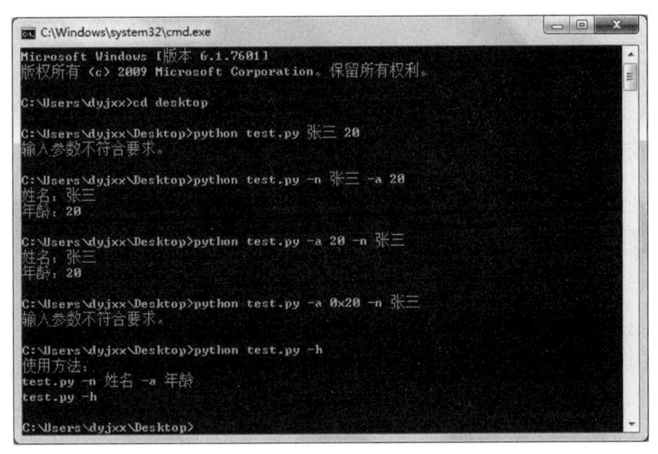

图 12-3　获取命令行短参数

由于本例中每个参数都是短参数，可能有些人觉得不习惯，Python 还可以从命令行获取长参数。长参数用两个连字符来引领，且后面加半角等号和参数。这里给一个长短参数混合获取的例子，限于篇幅，不再对代码进行解释。

【例 12-23】 用 sys 的 argv 属性获取命令行参数（四）。

```
import sys, getopt

def usage():
    print("使用方法：")
    print("%s -n 姓名 --name=姓名 -a 年龄 --age=年龄" % sys.argv[0])
    print("%s -h" % sys.argv[0])
    print("%s --help" % sys.argv[0])
    sys.exit()
```

```
# 获取参数，为防止获取不到参数，预先为 name 和 age 赋值为 None
name = age = None
try:
    opts, arglist = getopt.getopt(sys.argv[1:], "hn:a:", ["help", "name=", "age="])
except:
    print("输入参数不符合要求。")
    usage()

for op, value in opts:
    if op in ("-n", "--name"):
        name = value
    elif op in ("-a", "--age"):
        if value:
            try:
                age = int(value)
            except:
                pass
    elif op in ("-h", "--help"):
        usage()

if name is None or age is None:
    print("输入参数不符合要求。")
    usage()
else:
    print("姓名: %s" % name)
    print("年龄: %d" % age)
```

12.10 tempfile 标准库

计算机使用久了，磁盘中有很多空间被垃圾文件占据，如 Windows 的临时目录下的文件是各种软件在运行过程中临时产生又没有及时删除累积来的。

在 Windows 7 和 Windows 10 中，临时目录的位置是 C:\Users*****\AppData\Local\Temp。其中，****表示登录操作系统所用的用户名。如果想清理垃圾文件，直接进入该目录，全选，删除，删不掉的跳过即可。

Python 程序有时也需要在临时目录创建文件或者目录，这就要用到标准库 tempfile。

12.10.1 功能介绍

使用前首先要导入这个标准库：

```
>>> import tempfile
```

用 tempfile 标准库的 mkstemp 函数可以在系统临时目录产生一个临时文件，并返回这个临时文件名。例如：

```
>>> fd, fn = tempfile.mkstemp()
>>> fd
3
```

```
>>> fn
'C:\\Users\\Administrator\\AppData\\Local\\Temp\\tmp6nkd50tl'
```

这里的 fd 是文件描述符，fn 是临时文件的文件名。这时，系统临时目录下产生了一个名叫 tmp6nkd50tl 的临时文件，打开后，可以从中写入字符：

```
>>> with open(fn, "wt") as fpw:
        fpw.write("你好")
```

执行完这个复合语句，我们用文本编辑软件打开该临时文件，发现其中有了写入的文字。使用完该文件后，把它顺手删除，免得留下垃圾文件。

```
>>> import os
>>> os.remove(fn)
Traceback (most recent call last):
  File "<pyshell#22>", line 1, in <module>
    os.remove(fn)
PermissionError: [WinError 32] 另一个程序正在使用此文件，进程无法访问。: 'C:\\Users\\Administrator\\AppData\\Local\\Temp\\tmp6nkd50tl'
```

我们发现居然删不掉。这时需要先关闭文件描述符：

```
>>> os.close(fd)
>>> os.remove(fn)
```

用 tempfile 标准库的 mkdtemp 函数可以在系统临时目录下产生一个临时目录，并返回这个新建的临时目录名称：

```
>>> p = tempfile.mkdtemp()
>>> p
'C:\\Users\\Administrator\\AppData\\Local\\Temp\\tmpbzr_am_a'
```

我们可以向该临时目录中写入文件，用完了可以删除。

```
>>> os.rmdir(p)
```

上面创建临时文件和临时目录用的是最简单的代码，临时文件和临时目录产生在系统临时目录下。其实我们可以把它们产生在自己指定的目录下，并且指定它们名字的前缀和后缀。这两个函数的所有参数如下所示：

```
mkstemp(suffix=None, prefix=None, dir=None, text=False)
mkdtemp(suffix=None, prefix=None, dir=None)
```

其中，suffix 是产生的临时文件名或目录名的后缀，prefix 是前缀，dir 是自己指定的目录，text 是指以文本模式还是二进制模式产生临时文件（不过在 Windows 下，text 参数值为 True 和 False 没什么区别）。

如果想在 D:\test 目录下产生一个以 a 开头以 .txt 为后缀的临时文件，就可以用如下语句（假设 D:\test 目录已经存在）。

```
>>> tempfile.mkstemp(suffix=".txt", prefix="a", dir=r"D:\test")
(3, 'D:\\test\\aci1zz8az.txt')
```

有时我们只希望获取一个临时文件（或目录）名而不需要创建该文件（或目录），可以用 tempfile 标准库的 mktemp 函数。例如：

```
>>> tempfile.mktemp()
'C:\\Users\\Administrator\\AppData\\Local\\Temp\\tmp_43ewums'
```

上面的命令返回一个绝对路径名，但不用这个路径名创建文件或目录，我们可以使用获取到的这个路径名创建文件，也可以用来创建目录。tempfile.mktemp 函数的所有参数如下：

```
mktemp(suffix='', prefix='tmp', dir=None)
```

该函数产生的路径名默认前缀是 tmp，默认的位置是系统临时目录，默认的后缀为空，如果想改变，可以传入相应的参数。例如：

```
>>> fn = tempfile.mktemp(suffix=".txt", prefix="a", dir=r"D:\test")
>>> fn
'D:\\test\\aqjh1dvut.txt'
```

这里得到的文件名 aqjh1dvut.txt 就是 D:\test 目录下一个目前不存在但合法的文件或目录名，我们可以放心地创建文件或目录而不用担心与现有文件名或目录名发生冲突。

12.10.2 应用示例

需要获取临时目录的场景有很多，现举两例。

场景一：自动检查一个 Python 文件是否有语法错误。

导入一个 Python 文件时，如果 Python 文件的主文件名包含半角句号或者以数字开头的时候，导入操作会失败。这时我们就可以产生一个临时 Python 文件名，将需要操作的 Python 文件复制为文件名符合要求的临时 Python 文件，然后导入该临时文件，如果有语法错误，import 语句就会报错，用一个 try-except 结构即可捕获错误信息。

场景二：压缩 PNG 文件。

压缩 PNG 文件需要用到命令行软件 pngquant，该软件不能压缩路径名中带汉字的 PNG 文件，为了能压缩任意文件名的 PNG 文件，可以把 PNG 文件移动到系统的临时目录，文件名改为临时产生的文件名，然后压缩，压缩完再移动到原来的目录下，改回原来的名字即可。（该操作可参见配套电子出版物的 9.2.3 节。）

12.11 time 标准库

Python 程序可能处理与时间有关的问题，如比较代码的执行时间、获取文件的时间属性、获取两个日期相差的天数等，为此我们需要了解标准库 time 和 datetime 的用法，这两个标准库的功能是密切相关的。本节介绍 time 标准库，12.12 节介绍 datetime 标准库。

12.11.1 有关概念

在 Python 中，与时间有关的一个时间术语是 Epoch Time，中文名称叫“新纪元时间”，它是一个特定的时间点，表示 1970 年 1 月 1 日 0 时 0 分 0 秒。另一个概念是 timestamp，即“时间戳”，这是指从新纪元时间到某一时刻经历的秒数。

显然，人记忆时间戳的本领并不太强，而更愿意去记住某年某月某日几时几分几秒这样的时刻。在 Python 中，time 对象有一个类叫 struct_time，其本质是一个存放“年”“月”“日”“时”“分”“秒”等信息的元组，包含 9 个数字元素，因为它的每个元素都有名字，所以这种元组被称为具名元组。比如，2019 年 6 月 7 日 17 点 50 分 38 秒这个时间用 time.struct_time 来表示就是：

```
time.struct_time(tm_year=2019, tm_mon=6, tm_mday=7,
                 tm_hour=9, tm_min=50, tm_sec=38,
                 tm_wday=4, tm_yday=158, tm_isdst=0)
```

其中：tm_year、tm_mon、tm_mday 分别表示年、月、日；tm_hour、tm_min、tm_sec 分别表示时、分、秒；tm_wday 表示这一天是一星期的第几天（0 表示星期一、1 表示星期二……）；tm_yday 表示这一天是一年中的第几天（当年的 1 月 1 日是第 1 天……）；tm_isdst 表示当前日期时间是否为夏令时时间，1 为夏令时，0 为非夏令时，-1 不确定；Python 处理 struct_time 类比较方便，但看起来仍然费劲，我们更喜欢看到类似"2019-06-07 17:50:38"这样的字符串。

在 Python 中，经常需要在时间戳、具名元组、日期时间字符串之间来回转换。这就需要了解 time 标准库的一些函数。

12.11.2 函数介绍

1．ctime(timestamp)

该函数返回一个时间戳对应的日期时间字符串。例如：

```
'Fri Jun  7 17:48:22 2019'
```

2．gmtime([timestamp])

该函数返回一个时间戳对应的格林尼治时间所对应的具名元组。如果省略时间戳参数，默认是当前时刻的时间戳。

3．localtime([timestamp])

该函数返回一个时间戳对应的当地时间所对应的具名元组。如果省略时间戳参数，默认是当前时刻的时间戳。

注意，同一时间戳对应的格林尼治时间和当地时间因时区可能不同而略有差别。

4．mktime(tuple)

该函数把包含日期时间的具名元组转换为时间戳。

5．sleep(seconds)

该函数让程序等待指定的秒数再继续执行。

6．strftime(format[, tuple])

该函数按照指定的格式串把具名元组转换成字符串。若省略具名元组，则默认是当前时刻对应的具名元组。例如，格式串可以为"%Y-%m-%d %H:%M:%S"把具名元组转换为类似'2019-06-07 18:31:38'的“年”“月”“日”“时”“分”“秒”字符串。

格式串中主要符号的含义如下。

- %Y：4 位数的年份。
- %y：两位数的年份。
- %m：两位数的月份，取值区间为[01, 12]。
- %d：两位数的日期编号，取值区间为[01, 31]。

- ❖ %H：24 小时制的小时数，取值区间为[00, 23]。
- ❖ %I：12 小时制的小时数，取值区间为[00, 11]。
- ❖ %p：一般与%I 配合使用，显示当地时间是 AM 还是 PM。
- ❖ %M：分钟数，取值区间为[00, 59]。
- ❖ %S：秒数，取值区间为[00, 61]，60 是为了支持闰秒现象，61 是因历史原因保留。
- ❖ %j：这一天是一年中的第几天，取值范围为[001,366]。
- ❖ %w：这一天是一个星期的第几天，星期天得到 0，星期一得到 1……。
- ❖ %W：这一周是一年中的第几周，取值范围为[00,53]，第一周得到 0。

7．strptime(string, format)

该函数把指定格式的日期时间字符串转换为具名元组。转换方向与 strftime 相反。

8．time()

该函数返回当前时刻的时间戳，如果系统支持，返回值可以带小数。

12.11.3 应用示例

1．获取计算机的当前时间

```
>>> from time import time, localtime, strftime
>>> t = time()                                       # 获取当前时间，返回时间戳
>>> t
1610946542.7756138
>>> strftime("%Y-%m-%d %H:%M:%S", localtime(t))      # 转化为年月日时分秒字符串
'2021-01-18 13:09:02'
```

2．求程序代码的运行时间

【例 12-24】 求程序代码的运行时间。

```
from time import time
t0 = time()                                          # 计时开始
# 这里放置需要计算执行时间的代码段
for i in range(10**8):
    a = i
t1 = time()                                          # 计时结束
t = t1 - t0
print(t)
```

有了求程序代码运行时间的方法，就可以用来比较多个功能相同的函数的运行时间。现在举一个用多种方法编写函数求 n 以内的所有素数并返回素数列表的例子。定义如下 5 个函数。

- ❖ prime1()：常规法求素数并返回素数列表。
- ❖ prime2()：常规法改进，减少循环次数。
- ❖ prime3()：用单语句列表推导式求素数列表，代码来自董付国老师的 Python 讲义。
- ❖ prime4()：筛法求素数并返回素数列表。
- ❖ prime5()：筛法求素数改进，少用一个变量。

【例 12-25】 比较多个功能相同的函数的运行时间。

```python
import time
from math import sqrt

# 求 n 以内的所有素数（包含 n）——解法 1：常规法
def prime1(n):
    p = []
    for i in range(2, n+1):
        k = int(i**0.5) + 1
        for j in range(2, k):
            if i%j == 0:
                break
        else:
            p.append(i)
    return p

# 求 n 以内的所有素数（包含 n）——解法 2：常规法改进
def prime2(n):
    def is_prime_2(n):
        if n in (2, 3):
            return True
        elif n < 2 or n%6 not in (1, 5):
            return False
        for i in range(3, int(sqrt(n))+1, 2):
            if n%i == 0:
                return False
        else:
            return True
    p = [2]
    p.extend([r for r in range(3, n+1, 2) if is_prime_2(r)])
    return p
# 求 n 以内的所有素数（包含 n）——解法 3：单语句列表推导式
def prime3(n):
    p = [i for i in range(2, n+1) if 0 not in [i%d for d in range(2, int(i**0.5)+1)]]
    return p

# 求 n 以内的所有素数（包含 n）——解法 4：筛法
def prime4(n):
    p, tmp = [], list(range(2, n+1))
    while tmp:
        t = tmp.pop(0)
        p.append(t)
        tmp = [i for i in tmp if i%t]
    return p

# 求 n 以内的所有素数（包含 n）——解法 5：少用一个变量的筛法
def prime5(n):
    p, tmp = [], list(range(2, n+1))
    while tmp:
        p.append(tmp.pop(0))
        tmp = [i for i in tmp if i%p[-1]]
```

```
    return p

if __name__ == "__main__":
    n = 10000
    looptimes = 500
    fs = [prime1, prime2, prime3, prime4, prime5]
    for f in fs:
        t1 = time.time()
        for t in range(looptimes):
            r = f(n)
        t2 = time.time()
        print(f"函数：{f.__name__}，用时：{t2-t1:.3f}秒")
```

在某台计算机上，本例的 5 个函数的运行结果如下：

```
函数：prime1，用时：4.869 秒
函数：prime2，用时：2.256 秒
函数：prime3，用时：16.254 秒
函数：prime4，用时：19.334 秒
函数：prime5，用时：24.477 秒
```

虽然不同的计算机运行时间有差异，但在同一台计算机上进行 5 个函数的运行速度比对仍能看出各函数运行时间的相对快慢。"常规法改进"最快，"常规法"次之，"单语句列表推导式"并没有想象中的那么慢，反而是"筛法"速度居然是最慢的，这有点出乎意料，"少用一个变量的筛法"最糟糕，为了节约一个变量，反而浪费了大量的时间。

3．巧用延时函数

有的时候，我们调用系统命令去操作文件，在系统命令完成前，后续的 Python 语句如果仍需要对该文件进行操作，有可能因为文件被占用而导致后续操作失败。这时就需要用 sleep 函数等待上一步的系统命令完成。

简单的等待直接用语句 sleep（秒数）就行，复杂的可以用一个循环，在循环体中先等待若干秒，再看文件大小是否有变化或者改文件名是否成功等方法来决定是否结束等待。

在配套电子出版物中，7.2.3 节中有采用判断文件大小的办法来等待的例子，8.2.2 节中有采用改文件名的办法来等待的例子。

4．有关文件的时间操作

【例 12-26】 获取文件的创建时间、访问时间、修改时间。

```
from time import localtime, strftime
from os.path import getatime, getctime, getmtime

def get_file_create_time(fn):
    t = getctime(fn)
    return strftime("%Y-%m-%d %H:%M:%S", localtime(t))

def get_file_access_time(fn):
    t = getatime(fn)
    return strftime("%Y-%m-%d %H:%M:%S", localtime(t))
def get_file_modify_time(fn):
    t = getmtime(fn)
```

```
    return strftime("%Y-%m-%d %H:%M:%S", localtime(t))

if __name__ == "__main__":
    fn = r"test.txt"
    print(get_file_create_time(fn))
    print(get_file_access_time(fn))
    print(get_file_modify_time(fn))
```

注意，文件的创建时间、访问时间和修改时间也可以用如下方法进行获取：os.stat(fn).st_ctime，os.stat(fn).st_atime，os.stat(fn).st_mtime。其中，fn 是文件名。

5．有关日期和星期的判定问题

【例 12-27】 用标准库 time 判定日期是一年中第几天。

```
from time import strptime, strftime
def  day_of_the_year(y, m, d):
    timetm = strptime(f"{y:04d}{m:02d}{d:02d}", "%Y%m%d")
    return timetm.tm_yday

if __name__ == "__main__":
    y,m,d = map(int, input().split())
    r = day_of_the_year(y, m, d)
    print(r)
```

【例 12-28】 用标准库 time 判定日期是星期几。

```
from time import strptime, strftime
def  day_of_the_year(y, m, d):
    timetm = strptime(f"{y:04d}{m:02d}{d:02d}", "%Y%m%d")
    return (timetm.tm_wday+1)%7      # tm_wday 为 0 表示星期一

if __name__ == "__main__":
    s = "日一二三四五六"
    y,m,d = map(int, input().split())
    r = f"星期{s[day_of_the_year(y, m, d)]}"
    print(r)
```

12.12 datetime 标准库

datetime 是与 time 密切相关的一个关于日期时间操作的标准库。下面介绍 datetime 标准库定义的几个常用类及其应用。

12.12.1 datetime 标准库定义的常用类

1．date 类

datetime.date 描述的是“年”“月”“日”组成的日期，该类的对象主要包含 3 个属性：year、month 和 day，分别表示年、月、日。

使用 date 类需要首先从 datetime 标准库中导入该类：

```
>>> from datetime import date
```

给定“年”“月”“日”3 个数字即可创建 date 类的对象：

```
>>> date(2000, 10, 1)
datetime.date(2000, 10, 1)
```

也可以通过 date 类的 today 方法获取当天的日期来创建 date 类的对象：

```
>>> d = date.today()
>>> d
datetime.date(2021, 1, 18)
```

然后可以访问 date 类对象的属性与方法：

```
>>> d.year
2021
>>> d.month
1
>>> d.day
18
>>> d.isoweekday()                # 日期 t 是星期几，周一返回 1、周二返回 2、以此类推
1
>>> d.isoformat()                 # 返回 YYYY-MM-DD 格式的日期字符串
'2021-01-18'
>>> d.strftime("%Y-%m-%d")        # 格式串的含义参见介绍 time 标准库一节
'2021-01-18'
>>> d.strftime("%Y 年%m 月%d 日")
'2021 年 01 月 18 日'
```

两个 date 类对象可以比较大小（日期在前的为小），可以相减，相减的结果得到 timedelta 类的对象，表示两个日期相差的天数。例如：

```
>>> d1 = date(2020, 2, 25)
>>> d2 = date(2020, 3, 2)
>>> d1 < d2
True
>>> d1 - d2
datetime.timedelta(-6)
>>> d2 - d1
datetime.timedelta(6)
```

2．time 类

datetime.time 描述的是“时”“分”“秒”和“微秒”组成的时刻，其对象主要包含 4 个属性：hour、minute、second 和 microsecond，分别表示时、分、秒、微秒。

使用 time 类首先需要从 datetime 标准库中导入该类：

```
>>> from datetime import time
```

给定时、分、秒、微秒 4 个数字中的全部数字或前几个数字都可以创建 time 类的对象：

```
>>> t1 = time(22)                 # 只提供小时构建 datetime.time 对象
>>> t1
datetime.time(22, 0)
>>> t2 = time(22,56)                   # 只提供时和分构建 datetime.time 对象
```

```
>>> t2
datetime.time(22, 56)
>>> t3 = time(22,56,5)                    # 提供时、分、秒构建 datetime.time 对象
>>> t3
datetime.time(22, 56, 5)
>>> t4 = time(22,56,5,123)                # 提供时、分、秒、微秒构建 datetime.time 对象
>>> t4
datetime.time(22, 56, 5, 123)
```

然后可以访问 time 类对象的属性与方法：

```
>>> t4.hour
22
>>> t4.minute
56
>>> t4.second
5
>>> t4.microsecond
123
>>> t4.isoformat()                        # 标准化字符串
'22:56:05.000123'
>>> t4.strftime("%H 时%M 分%S 秒%f 微秒")   # 自定义格式化字符串
'22 时 56 分 05 秒 000123 微秒'
```

3．datetime 类

Datetime 类描述的是"年""月""日""时""分""秒""微秒"组成的日期时间，是 date 类和 time 类的综合。该类的对象主要包含 7 个属性：year、month、day、hour、minute、second 和 microsecond，分别表示年、月、日、时、分、秒、微秒。

datetime 类是一种重要的数据类型，用 Python 读取 Excel 文件、读取数据库时，日期时间类型的数据读取后就是以 datetime 对象的形式存在的。

使用 datetime 类需要首先从 datetime 标准库中导入该类：

```
>>> from datetime import datetime
```

至少要给定年、月、日 3 个数字才能创建 datetime 类的对象。例如：

```
>>> dt = datetime(2008, 8, 8, 20)
>>> dt
datetime.datetime(2008, 8, 8, 20, 0)
```

也可以通过 datetime 类的 now 方法获取当天的日期来创建 datetime 类的对象：

```
>>> dt = datetime.now()
>>> dt
datetime.datetime(2021, 1, 18, 23, 26, 9, 137271)
```

创建 datetime 对象后就可以访问该对象的属性和方法：

```
>>> dt.year
2021
>>> dt.microsecond
137271
>>> dt.isoweekday()
```

```
1
>>> dt.isoformat()
'2021-01-18T23:26:09.137271'
>>> dt.strftime("%Y-%m-%d %H:%M:%S.%f")
'2021-01-18 23:26:09.137271'
```

两个datetime对象可以比较大小（日期时间在前的为小），可以相减，表示两个日期时间相差的天数、秒数和微秒数（是 timedelta 类的对象）。例如：

```
>>> dt1 = datetime.now()
>>> dt2 = datetime.now()
>>> dt1
datetime.datetime(2021, 1, 18, 23, 40, 0, 923009)
>>> dt2
datetime.datetime(2021, 1, 18, 23, 40, 22, 136483)
>>> dt2-dt1
datetime.timedelta(0, 21, 213474)
```

4．timedelta 类

datetime.timedelta 描述两个 date 对象、time 对象或者 datetime 对象之间的时间间隔，精确到微秒。该类的对象包含 3 个属性：days、seconds 和 microseconds，分别表示天、秒、毫秒。不足一天的时间间隔用秒来存储，不足一秒的时间间隔用微秒来存储。

timedelta 对象可以直接构造如下：

```
>>> from datetime import timedelta
>>> t_del = timedelta(days=1)
>>> t_del
datetime.timedelta(1)
>>> t_del.days
1
>>> t_del.seconds
0
>>> t_del.microseconds
0
```

timedelta 对象也可以通过两个相同的 date 对象、time 对象或者 datetime 对象相减得到，也可以被一个 date 对象、time 对象或者 datetime 对象加上或者减去，得到另一个类型相同的对象。例如：

```
>>> from datetime import date
>>> from datetime import date, timedelta
>>> d = date.today()
>>> "今天是：" + d.isoformat()
'今天是：2021-01-18'
>>> t_del = timedelta(days=1)
>>> "昨天是：" + (d-t_del).isoformat()
'昨天是：2021-01-17'
```

12.12.2 datetime 标准库应用示例

【例 12-29】 用标准库 datetime 求两个日期相差的天数。

```
from datetime import date
def days_diff(ymd1, ymd2):
    d1 = date(*ymd1)
    d2 = date(*ymd2)
    return (d1-d2).days if d1>=d2 else (d2-d1).days

if __name__ == "__main__":
    ymda = tuple(map(int, input().split()))
    ymdb = tuple(map(int, input().split()))
    r = days_diff(ymda, ymdb)
    print(r)
```

【例 12-30】 用标准库 datetime 判定日期是一年中的第几天。

```
from datetime import date
def day_of_the_year(y, m, d):
    d1 = date(y, m, d)
    d0 = date(y, 1, 1)
    return (d1-d0).days + 1

if __name__ == "__main__":
    y, m, d = map(int, input().split())
    r = day_of_the_year(y, m, d)
    print(r)
```

【例 12-31】 用标准库 datetime 判定日期是星期几。

```
from datetime import date
def day_of_the_year(y, m, d):
    dt = date(y, m, d)
    return dt.isoweekday()

if __name__ == "__main__":
    s = "空一二三四五六日"
    y, m, d = map(int, input().split())
    r = f"星期{s[day_of_the_year(y, m, d)]}"
    print(r)
```

思 考 题

1．拉马努金公式求高精度圆周率值。

仿照 12.3 节的例 12-6 修改韦达公式的做法来修改 5.6.11 节的例 5-61 用拉马努金公式求π值的程序，用高精度浮点数存储计算结果，看拉马努金公式在累加到第几项的时候，求得的值小数点后前 100 位都是准确的。

2．随机生成成绩。

随机生成10个百分制的整数成绩，然后按升序输出所有不及格的成绩，各成绩用半角空格隔开。

3．随机生成密码。

随机生成10个密码字符串，密码字符串包含6～10个字符，密码须包含大写英文字母、小写英文字母、半角数字这3类字符。

【提示】先随机生成密码长度，再从3类字符中各随机挑选一个字符，然后从3类字符的汇总中随机挑选剩余的字符即可，最后把这些挑选出的字符随机乱序。

4．合并小说。

文件夹test下保存有一部小说，小说按章节先后顺序保存成100个文本文件，文件名依次为a1.txt、a2.txt、…、a99.txt、a100.txt。请编写一个Python程序，合并这部小说，注意合并文件时保留章节的顺序，合并结果保存为result.txt。假定所有文本文件都是UTF-8编码。

5．等式123456789=2021的成立问题。

12.6.3节的例12-15给出了等式123456789=100的成立问题的三进制简洁解法，那里的解法限定插入的符号只有加和减这两种符号。现在把限定条件放宽，允许插入加减乘除4种符号，让等式123456789=2021成立。事实上，第8章的思考题12就给出过一个成立的式子1*2+3+4*567*8/9=2021。但是我们不知道除了这个等式，还有没有其他插入符号方案能让等式成立。请改写例12-15的代码为五进制方案，或者重新编写Python代码，输出让等式123456789=2021成立的全部可实现方案。

第二篇

排错篇

第 13 章　常见错误类型

运行 Python 代码时免不了会出错，出了错误就得及时纠错。错误如果长时间得不到纠正会影响我们的情绪，进而影响学 Python 的信心。本章简单介绍 Python 代码运行时的常见错误类型。第 14 章介绍排错方法。

13.1　编码错误

当 Python 代码文件中有汉字的时候，需要保存成 UTF-8 编码格式，万一 Python 代码文件不是 UTF-8 编码格式，运行时会报错。

IDLE 在编辑 Python 文件保存时，一般默认保存为 UTF-8 编码格式，其他编辑器保存的 Python 文件有可能不是 UTF-8 编码格式。例如，用记事本写上如下语句：

```
print("你好")
```

然后将文件保存为 D:\mypython\second.py，其默认文件编码是 ANSI，如图 13-1 所示。

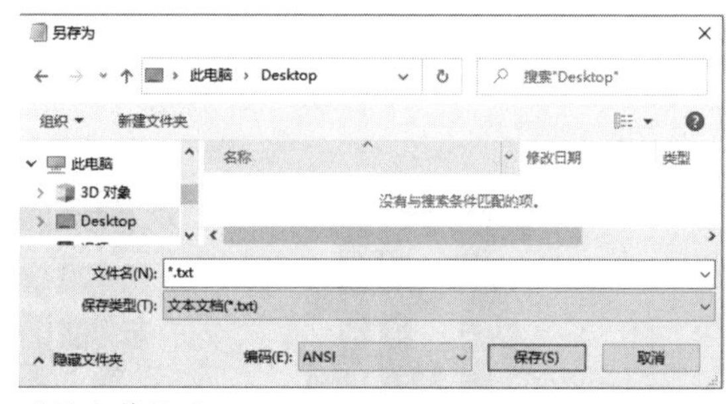

图 13-1　默认文件编码

如果保存时没有注意编码，可能不会刻意把编码改为 UTF-8，从而把 Python 文件保存为 ANSI 编码格式。在命令行窗口中运行该代码文件，运行结果如图 13-2 所示。

实际中往往由于各种原因，我们得到的 Python 代码文件没有用 UTF-8 来编码，这就会导致在命令行窗口运行出错。

用图 13-1 的方法保存的 Python 文件，用命令行窗口运行一定会出错。不过用 IDLE 打开时，会提示我们将文件转为 UTF-8 编码，并询问文件的原始编码是什么，如图 13-3 所示。

一般直接单击 OK 按钮即可完成编码转换，保存后，Python 文件的编码就已经是 UTF-8 编码了，在 IDLE 中运行不会有问题。当然，此后在命令行窗口中运行也不再出错。

解决这类编码错误的办法是在编辑 Python 代码保存为文件时，注意保存为 UTF-8 编码。

图 13-2　运行非 UTF-8 编码的代码文件时出错

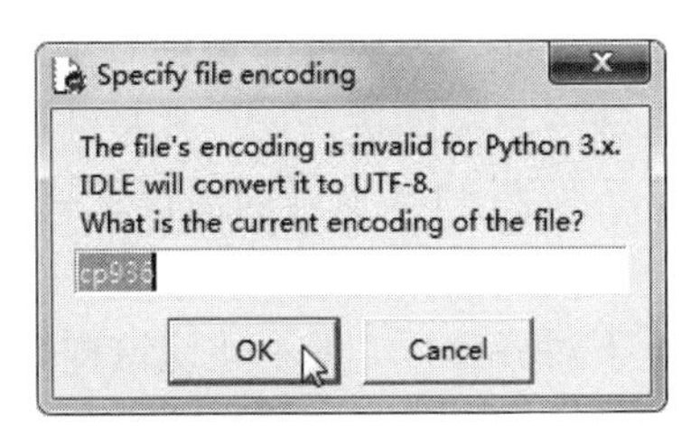

图 13-3　提示转换编码

13.2　缩进错误

13.2.1　不当缩进错误

Python 代码的缩进是非常严格的，不当缩进会导致代码运行的时候报错。

一般情况下，Python 中顺次执行的多个简单语句之间是平级关系，平级关系的各语句具有同等的缩进级别，具有同等缩进级别的各语句在代码窗口中的垂直位置应该是相同的。赋值和输入、输出语句都是简单语句。选择结构、循环结构、容错结构、函数定义、类定义和 with 结构都是复合语句，复合语句的第 1 行后的各行语句相对第 1 行来说都要缩进一定的距离。如果复合语句中包含复合语句，就需要层层缩进。IDLE 中默认用 4 个空格来表示一层缩进。

如图 13-4 所示代码的功能是输出 100 以内的所有正奇数之和。这段代码不够简洁，可以精简为一两行，这里只是为了说明 Python 代码的层级缩进。代码中的 s += i 与 if 是一个复合语句，所以 s += i 相对 if 缩进一层，即 4 个空格的距离，而 if 这个复合语句作为一个整体又是 for 复合语句的一部分，所以 if 相对 for 缩进了一层。这样，s+=i 相对 for 这一行缩进了两个层级，即 8 个空格。s = 0 语句与 for 复合语句和 print(s)语句的层级是相同的，具有同等的缩进，因为是第 1 层次，所以不需缩进。

关于缩进，我们可以简单理解为管辖，复合语句的第 1 行管辖其他行，被管辖的语句要相对于管辖它的语句缩进一个层级。因为 if 语句管辖 s+=i，所以 s+=i 要相对 if 缩进一层。因为 for 语句管辖 if 语句，所以 if 语句要相对 for 语句缩进一层。

明白了不具有复合语句关系的语句之间具有平级关系和复合语句内部的管辖关系，我们就会在写代码的时候少犯缩进方面的错误。

在图 13-4 中，如果 s += i 不相对于 if 语句缩进，而是与 if 语句的缩进级别相同，代码运行的时候就会报错，如图 13-5 所示。

```
s = 0
for i in range(1, 101):
    if i%2 != 0:
        s += i
print(s)
```

图 13-4　Python 代码的层级缩进

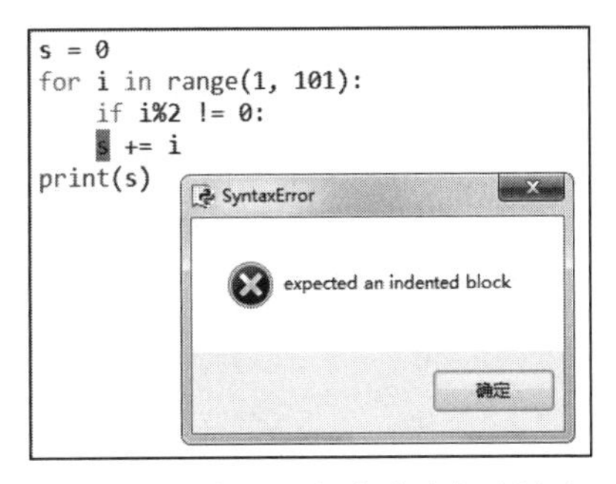

图 13-5　代码不当缩进引发的错误

一般，与 indent 单词有关的错误多是缩进方面的错误。解决思路是：平级关系缩进相同、管辖关系多缩进一层。凡是结尾有“:”的语句都是管辖语句，其下至少有一个语句归它管辖。

像图 13-5 这样的错误，只需要在 s += i 前输入几个空格，如 1 个、2 个或者 4 个空格。

需要指出的是，虽然各层次之间缩进的距离可以不一样，只需要保证每个平级关系的语句上下对齐就行。但不建议这样做，还是建议每个层次的语句缩进的距离一样。比如，每多缩进一个层次，就多缩进 4 个空格。

13.2.2　混用制表符和空格

不当缩进是对缩进的层次不清楚导致代码缩进不恰当。即使清楚地知道代码缩进的层次，在代码窗口中对平级关系的语句进行了对齐，也有可能存在着缩进错误，如图 13-6 所示。可以看出，层级和层级对应的缩进距离都没有问题，但是运行时报错。因为“s += i”前是制表符而不是 8 个空格。这种错误我们很难发现，因为制表符和空格在颜色上都是不可显示的，无法知道是代表几个制表符还是几个空格。不过，错误信息 inconsistent use of tabs and spaces in indentation 提示，错误原因为 Python 代码中混用制表符和空格。

在 C 语言中，混用制表符和空格进行缩进的代码尚能运行，但在 Python 中，混合运用制表符和空格的代码无法运行。

在 IDLE 中，如果没有更改任何设置，在代码窗口中按 Tab 键，会自动转化为 4 个空格，所以用 IDLE 编写的 Python 代码不会出现混用制表符和空格的问题。

13.3　语法错误

语法错误是指因为语句不符合 Python 语言的语法而引起的运行错误，主要有以下几种。

13.3.1　混淆大小写

Python 语言对语句的大小写非常敏感，如变量 A 和 a 是两个不同的变量。

例如，图 13-4 中的“print”如果写成“Print”，就会报错，如图 13-7 所示。这个错误是因为，print 函数被定义了，但 Print 函数没有被定义，Python 解释器也没有在代码中找到用户自定义 Print 对象的信息，所以就报错“Print 没有定义”。

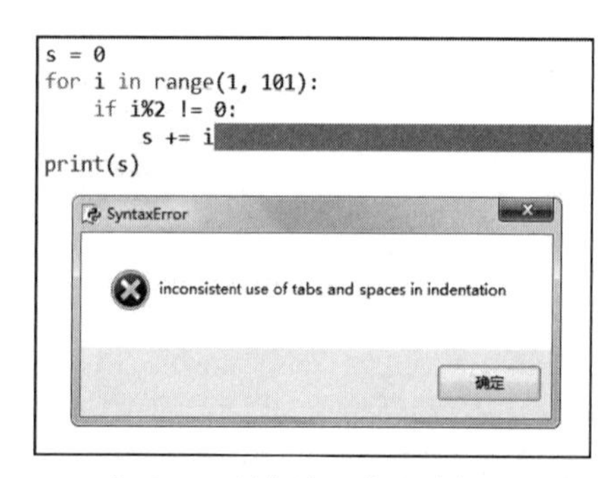

图 13-6　代码混用制表符和空格引起的缩进错误

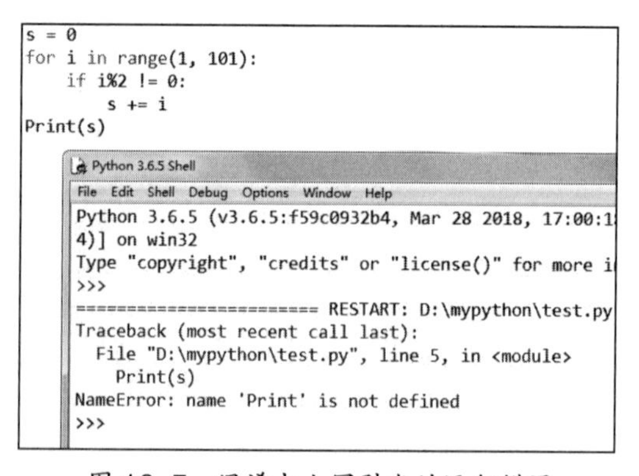

图 13-7　混淆大小写引发的运行错误

13.3.2 混淆全半角

在中文 Windows 操作系统中，有些字符有全角和半角的区别。比如，在英文输入法状态下输入的冒号是“:”，在中文输入法状态下输入的冒号是“：”，它们是不一样的。“:”在 Python 中用来引领一个复合语句，“：”只是一个普通的字符。二者混淆使用，就会引发运行错误，如图 13-8 所示。同样，初学者会不经意间将“()”写成“（）”，如在 print 语句中将“print(s)”写成“print（s）”，如图 13-9 所示。

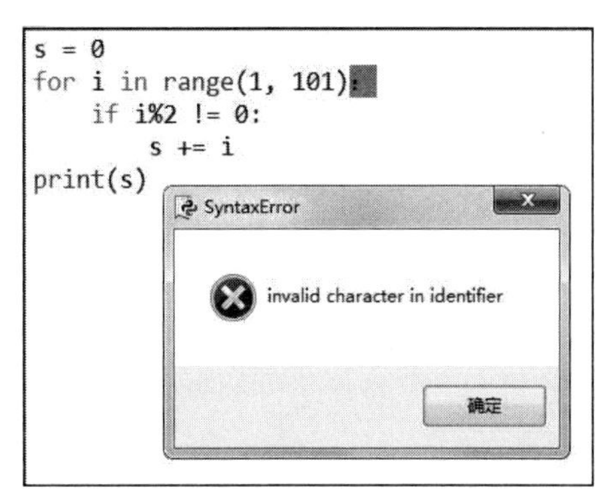

图 13-8 混淆全角和半角引发的运行错误（1）

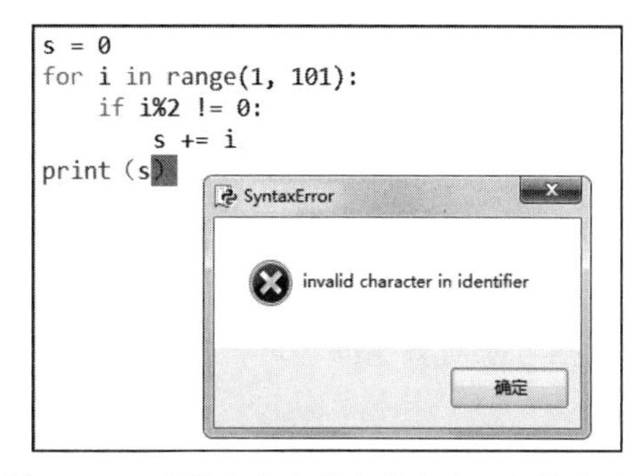

图 13-9 混淆全角和半角引发的运行错误（2）

错误信息中带有“invalid character”提示的，很可能是混淆全半角引起的。这种错误在 Python 初学者中普遍存在。

另外，空格和引号也容易混淆全角字符和半角字符，所以在编写 Python 代码时一定要正确切换输入法的状态。

13.3.3 写错关键词

学习过C语言的人可能不小心把“print”写成“printf”，因为“printf”是 C 语言的输出函数，出于写代码的习惯，这种错误可能一不小心就产生。

又如，“for”被误写成了“four”，运行时就会报错，如图 13-10 所示。但是初学者比较难判断是什么错误，其中提示了语法错误，将错误提示标志指向了“i”，并没有指向“four”。

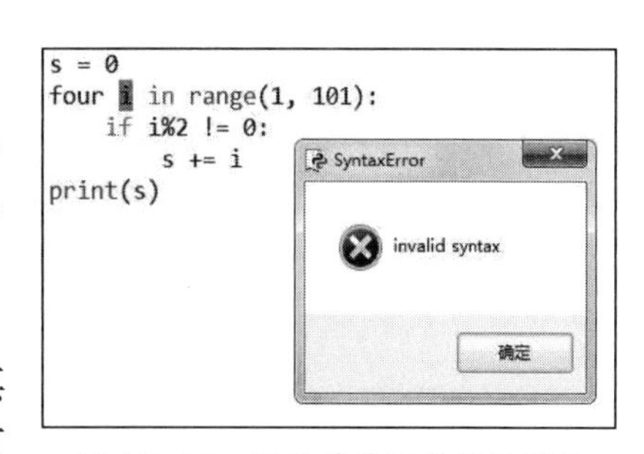

图 13-10 写错关键词引发的错误

下面是写错关键词的例子。

```
>>> s = "abc  def  gh"
>>> s.split()
['abc', 'def', 'gh']
>>> t = s
>>> t.spilt()
Traceback (most recent call last):
  File "<pyshell#5>", line 1, in <module>
    t.spilt()
AttributeError: 'str' object has no attribute 'spilt'
```

其中，想对字符串 t 实施与字符串 s 一样的操作，但是不小心把“split”拼写为“spilt”，报错信息更具有迷惑性。

解决这种错误，我们要熟记 Python 的语法才行。

13.3.4 括号不配对

5.2.2 节介绍了顺序结构的语句拼接，如果拼接的语句较多，可能导致拼接结果包含很多对括号，写代码时容易导致括号不配。例如，把一个整数列表合并为整数并输出，其中的第 2 句多写了 1 个“)”。

```
a = [1, 2, 3, 4, 5]
n = int("".join(list(map(str, a)))))
print(n)
```

上述代码运行时会报语法错误，但不会明确告诉我们是因为括号不匹配导致的语法错误，这只能靠经验积累来判断。一旦判断出是括号不匹配错误，解决办法就比较简单了，把缺少配对的圆括号配对齐全即可。

13.3.5 用三引号注释代码块引起语法错误

一般情况下，Python 的注释标志是“#”，其后直到行末的文字被认为是注释。如果注释多行，用“#”可能不太方便，有人就会用三引号。三引号的注释功能是附加效果，本质上，一对三引号中的文字依然是字符串的内容。不当使用三引号来注释可能引发错误。如图 13-11 所示，其本意是把循环体中的两行代码变成注释，用了三引号，结果运行时报错。

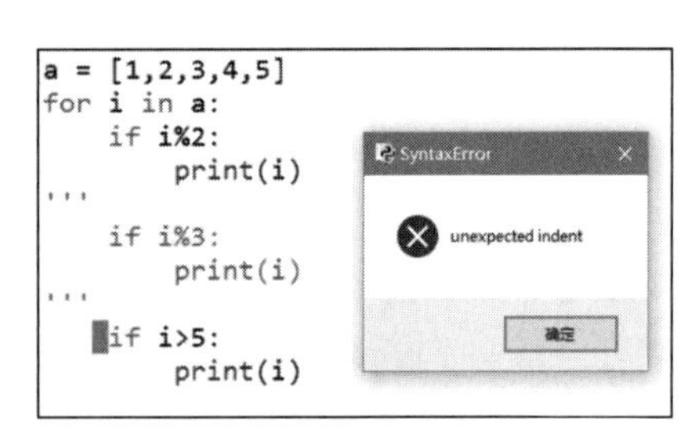

图 13-11　三引号注释引起的语法错误

错误的原因在于：一对三引号是顶格书写的。顶格写说明 for 复合语句结束了，下面的语句不再属于 for 的循环体，不应该相对于 for 语句缩进，但事实上它缩进了，因此报错。修改办法是将用于注释的一对三引号也缩进到与 if 语句相同的层级。

再看一个三引号注释出错的例子：

```
fn == r"C:\Users\dyjxx\test.txt"
with open(fn) as fpr:
    print(fpr.read())

"""
注意：语句
fn == r"C:\Users\dyjxx\test.txt"
不能写成
fn == "C:\Users\dyjxx\test.txt"
"""
```

如果没有一对三引号内的注释，上述代码运行是没问题的。有了三引号注释的内容，运行就报错，提示如下错误。

```
SyntaxError: (unicode error) 'unicodeescape' codec can't decode bytes in position 63-64: truncated
 \UXXXXXXXX escape
```

这是因为，一对三引号虽然用作注释，但还是一个没有给任何变量赋值的字符串，既然是字符串，就得遵守字符串的规定。在字符串中，“\U”后必须跟8个十六进制字符才能表示一个合法的Unicode字符，而上面代码中的“\U”后跟了字符s，所以报错。

鉴于此，建议不要轻易将三引号用于注释。

13.3.6 其他语法错误

有些语法错误是因为编程者受其他程序设计语言的语法影响，不自觉将其他语言的语法带入Python程序。

比如，C语言的if语句后没有“:”，而在Python中是必需的，如果受C语言影响很深，很可能遗漏“:”，这就会引发错误。

又如，在VB中，if语句所在行的最后有“then”，但在Python中，if语句所在行的最后应该是“:”，如果深受VB影响，可能不小心将“:”写成“then”。

我们在编写Python程序的时候，会碰到各种各样的语法错误，从一开始就要注意积累错误素材和解决办法，经常回顾，才能在后续的编程中逐渐减少语法错误。

13.4 运行错误

有些Python程序没有语法错误，在运行时还是会出错，这种错误称为运行错误，主要有以下几种。

13.4.1 数学运算错误

在程序中做除法运算时，如果没有考虑到除数不能为0的情况，直接去除，就可能发生数字被零除的错误，如图13-12所示。

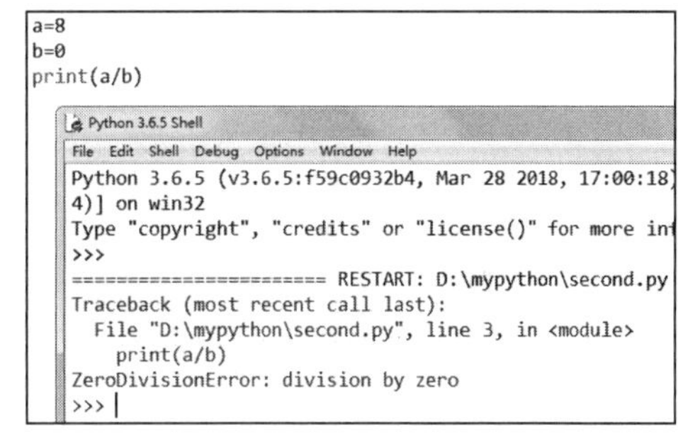

图13-12 被零除错误示例

除了被零除的错误，常见的数学运算错误还有开平方时忘了检查操作数是不是非负数，从而导致出错。

解决这种错误的方法很简单，用if语句判断，操作数的数值不符合条件，就不做相应的数学运算。

13.4.2 数据类型错误

在程序运行中，经常会遇到运算所需要的数据类型与实际的数据类型不符的情况，这会造成错误。数据类型错误大致分如下三种情况。

1．表达式计算出错

Python的每个运算符都对参与运算的数据类型有特定的要求，如加法运算符“+”要求参与运算的两个数据要么都是数值类型，要么都是字符串类型。如果一个是字符串类型，一个是数值类型，就会出错，如图 13-13 所示。

解决表达式计算出错的问题需要我们对 Python 的每个运算符所需的数据类型都比较了解。初学者可能经常出错，随着学习的深入，表达式计算出错的情况将会减少。

2．数据类型转换出错

Python 程序中往往需要数据类型转换，如把字符串类型转换成整数类型。因为 Python 从键盘收到的数据都是字符串类型，如果程序需要从键盘接收整数，就得编写代码把收到的字符串转换成整数。字符串转换成整数，必须是看起来像是整数才能转换，如 int("12345")可以把字符串"12345"转换成整数，但是字符串"12a"用 int 函数直接转换，写成 int("12a")就会出错，写成 int("12a",16)又不出错了，如图 13-14 所示。

```
>>> 3+"X"
Traceback (most recent call last):
  File "<pyshell#0>", line 1, in <module>
    3+"X"
TypeError: unsupported operand type(s) for +: 'int' and 'str'
>>> "X"+3
Traceback (most recent call last):
  File "<pyshell#1>", line 1, in <module>
    "X"+3
TypeError: must be str, not int
```

图 13-13 数据类型错误（1）

```
>>> int("12345")
12345
>>> int("12a")
Traceback (most recent call last):
  File "<pyshell#3>", line 1, in <module>
    int("12a")
ValueError: invalid literal for int() with base 10: '12a'
>>> int("12a",16)
298
```

图 13-14 数据类型错误（2）

对于数据类型转换错误，我们需要掌握每个转换函数对参数的数据类型的要求，这也需要多积累相关知识。用 try-except 结构进行转换也是一种解决方案。

3．函数参数数据类型不匹配错误

每个函数对参数的数据类型都有要求，如果调用函数的实参的数据类型不对，也会引发错误。例如，判断给定年份是不是闰年的函数 f 定义如下：

```
def f(n):
    if n%400 == 0 or n%4 == 0 and n%100 != 0:
        return True
    else:
        return False
```

```
>>> def f(n):
    if n%400==0 or n%4==0 and n%100!=0:
        return True
    else:
        return False

>>> f(2019)
False
>>> f("2019")
Traceback (most recent call last):
  File "<pyshell#2>", line 1, in <module>
    f("2019")
  File "<pyshell#0>", line 2, in f
    if n%400==0 or n%4==0 and n%100!=0:
TypeError: not all arguments converted during string formatting
>>> |
```

图 13-15 数据类型错误（3）

该函数功能正确。如果传递给它的参数是正整数，如 2019，那么函数调用没有问题；如果传递给它的是一个字符串，如"2019"，那么函数运行会报错，如图 13-15 所示。

解决这种错误，可以用 isinstance 函数先判断参数的数据类型，满足条件再进行下一步操作。

其实，数据转换类型错误，算起来也是函数参数数据类型不匹配错误，但数据类型转换我们在编写 Python 程序的时候经常用到，也经常出错，所以单列出来强调一下。

13.4.3 下标越界错误

在 Python 中，列表、元组、字符串等数据类型可以用下标引用其中的元素的值，如果下标指示的元素位置超出了其中的元素个数，就会出错，如图 13-16 所示。

下标越界错误可以先用 len 函数求出其中的元素个数，确保下标小于元素个数时，再用下标方式获取元素值。

```
>>> s = "你好"
>>> s[0]
'你'
>>> s[3]
Traceback (most recent call last):
  File "<pyshell#7>", line 1, in <module>
    s[3]
IndexError: string index out of range
>>> |
```

图 13-16　下标越界错误

13.4.4　文本文件编码错误

Python 的内置函数 open 在打开文本文件准备读取的时候，可以选择指定文件的编码方式（如果不指定编码方式，则按默认的编码处理，在中文 Windows 操作系统中，这个默认编码方式是 GBK）。如果编码指定有误，读取文件就可能报错。例如：

```
with open("test.txt", "w", encoding="utf-8") as fpw:
    fpw.write("人生苦短，我用 Python。")

with open("test.txt") as fpr:
    txt = fpr.read()
```

上述代码在运行时会报告如下错误信息。

```
UnicodeDecodeError: 'gbk' codec can't decode byte 0x82 in position 29: incomplete multibyte sequence
```

一个字符串写入文本文件时，如果选择的文件编码不合适，也有可能发生错误。比如，把《通用规范汉字表》中的一些罕见字（如第 6567 号字“㧑”）写入文本文件时，如果选用默认编码或者 GBK 编码，就会报错。

```
s = "6567㧑"
with open("test.txt", "w", encoding="gbk") as fpw:
    fpw.write(s)
```

错误信息如下：

```
UnicodeEncodeError: 'gbk' codec can't encode character '\u39d1' in position 4: illegal multibyte sequence
```

一旦发生这种错误，更改文本编码即可，如 UTF-8 或者 GB18030。

还有一种奇怪的编码错误：同一个语句，在 IDLE 交互式窗口和脚本窗口中运行正常。

```
>>> from datetime import datetime
>>> t = datetime.now()
>>> r = t.strftime("%Y 年%m 月%d 日%H 时%M 分%S 秒")
>>> print(r)
2021 年 02 月 02 日 16 时 54 分 30 秒
```

```
from datetime import datetime
t = datetime.now()
r = t.strftime("%Y 年%m 月%d 日%H 时%M 分%S 秒")
print(r)
```

上述两个代码均运行正常，但在 Windows 命令行窗口中运行程序提示出错：

```
Traceback (most recent call last):
  File "a.py", line 3, in <module>
    r = t.strftime("%Y 年%m 月%d 日%H 时%M 分%S 秒")
UnicodeEncodeError: 'locale' codec can't encode character '\u5e74' in position 2: Illegal byte sequence
```

出错原因尚不清楚，但我们找到了解决方法，代码可以修改如下：

```
from datetime import datetime
```

```
t = datetime.now()
r = t.strftime("%Y{}%m{}%d{}%H{}%M{}%S{}").format(*list("年月日时分秒"))
print(r)
```

配套电子出版物的 4.2.2 节最后的例子就是采用了类似的方法。

13.4.5 扩展库出错

扩展库出错的情况也是比较普遍的，大概有以下 4 种情况。

1．当前目录下存在着与要导入的扩展库重名的 Python 程序文件

例如，如图 13-17 所示的错误具有迷惑性，因为程序代码本身并没有任何错误。出错原因是，当前目录下另有一个名叫 docx.py 的 Python 程序文件。Python 导入扩展库时，会优先从当前目录加载扩展库，如找到，则不再搜索其他目录。当前目录下有一个 docx.py，当我们需要从扩展库 python-docx（该扩展库的导入名称是 docx）中导入对象 Document 时，Python 解释器在 docx.py 中找不到名叫 Document 的类或者函数，所以报错。解决办法是把文件 docx.py 改名，或者从当前目录下移走。

这种情况有一种特例，就是正在运行的 Python 程序文件的名称自身恰好与该程序代码中要导入的扩展库名称一致时，很可能也会导致类似图 13-17 所示的错误。

图 13-18 的代码保存的 Python 程序文件名 docx.py 与它要导入的扩展库 docx 重名，所以一旦运行，一定会抛出异常。

```
from docx import Document
doc = Document()
doc.add_paragraph("人生苦短，我用Python。")
document.save("test.docx")
```

```
Python 3.6.5 Shell
File Edit Shell Debug Options Window Help
Python 3.6.5 (v3.6.5:f59c0932b4, Mar 28 2018, 17:00:18) [MSC v.1900
4)] on win32
Type "copyright", "credits" or "license()" for more information.
>>>
============== RESTART: C:\Users\Administrator\Desktop\test.py =====
Traceback (most recent call last):
  File "C:\Users\Administrator\Desktop\test.py", line 1, in <module>
    from docx import Document
  File "C:\Users\Administrator\Desktop\docx.py", line 1, in <module>
    from docx import Document
ImportError: cannot import name 'Document'
>>>
```

图 13-17 与扩展库重名导致运行错误（1）

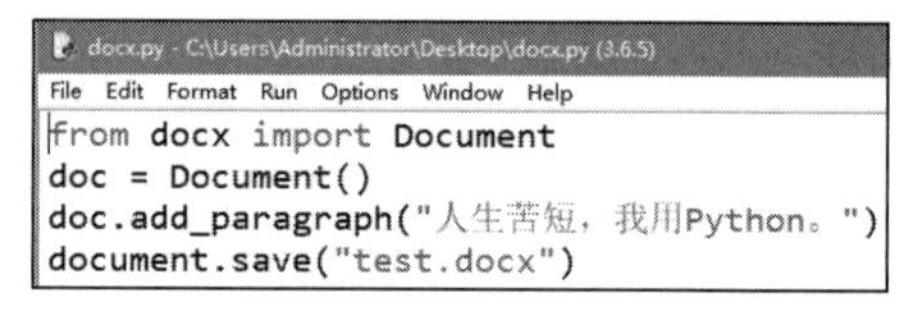

图 13-18 与扩展库重名导致运行错误（2）

2．个别扩展库自身原本就存在缺陷

例如，用 openpyxl 扩展库读取 Excel 文件后另存。

```
from openpyxl import load_workbook
wb = load_workbook("test.xlsx")
wb.save("test2.xlsx")
```

上述代码的功能是用 openpyxl 扩展库读取一个 Excel 文件，再写入另一个 Excel 文件。如果安装 openpyxl 2.5.x 版的扩展库来运行这段代码，原 Excel 有合并单元格，而且合并单元格有表格线，那么生成的 Excel 文件会丢失部分表格线。

遇到扩展库自身有缺陷的情况，有 3 种解决方法：① 更换扩展库更新的版本看错误是否消除；② 自己修改扩展库的代码；③ 用其他扩展库替代。

对于 openpyxl 2.5.x 版丢失合并单元格表格线的情况，如果改用 openpyxl 2.6.0 或更高的版本，生成的 Excel 文件就没有问题。这是采用了第①种解决方案。

例如，用 xlutils 带格式复制 Excel 文件时，会出现扩展库出错的情况，需要靠修改扩展库的代码来解决问题；解决 PyPDF2 的 BUG 也是采用了修改扩展库代码的方法。这是采用了第②种解决方案。

又如，在把图片变成音乐视频影集时，扩展库 moviepy 不能处理灰度图片，为了能同时处理彩色图片和灰度图片，需要改用 opencv-python 解决问题。这是采用了第③种解决方案。

3．扩展库与其他软件发生冲突

用 pywin32 扩展库操作 Office 文件时，可能与特定版本的其他软件发生冲突。例如，本书配套电子版在 5.3.1 节和 6.2.1 节介绍了两个冲突的实例，用 pywin32 扩展库转换 Word 文件格式时出现了一种运行错误，是因为 pywin32 与 NoteExpress 某版本发生了冲突。又如，用 pywin32 扩展库转换 Excel 文件格时出现了另一种运行错误，是因为 pywin32 与福昕阅读器某版本发生了冲突。这种因为软件冲突导致的运行错误最难排查，因为程序代码本身没有问题，换台计算机就能运行。解决问题的办法是先换台计算机运行代码，不至耽误工作。至于查找出错原因，只能慢慢排查，逐一检查计算机上安装的各种软件。

4．扩展库与 Python 的版本不兼容

这种情况一般是扩展库版本更新的速度跟不上 Python 版本更新的速度，导致一些扩展库在安装最新版本 Python 的计算机上无法安装，或者即便勉强安装上也会运行出错。

比如，在安装了 Python 3.6/3.7/3.8 的 Windows 计算机上都能用 pip 命令正确安装 wordcloud 扩展库，但在安装了 Python 3.9 的 Windows 计算机上用 pip 命令总是失败，因为 wordcloud 的开发者尚未针对 Python 3.9 发布相应的 Windows 版本。据 PyPi 显示，截至 2021 年 6 月 17 日，wordcloud 的最新版本是 2020 年 11 月 12 日发布的 1.8.1，针对 Python 3.9 只发布了适用于 Linux 操作系统的下载文件。

遇到这种情况，只能等待开发者发布新版本。实在急用的话，可以考虑降低 Python 的版本或者考察相同功能的其他扩展库。

13.4.6 计算机配置环境出错

有些 Python 代码看起来没有错误，在一些计算机上运行出错，但换其他计算机却能正确运行。这时多半是计算机上安装的各种软件发生冲突或者计算机长时间使用导致不小心丢失某些文件所致。

例如，在 64 位中文 Windows 7 + 64 位 Python 3.6.5 环境中：

```
from os import popen
popen("notepad.exe")
```

其功能是用 os 标准库的 popen 函数调用 Windows 系统命令启动 Windows 操作系统自带的记事本软件。把上述代码保存为 D:\test\mypopen.py，然后分两种方式运行该代码文件。

首先，命令行方式运行，一切正常，运行结果如图 13-19 所示。

然后，在 IDLE 的交互式环境中测试，输入两行代码，发现一切正常，如图 13-20 所示。

其次，用 IDLE 的脚本式环境运行这个文件就发生报错，运行效果如图 13-21 所示。

这种情况非常奇怪，同一台计算机，同样的代码，以命令行运行可以，以 IDLE 交互式运行也可以，但是以 IDLE 运行会出错。不由得让人怀疑是不是标准库有问题。

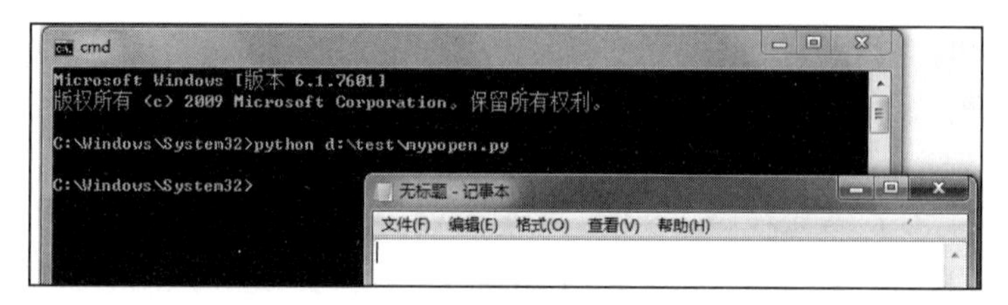

图 13-19　罕见的标准库疑似错误（1）——命令行运行无误

```
>>> from os import popen
>>> popen("notepad.exe")
<os._wrap_close object at 0x0000000002F682B0>
>>>
```

图 13-20　罕见的标准库疑似错误（2）——IDLE 交互式运行无误

```
Python 3.6.5 (v3.6.5:f59c0932b4, Mar 28 2018, 17:00:18) [MSC v.1900 64 bit (AMD6
4)] on win32
Type "copyright", "credits" or "license()" for more information.
>>>
======================== RESTART: D:\test\mypopen.py ========================
Traceback (most recent call last):
  File "D:\test\mypopen.py", line 2, in <module>
    popen("notepad.exe")
  File "C:\Python\Python365\lib\os.py", line 980, in popen
    bufsize=buffering)
  File "C:\Python\Python365\lib\subprocess.py", line 667, in __init__
    errread, errwrite) = self._get_handles(stdin, stdout, stderr)
  File "C:\Python\Python365\lib\subprocess.py", line 905, in _get_handles
    p2cread = self._make_inheritable(p2cread)
  File "C:\Python\Python365\lib\subprocess.py", line 955, in _make_inheritable
    _winapi.DUPLICATE_SAME_ACCESS)
OSError: [WinError 6] 句柄无效。
>>> |
```

图 13-21　罕见的标准库疑似错误（3）——IDLE 脚本式运行出错

不过，尝试用 Python 3.80 运行该代码，一切正常。难道是 Python 3.6.5 独有的 BUG 吗？于是笔者在其他机器上安装 Pyhon 3.6.5 进行测试，发现不再有错误。于是，Python 3.6.5 自带 BUG 的可能性也被排除。

显然，这个错误是个别计算机的 Python 运行环境导致的，并不是 Python 3.6.5 的问题。如果把自己计算机上的 Python 3.6.5 卸载，再次重装全新的 Python 3.6.5，会不会这个问题就不存在了呢？然后满怀希望地去测试，结果发现：又成功重现了当初的错误问题。

后来，笔者换用了标准库 subprocess，采用其中的 Popen 函数才最终完美解决。代码如下：

```
import subprocess
subprocess.Popen("notepad.exe")
```

当时还沾沾自喜以为发现了标准库的 BUG，其实并非这样。一般来说，标准库出现 BUG 的可能性极小。如果发现疑似标准库出错的情况，很有可能是我们的计算机运行 Python 的软件环境出问题了。果不其然，后来计算机重新安装了操作系统，然后安装 Python，再用 IDLE 的脚本运行方式运行这段代码，结果就正常了。

有时，程序代码在一些计算机上不能运行，但在其他计算机上能够运行。我们有足够的理由怀疑，这应该不是代码本身的问题，或许与程序运行的环境有关。遇到这种错误，我们可以尝试重装扩展库、重装 Python、卸载并重装相关支持软件，实在不行，可以考虑重安装操作系统，甚至换一种方法实现原定的程序功能。

13.5 逻辑错误

有时，Python 程序语法没问题，运行也没有报错，结果也有，但是结果不对。这样的错误称为逻辑错误。逻辑错误有如下几种。

13.5.1 循环终值设定有问题

这种错误很可能来源于程序设计者对 range 函数的终止值理解不到位，或者对循环条件表达式中的<、<=、>、>=运算符是否需要"="的问题认识不清。

错误示例一：

```
# 返回 1+2+3+…+n 的值
def mysum(n):
    return sum(range(1, n))

if __name__ == "__main__":
    print(mysum(100))
```

上述代码的本意是写一个函数返回从 1 到 n 的累加和。以 100 作为参数去调用函数，发现结果是 4950，断定程序有问题。本程序的问题是 range(1, n)不包括 n，导致未能在结果中加上 n。

错误示例二：

```
# 返回 1+2+3+…+n 的值
def mysum(n):
    s, i = 0, 0
    while i <= n:
        i += 1
        s += i
    return s

if __name__ == "__main__":
    print(mysum(100))
```

上述代码的运行结果是 5150，错误在于把循环条件表达式 i < n 误加了等号，写成了 i <= n。

这里给出的两个例子是比较简单的，但一些复杂的程序也可能由于各种原因导致类似的循环终止值选择错误问题。

13.5.2 不同用途的变量同名

有时我们可能不小心把创建的循环变量名称写得与其他变量相同，这会导致运行结果与预期不符。例如，查找文件的错误例子。

```
from os import listdir

# 遍历目录下的所有文件，将文件名写入指定的文件中
def findfiles(path, fn):
    files = listdir(path)
    for fn in files:
        print(fn)
    with open(fn, "wt") as fpw:
```

```
        fpw.write("\n".join(files))

if __name__ == "__main__":
    testpath = r"C:\Users\dyjxx\Desktop\test"
    filename = r"C:\Users\dyjxx\Desktop\result.txt"
    findfiles(testpath, filename)
```

本例本想把目录 testpath 中的所有文件名写入 filename 文件，但运行后发现没有在指定的目录下生成文件 result.txt。其原因就是函数 findfiles 的第 2 个参数 fn 与函数内的循环变量 fn 同名，导致在把文件名列表写入文件时，fn 的值已经不再是当初调用函数 findfiles 时传递给它的第 2 个参数的值，所以生成文件失败。

13.5.3 不该变的变量值被改变

有时，不该变的变量值我们没有预先保存，导致它的值在后续运算过程中发生了变化，从而造成运算结果与预期不符。例如：

```
n = 153
k = len(str(n))
s = 0
while n > 0:
    s += (n%10) ** k
    n //= 10
flag = s==n
print(flag)
```

上述代码的本意是判断一个整数是否为自幂数，运行结果为 False。因为变量 n 的值本来不该改变（后来还要与它比较），但在循环前没有保存它的值，反而在循环过程中改变了它的值，这导致了最终的 n 为 0，所以 s 与 n 不相等，从而输出了错误的判断结果。

这种错误较难发现原因，笔者最初花了十来分钟分析出错原因，用了很多 print 语句，最终才发现是 n 的值最后变成 0 了，不再是最初的 153。解决方法是，在循环前引入一个变量来保存 n 的值，最后让 s 的值与保存的值进行比较。

13.5.4 语句缩进层次不清

Python 对代码的缩进要求非常严格，混用制表符和空格会报错，具有平级关系的代码缩进不对齐也会报错。如果某些语句不当缩进，可能不会报错，但运行结果与预期不符，这也是一种逻辑错误。如图 13-22 所示，代码本意是判断输入的整数是偶数还是奇数。第一次运行时输入 5，输出的结果正确，第二次运行时输入 6，它就没有任何输出。它的问题在于，print 语句不该缩进却错误缩进了。

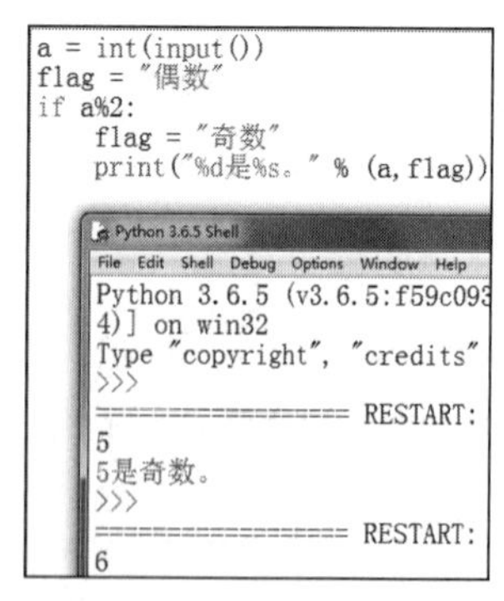

图 13-22　语句缩进层次不清

13.5.5 混淆运算符的优先级

运算符优先级错误也是常见的逻辑错误。Python 表达式中的运算符优先级规定比较复杂，不熟悉的话，可能因为误用优先级导致运行结果与预想的不一样。例如，判断闰年：

```
n = int(input("请输入一个正整数年份: "))
if n%400 == 0 or n%4 == 0 and n%100 != 0:
    flag = True
else:
    flag = False
r = "是" if flag else "不是" + "闰年"
print(r)
```

其本意是，输入的年份 n 是闰年时，输出“是闰年”，否则输出“不是闰年”。但 n 是闰年时只输出了“是”，因为没能正确认识表达式中各部分的优先运算顺序。在 Python 中，条件表达式的优先级低于“+”运算符，所以“是”是一个单独的字符串，“不是闰年”是优先结合在一起的。所以，把“"是" if flag else "不是"”修改如下即可：

```
("是" if flag else "不是")
```

再看一个比较整数大小的例子。

```
>>> a = 20
>>> b = 10
>>> if a >= b is True:
    print("a>=b")
else:
    print("a<b")
a<b
>>> (a >= b) is True
True
>>> a >= (b is True)
True
```

上述代码期望输出“a>=b”，但运行结果是“a<b”。这说明，表达式“a>=b is True”的结果不是 True。无论按照“(a>=b) is True”去解读还是按照“a>=(b is True)”去解读，结果都应该是 True。为什么不加括号就变成 False 了呢？

事实上，运算符>=与 is 的优先级是相同的，相同优先级的运算符在关系运算时可以连续比较。例如，2<5>3 结果为 True，相当于 2<5 and 5>3。那么，表达式“a>=b is True”应该解读为“a>=b and b is True”，这个表达式的值显然为 False。

至此，奇怪的运行结果得到了解释。为了避免因不清楚运算符的优先级而带来的可能错误，在复杂的表达式中多加括号绝对是好习惯。在上述代码中，如果按照期望的结果去写代码，表达式“a>=b is True”写成“(a>=b) is True”就没有问题了。其实，如果表达式作为逻辑判断的条件，直接写“a>=b”就行，不需要写成“(a>=b) is True”或者“(a>=b)==True”之类。

另外，从 C 语言转到 Python 的学习者可能误把 2<5>3 结果理解为 False，因为在 C 语言中，这个表达式的值为 0。但是在 Python 中，2<5>3 其实等价于 2<5 and 5>3，与 C 语言的表达式 2<5>3 意思完全不同。

13.5.6 列表赋值错误

关于列表赋值方面的错误，也是初学者经常遇到的。例如：

```
>>> r, s = [], []
```

```
>>> for i in range(3):
	s.append(i)
	r.append(s)
>>> r
[[0, 1, 2], [0, 1, 2], [0, 1, 2]]
```

我们希望得到的结果是[[0], [0, 1], [0, 1, 2]]，但未能如愿。因为r三次追加的s是同一个对象，虽然每次把s追加到r中时，s的值是不相同的，但随着s值的改变，已经添加到r中的元素的值也随s的值同步变化，这导致最终r的三个元素值都是相同的。要解决这个问题，采用列表对象s的浅拷贝方法得到新对象，再加入列表r即可。

13.5.7 调用对象的方法不加括号

有些对象的方法没有参数，但调用时需要加上括号。如果忘了加括号，程序运行可能不出错，但结果总是莫名其妙地不符合预期。例如：

```
s = input("请输入一个整数: ")
if s.isdigit:
    flag = "是"
else:
    flag = "不是"
print(f"{s}{flag}整数。")
```

运行上述代码，如果输入12，会输出字符串“12是整数”；如果输入abc，会显示“abc是整数”，这显然不符合逻辑。经过多次测试可以发现，无论输入什么字符串，结果都是整数。

错误原因在于，调用字符串方法isdigit时忘了加“( )”。加了“( )”后，“s.isdigit()”表达式就表示调用字符串对象s的isdigit方法。不加，“s.isdigit”就是字符串对象s的isdigit方法对应的函数对象，而一个对象不可能相当于布尔类型的False，所以条件永远为真，输出结果自然永远都是整数。下面的例子能很好地说明加不加括号的道理。

```
>>> s = "abc"
>>> s.isdigit
<built-in method isdigit of str object at 0x00000271527F3C00>
>>> s.isdigit()
False
```

13.5.8 算法错误

算法错误源于程序采用的算法和思路本身就是错误的。比如，找出1800至2000年之间的所有闰年（含1800年和2000年），图13-23所示的程序就存在着逻辑错误，输出结果漏掉了2000年这个闰年。它的错误在于判断闰年的算法思路有问题，忘了整百的年份如果能被400整除也是闰年这个判断条件。

```
def f(n):
    if n%4==0 and n%100!=0:
        return True
    else:
        return False

r = [n for n in range(1800,2001) if f(n)]
print(r)
```

图13-23　算法错误导致逻辑错误代码

Python程序中的逻辑错误最难排查，这种逻辑错误通常是由逻辑思路不清楚导致的。这类问题只能具体问题具体分析了。

第14章 代码调试

代码调试与代码测试不同。代码测试是判断程序有没有错误的过程，而代码调试是在已知代码存在错误的前提下找出并修正错误的过程。代码调试一般包括定位错误代码位置、分析错误原因和修正代码错误这几部分。

定位错误代码位置是任何程序学习者都需要掌握的一项基本技能。如果 Python 程序代码有语法错误，那么程序会在刚开始运行的时候就报错，错误位置显而易见，真正难对付的是逻辑错误，具有这种错误的程序代码语法上没问题，运行也能出结果，但结果就是与预期不符，定位逻辑错误位置就需要付出很多努力。

错误代码位置找到后，可以根据第 13 章介绍的各种错误类型，有针对性地给出解决方案。

本书简单介绍几种调试 Python 代码的方法，主要是定位错误代码位置。

14.1 输出对比法

在疑似出错代码段前后输出相同表达式的值进行对比，以确定哪些疑似错误代码真的存在问题。或者在循环的每步都输出相同表达式的值，观察对比表达式的值的变化。在必要的时候，可以把复杂表达式分解为多个组成部分，输出其特定组成部分的值。

【例 14-1】 判断一个 8 位数字串是否为合法日期的出错代码示例（一）。

```
def isvaliddate(ymd):
    y, m, d = map(int, (ymd[:4], ymd[4:6], ymd[6:]))
    mlist = [0, 31, 28, 31, 30, 31, 30, 31, 31, 30, 31, 30, 31]
    mlist[2] += int(y%400 == 0 or y%4 == 0 and y%100)
    return y > 0 and 1 <= m <= 12 and 1 <= d <= mlist[m]


if __name__ == "__main__":
    s = input().strip()
    print(s.isdecimal() and len(s)==8 and isvaliddate(s))
```

上述代码的本意是若 y 表示的年份是闰年，则 2 月份加上 1 天。因为表达式

```
y%400 == 0 or y%4 == 0 and y%100
```

作为条件时可以等价于 True 或者 False，用 int 函数转化，就可以得到 1 或者 0，刚好可以根据 y 是否为闰年来决定加 1 还是加 0。

理想很丰满，现实很骨感。运行代码时，绝大多数 8 位数字串都能正确地判断是否为合法日期，但对于 2 月份的个别日期判断却大有问题。例如，输入“20200234”，得到的结果

居然是 True。

print 语句的参数是一个复杂的表达式，该表达式由三部分组成：s.isdecimal()，len(s)==8，isvaliddate(s)。它们之间是 and 关系，所以只要有任何一部分结果为 False，整个输出结果就是 False，只有当它们都是 True 时，输出结果才为 True。输出结果为 True，说明 isvaliddate(s)一定是 True，而事实上它不该为 True，所以初步得出结论：问题出在函数 isvaliddate 这里。

在 isvaliddate 函数中，return 语句的结果是 True，说明表达式

```
y > 0 and 1 <= m <= 12 and 1 <= d <= mlist[m]
```

的值为 True，从而表达式 1 <= d <= mlist[m]的值也应该为 True。如果参数获取没有问题，y 的值应该是 2020，m 的值应该为 2，d 的应该值为 34，那么表达式 1 <= d <= mlist[m]的值居然为 True，说明 mlist[2]的值已经超过了 29。要么是参数获取有问题，要么是 m[2]的赋值语句有问题。为此我们在代码中添加很多输出语句，添加后的代码如下。

【例 14-2】 判断一个 8 位数字串是否为合法日期的出错代码示例（二）。

```
def isvaliddate(ymd):
    y, m, d = map(int, (ymd[:4], ymd[4:6], ymd[6:]))
    print("参数获取: ", y, m, d)
    mlist = [0, 31, 28, 31, 30, 31, 30, 31, 31, 30, 31, 30, 31]
    print("mlist 初始值: ", mlist)
    mlist[2] += int(y%400 == 0 or y%4 == 0 and y%100)
    print("mlist 最终值: ", mlist)
    print("mlist[2]: ", mlist[2])
    return y > 0 and 1 <= m <= 12 and 1 <= d <= mlist[m]


if __name__ == "__main__":
    s = input().strip()
    print(s.isdecimal() and len(s)==8 and isvaliddate(s))
```

运行上述代码，同样输入“20200234”，结果如下：

```
参数获取:  2020 2 34
mlist 初始值:  [0, 31, 28, 31, 30, 31, 30, 31, 31, 30, 31, 30, 31]
mlist 最终值:  [0, 31, 48, 31, 30, 31, 30, 31, 31, 30, 31, 30, 31]
mlist[2]:  48
True
```

从第 1 行输出可知，y、m、d 这 3 个变量的值没有问题，第 2 行输出是对比用的，数据是原始状态，但第 3 行和第 4 行输出就有问题了，mlist 列表的元素 mlist[2]的值居然是 48，不是我们想象的 28 或 29，看来是为 mlist[2]赋值那一行出了问题。

于是重新布置输出语句，代码如下。

【例 14-3】 判断一个 8 位数字串是否为合法日期的出错代码示例（三）。

```
def isvaliddate(ymd):
    y, m, d = map(int, (ymd[:4], ymd[4:6], ymd[6:]))
    mlist = [0, 31, 28, 31, 30, 31, 30, 31, 31, 30, 31, 30, 31]
    print("y: ", y)
    print("y%400 == 0: ", y%400 == 0)
    print("y%4 == 0: ", y%4 == 0)
    print("y%100: ", y%100)
    print("y%4 == 0 and y%100: ", y%4 == 0 and y%100)
    print("y%400 == 0 or y%4 == 0 and y%100: ", y%400 == 0 or y%4 == 0 and y%100)
```

```
    print("mlist[2] +=", int(y%400 == 0 or y%4 == 0 and y%100))
    mlist[2] += int(y%400 == 0 or y%4 == 0 and y%100)
    return y > 0 and 1 <= m <= 12 and 1 <= d <= mlist[m]

if __name__ == "__main__":
    s = input().strip()
    print(s.isdecimal() and len(s)==8 and isvaliddate(s))
```

运行上述代码，同样输入“20200234”，得到的结果如下。

```
y:  2020
y%400 == 0:  False
y%4 == 0:  True
y%100:  20
y%4 == 0 and y%100:  20
y%400 == 0 or y%4 == 0 and y%100:  20
mlist[2] += 20
True
```

我们看到，y、y%400==0、y%4==0、y%100 表达式的值都在预期内，从 y%4==0 and y%100 表达式往后的几行输出就不符合预期了。y%4==0 and y%100 结果居然是 20，再用 int 函数转换还是 20，那么 mlist[2]加上的就是 20，所以得到了 48。

问题根源找到了，如何修改呢？这就需要熟悉 Python 的逻辑与运算规则。逻辑与运算的规则在 3.3.2 节有介绍，而且有一个关于 2020 除以 4 和 100 的余数逻辑运算的举例，正是为调试本例进行铺垫。

至此，问题已经很清楚了，只需把语句

```
mlist[2] += int(y%400 == 0 or y%4 == 0 and y%100)
```

改为

```
mlist[2] += int(y%400==0 or y%4 == 0 and y%100 != 100)
```

就可以了。

14.2 IDLE 调试法

Python 的 IDLE 自带了一个简易的调试工具。在 IDLE 脚本窗口中，选择“Run”→“Check Module”菜单命令，就会显示输出窗口，在输出窗口中选择“Debub”→“Debugger”菜单命令，会在输出窗口中显示“[DEBUG ON]”字样，出现一个标题为 Debug Concrol 的调试窗口，如图 14-1 所示。可以随时关闭调试窗口，会在输出窗口中出现“[DEBUG OFF]”字样。

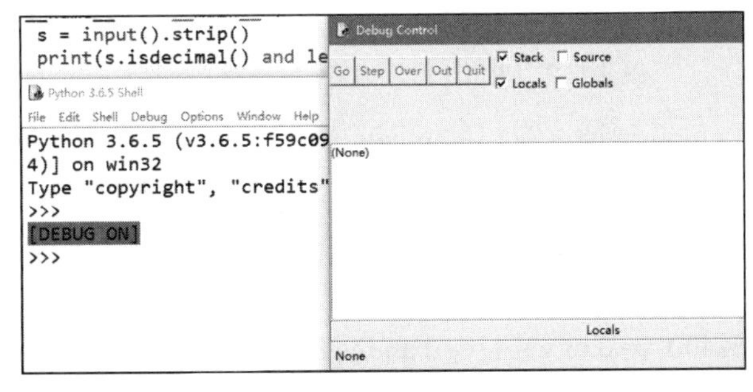

图 14-1　用 IDLE 调试 Python 程序（1）

勾选 Source 和 Globals 复选框，然后在程序代码窗口中选择“Run”→“Check Module”菜单命令，即可启动调试工作。

调试刚启动时，代码窗口第 1 行（即 def 语句所在行）变为灰色，同时在调试窗口中有一个蓝色行显示程序代码中的灰色行，该行的内容会在后续的调试过程中随着程序代码中灰色行的移动而发生变化。在调试窗口中每单击一次 Over 按钮，即可执行一行 Python 语句。第一次单击 Over 按钮后，代码窗口中的灰色行跳过了整个 isvaliddate 函数，变到了 if 语句所在的行。第二次单击 Over 按钮后，为 s 赋值的行变成了灰色行（灰色行是下一步将要执行但尚未执行的行）。第三次单击 Over 按钮后，为 s 赋值的那行语句正在执行，因为本行有输入函数，所以 Python 正在等待输入数据，而不是马上执行完毕。在输出窗口中用键盘输入“20200234”，按 Enter 键，发现为 s 赋值的那行语句执行完毕，print 语句所在的行变成了灰色。此时变量 s 已经得到了赋值，它的值在调试窗口的 Globals 子窗口的最下面一行可以找到，发现正是字符串'20200234'。

这时，如果再次单击 Over 按钮，print 语句所在的行就会执行完毕，同时全部程序代码执行完毕。输出窗口中输出了 True 这行信息，这是程序的运行结果。虽然全部代码执行完毕，但程序还处于调试状态，所以输出窗口中又输出了“[DEBUG ON]”字样，提醒我们此时仍处于调试状态（把调试窗口关闭可以结束调试状态）。显然，我们不希望一下子就把 isvaliddate 函数执行完毕，希望进入函数内部，一句一句地执行。

单击 Step 按钮，可以进入 isvaliddate 函数内部，灰色行停留在函数的第 1 行。此时，调试窗口的 locals 子窗口中有一个变量 ymd，这是 isvaliddate 函数的形参，它的值是'20200234'。在这种情况下，单击 Over 按钮就可以在 isvaliddate 函数内部一句一句地执行，直到函数的全部代码执行完毕并返回，单击 Out 按钮，可以一步执行完函数的全部语句并返回。单击 Over 按钮，发现灰色行下移，调试窗口的 locals 子窗口中多了 y、m、d 变量，如图 14-2 所示。

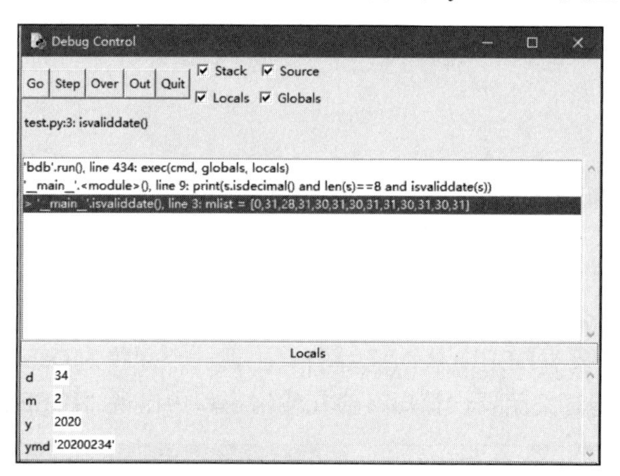

图 14-2　用 IDLE 调试 Python 程序（2）

再单击 Over 按钮，可看到调试窗口的 locals 子窗口中多了变量 mlist；再单击 Over 按钮，即可看到 mlist 变量中下标为 2 的元素值变成了 48，这与我们预想的不符，就能断定是语句

```
mlist[2] += int(y%400 == 0 or y%4 == 0 and y%100)
```

出了问题。

至于是表达式“y%400 == 0 or y%4 == 0 and y%100”的哪里出了问题，这个 IDLE 调试窗口看不出表达式的值是如何变化的，只能看出获得赋值的变量的值是怎样一步一步随着语句

执行而变化的。所以说，这是一个简易的调试工具。

单击一次 Over 按钮或 Step 按钮，只能执行一条语句，称为单步执行。如果程序代码行数较多，单步执行效率很低。

有一个方法可以一下子执行很多条语句，这需要设置断点。设置断点的方法是，在调试状态下，在光标所在代码行上单击右键，在弹出的快捷菜单中选择“Set Breakpoint”，然后可以看到代码窗口中有一个黄色的行，该行就是所谓的断点，如图 14-3 所示。

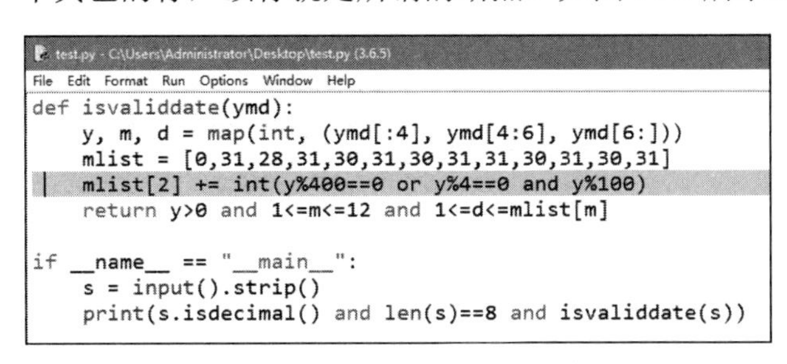

图 14-3　用 IDLE 调试 Python 程序（3）

设置断点后，在调试状态下单击 Go 按钮，程序会一步执行到断点处（断点行尚未执行，断点前面的所有行都执行完毕）。在断点行附近，可以用单步执行的方法再仔细考察变量值的变化。对于设置的断点，随时可以取消断点（在弹出的快捷菜单中选择“Clear Breakpoint”）。

调试窗口中有 4 个调试按钮：Go、Step、Over、Out，功能（都是在调试状态下有效）如下：Go，有断点则执行到断点处待命，无断点则执行完全部代码；Step，执行当前行的一条语句，若遇到函数调用，则追踪到函数内部；Over，执行当前行的一条语句，若遇到函数调用，则忽略函数内部；Out，一步执行完函数的所有语句并从函数中返回到调用函数的语句。

14.3　装饰器方法

对初学者来说，装饰器比较复杂，本书不打算介绍这个知识点。我们只需知道，Python 装饰器本质上是一种 Python 函数，可以在不改变其他函数代码的前提下为其他函数增加一些特定的新功能。装饰器与迭代器、生成器一起被誉为 Python 的三大神器①。初学者熟练掌握函数的有关知识后，再去学装饰器就容易理解了。

扩展库 PySnooper 实现了一种装饰器，可以很方便地帮我们查看 Python 代码运行的每一步对变量的修改情况，在我们的代码存在逻辑错误时，用来调试最方便不过。尽管 PySnooper 自称是穷人的 Python 调试器（A poor man's debugger for Python），但它的功能一点都不差，反而是非常强大。我们来看一下如何用 PySnooper 帮助我们调试 Python 代码。

在命令行窗口中安装 PySnooper：

```
pip install PySnooper
```

安装在 Python 代码中引入扩展库 PySnooper（PySnooper 的名字在导入时全部为小写字母）：

```
import pysnooper
```

在需要调试的函数前面加上如下装饰器代码：

```
@pysnooper.snoop()
```

① 另一种 Python 三大神器的说法是 pip、virtualenv、fabric。本书只介绍了 pip。

然后正常运行程序代码，在运行结果界面可以看到代码运行过程的每一步对变量值的修改情况。例如：

```
def myadd(n):
    s = 0
    for i in range(1, n):
        s += i
    return s

if __name__ == "__main__":
    print(myadd(5))
```

上述代码希望的功能是让函数调用表达式 myadd(n)，返回从 1 开始累加到 n 的和，但调用 myadd(5)发现运行结果是 10，不是预期的 15。现在用扩展库 PySnooper 来调试这段代码。运行 Python 程序的环境显示了每行代码的行号，如图 14-4 所示。

```
1  import pysnooper
2
3  @pysnooper.snoop()
4  def myadd(n):
5      s = 0
6      for i in range(1, n):
7          s += i
8      return s
9
10 if __name__ == "__main__":
11     print(myadd(5))
```

图 14-4　装饰器调试的代码示例

我们正常运行 Python 代码，可得到如下结果：

```
Source path:... testfunc.py
Starting var:.. n = 5
20:34:19.327293 call         4 def myadd(n):
20:34:19.328293 line         5     s = 0
New var:....... s = 0
20:34:19.328293 line         6     for i in range(1, n):
New var:....... i = 1
20:34:19.329293 line         7         s += i
Modified var:.. s = 1
20:34:19.329293 line         6     for i in range(1, n):
Modified var:.. i = 2
20:34:19.330293 line         7         s += i
Modified var:.. s = 3
20:34:19.330293 line         6     for i in range(1, n):
Modified var:.. i = 3
20:34:19.331293 line         7         s += i
Modified var:.. s = 6
20:34:19.331293 line         6     for i in range(1, n):
Modified var:.. i = 4
20:34:19.332293 line         7         s += i
Modified var:.. s = 10
20:34:19.332293 line         6     for i in range(1, n):
20:34:19.333294 line         8     return s
20:34:19.333294 return       8     return s
Return value:.. 10
10
```

由此可知，循环变量 i 的值只变到 4 就不再变了，预期的 5 没有累加到变量 s 上，所以函数只返回了 10。至此，问题的根源差不多找到了，表达式 range(1, n)应该改为 range(1, n+1)。

我们也可以不调试函数，而是只调试一部分代码片段。方法是把要调试的代码片段用 with

语句做成一个语句块。例如：

```
import pysnooper
with pysnooper.snoop():
    n,s = 5,0
    for i in range(1, n):
        s += i
    print(s)
```

关于使用扩展库 PySnooper 调试代码，这里只介绍这些。更多的知识可以参考 PySnooper 在 PyPi 的网页。

本书介绍了 3 种调试 Python 程序的方法，还有其他调试方法，不再赘述。董付国还介绍过一种 pdb 调试法①，感兴趣的读者可以参考。

① 董付国．Python 程序设计开发宝典．清华大学出版社，2017．

附录 A 环境变量设置

如果在安装 Python 时没有勾选“Add Python 3.6 to PATH”选项，那么后续运行 Python 程序及安装扩展库可能带来一些问题。这里以 Python 解释器 python.exe 为例来详细说明手动添加环境变量的步骤。

第一步：找到 Python 解释器 python.exe 所在的目录，即 Python 的安装目录。如果不清楚这个目录是什么，可以按如下操作找到它。

（1）单击屏幕左下角的“开始”图标，接着单击“所有程序”菜单，如图 A-1 所示。

（2）在“所有程序”中找到“Python 3.6”，找到子项目“Python 3.6 (64-bit)”并单击右键，在弹出的快捷菜单中选择“属性”选项，如图 A-2 所示。

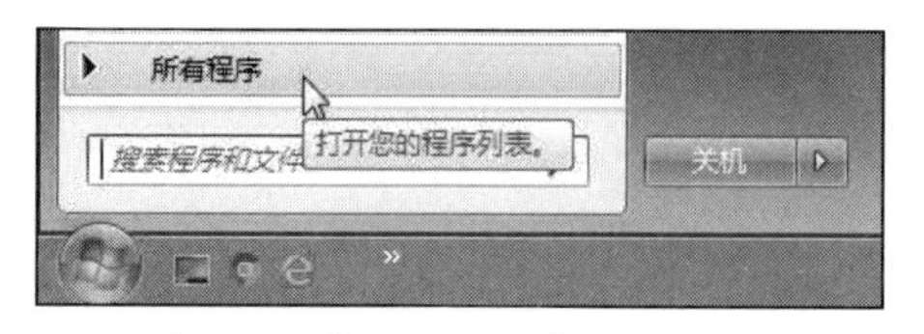

图 A-1 手动设置环境变量（1）

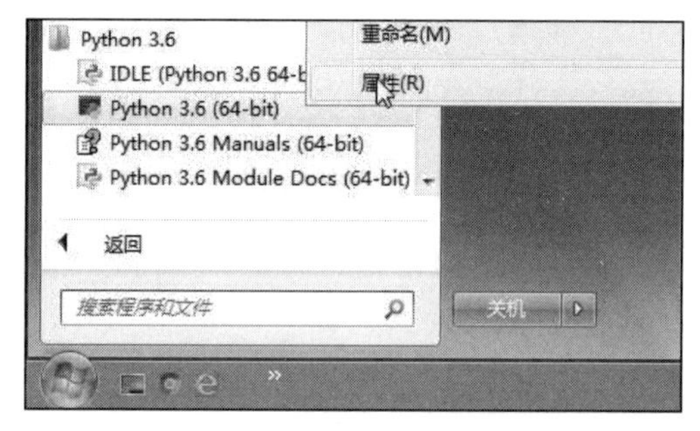

图 A-2 手动设置环境变量（2）

打开“属性”窗口后，在“快捷方式”选项卡中可以看到如图 A-3 所示的对话框，包括 Python 解释器 python.exe 的全路径名和它所在的目录 C:\Python\Python365（文本框内的路径最后有个反斜线，这个可有可无，笔者习惯不写）。

第二步：把 Python 解释器 python.exe 的路径加入环境变量。添加到环境变量的方法步骤如下：在桌面的“计算机”图标上单击右键，在弹出的快捷菜单中选择“属性”选项，出现如图 A-4 所示的窗口；单击“高级系统设置”选项，出现“系统属性”对话框（如图 A-5 所示），在“高级”选项卡中单击“环境变量”按钮；出现“环境变量”对话框（如图 A-6 所示）。

环境变量是操作系统中的一个具有特定名字的对象，设定了操作系统运行应用程序时的某项参数。环境变量可以有多个，用于设定操作系统的一些参数。比如，PATH 和 Path 变量指定了特定的路径，操作系统在运行某应用程序时，会在这些指定的路径中逐个查找应用程序在哪里，找到就运行该应用程序。应用程序可以简单理解为在计算机上存在的扩展名为 .exe 的文件。如果操作系统要运行某应用程序，但是找遍了所有的路径都找不到，就会报告错误，类似于图 2-20。

图 A-3　手动设置环境变量（3）

图 A-4　手动设置环境变量（4）

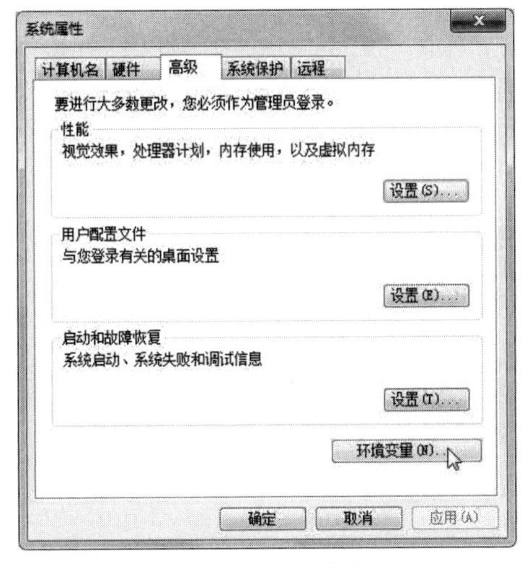

图 A-5　手动设置环境变量（5）

图 A-6　手动设置环境变量（6）

Windows 中的环境变量有两种：用户变量、系统变量。用户变量只对登录操作系统的当前用户有效，系统变量对所有用户有效。存放路径信息的环境变量有 PATH 和 Path。Windows 用 PATH 表示用户变量，用 Path 表示系统变量。

设定环境变量时要修改哪个呢？这要看安装 Python 时是否勾选了“Install for all users”选项。如果勾选了，就是让所有用户都能使用 Python，应该把 Python 解释器 python.exe 的路径添加到系统变量 Path 中。否则，添加到用户变量中即可。

现在假定添加到用户变量 PATH 中。单击用户变量列表下的“编辑”按钮（如图 A-7 所示），弹出“编辑用户变量”对话框，变量值可能是一个很长的字符串，在“变量值”文本框中，将输入光标定位到字符串的开头，输入如下字符串“C:\Python\Python365;”（如图 A-8 所示），最后单击“确定”按钮，退回到图 A-6 所示的对话框，单击“确定”按钮。环境变量添加完毕。

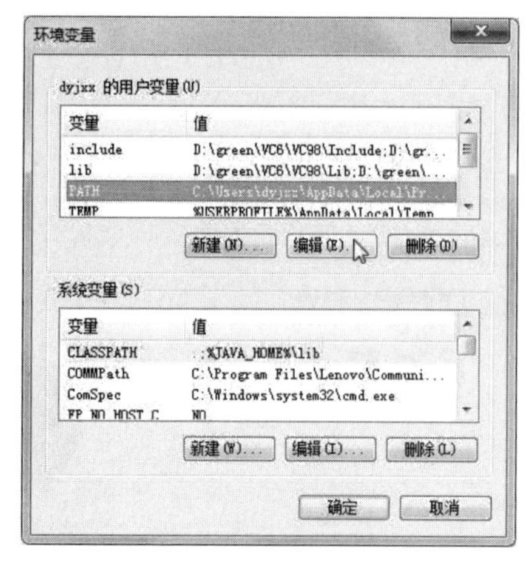

图 A-7 手动设置环境变量（7）

图 A-8 手动设置环境变量（8）

注意：如果在图 A-7 中看不到用户变量 PATH，可以单击“新建”按钮，弹出“新建用户变量”对话框，从中新建变量 PATH，相应的变量值为字符串“C:\Python\Python365”。

上面是在 Windows 7 环境中添加环境变量的步骤。如果是 Windows 10 环境，操作步骤和界面与此大有不同。

首先寻找 Python 的安装目录。在 Windows 10 中，在“开始”菜单中找到“Python 3.6”→“Python 3.6 (64-bit)”并单击右键，在弹出的快捷菜单中选择“更多”→“打开文件位置”（如图 A-9 所示），弹出一个目录，其中有几个快捷方式图标；右键单击“Python 3.6 (64-bit)”，在弹出的快捷菜单中选择“打开文件所在的位置”，打开一个文件夹，看到 Python 真正的安装目录，如图 A-10 所示。

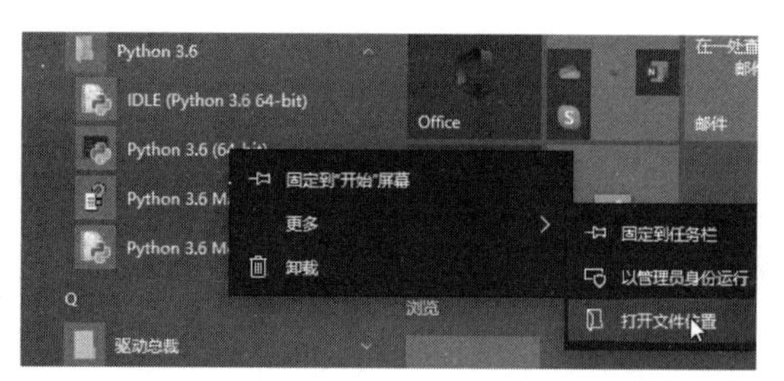

图 A-9 在 Windows 10 中寻找 Python 的安装目录（1）

计算机 › win10 (C:) › Python365

名称	修改日期	类型	大小
DLLs	2020/11/26 0:20	文件夹	
Doc	2020/11/26 0:20	文件夹	
include	2020/11/26 0:20	文件夹	
Lib	2021/4/5 15:27	文件夹	
libs	2020/11/26 0:20	文件夹	
Scripts	2021/4/5 15:22	文件夹	
tcl	2020/11/26 0:20	文件夹	
Tools	2020/11/26 0:20	文件夹	
gb18030.txt	2021/1/24 11:17	TXT 文件	1 KB
LICENSE.txt	2018/3/28 17:07	TXT 文件	30 KB
NEWS.txt	2018/3/28 17:07	TXT 文件	384 KB
python.exe	2018/3/28 17:04	应用程序	99 KB
python3.dll	2018/3/28 17:01	应用程序扩展	58 KB

图 A-10 在 Windows 10 中寻找 Python 的安装目录（2）

由于计算机的环境不同，在安装 Python 时选择的安装路径也不尽相同，因此每个人找到的安装目录有所不同。笔者的 Windows 10 计算机上找到的 Python 安装路径是“C:\Python365”。注意，python.exe 在这个目录下，pip.exe 在该目录的 Scripts 子目录下。

下面把 python.exe 所在的目录添加到用户环境变量 PATH 中。首先，右击桌面的“计算机”图标（有的 Windows 10 是“此电脑”图标），在弹出的快捷菜单中选择“属性”，然后单击“高级系统属性”→“环境变量”按钮，弹出“环境变量”对话框，如图 A-11 所示。

图 A-11　在 Windows 10 中设置环境变量（1）

如果在用户环境变量列表中已经存在 PATH 变量，那么单击“编辑”按钮，否则单击“新建”按钮，在弹出的“新建用户变量”对话框中填入变量名“PATH”和变量值“C:\Python365”，如图 A-12 所示，再单击“确定”按钮。“环境变量”的用户变量列表中多了一行，如图 A-13 所示。

图 A-12　在 Windows 10 中设置环境变量（2）

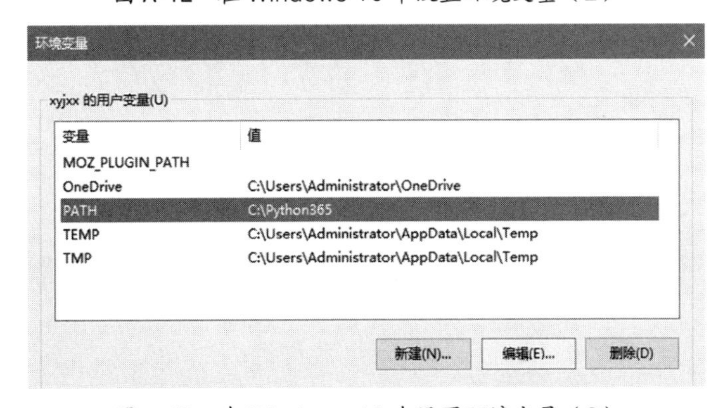

图 A-13　在 Windows 10 中设置环境变量（3）

如果还想把 pip.exe 的路径加入用户变量 PATH，可以在图 A-13 中单击“编辑”按钮，弹出“编辑用户变量”对话框，把目录“C:\Python365\Scripts”加入“变量值”的文本框，在原有内容和新加入内容之间用“;”隔开，如图 A-14 所示，然后单击“确定”按钮。

图 A-14　在 Windows 10 中设置环境变量（4）

有时在图 A-13 中单击“编辑”按钮弹出来的编辑窗口不是“编辑用户变量”窗口，而是“编辑环境变量”窗口，如图 A-15 所示。

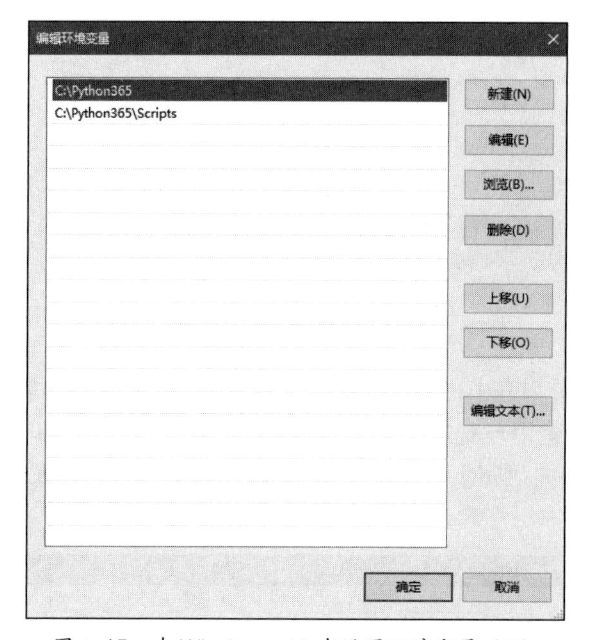

图 A-15　在 Windows 10 中设置环境变量（5）

这时要想添加一个目录到用户变量 PATH，单击“新建”按钮即可新增加一个路径。这里不再赘述。

附录 B　常用 Python 语句

语句类型		说　明
大类	细类	
简单语句	赋值语句	赋值语句都没有返回值 单独的海象运算符不能构成赋值语句，必须构造一个表达式，存在于其他 Python 语句中
	函数调用语句	函数调用可以有返回值，也可以没有返回值 调用对象的方法本质上是函数调用语句 输入、输出语句本质上也是函数调用语句
	assert 语句	断定一个表达式为真，为真，则什么也不做，否则触发异常
	break 语句	退出循环结构
	continue 语句	中止执行循环结构中的循环体语句
	del 语句	解除变量与对象的关联 删除可变序列的元素
	global 语句	在函数中声明一到多个变量是全局变量
	import 语句	导入标准库、扩展库或自定义库中的对象
	pass 语句	空语句，什么也不做，起到占位作用
	raise 语句	主动抛出异常
	return 语句	从函数中返回。返回时可以携带返回值，也可以不携带返回值
	yield 语句	从生成器函数中返回一个值
复合语句	if 语句	if if-else if-elif-else
	for 语句	for for-else
	while 语句	while while-else
	def 语句	定义函数
	class 语句	定义类
	try 语句	try-except try-except-else try-except-finally try-except-else-finally
	with 语句	上下文管理语句

附录 C 常用 Python 运算符

运算符	功能说明
+	算术运算：加法；序列运算：连接
-	算术运算：取负、减法；集合运算：差集
*	算术运算：乘法；序列运算：倍增
**	算术运算：乘方
/	算术运算：真除
//	算术运算：整商
%	算术运算：求余
@	矩阵运算：导入 numpy 扩展库后，可以执行数学中的矩阵乘法
<<	位运算：左移位
>>	位运算：右移位
&	位运算：位与；集合运算：交集
|	位运算：位或；集合运算：并集
^	位运算：异或；集合运算：对称差集
~	位运算：取反
<	关系运算：（数值）小于、（有序序列）前于、（集合）真包含于
>	关系运算：（数值）大于、（有序序列）后于、（集合）真包含
<=	关系运算：（数值）小于或等于，（有序序列）前于或等于，（集合）包含于
>=	关系运算：（数值）大于或等于，（有序序列）后于或等于，（集合）包含
==	关系运算：等于
!=	关系运算：不等于
is	测试运算：对象同一性测试
in	测试运算：成员测试
not	逻辑运算：逻辑非
and	逻辑运算：逻辑与
or	逻辑运算：逻辑或
:=	赋值运算：构造一个具有赋值功能的表达式

附录 D　内置函数 format

内置函数 format 的格式字符列表说明如下。

格式字符	功能说明	举　例
s	被格式化的是字符串	format("a"*3, "s") ==> 'aaa'
c	被格式化的是整数，视为 Unicode 代码转化成对应的字符	format(65, "c") ==> 'A' format(32993, "c") ==> '胡'
d	被格式化的是整数	format(3+7, "d") ==> '10' format(0b1010, "d") ==> '10' format(0o12, "d") ==> '10'
f	被格式化的是整数或浮点数，格式化后默认有 6 位小数	format(8, "f") ==> '8.000000' format(3.1415926, "f") ==> '3.141593'
F	同 f	format(8, "F") ==> '8.000000'
e	被格式化的是整数或浮点数，格式化结果是科学计数法形式	format(123.45, "e") ==> '1.234500e+02'
E	同 e，但格式化结果当中科学计数法的基底字符为大写的 E	format(123.45, "E") ==> '1.234500E+02'
g	根据不同的情况自动格式化为浮点数形式或科学计数法形式，选择原则比较复杂，不必深究	format(123.450, "g") ==> '123.45' format(31415926, "g") ==> '3.14159e+07'
G	同 g，只不过是当格式化结果以科学计数法形式呈现时，基底字符为大写的 E	format(31415926, "G") ==> '3.14159E+07'
b	被格式化的是整数，格式化结果为整数对应的二进制字符串。若格式字符 b 前面是#，则格式化结果加上前导标志"0b"	format(10, "b") ==> '1010' format(10, "#b") ==> '0b1010' format(-10, "#b") ==> '-0b1010'
o	被格式化的是整数，格式化结果为整数对应的八进制字符串。若格式字符 o 前面是#，则格式化结果加上前导标志"0o"	format(10, "o") ==> '12' format(10, "#o") ==> '0o12' format(-10, "#o") ==> '-0o12'
x	被格式化的是整数，格式化结果为整数对应的十六进制字符串。若格式字符 x 前面是#，则格式化结果加上前导标志"0x"	format(10, "x") ==> 'a' format(10, "#x") ==> '0xa' format(-10, "#x") ==> '-0xa'
X	同 x，只不过转换结果中的所有英文字母都以大写形式呈现	format(10, "X") ==> 'A' format(10,"#X") ==> '0XA' format(-10,"#X") ==> '-0XA'
%	被格式化的是整数或浮点数，格式化的结果是百分数	format(5,"%") ==> '500.000000%' format(0.983,"%") ==> '98.300000%' format(-0.983,"%") ==> '-98.300000%'
,	被格式化的是整数或浮点数，格式化结果是将整数或浮点数的整数部分用“,”分节，3 位为一节	format(12345,",") ==> '12,345' format(12,",") ==> '12' format(12.3456,",") ==> '12.3456' format(1234.567,",") ==> '1,234.567'

续表

格式字符	功能说明	举例		
_	被格式化的是整数或浮点数，格式化结果是将整数或浮点数的整数部分用“_”分节，3位为一节。 分节符“_”从Python3.6开始引入，后可跟b、o、x、X，对整数格式化，先转换为二、八、十六进制，再4位一节	format(12345,"_")	==>	'12_345'
		format(12, "_")	==>	'12'
		format(12.3456, "_")	==>	'12.3456'
		format(1234.567, "_")	==>	'1_234.567'
		format(345, "_b")	==>	'1_0101_1001'
		format(345, "_x")	==>	'1_0101_1001'
		format(123456, "_x")	==>	'1_e240'

内置函数format的格式控制符有<、>、^、=、+、-、阿拉伯数字等，用格式控制符与格式字符配合，可以得到各种指定格式的字符串，按使用目的分类说明如下。

功能	举例		
功能：指定数据的总宽度 形式：格式字符前面加数字 说明：① 只有指定的宽度大于数据的实际宽度时，这个宽度指定才有效，数据之外的剩余空位用空格填充；② 默认对齐规则，整数、浮点数、字符默认右对齐，字符串默认左对齐	format(8, "5d")	==>	'◡◡◡◡8'
	format(8, "3d")	==>	'◡◡8'
	format(12345, "3d")	==>	'12345'
	format("ab", "5s")	==>	'ab◡◡◡'
	format(65, "5c")	==>	'◡◡◡◡A'
功能：指定整数总宽度和是否前补0 形式：md或0md 其中，m是正整数，表示总宽度，0表示在数字前面用0填补空位	format(8, "5d")	==>	'◡◡◡◡8'
	format(8, "05d")	==>	'00008'
功能：指定浮点数的总宽度、小数位数及是否前补0 形式：m.nf 或 0m.nf 或 .nf或 .n% 其中，m和n都是正整数，m是总宽度，n是小数位数 说明：可省略总宽度，只指定小数位数	format(2.345, "6.2f")	==>	'◡◡2.35'
	format(2.345, "6.1f")	==>	'◡◡◡2.3'
	format(2.34, "06.1f")	==>	'0002.3'
	format(2, ".2f")	==>	'2.00'
	format(2, ".2e")	==>	'2.00e+00'
	format(0.12, ".2%")	==>	'12.00%'
功能：指定整数和浮点数的正负号 格式控制符： +　始终显示正负号 -　正号不显示 ◡　正号显示为空格 说明：可以与总宽度和对齐方式控制字符叠加	format(8, "+d")	==>	'+8'
	format(8, "+5d")	==>	'◡◡◡+8'
	format(8, "<+5d")	==>	'+8◡◡◡'
	format(8, "+05d")	==>	'+0008'
	format(-8, "+d")	==>	'-8'
	format(8, "◡d")	==>	'◡8'
功能：指定总宽度时指定对齐方式 格式控制符： <　数据左对齐 >　数据右对齐 ^　数据居中对齐 =　填充字符位于符号后数字前 说明：可以与正、负号控制字符叠加	format(8, "<5d")	==>	'8◡◡◡◡'
	format(8, ">5d")	==>	'◡◡◡◡8'
	format(8, "^5d")	==>	'◡◡8◡◡'
	format("ab", "<5s")	==>	'ab◡◡◡'
	format("ab", ">5s")	==>	'◡◡◡ab'
	format(12, "=+6.1f")	==>	'+◡12.0'

附录E　%格式化方法

%格式化方法的格式字符列表说明如下。

格式字符	功能说明	举　例

%s	将对象用 str 函数强制转为字符串，这个比较常用	>>> "%s" % "123\n456"
		'123\n456'
		>>> "%s" % 65
		'65'

%r	将对象用 repr 函数强制转为适合机器阅读的字符串。初学者可以暂时忽略	>>> "%r" % "123\n456" "'123\\n456'"

%c	将整数（视为 Unicode 代码）转为相应字符	>>> "%c" % 97
		'a'
		>>> "%c" % 32993
		'胡'

%d
%i
	将整数转换为十进制整数形式的字符串	>>> "%d" % 0b1101
		'13'
		>>> "%i" % 3.14
		'3'

%o	将整数转换为八进制整数形式的字符串	>>> "%o" % 10 '12'
%x	将整数转换为十六进制整数形式的字符串，大于 9 的十六进制字符用小写字母表示	>>> "%x" % 10 'a'
%X	将整数转换为十六进制整数形式的字符串，大于 9 的十六进制字符用大写字母表示	>>> "%X" % 10 'A'
%e	将整数或浮点数转为指数形式的字符串（基底写为 e）	>>> "%e" % 123.45 '1.234500e+02'
%E	将整数或浮点数转为指数形式的字符串（基底写为 E）	>>> "%E" % 123.45 '1.234500E+02'

%f
%F
	将整数或浮点数转为浮点数形式的字符串	>>> "%f" % 1.234500e+02
		'123.450000'
		>>> "%f" % 12
		'12.000000'

%g	将整数或浮点数转为基底为 e 的指数形式或整数形式或浮点数形式的字符串，自动选择长度较短的形式。初学者可以暂时忽略	>>> "%g" % 1234567.1234567
		'1.23457e+06'
		>>> "%g" % 123456.123456
		'123456'
		>>> "%g" % 12345.12345
		'12345.1'

%G	同%g，只是基底写成大写字母 E	>>> "%G" % 100000000 '1E+08'

%格式化方法的格式字符串的形式如下。

```
"%[-][+][0][m][.n]格式字符"
```

其中，“[ ]”中的字符被称为格式控制符。格式控制符有 5 类：控制宽度、控制数值的小数位数、控制数值前补 0、控制对齐方式、控制数值的正负号。格式控制符可有可无，可根据需要选用。如果选用格式控制符，用格式控制符与格式字符配合，可以得到各种指定格式的字符串。

格式控制符	功能说明	举　例

m	宽度控制符。m 是一个正整数，表示格式化结果的总宽度
	若省略 m，则按实际结果输出；若 m 小于实际输出宽度，则按实际宽度输出是；若 m 大于实际输出宽度，则以空格或 0 填补
		>>> "%5d" % 123
		'␣␣123'
		>>> "%2d" % 123
		'123'
		>>> "%5s" % "abc"
		'␣␣abc'

.n	小数位数控制符。n 是一个正整数，表示格式化结果的小数位数，如果省略.n，则输出 6 位小数	>>> "%6.2f" % 3
		'␣␣3.00'
		>>> "%.2f" % 3.0
		'3.00'
		>>> "%f" % 3.0
		'3.000000'

0	前补 0 控制符。对于整数和浮点数，在规定了总宽度的情况下，若转换结果不足位，则数值前面补 0	>>> "%03d" % 8
		'008'
		>>> "%06.2f" % 3.14159
		'003.14'

-	左对齐控制符。要求左对齐输出，无该符号，则表示右对齐，一般配合宽度控制符使用。左对齐控制符会导致前补 0 控制符无效	>>> "%-5s" % "abc"
		'abc␣␣'
		>>> "%-3d" % 8
		'8␣␣'
		>>> "%-03d" % 8
		'8␣␣'

+	正负号控制符。要求输出的非负数带“+”	>>> "%+5d" % 12
		'␣␣+12'
		>>> "%+f" % 1.2
		'+1.200000'

␣	正负号控制符。要求输出的非负数的符号位用空格替代	>>> "%␣5d" % 12
		'␣␣␣12'
		>>> "%␣05d" % 12
		'␣0012'

附录 F 不能显示的四字节汉字

Windows 7 中不能显示的《通用规范汉字表》四字节汉字如下（GB18030 代码以十六进制表示，去掉了前导符 0x）：

编号	汉字	GB18030 代码	编号	汉字	GB18030 代码	编号	汉字	GB18030 代码
4004	𬉼	9931C334	6752	𫠊	9839B430	7039	𫗧	9838FB33
6520	𬣙	9932E833	6761	𬍛	9931D937	7053	𬊈	9931C436
6547	𬇕	9931B237	6791	𬜬	9932BD34	7070	𬒈	9931F738
6551	𬣞	9932E838	6820	𪾢	9837D838	7093	𬳿	9933D435
6553	𬘓	9932A133	6839	𪨰	9836CB34	7094	𫄨	98388138
6560	𫭠	99308B34	6844	𫓧	9838E137	7097	𬘫	9932A337
6564	𫭣	99308B37	6846	𬬮	9933A630	7114	𫮄	99308F30
6576	𫇭	98389535	6847	𬬱	9933A633	7161	𬱖	9933C336
6586	𫐄	9838CB30	6848	𬬭	9933A539	7166	𬟽	9932D233
6594	𫵷	9930C039	6919	𬘡	9932A237	7177	𫓯	9838E235
6616	𬇙	9931B331	6920	𬳽	9933D433	7178	𫟹	9839B233
6623	𬣡	9932E931	6921	𬘩	9932A335	7180	𫟼	9839B236
6630	𫸩	9930D237	6922	𫄧	98388137	7234	𬇹	9931B633
6640	𫘜	98398236	6932	𪟝	98368F39	7241	𬍡	9931DA33
6642	𬘘	9932A138	6937	𬍤	9931DA36	7249	𬤇	9932EC39
6643	𫘝	98398237	6941	𫭼	99308E33	7250	𫍯	9838BC31
6670	𬨂	99338830	6951	𬜯	9932BD37	7254	𬤊	9932ED32
6671	𬀩	99318739	6959	𬂩	99319437	7255	𫍲	9838BC34
6672	𬀪	99318830	6967	𫠆	9839B336	7260	𬯎	9933B630
6688	𬬩	9933A535	6979	𬌗	9931D239	7273	𬘬	9932A338
6730	𫍣	9838BA39	6995	𫑡	9838D433	7274	𬘭	9932A339
6731	𬣳	9932EA39	6999	𪨶	9836CC30	7275	𬴂	9933D438
6732	𬩽	99339433	7004	𬬸	9933A730	7276	𫘦	98398336
6737	𬮿	9933B435	7006	𬬻	9933A733	7278	𫟅	9839AD31
6739	𬯀	9933B436	7007	𬬹	9933A731	7279	𬘯	9932A431
6744	𫰛	99309E32	7008	𬬿	9933A737	7281	𫘧	98398337
6747	𬳵	9933D335	7009	𬭁	9933A739	7299	𪣻	9836AC35
6749	𬳶	9933D336	7019	𫢹	9839C535	7326	𬃊	99319830

续表

编号	汉字	GB18030 代码	编号	汉字	GB18030 代码	编号	汉字	GB18030 代码
7334	鹔	9933E939	7562	鮀	9933E237	7870	巇	9836CF34
7343	锐	9838CC32	7580	阑	9838E936	7872	锖	9933AC32
7347	龄	9933FA36	7602	襀	9838B130	7874	锹	9933AC35
7361	崻	9930C235	7610	颙	9838F631	7890	馇	9838FC36
7367	颢	9838F536	7617	骠	98398430	7894	鹙	9933F230
7375	钍	9933A838	7618	骙	98398432	7916	缱	98388333
7378	锔	9838E332	7622	璃	9839AA33	7937	镱	9933AC39
7382	铉	9933A932	7638	墚	9836AF33	7939	镖	9933AD32
7399	颊	9838F537	7654	鹏	9933F036	7940	镭	9838E535
7405	颜	9933C435	7661	碳	9931F933	7943	镲	9933AD34
7408	鹜	98399735	7667	蚩	98398E38	7945	镫	9933AD38
7414	厥	9930CD37	7682	锳	9933AB34	7946	镯	9838E536
7421	阐	9933B331	7701	鲱	98398E37	7958	鹬	9933F234
7423	焯	9931C734	7706	鲵	9933E330	7961	鳓	9933E435
7456	骕	9933D439	7707	鲶	9933E239	7963	鳔	9933E436
7457	骎	98398338	7712	鹫	9933F038	7974	鼍	9933E534
7503	醂	99339837	7737	谑	9932EF31	7980	缥	98388334
7506	硝	9931F930	7746	缤	9932A630	7987	蔼	9932CC33
7512	辎	99338932	7789	镒	9933AB39	8030	缨	9932A638
7513	铼	9838CC35	7824	骞	9933F137	8042	鳑	9933E539
7519	蛤	9839FA32	7828	谖	9838BD35	8062	鳍	9933E630
7529	锇	9838E335	7831	骣	9933D536	8073	缳	9932A639
7534	锌	9933AA34	7841	蘋	9932C839	8079	龇	9933FC39
7537	镀	9933AA35	7854	镂	9839B034	8100	鳜	98399131
7541	箦	99328C34	7855	踦	9933FB38		/	
7561	鲔	9933E235	7856	觇	9839B538			

附录 G PyPDF2 的 BUG 及解决方案

PyPDF2 是一个很好用的 PDF 合并与分割扩展库，但有 BUG，在合并或分割某一些 PDF 文件时会因为编码问题而抛出异常。PyPDF2 因为编码问题抛出的异常信息如图 G-1 所示。

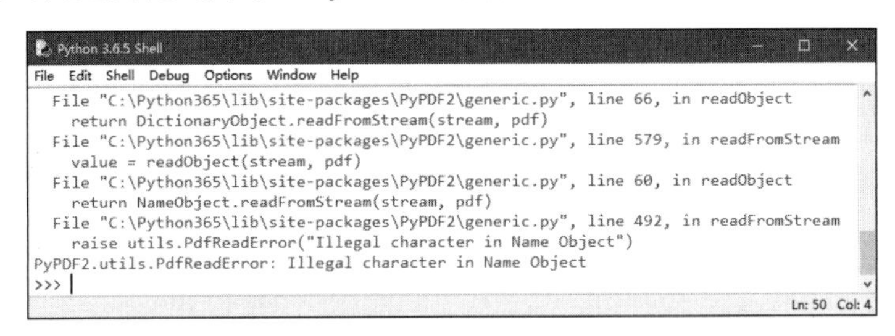

图 G-1 扩展库 PyPDF2 编码错误界面示例（1）

要解决这个问题，需要修改两个文件（假定 Python 的安装目录是 C:\Python365）：

C:\Python365\Lib\site-packages\PyPDF2\generic.py

C:\Python365\Lib\site-packages\PyPDF2\utils.py

这两个文件中只需各修改一处代码即可。

先看 generic.py 的修改。打开该文件，找到 NameObject 类的 readFromStream 函数的函数体（文件第 474～492 行）。只需修改第 484 行代码即可，将它替换为 5 行代码。修改前和修改后的代码如图 G-2 所示（为了更准确说明问题，原文件的第 483 行和第 485 行一起展示）。

```
483         try:
484             return NameObject(name.decode('utf-8'))
485         except (UnicodeEncodeError, UnicodeDecodeError) as e:
```

```
483         try:
484             try:
485                 ret = name.decode('utf-8')
486             except (UnicodeEncodeError, UnicodeDecodeError) as e:
487                 ret = name.decode('gbk')
488             return NameObject(ret)
489         except (UnicodeEncodeError, UnicodeDecodeError) as e:
```

图 G-2 扩展库 PyPDF2 的 generic.py 文件修改前后代码对比

修改 generic.py 后，可能还会遇到编码出错问题，如图 G-3 所示。这时需要修改 utils.py，打开该文件，找到第 238 行代码，将它替换为 4 行代码。修改前和修改后的代码如图 G-4 所示（为了更准确说明问题，原文件的第 237 行和第 239 行一起展示）。

```
  File "C:\Python365\lib\site-packages\PyPDF2\generic.py", line 472, in writeToStream
    stream.write(b_(self))
  File "C:\Python365\lib\site-packages\PyPDF2\utils.py", line 238, in b_
    r = s.encode('latin-1')
UnicodeEncodeError: 'latin-1' codec can't encode characters in position 8-9: ordinal not in range(256)
>>>
```

图 G-3　扩展库 PyPDF2 编码错误界面示例（2）

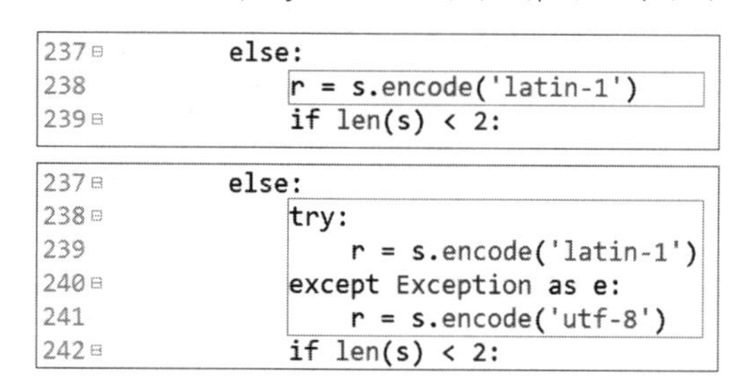

图 G-4　扩展库 PyPDF2 的 utils.py 文件修改前后代码对比

按照图 G-2 和图 G-4 修改完这两个文件后，再使用 PyPDF2 时，一般不会再遇到因为编码问题而导致的异常。

参考文献

[1] GB 11643—1999．公民身份号码．国家质量技术监督局，1999.
[2] GB 18030—2005．信息技术　中文编码字符集．中华人民共和国国家质量监督检验检疫总局，中国国家标准化管理委员会，2005.
[3] Gift, N., J.M. Jones．Python for UNIX and Linux System Administration．O'Reilly Media, Inc., 2008.
[4] gitzjm．PdfReadError : Illegal character in Name Object #438．GitHub，2018.
[5] In 探索者-李帆平．Python 内置函数详解（翻译自 Python 3.6 官方文档共 68 个）．CSDN，2017.
[6] Lutz. M.．Programming Python. Fourth Edition．O'Reilly Media, Inc., 2010.
[7] Manning, Christopher D., Mihai Surdeanu, John Bauer, Jenny Finkel, Steven J. Bethard, and David McClosky．2014 The Stanford CoreNLP Natural Language Processing Toolkit In Proceedings of the 52nd Annual Meeting of the Association for Computational Linguistics: System Demonstrations, pp. 55-60.
[8] Rohan．Convert ppt to video using python in Ubuntu environment．Stack Overflow，2020.
[9] Vhills．Python 处理 Excel 踩过的坑——data_only.公式全部丢失．博客园，2018.
[10] 陈小荷．现代汉语自动分析——Visual C++实现. 北京语言文化大学出版社，2000.
[11] 董付国．Python 程序设计（第 2 版）．清华大学出版社，2016.
[12] 董付国．Python 程序设计基础与应用．机械工业出版社，2018.
[13] 董付国．Python 程序设计开发宝典．清华大学出版社，2017.
[14] 董付国．Python 程序设计入门与实践．西安电子科技大学出版社，2021.
[15] 董付国．Python 合并多个 Word 文件的 4 种方法和 1 种不写代码的方法．Python 小屋，2020.
[16] 董付国．Python 可以这样学．清华大学出版社，2017.
[17] 董付国．Python 批量提取 PDF 文件中的文本．Python 小屋，2016.
[18] 董付国．Python 为视频文件添加鼓掌声、欢呼声和背景音乐．Python 小屋，2019.
[19] 董付国．使用 Python 把 PowerPoint 文件转换为配乐 MP4 视频．Python 小屋，2020.
[20] 董付国．学习 Python+Numpy 数组运算和矩阵运算看这 254 页 PPT 就够了．Python 小屋，2021.
[21] 董付国．一文 230 行代码学会使用 Python 操作 Excel 文件．Python 小屋，2019.

[22] 董付国，胡凤国．Python 使用超高效算法查找所有类似 123-45-67+89=100 的组合．Python 小屋，2018．

[23] 冯志伟．汉字的熵．文字改革，1984(4)．

[24] 冯志伟．自然语言处理简明教程．上海外语教育出版社，2012．

[25] [美]Daniel Jurafsky, James H. Martin．自然语言处理综论（第二版）．冯志伟，孙乐，译．电子工业出版社，2018．

[26] 管新潮．语料库与 Python 应用．上海交通大学出版社，2018．

[27] 国发〔2013〕23 号．国务院关于公布《通用规范汉字表》的通知．国务院，2013．

[28] 雷蕾．基于 Python 的语料库数据处理．科学出版社，2020．

[29] 林宁，毛永刚．汉字内码扩展规范——汉字编码的又一发展．电子标准化与质量，1996(2)．

[30] 刘海涛．依存语法的理论与实践．科学出版社，2009．

[31] 陆晓蕾，倪斌．Python 3：语料库技术与应用．厦门大学出版社，2021．

[32] 尼克．人工智能简史．人民邮电出版社，2017．

[33] 乔葱葱．PDF 转换成其他格式的 COM 解决方案．新浪博客，2012．

[34] 人民教育出版社课程教材研究所．数学三年级下册．北京：人民教育出版社，2014．

[35] 少安的砖厂．Python 安装 lightgbm 之后 import 出现错误：无法启动程序丢失 VCOMP140.DLL．CSDN 博客，2017．

[36] 小西红柿．Python 使用 win32com 的心得．博客园，2016．

[37] 杨惠中．语料库语言学导论．上海外语教育出版社，2002．

[38] [美]Jeffrey .E.F. Friedl．精通正则表达式（第 3 版）．余晟，译．电子工业出版社，2012．

[39] [美]查尔斯・佩措尔德．编码：隐匿在计算机软硬件背后的语言．左飞，薛佟佟，译．电子工业出版社，2012．

[40] 祝建华．文科生学编程：为什么、学什么、怎么学．中国青年报，2014．